UTB **2690**

W0053364

Eine Arbeitsgemeinschaft der Verlage

Beltz Verlag Weinheim · Basel
Böhlau Verlag Köln · Weimar · Wien
Wilhelm Fink Verlag München
A. Francke Verlag Tübingen und Basel
Haupt Verlag Bern · Stuttgart · Wien
Lucius & Lucius Verlagsgesellschaft Stuttgart
Mohr Siebeck Tübingen
C. F. Müller Verlag Heidelberg
Ernst Reinhardt Verlag München und Basel
Ferdinand Schöningh Verlag Paderborn · München · Wien · Zürich
Eugen Ulmer Verlag Stuttgart
UVK Verlagsgesellschaft Konstanz
Vandenhoeck & Ruprecht Göttingen
Verlag Barbara Budrich Opladen · Bloomfield Hills
Verlag Recht und Wirtschaft Frankfurt am Main
VS Verlag für Sozialwissenschaften Wiesbaden
WUV Facultas Wien

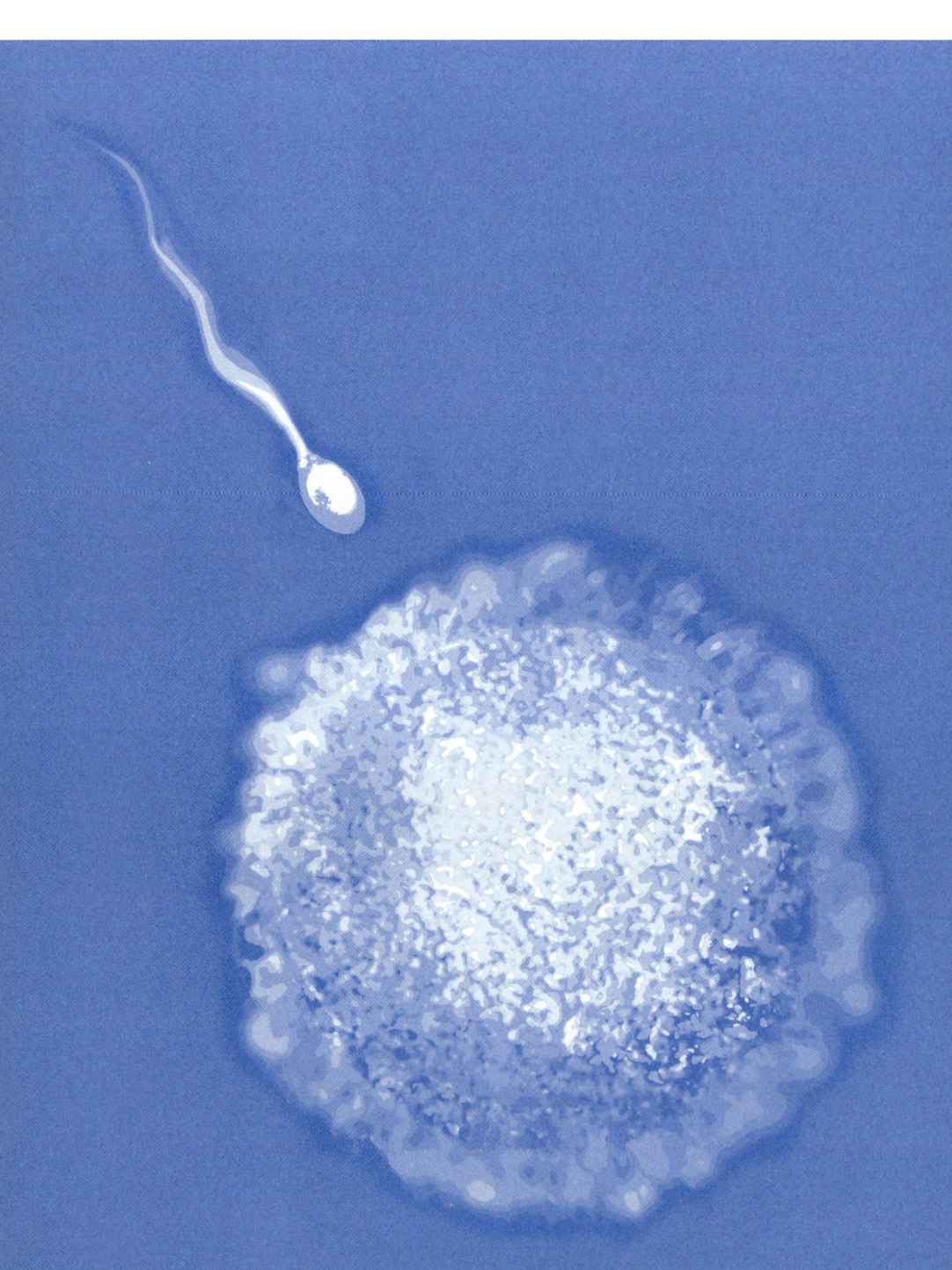

HYNEK BURDA

Allgemeine Zoologie

161 Abbildungen
7 Tabellen

Verlag Eugen Ulmer Stuttgart

Inhaltsverzeichnis

Vorwort 6

1   Form und Struktur 12

1.1   Zelle 12
1.2   Gewebe 25
1.3   Entwicklung 50

2   Metabolismus 84

2.1   Energiegewinnung 85
2.2   Energiehaushalt 94
2.3   Kreislauf 100
2.4   Atmung 114
2.5   Ernährung und Verdauung 127
2.6   Exkretion 144

3   Körperintegrität 154

3.1   Integument 155
3.2   Homöostase 167
3.3   Immunität 179

4 Fortpflanzung 194

4.1 Fortpflanzung aus evolutionärer Sicht 194
4.2 Fortpflanzung aus genetischer Sicht 197
4.3 Verteilung der Geschlechter 202
4.4 Fortpflanzung aus entwicklungsbiologischer Sicht 205
4.5 Geschlechtsbestimmung 209
4.6 Geschlechtsdifferenzierung 214
4.7 Sexuelle Orientierung 222
4.8 Männliche Fortpflanzungsorgane 222
4.9 Weibliche Fortpflanzungsorgane 233
4.10 Fortpflanzungsverhalten 254
4.11 Fortpflanzungsstrategien 258
4.12 Hormonelle Steuerung der Fortpflanzung 263
4.13 Kontrolle der Fortpflanzung 267

5 Reizbarkeit, Steuerung und Bewegung 271

5.1 Wahrnehmung 272
5.2 Neuronale Steuerung 284
5.3 Hormonelle Steuerung 294
5.4 Bewegung 302

Literaturverzeichnis 308
Sachregister 310

Vorwort

Warum ein neues Lehrbuch? Es gibt mehrere Zoologie-Lehrbücher auf dem deutschsprachigen Markt und es ergibt sich zwangsläufig die Frage, ob und warum man ein neues Lehrbuch benötigt. Dies war auch die Frage, die ich mir gestellt habe, als mir der Verlag Eugen Ulmer vor einiger Zeit das Angebot unterbreitet hat, ein Lehrbuch der Allgemeinen Zoologie zu verfassen. Als man mir das ambitionierte Konzept der UTB basics Lehrbuch-Reihe vorstellte, kam ich zu der Überzeugung, dass es vielleicht doch noch eine Nische gibt, in der sich das neue Lehrbuch etablieren könnte. Ob es gelingt, diese Nische erfolgreich zu besetzen, wird die Zukunft zeigen. Es geht hier aber nicht um ein konkurrierendes, sondern vielmehr um ein zu den anderen Lehrbüchern komplementäres Buch. Denn das vorliegende Werk unterscheidet sich doch in einigen Aspekten von den übrigen auf dem Markt erhältlichen Lehrbüchern:

▶ Es ist **wesentlich kürzer** als die anderen Bücher. Ob sich dies auch im Preis widerspiegelt (vgl. Kosten-Nutzen-Prinzip), möge jeder für sich selbst durch einen kritischen Vergleich entscheiden.

Die Kürze ist **für Studierende im Grundstudium** von Bedeutung, die die Vorlesung »Einführung in die Zoologie«, »Grundlagen der Zoologie« o.ä. besuchen, die üblicherweise nur ein, höchstens zwei Semester umfasst. In dieser kurzen Zeit kann man erfahrungsgemäß nicht allzu sehr in die Breite und Tiefe der Problematik eindringen. Angesichts der verwirrenden Vielfalt an umfangreichen Lehrbüchern sind die Studentinnen und Studenten nämlich verzweifelt und verunsichert, was und aus welchem Buch sie für die Prüfungen eigentlich lernen sollen oder müssen, und was sie außer Acht lassen können bzw. dürfen. Ein kurz gefasstes Lehrbuch aber kann darüber hinaus auch als ein **Repetitorium für das Hauptstudium** verwendet werden.

Die Kürze war allerdings auch die größte Hürde für den Autor. Wie soll man den komplexen Stoff auf »ein paar« verfügbaren Seiten unterbringen und dabei gewährleisten, dass sich das Lehrbuch noch von einem Schulbuch für die gymnasiale Oberstufe unterscheidet, und dass man andererseits den größten Teil von dem, was andere Lehrbücher vermitteln, auch hier noch wiederfindet (Box Seite 7)? Was ist wichtig, was unwichtig, wenn doch alles bedeutsam ist? Wie soll man den Stoff kondensieren, damit der Text noch lesbar bleibt und einigermaßen unterhaltsam ist? Dabei soll ein Lehrbuch kein Lexikon sein, sondern auch eine bestimmte Botschaft vermitteln.

▶ Es ist **anders gegliedert** als gewohnt: weder nach den Organsystemen (Verdauungssystem, Atmungssystem, Exkretionssystem, Haut, Auge, ...) noch nach den Disziplinen (Morphologie, Physiologie, Entwicklungsbiologie, Genetik, Verhaltensbiologie, Ökologie, Evolutionsbiologie, ...). Die **hier verwendete Gliederung**

(1) Struktur und Form,

(2) Metabolismus,

(3) Erhaltung der Körperintegrität,

(4) Fortpflanzung,

(5) Reizbarkeit, Koordination und Bewegung,

spiegelt die allgemeinen **Grundcharakteristika aller Lebewesen** (1–4) **sowie spezifische Merkmale der Tiere** (5) wider. In jedem Kapitel wird vorgestellt, wie Bau und Funktion der Organsysteme und das Verhalten vor dem Hintergrund der physikalisch-chemischen und ökologischen Bedingungen zur Realisierung dieser Grundcharakteristika beitragen. Auch evolutionsbiologische Interpretationen werden immer wieder herangezogen.

Kapitel 5 ist das kürzeste. Dies erscheint natürlich etwas ungerecht in Anbetracht der Breite der behandelten Problematik dieses Kapitels und mag auch überraschen, da der Autor gerade in diesem Forschungsbereich versucht (hat), sich zu profilieren. Doch viele der Inhalte (wie z.B. Kontrolle des Wachstums, Regelung des Metabolismus, Steuerung der Fortpflanzung) werden im Text im Zusammenhang behandelt. Außerdem werden erfahrungsgemäß Sinnesbiologie und Neurobiologie an den meisten Hochschulen ohnehin im Hauptstudium im Rahmen eigen-

Box

Umfangreiche Zoologie

Es gibt über 1,5 Millionen Tierarten, die 36 unterschiedliche Baupläne (Stämme) widerspiegeln (im Vergleich zu 250 000 Pflanzenarten, die etwa 13 unterschiedlichen Bauplänen zuordnet werden können). Dabei sind die Baupläne der Tiere und ihre Funktionsweisen viel komplexer und vielfältiger als die der Pflanzen. Da die Speicherkapazitäten unseres Gehirns (wie auch die Seiten dieses Buches) begrenzt sind, ergibt sich die Notwendigkeit, sich in bestimmten Fachgebieten stark zu spezialisieren. Für dieses Lehrbuch bedeutet das, dass bestimmte Themen entweder ausgeklammert oder stark vereinfacht und oberflächlich behandelt werden müssen. Die Auswahl der Themen, die behandelt werden sollen, ist nicht einfach.

ständiger Veranstaltungen oder im Rahmen verhaltensbiologischer Kurse vertieft.

▶ Der Mensch wird im Buch häufig als Referenzorganismus benutzt. Dieser **Anthropozentrismus** (Mittelpunktstellung des Menschen) hat mehrere Gründe. Der Mensch ist der den Studierenden im Grundstudium am besten bekannte Organismus (oder zumindest sollte er es sein). Viele Hörer der Zoologie-Grundvorlesung sind Studierende des Lehramtes oder der biomedizinischen Studiengänge, oder Biologie-Studenten, die sich später in der Zoologie nicht weiter ausbilden möchten. Bekannterweise werden die Grenzen zwischen der biologischen und der medizinischen Forschung immer undeutlicher und viele Biologie-Absolventen finden Zuflucht in der (bio-)medizinischen Forschung. Schon CARL VON LINNÉ hat 1758 in seinem System den Menschen bei den Tieren eingereiht und ihn lapidar mit den Worten beschrieben »Nosce te ipsum!« (»Erkenne Dich selbst!«). Nichtsdestotrotz wurde 200 Jahre später der Biologe E.O. WILSON, heute als einer der einflussreichsten Menschen Amerikas angesehen, noch mit Tomaten beworfen, als er 1975 sein Konzept der Soziobiologie (s. Box 4.2) vorstellte und verlangte, das Sozialverhalten des Menschen auch unter Berücksichtigung der Evolution und analog dem Verhalten der Tiere zu erforschen. Wenn wir den Menschen verstehen, werden wir auch die Tiere besser verstehen können und umgekehrt. Daher halte auch ich die Trennung der Disziplinen Humanbiologie und Zoologie für überholt und anachronistisch. Die humanbiologische Teildisziplin wird schließlich heute an manchen Hochschulen (allerdings durch Sparmaßmaßnahmen motiviert) abgeschafft, und die Grundvorlesung heißt häufig »Zoologie und Humanbiologie«.

▶ **Betonung der Morphologie**. Bei der Beschreibung der Organsysteme werden die morphologischen und nicht die biochemisch-physiologischen Aspekte betont. Die meisten Ärzte werden bestätigen, dass ihnen gerade das Verständnis der Morphologie (Anatomie, s. S. 12) maßgeblich zum Verständnis des Körpers, seiner Funktionen und Probleme verholfen hat. Die meisten der beschriebenen Tierarten sind nur von toten konservierten Museumspräparaten bekannt. Der Großteil der Tierarten, die auf unserem Planeten leben oder gelebt haben, wurde nie in einem physiologischen Labor untersucht. Fossilien werden mit morphologischen Methoden erforscht. Schließlich wurden die Dinosaurier in »Jurassic Park« nicht (oder noch nicht) durch die Molekularbiologie, sondern dank der morphologischen Erforschung der fossilen Funde zum Leben erweckt (und natürlich dank der 3-D-Animationstechnik, die auf morphologischen Erkenntnissen beruht).

▶ **Fachterminologie**. Neben den deutschen Begriffen werden meist auch die Fachbegriffe angegeben. Leider ist die etymologische Klärung dieser

Begriffe (die Frage nach ihrer Herkunft) in der Form und Breite, wie ich sie mir für ein leichteres Lernen und Verstehen gewünscht hätte, der Kürze des Buches zum Opfer gefallen. Die morphologische Nomenklatur richtet sich nach der neuen »Terminologia anatomica«. In Zeiten, da die naturwissenschaftliche Forschung durch die englische Sprache dominiert wird, ist die Kenntnis dieser Begriffe wichtig, um sich in der Fachliteratur orientieren, im Internet nach Informationen suchen, oder aber im Hauptstudium im Ausland studieren und sich im Fach orientieren zu können. Schließlich werden auch in deutsch geführten Fachdiskussionen immer häufiger fremdsprachige Fachbegriffe benutzt, für die manchmal auch ein gebürtiger Deutscher nur schwer ein deutsches Äquivalent finden kann. Dies sollte uns allerdings auch nicht überraschen in Zeiten, da wir von Computern, Evaluation, Fitness, Handys, Image, Liposuktion, Medien, Stress und Wellness sprechen. Die Fachbegriffe sollen hier nicht Wissenschaftlichkeit zur Schau stellen, sondern die Orientierung im Studium und im fachlichem Alltag erleichtern.

▶ **Kontrollfragen**. Es gibt zwei Typen von Prüfungsfragen. Solche, die die memetische Rekapitulation (s. Box 5.2) (zu deutsch: das Büffeln) überprüfen, und solche, die das Verständnis aller Zusammenhänge und das kreative Lernen fördern. Für den Prozess des Lernens ist sicherlich beides wichtig. Die Fragen des ersten Typs möge jeder selbst in beliebiger Menge produzieren. Hierzu brauchen Sie nur ein Stück Papier und einen Bleistift. Nun schreiben Sie bitte die fett gedruckten Begriffe oder Titel der einzelnen Kapitel ab, ergänzen vor jedem dieser Wörter oder Wortgruppen »Was ist ...«, »Was versteht man unter ...«, »Erklären Sie bitte ...« »Definieren Sie ...« und fügen eventuell ein Fragezeichen (?) ein. So erstellen Sie einen beliebig langen Fragenkatalog. Auf die Fragen dieses Typs habe ich daher verzichtet. Beispiele für Fragen des ersten Typs wären »Was sind die Merkmale dieses Lehrbuchs?« bzw. »Was versteht man unter Anthropozentrismus?«. Beispiele für Fragen des zweiten Typs, die mehr zum Nachdenken zwingen, sind »Warum gefällt Ihnen dieses Lehrbuch?« oder »Wo liegen die Gemeinsamkeiten der Konzepte von C. von Linné und von E. O. Wilson?«. Erfahrungsgemäß werden bei schriftlichen Klausuren Typ I-Fragen, bei mündlichen Prüfungen Typ II-Fragen gestellt.

▶ **Botschaft**. Ich habe versucht, die neuesten Erkenntnisse zu berücksichtigen, über die zum Teil zwar in den Wissenschaftsrubriken der Zeitungen und Magazine berichtet wird oder die auf Fachtagungen, in Kolloquien und Seminaren im Hauptstudium diskutiert werden, und die dennoch den Weg in manche Lehrbücher noch nicht gefunden haben. Gleichzeitig aber will ich an ausgewählten Beispielen zeigen, dass »echte« Wissenschaft nicht erst mit der Einführung der molekularbiologischen Methoden geboren wurde und nicht nur auf diesen Methoden basiert, wie manch einer denken mag. Auch will ich anhand von Beispielen demonstrieren, dass einige Tatsachen, die wir für triviale Schulkenntnis halten, eine eigene – manchmal sehr dramatische und spannende – Geschichte der Entdeckung haben. Ich zeige, wie zum Teil aus einfachen Beobachtungen großartige Entdeckungen entstanden sind. Das Lehrbuch soll auch demonstrieren, dass die allgemein-zoologische Grundlagenforschung ein hohes Potenzial für die Lösung medizinischer, ökologischer und ökonomischer Probleme bereit hält und hierzu einen großen Beitrag leistet. Die Passagen, die dies illustrieren, sind in Boxen gesetzt. Sie sollen den Text entlasten und auflockern. Erfahrungsgemäß helfen solche »Geschichten« auch dabei, bestimmte Zusammenhänge besser zu verstehen und sich zu merken. Sie wirken, wie ich hoffe, für das Studium stimulierend, motivierend und inspirierend. Gleichzeitig aber beinhalten manche Boxen den Stoff, der eher spezieller Natur ist und zur Vertiefung bestimmt ist.

▶ **Abbildungen**. Die Abbildungen wurden größtenteils original für dieses Buch entworfen. Manche Strukturen wurden in einem aufwendigen Computerverfahren als dreidimensionale Modelle »gebaut« und stellen gewiss einzigartige Beispiele einer wissenschaftlichen Illustration der »neuen Generation« dar. Der intensive Kontakt zwischen Autor und Illustrator (ein Vater-Sohn-Kontakt) hat sich, wie ich glaube, sowohl auf die sachlich-fachliche Richtigkeit wie auch auf die grafische Gestalt der Abbildungen positiv ausgewirkt, wenngleich auch hier unseren Gestaltungsmöglichkeiten Grenzen gesetzt waren.

Danksagung

▶ Für die hohe Motivation, Kreativität, Detailliebe und Sorgfalt bei der Anfertigung der Abbildungen sowie für sein großes Verständnis gegenüber meinen Wünschen und Korrekturen danke ich meinem Sohn Jan. Er hat zur Endform des Buches wesentlich beigetragen.

▶ Meinen Mitarbeitern Marie-Therese Bappert, Dr. Sabine Begall, Dipl.-Umweltwiss. Philip Dammann, Petra Hagemeyer, Sylvia Hardt, PD Dr. Gero Hilken, Dipl.-Umweltwiss. Simone Lange, Dr. Fritz B. Ludescher, Dipl.-Ökologe Marcus Schmitt und Dipl.-Umweltwiss. Regina Wegner bin ich sehr verbunden. Durch ihre kritischen Kommentare, Korrekturen und Vorschläge linguistischer, stilistischer, fachlich-sachlicher und didaktischer Art haben sie wertvollen Anteil an diesem Buch.

▶ Dankbar bin ich Frau Ingrid Bechler, meiner Sekretärin, die es stets verstanden hat, die notwendigen Ruhebedingungen für meine Arbeit zu schaffen und mich wo es nur ging zu entlasten.

▶ Dem Team des Verlags Eugen Ulmer, insbesondere Frau Dr. Nadja

Kneissler und Frau Antje Springorum, danke ich für ihr Vertrauen, die Zusammenarbeit und nicht zuletzt für ihre Geduld während des Wartens auf das so lange versprochene Manuskript.

► Allen, für die ich in den letzten Monaten wenig Zeit hatte, möchte ich für ihr Verständnis danken.

Widmung

► Akademische Widmung: Dieses Lehrbuch sei meinen Studenten und meinen akademischen Lehrern gewidmet, insbesondere den Professoren V. Hanák, L. Sigmund, Z. Veselovský und L. Voldřich.

► Persönliche Widmung: Wir (der Autor und der Illustrator) widmen dieses Buch unseren Partnerinnen, meiner Frau Jana und Jan's Freundin Anna und unseren Müttern Jitka und Jana. Sie haben mit uns viel Geduld und für uns und unsere Arbeit viel Verständnis gehabt und uns in den verschiedenen Phasen unserer Ontogenese immer unterstützt.

Essen, im Februar 2005
Hynek Burda

1 | Form und Struktur

Inhalt

Organismen sind komplex organisiert und unterliegen ständigen Veränderungen

Organismen sind auf allen Strukturebenen (Molekular-, Zell-, Gewebe-, Organ-, Organsystemebene) komplex organisiert. Die Strukturen sind dynamisch und unterliegen Veränderungen (Wachstum, Umbau, Abbau, Reparatur) während der individuellen Entwicklung (Ontogenese).

Die Lehre vom Bau der Körperteile ist die **Anatomie**. Das Wort ist aus dem griechischen anatamnein = zerschneiden abgeleitet und wurde ursprünglich als »Kunst des Zergliederns« verstanden. Doch das Zerschneiden ist nicht die einzige Methode, wie man die Struktur des Körpers untersuchen kann. Daher haben der deutsche Physiologe K. F. BURDACH und nach ihm J. W. GOETHE und E. HAECKEL im 19. Jahrhundert den weiter gefassten Begriff **Morphologie** geprägt als die Lehre von der Körper-(Organ-)Form und -Struktur. Die beiden Begriffe Anatomie und Morphologie werden heute als Synonyme benutzt.

1.1 | Zelle

Die morphologische und funktionelle Grundeinheit von Organismen ist die Zelle.

1.1.1 | Allgemeine Merkmale der Zellen

Die Zelle verfügt über alle **Merkmale**, die das Leben charakterisieren:
▶ eine **Zellmembran**, die die Zelle nach außen abgrenzt und die Erhaltung eines konstanten inneren Milieus sowie die Aufnahme von Nährstoffen und die Abgabe von Stoffwechselprodukten ermöglicht,
▶ **Enzyme**, die den Stoffwechsel, die Gewinnung und Umsetzung der Energie und Wachstum der Zelle ermöglichen. Die meisten enzymatischen Reaktionen im Körper verlaufen intrazellulär,
▶ die **genetische Information** (DNA) und den enzymatischen Apparat zur Übertragung und Übersetzung in die für das Wachstum und die Zelltei-

lung notwendige Proteinsynthese. Die **Größe der Zellen** wird in Mikrometern (µm) angegeben. Sie variiert bei unterschiedlichen Zelltypen und unterschiedlichen Tierarten. Die meisten tierischen Zellen weisen eine Größe von ca. 20 µm auf, einige kleine Nervenzellen haben Durchmesser von 3–4 µm, Erythrozyten des Menschen 7,2–7,5 µm, Eizellen von Menschen 200 µm, Eizellen von Vögeln mehrere cm (Abb. 1.1). Auch die Zellen gleichen Typs sind bei manchen Tierarten unterschiedlich groß (Abb. 1.2). Die Zellgröße ist von der Genomgröße (DNA-Gehalt) abhängig. Darüber hinaus ist die Zellgröße mit der Stoffwechselrate negativ korreliert. Kleinere Zellen haben im Verhältnis zum Volumen eine größere Oberfläche, was von großer Bedeutung für den Stoffwechsel ist. Daher sind die Zellen von endothermen Tieren (Säugetiere, Vögel) mit intensivem Stoffwechsel üblicherweise kleiner als die Zellen von ektothermen Tieren mit einem langsameren Metabolismus (s. Kap. 2.2).

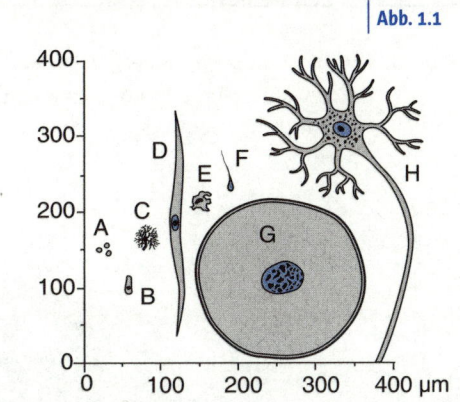

Abb. 1.1

Form und Größe verschiedener Zellen der Säugetiere. **A** Erythrozyt, **B** zylindrische Epithelzelle, **C** Mikroglia, **D** glatte Muskelzelle, **E** Makrophag, **F** Spermium, **G** Eizelle, **F** multipolares Neuron (in Anlehnung an ČIHÁK, 1987).

Die **Form der Zellen** ist unterschiedlich, je nachdem, ob die Zellen frei vorliegen, dicht aneinander angehäuft liegen oder einem Druck oder Zug ausgesetzt sind (Abb. 1.1). Entscheidend für die Form der Zellen ist auch ihre Funktion (s. Kap. 1.2). Einige Zellen (z.B. Neurone, Melanozyten) haben verzweigte Fortsätze, mit denen sie mit anderen Zellen kommunizieren. Freibewegliche Zellen (z.B. Makrophagen) können ihre Form ändern.

Alle Embryonalzellen haben die Fähigkeit zur **Zellteilung**. Manche Zelltypen verlieren später diese Fähigkeit (z.B. Nervenzellen), andere teilen sich lebenslang (z.B. Blutstammzellen, Basalzellen der Oberhaut).

Die **Bestandteile** der Tierzelle sind Zellmembran, Zytoplasma und Zellkern (Abb. 1.3).

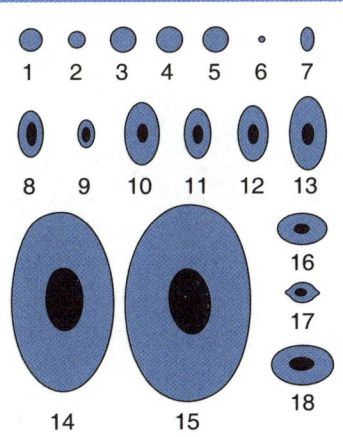

Abb. 1.2

Form und Größe der Erythrozyten von verschiedenen Wirbeltieren. **1** Mensch, **2** Fledermaus, **3** Walross, **4** Wal, **5** Elefant, **6** Indischer Muntjak (= Hirschart), **7** Kamel, **8** Strauß, **9** Kolibri, **10** Krokodil, **11** Eidechse, **12** Python (= Riesenschlange), **13** Erdkröte, **14** Grottenolm, **15** Aalmolch (*Amphiuma*), **16** Lachs, **17** Hecht, **18** Hai (in Anlehnung an GULLIVER, 1875).

1.1.2
Zellmembran

Die Zellmembran (**Plasmalemma**) bildet die äußere Begrenzung der Zelle, gewährleistet den Kontakt zu anderen Zellen, die Oberflächenspannung und Zellbewegungen und ermöglicht Stoffaustausch und Reizbeantwortung.

Abb. 1.3

Aufbau der Tierzelle.
GA Golgi-Apparat,
GER glattes endoplasmatisches Retikulum, **LY** Lysosom, **MI** Mitochondrium,
Nu Nukleolus, **NU** Zellkern,
PS Peroxisom, **RER** raues endoplasmatisches Retikulum, **VE** Vesikel, **ZM** Zellmembran, **ZY** Zytosol.

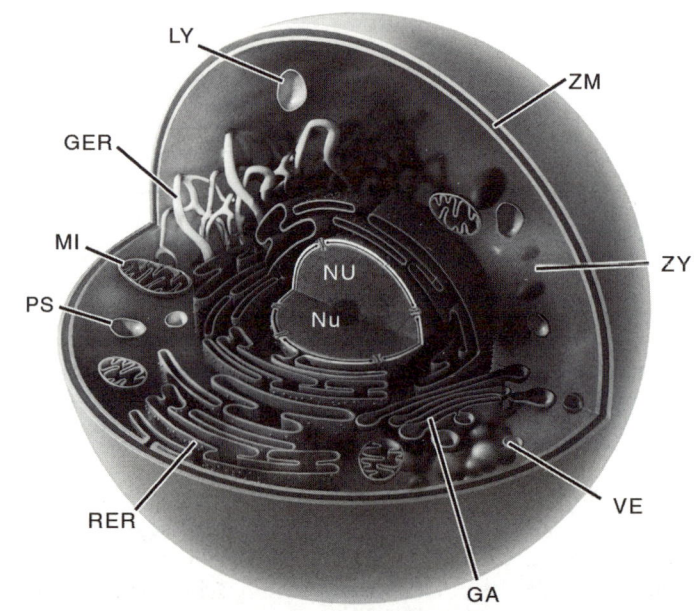

Abb. 1.4

Aufbau der Zellmembran.
CH Cholesterol, **DP** durchgehendes Protein,
EP extrinsisches Protein,
FS Fettsäure-Ketten (hydrophob), **IP** intrinsisches Protein, **KH** Kohlenhydrate (bilden den Saum, Glykokalyx), **PG** phosphathaltige Globularteile (hydrophil).

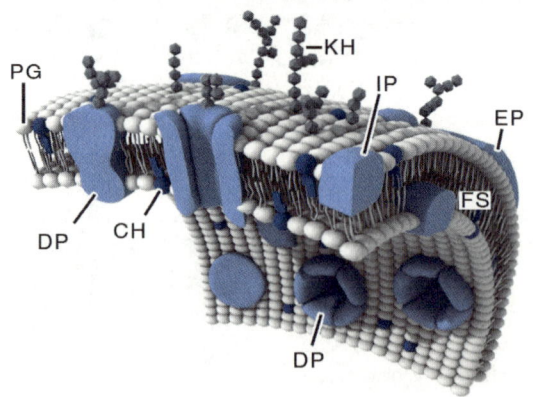

Aufbau

1.1.2.1

Die Zellmembran (ca. 8 nm dick) besteht aus zwei Lipidmolekülschichten, der Proteine mit unterschiedlicher Struktur ein- oder aufgelagert sind (Abb. 1.4). Das so genannte **Flüssigkeitsmosaikmodell** (fluid mosaic model) beschreibt die Zellmembran als »schwimmende Eisberge von Proteinen im Meer der Lipide«. Die **Phospholipide** (z.B. Lecithin) stellen die häufigste Form der Lipide dar. Jedes Molekül hat einen äußeren hydrophilen phosphathaltigen Globular-Teil und einen ins Innere der Membran gerichteten hydrophoben Teil, der aus zwei Fettsäure-Ketten besteht. Die **Proteine** bilden mehr als 50 % der Membranmasse. Es sind entweder integrale, intrinsische, tief in der Lipidschicht »eingetauchte« oder sie durchdringende Proteine oder periphere, extrinsische, auf der Membran »schwimmende« Membranproteine. **Kohlenhydrate** befinden sich auf der Membran als Oligosaccharid-Äste von Glykoproteinen und Glykolipiden. Sie weisen eine charakteristisch verzweigte Struktur auf, die aus der Membran herausragt und somit einen Saum an der Außenfläche der Zellmembran bildet, die so genannte **Glykokalyx**. In der Glykokalyx befinden sich spezifische Haftstellen (Rezeptoren) für Hormone und Antikörper. Sie spielt ferner eine wichtige Rolle in der Anhaftung (Adhäsion) und Erkennung von Zellen. Ein wichtiger Bestandteil der Zellmembran ist auch **Cholesterol**.

Box 1.1

Transport durch die Zellmembran

▶ **Unkontrollierte Diffusion**: Einige Stoffe können unkontrolliert die Zellmembran in beiden Richtungen durchdringen und dem Konzentrationsgradienten (von gleichartigen oder von anderen Substanzen) folgen.

▶ **Kontrollierte Diffusion**: Einige Stoffe, z.B. Glukose, folgen ebenfalls dem Konzentrationsgradienten, können aber die Membrankanäle nur in eine Richtung durchdringen.

▶ **Aktiver Transport**: Ionen und kleine Moleküle können in die Zelle auch gegen den Konzentrationsgradienten eindringen oder sie verlassen, wenn dieser Vorgang durch Proteine vermittelt wird. Die erforderliche Energie wird üblicherweise in Form von Adenosintriphosphat (ATP) bereitgestellt.

▶ **Bläschentransport**: Größere Moleküle und Partikel werden in die Zelle in einem (durch Einstülpung der Zellmembran entstandenen) Bläschen eingeschleust (**Endozytose**), entweder in gelöster (Pinozytose) oder in fester Form (Phagozytose), oder nach außen freigesetzt (**Exozytose**).

1.1.2.2 Funktion

Die Zellmembran **grenzt das innere Milieu vom äußeren ab**. Sie ist **selektiv permeabel** (also durchlässig für ausgewählte Stoffe) und somit wichtig für die **Homöostase** (Aufrechterhaltung eines konstanten inneren Milieus: optimale intrazelluläre Konzentration von Ionen, Wasser, Enzymen und Substraten) und für den **Stoffwechsel**. Vier Mechanismen ermöglichen den **Transport** von Molekülen durch die Membran: unkontrollierte und kontrollierte Diffusion, aktiver Transport und Bläschentransport (Box 1.1).

Dank der Glykokalyx ermöglicht die Zellmembran das **Erkennen** von gleichartigen Zellen und damit auch die Entstehung von Geweben (s. Kap. 1.2). Die Zellmembran ist der Träger von **Rezeptorproteinen**, die eine starke Binde-Affinität zu Signalmolekülen (wie Neurotransmitter, Hormone, Antikörper) besitzen. Durch die Bindung des entsprechenden Signalmoleküls (sog. **Liganden**) auf der Außenseite der Membran kommt es zur Veränderung des Rezeptors, welche auf der Innenseite ein Signal auslöst. Durch die Membran wird also ein Signal (nicht das Signalmolekül) übertragen. Es gibt verschiedene Typen von Rezeptoren (Box 1.2).

Box 1.2

Drei Typen von Rezeptoren

▶ Rezeptoren, die **mit einem Ionenkanal verbunden** sind. Nach der Bindung des Liganden öffnet oder schließt sich ein spezifischer Ionenkanal und die Leitfähigkeit für ein bestimmtes Ion verändert sich.

▶ Rezeptoren, die **mit Enzymen** (meistens Proteinkinase) **verbunden** sind **oder eigene Enzymwirkung** (meistens Tyrosinkinaseaktivität) besitzen und bei der Bindung durch den Liganden weitere zytoplasmatische Enzyme aktivieren.

▶ Rezeptoren, die **an G-Proteine** (Guaninnukleotide bindende Proteine) **gekoppelt** sind. Das inaktivierte G-Protein trägt ein GDP-Molekül (Guanosindiphosphat). Nach der Anbindung seines Liganden aktiviert der Rezeptor das G-Protein, welches GDP gegen GTP (Guanosintriphosphat) austauscht. Ein aktivierter Komplex des G-Proteins trennt sich vom Rezeptor und induziert die Bildung des **second messengers** (des zweiten Boten, z.B. cAMP Cyclo-Adenosinmonophosphat), der das Signal weiterleitet. Danach inaktiviert sich das G-Protein wieder (d.h. GTP → GDP).

▶ Lipophile Stoffe (Steroidhormone und Vitamine A und D) können die Zellmembran relativ einfach passieren und binden an so genannte **Zellkernrezeptoren**. Der Hormon-Rezeptor-Komplex bindet dann an die DNA und aktiviert oder inhibiert die Genexpression und somit die Synthese von Effektorproteinen.

Zytoplasma

Das von der Zellmembran umschlossene Zytoplasma besteht aus Zytosol, Zellorganellen und sonstigen Strukturen.

Zytosol

Das Zytosol, auch als Grundsubstanz oder Grund- bzw. Hyaloplasma bezeichnet, besteht zu 75–95 % aus in Wasser gelösten Proteinen, Lipiden, Kohlenhydraten, Mineralsalzen und Spurenelementen.

Zellorganellen

Zellorganellen sind intrazelluläre, in Membranen eingeschlossene Kompartimente. Jede Organelle enthält Enzyme und hat eine spezifische Struktur und Funktion. Zu den Organellen zählen Mitochondrien, endoplasmatisches Retikulum, Golgi-Apparat, Lysosomen und Peroxisomen (s. Abb. 1.3).

▶ **Mitochondrien** sind bakteriengroße (1–6 µm, Ø 0,2 µm), meist ovale, von einer Doppelmembran umgebene Zellorganellen. Die äußere Membran ist glatt, aber porös. Die innere Membran ist semipermeabel und kammähnlich eingefaltet, sie bildet so genannte Cristae, die der Oberflächenvergrößerung dienen. Mitochondrien werden als »**Kraftwerke der Zelle**« bezeichnet: Hier wird die Energie durch Oxidation verschiedener Nährstoffe gewonnen. Entsprechend enthalten sie die Enzyme der Atmungskette, der oxidativen Phosporylierung, des Citratzyklus und der Betaoxidation (Fettsäureabbau). Mitochondrien sind besonders häufig in Zellen mit hohem Energie-Bedarf. Mitochondrien enthalten sowohl eigene DNA als auch Ribosomen vom bakteriellen Typ und verfügen über die Fähigkeit zur Reduplikation. Diese Eigenschaften deuten daraufhin, dass sie sich entwicklungsgeschichtlich von intrazellulären bakteriellen Symbionten herleiten (**Endosymbionten-Theorie**).

▶ Das **endoplasmatische Retikulum** (**ER**) ist ein komplexes dreidimensional netzartig angeordnetes Hohlraumsystem aus Bläschen, Zisternen und Kanälchen. Die Membranen des Hohlraumsystems hängen mit der äußeren Kernmembran sowie auch mit der Zellmembran zusammen. In ausdifferenzierten Zellen kommt es in zwei Formen vor: ein mit Ribosomen besetztes so genanntes raues ER und ein ribosomenfreies glattes ER. Das **raue ER synthetisiert Proteine**, die vom Zytoplasma getrennt werden müssen (z.B. Kollagen, lysosomale Enzyme). Das **glatte ER besitzt viele Enzyme**, die für die Synthese von Steroidhormonen, für den Stoffwechsel der Lipide, für die Glykogen-Spaltung und für die Entgiftung zuständig sind. Entsprechend findet man das glatte ER in bestimmten Zellen der Nebennierenrinde, der Gonaden und der Leber. Spezialisiertes glattes ER, das so genannte **sarkoplasmatische Retikulum**, kommt in Muskelfasern vor, wo es die Kalzium-Ionen freisetzt und damit die Muskelkontraktion steuert.

▶ Der **Golgi-Apparat** oder Golgi-Komplex ist an vielen Aufgaben beteiligt, insbesondere in Zusammenhang mit der **Sekretion** (Kondensation, Umhüllung und Speicherung von Sekreten), der **Synthese von Polysacchariden**, der Regeneration von Zellmembranen und der Glykokalyx. Er besteht aus 3–10 hintereinander gelagerten konvex-konkav zusammengefalteten Doppelmembransäckchen (**Diktyosomen**). Auf der konvexen Seite (**cis-Seite**) werden ER-Vesikel aufgenommen, auf der konkaven Seite (**trans-Seite**) werden so genannte Golgi-Vesikel abgegeben.

▶ **Lysosomen** werden im Golgi-Apparat gebildet. Jedes Lysosom (0,25–0,5 µm) kann bis zu 50 Enzyme enthalten, die der »**intrazellulären Verdauung**« von organischen Substanzen dienen, die von der Zelle aufgenommen wurden.

▶ **Peroxisomen** sind kugelförmige, von einer einschichtigen Membran umgebene Bläschen, die verschiedene am **Metabolismus des Wasserstoffperoxids** beteiligte Enzyme enthalten. Sie nehmen z.B. an der **Oxidation von Fettsäuren** teil. Peroxisome finden sich vor allem in den Leberzellen und in den Zellen des Nierenepithels.

1.1.3.3 Zytoplasmatische Einschlüsse

Zytoplasmatische Einschlüsse (Inklusionen) sind von Membranen umgebene Granula und Bläschen (Vesikel), in denen verschiedene Stoffe gesammelt und gespeichert werden (z.B. RNA in **Ribosomen**, Lipide in **Liposomen**, Melanin in **Melanosomen**). Aus Lysosomen entstehen auch so genannte **Residualkörperchen**. Es handelt sich um Einschlüsse, die unverdauliche Abbauprodukte speichern (z.B. das Alterspigment Lipofuszin, ein Abbauprodukt von Lipoproteinen).

1.1.3.4 Zytoskelett

Das Zytoskelett ist ein dreidimensionales Netzwerk von faserigen Elementen: Mikrotubuli, Mikrofilamente und Intermediärfilamente. Es bietet strukturelle Stabilität für den Erhalt der Zellform und ist auch notwendig für Zellbewegungen und Transporte von zytoplasmatischen Komponenten.

▶ **Mikrotubuli** sind die dicksten (Ø 24 nm) röhrenförmigen Proteinstrukturen, die wichtige »**Transportwege**« in der Zelle bilden. Sie transportieren Zellorganellen, einschließlich ER, Golgi-Apparat, Vesikel (z.B. synaptische Bläschen in Neuronen) und Chromosomen während der Mitose (Spindeltubuli des Spindelapparats). Für den intrazellulären Transport sind **Motorproteine** wichtig (z.B. Dynein, Kinesin, Myosin), die ATPase enthalten, Zellstrukturen binden und sich mit ihnen entlang der Mikrotubuli bewegen. Verschiedene Organellen und Vesikel verfügen über verschiedene Motorproteine.

▶ **Mikrofilamente** sind die dünnsten Elemente des Zytoskeletts (Ø 5–7 nm). Es handelt sich um biegsame Aktin-Polymere. **Aktin** interagiert mit **Myosin**, das sich an die Zellmembran oder sonstige Zellstrukturen bindet, womit die Kontraktion der Zelle (s. Kap. 1.2.8) oder die Bewegung der jeweiligen Strukturen ermöglicht wird.

▶ **Intermediärfilamente** (z.B. Tonofibrillen, Neurofibrillen, Gliafilamente) bestehen aus kürzeren Proteinfilamenten (z.B. Desmin, Vimentin, Zytokeratin), die einander strangartig umwickeln. Intermediärfilamente sind zugfest und wichtig für die **Zellstabilisierung**. Sie kommen insbesondere in mechanisch belasteten Zellen vor.

Spezialisierte mikrotubuläre Zellstrukturen

| 1.1.3.5

Zu sonstigen spezialisierten Strukturen der Zellen zählen Zilien, Zentriolen, Spindelapparat und Kinetosomen, die alle aus Mikrotubuli aufgebaut sind.

▶ **Zilien** sind bewegliche, in die Zellmembran eingeschlossene Zellfortsätze, die als Flimmerhaare (Kinozilien) oder Geißeln vorkommen. Ein Zilium enthält einen Achsenfaden (**Axonema**), der aus neun peripheren **Mikrotubulus-Dubletten** besteht, die ein im Zentrum verlaufendes Paar von Mikrotubuli umgeben: Anordnung »**(9×2)+(1×2)**«. Die benachbarten Dubletten sind miteinander durch Motorproteine (insbesondere Dynein) dynamisch verbunden, womit die Zilienbeweglichkeit ermöglicht wird (Abb. 1.5). **Kinozilien** sind 5–10 µm lange Zilien, die an der freien Zelloberfläche üblicherweise in größerer Zahl vorkommen. **Geißeln** (lat. Flagellum) sind länger (50–55 mm) und dicker als Kinozilien. Pro Zelle kommen meistens nur eine bis wenige Geißeln vor.

▶ Das **Zentriol** (Zentrosom) ist ein kurzer (350–500 nm) Zylinder (Ø 150 nm), der neun schräg zueinander gestellte, in Form eines Zahnrads angeordnete **Mikrotubulus-Triplette** enthält (Abb. 1.6). Jede sich nicht teilende Zelle enthält zwei

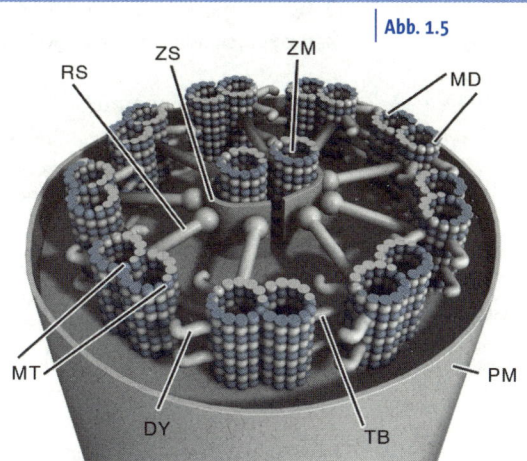

| Abb. 1.5

ZS ZM
RS MD
MT PM
DY TB

Aufbau des Achsenfadens (Axonema) eines Ziliums. **DY** Dyneinarme, **MD** periphere Mikrotubulus-Dubletten, **MT** peripherer Mikrotubulus, **PM** Plasmalemma, **RS** Radialsprosse, **TB** Tangential-Verbindungsstück, **ZM** Zentralmikrotubulus, **ZS** Zentralscheide.

Abb. 1.6

Diplosom. Ein Paar von rechtwinklig zueinander stehenden Zentriolen, die aus Mikrotubulus-Tripletten bestehen.

Zentriolen (**Diplosom**), die sich in der Nähe des Zellkerns befinden und deren Längsachsen rechtwinklig zueinander stehen. Zentriolen organisieren die Zellstruktur und steuern die Zellteilung.

▶ Der **Spindelapparat** (Kernspindel) wird während der Vorbereitung zur Mitose aus zytoplasmatischen Mikrotubuli gebildet, die zwischen den beiden Zentriolen – jede an einem Zellpol gelegen – verlaufen (s. Abb. 1.11). Weitere Mikrotubuli verbinden das Zentriol mit dem Zentromer des im Zelläquator liegenden Chromosoms. Die Verkürzung des Spindelapparats in der Anaphase bewirkt die Verlagerung der Chromosomen zu den Zentren der beiden entstehenden Zellen.

▶ Das **Kinetosom** (Basalkörperchen) ist ein Abkömmling des Zentriols, das im Zytoplasma, an der Basis jedes einzelnen Ziliums liegt, es verankert und den Motor für seine Bewegung darstellt.

1.1.4 Zellkern

Der Zellkern (**Nukleus**, Karyon) ist die größte Zellorganelle, die von einer Doppelmembran (Kernhülle) umgeben ist und in seinem Plasma (**Karyoplasma**) **Chromatin** und einen **Nukleolus** bzw. Nukleolen enthält.

1.1.4.1 Allgemeine Merkmale

In der Regel besitzen alle Zellen einen Kern. Erythrozyten der Säugetiere sind allerdings kernlos, während andere Zellen (z.B. Hepatozyten, Osteoklasten, Eizellen bestimmter Frösche, s. Kap. 4.9.1.4) mehrere Kerne aufweisen. Vielkernige Zellen, die durch Kernteilung ohne nachfolgende Zellteilung entstanden sind, sind von einem **Synzytium** zu unterscheiden. Bei Letzterem handelt es sich um einen mehrkernigen Zellverband, der durch Verschmelzung von Einzelzellen entstanden ist (z.B. Synzytiotrophoblasten der Plazenta, quergestreifte Muskelfasern oder Hypodermis bei Arthropoden). Die Größe des Zellkerns variiert absolut und relativ (Kern-Plasma-Relation) und charakterisiert verschiedene Zelltypen sowie ihren physiologischen Zustand. Die Menge und Verteilung des Chromatins variiert nach Typ und Aktivität der Zelle. Die Lage des Zellkerns ist vom Zelltyp abhängig. Der Kern kann basal, zentral oder exzentrisch peripher liegen. Er enthält in Form von DNA die genetische Information für Bau und Funktion des gesamten Organismus. »Gelesen« wird im

Kern jedoch nur der Teil der Informationen, der für die jeweilige Zelle (für die Synthese ihrer Komponenten und Produkte) aktuell von Relevanz ist. Der Kern ist auch für die Zellteilung unerlässlich (s. Kap. 1.1.5).

Kernhülle

| 1.1.4.2

Das Karyoplasma ist durch die Kernhülle umgeben, die aus **zwei Blättern** (Kernmembranen) besteht (Abb. 1.7) und den spaltförmigen **perinukleären Raum** umschließt. Inneres und äußeres Blatt der Kernhülle sind durch dehnbare Kanäle, die so genannten **Kernporen**, verbunden, durch die Makromoleküle aktiv und gesteuert transportiert werden. Das äußere Blatt geht stellenweise kontinuierlich in das ER über.

Chromatin und Chromosomen

| 1.1.4.3

Chromatin ist die aus DNA, gekoppelten Histonen und Nichthiston-Proteinen bestehende Substanz im Karyoplasma, die mit basischen Farbstoffen stark anfärbbar ist. Die strukturelle Einheit des Chromatins bilden die **Nukleosomen** (Abb. 1.8). Ein Nukleosom besteht aus einem Kern (gebildet aus 8 Histonen), der mit DNA (insgesamt 146 Basenpaaren) doppelt umwickelt ist. Die Nukleosomen sind wie Perlen auf einer Schnur miteinander verbunden. Der Verbindungsfaden zwischen zwei Nukleosomen enthält 48 DNA-Basenpaare. Die »Perlenkette« wird mit Hilfe eines Histons weiter aufgedreht: es entsteht eine gewundene 30 nm dicke »Kordel« mit 6 Nukleosomen pro Windung (**Solenoid**). Diese Schnur ist schleifenartig gefaltet und bildet die so genannte Minibands des Chromosoms (Abb. 1.9).

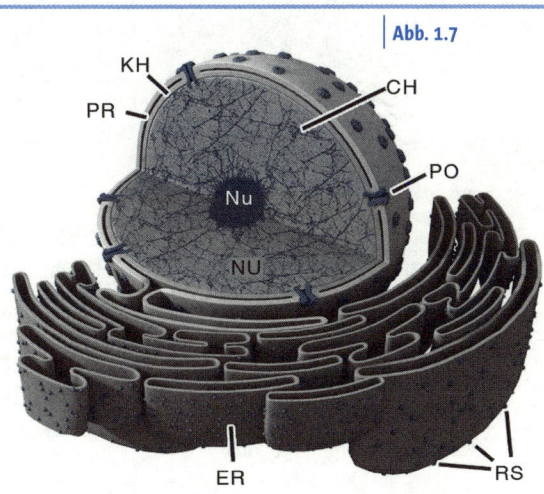

| Abb. 1.7

Zellkern und anschließendes endoplasmatisches Retikulum. **CH** Chromatinfäden, **ER** endoplasmatisches Retikulum, **KH** Kernhülle, **NU** Zellkern, **Nu** Nukleolus, **PO** Kernpore, **PR** Perinuklearraum, **RS** Ribosom.

Damit die Transkription stattfinden kann, muss sich die Chromatin-DNA zunächst entspiralisieren. Stark kondensiertes (und daher Transkription-inaktives) Chromatin ist besser anfärbbar und wird als **Heterochromatin** bezeich-

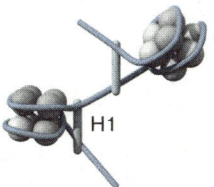

| Abb. 1.8

Zwei Nukleosomen, verbunden mit dem DNA-Faden. Ein Nukleosom besteht aus einem Kern (gebildet durch 4 Paare von Histonen: H2a, H2b, H3 und H4), der mit DNA doppelt umwickelt ist. Eine weitere Verdichtung wird mit Hilfe von Histon H1 erreicht.

Tab. 1.1 | **Chromosomenzahlen bei einigen ausgewählten Tierarten**

Tierart	2 n
Myrmecia pilosa (Ameisenart)	2
Indischer Muntjak (Hirschart)	6
Fruchtfliege	8
Afrikanische Zwergmaus	18
Weinbergschnecke	24
Regenwurm	32
Caenorhabditis elegans (Schlauchwurm)	36
Labor-Hausmaus	40
Mensch	46
Schimpanse	48
Schaf	54
Pferd	64
Haushund	78
Karpfen	104
einige Krabbenarten	>200
einige Schmetterlingsarten	>250

net. Das entspiralisierte Chromatin, das so genannte **Euchromatin**, verliert seine Färbbarkeit.

Je stärker ein Faden spiralisiert (zusammengedreht) ist, desto kürzer, dicker und sichtbarer ist er. Die kondensierteste Form des Heterochromatins, die während der Mitose im Lichtmikroskop sichtbar ist, bilden die **Chromosomen**. Außerhalb der Mitose sind nur die Lampenbürsten-Chromosomen in den wachsenden Eizellen und die Riesen-Chromosomen der Fliegen sichtbar. Chromosomen sind stäbchenförmige Gebilde, die in der Mitte (**metazentrische Chromosomen**) oder an einem Pol (**telozentrische** bzw. **akrozentrische Chromosomen**) ein als eine Einschnürung sichtbares **Zentromer** (Kinetochor) tragen. Dies ist die Stelle, an welcher der Spindelapparat ansetzt. In der Zygote und allen Körperzellen lassen sich alle Chromosomen zu Paaren ordnen (**diploider Satz**). Man unterscheidet **Autosomen** (somatische Chromosomen), die jeweils doppelt vorhanden sind, d.h. beide Chromosomen in einem Paar sind morphologisch identisch (homolog) und **Heterochromosomen** (zwei Geschlechtschromosomen, X- und Y-Chromosom), welche im heterogametischen Geschlecht (bei Säugetieren das Männchen) kein Partnerchromosom haben (s. Kap. 4.5.1.2). In den Gameten ist nur eines der beiden

Abb. 1.9 |

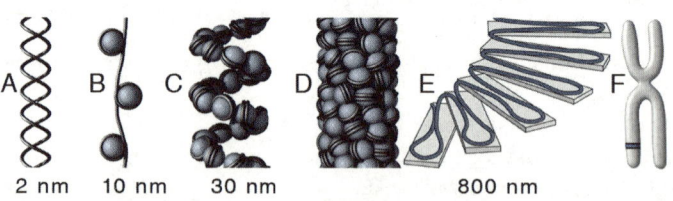

Chromatinkondensation. Von links nach rechts: DNA (**A**) wird an Histone gekoppelt und bildet einen Nukleosomenfaden (**B**). Durch weitere Aufdrehung entsteht ein Solenoid (**C**) Solenoide werden weiter aufgewunden (**D**) und bilden Schleifen, »Stufen einer Spindeltreppe« (**E**). Eine »Spindeltreppenwindung« bildet das sog. Miniband eines Chromosoms (**F**) (in Anlehnung an KAMAKAKA und THOMAS, 1990 und verschiedene weitere Quellen).

Abb. 1.10

1 2 3 4 5 6 7 8 XY

Karyogramm der männlichen afrikanischen Maus (*Mus triton*) aus Malawi. Der Karyotyp 2n =18 besteht aus 4 Paar metazentrischen (**1–4**), 2 Paar submetazentrischen (**5–6**) und 2 Paar akrozentrischen Autosomen (**7–8**) sowie den metazentrischen Sexchromosomen: einem größeren X und einem kleineren Y.

Heterochromosomen vorhanden, X oder Y, und jedes Autosom kommt nur einmal vor (**haploider Satz**). Beim homogametischen Geschlecht (bei Säugetieren das Weibchen) ist nur eines der beiden X-Chromosomen aktiv. Das inaktive X-Chromosom ist als Heterochromatin-Klumpen (**Sex-Chromatin** oder **Barr-Körper**) sichtbar.

Der **Karyotyp** – definiert nach Anzahl und Typ (Größe und Form) der Chromosomen – ist artspezifisch (Tab. 1.1, Abb. 1.10).

Nukleolus

1.1.4.4

Der Nukleolus (Kernchen) ist ein durch basische Färbung darstellbares Körperchen im Zellkern. Hier wird der größte Teil der ribosomalen RNA synthetisiert. Die Größe und Zahl der Nukleolen ist für bestimmte Zellarten typisch: In Embryonalzellen und schnell wachsenden Tumorzellen sind die Nukleolen größer und zahlreicher. Während der Mitose verschwinden die Nukleolen vollständig und entstehen in den Tochterkernen neu.

Zellzyklus

1.1.5

Unter Zellzyklus versteht man die Abfolge von Phasen des Zellwachstums, der Zellreifung und -teilung. Man unterscheidet die **Teilungsphase** (**M-Phase**, Mitose) und die **Interphase,** in der die Zelle stoffwechselaktiv ist. Die Dauer eines Zellzyklus wird als **Generationszeit** bezeichnet. Der Übergang zwischen den einzelnen Phasen des Zellzyklus wird von Enzymen wie z.B. cyclinabhängigen Kinasen (Cdk) gesteuert, die nur aktiv sind, wenn sie an Cycline gebunden sind. Ihre Konzentration in der Zelle ist von der aktuellen Phase des Zellzyklus abhängig. Cycline sind Regulationsproteine, die in der Evolution kaum verändert wurden (konservativ).

Interphase

1.1.5.1

Die Interphase wird in drei Phasen eingeteilt:
▶ **G1-Phase** (engl. gap: Lücke): Die Zelle wächst, es werden RNA und Proteine (jedoch keine DNA) synthetisiert, die Zentriolen werden verdop-

pelt. Die Zelle, die schon differenziert ist, kann aus dem Zellzyklus aussteigen und in die **G0-Phase** (Ruhepause) übergehen. In der G_0-Phase ist die Vorbereitung auf die Teilung zugunsten spezialisierter Aufgaben aufgeschoben. Manche Zelltypen (z.B. Hepatozyten, Fibrozyten) bleiben aber unter bestimmten Voraussetzungen zu einer erneuten Teilung fähig. Die Zellen, die nicht mehr in den Zellzyklus einsteigen können (z.B. Muskel- und Nervenzellen), werden als **terminal differenziert** bezeichnet.

▶ **S-Phase** (Synthetische Phase): Die DNA wird synthetisiert und verdoppelt, so dass aus einem Chromatinfaden so genannte **Schwesterchromatiden** entstehen, welche am Zentromer zusammenhängen. Falls in der G1-Phase noch nicht geschehen, werden die Zentriolen verdoppelt.

▶ **G2-Phase:** Eine relativ kurze Vorbereitungsphase für die nachfolgende Teilung. Beschädigte DNA wird repariert, Tubulin für den Spindelapparat wird synthetisiert, ATP für die energetisch anspruchsvolle Teilung wird angesammelt.

Box 1.3

Vier Phasen der Mitose

▶ **Prophase**: »Einpacken des Erbguts«; Spiralisierung des Chromatins, Bildung von Chromosomen, Auflösung der Nukleolen, Wanderung der Zentriolen zu den Polen, Bildung des Spindelapparats.

▶ **Metaphase**: Auflösung der Kernhülle, Chromosomen ordnen sich in der Äquatorialebene an, Längsspaltung von Chromosomen und Bildung von Schwesterchromatiden, der Spindelapparat bindet sich an die Zentromere.

▶ **Anaphase**: Die Zelle ist oval verlängert. Die Spalthälften der Chromosomen (Chromatiden) werden durch den Spindelapparat auseinandergezogen. Die Zentromere bewegen sich nach vorne und ziehen die Chromatiden mit sich.

▶ **Telophase**: »Auspacken des Erbguts«; die Chromosomen despiralisieren, Bildung der neuen Kernhülle und des Nukleolus, Einschnürung der Zelle, aus einer Mutterzelle entstehen zwei identische diploide Tochterzellen.

Abb. 1.11

Mitose. NU Zellkern, **SA** Spindelapparat, **ZE** Zentriolen.

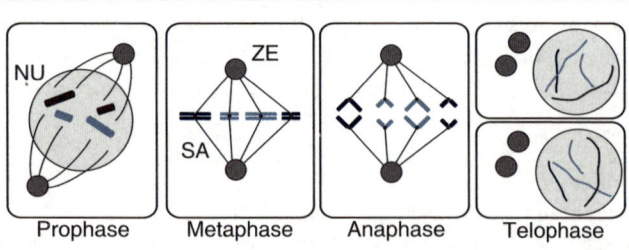

| Prophase | Metaphase | Anaphase | Telophase |

Mitose | 1.1.5.2

Die Mitose (Zellteilung) ist ein kurzer Prozess, der nach den beobachteten strukturellen Veränderungen in vier Phasen eingeteilt wird (Box 1.3, Abb. 1.11). Im Laufe der Mitose werden die Chromosomen in je zwei Chromatiden längsgespalten, dadurch verdoppelt und auf die neuen Tochterkerne verteilt (**Karyokinese**). Schließlich wird durch Zellteilung oder Furchung jedem Kern ein Zytoplasmabereich zugeordnet und die Zellorganellen werden verteilt (**Zytokinese**).

Eine Verdoppelung der DNA und Spaltung der Chromosomen ohne Auflösung der Kernhülle und ohne nachfolgende Zellteilung (**Endomitose**) führt zur **Polyploidie** (Vervielfältigung des gesamten Chromosomensatzes über die normale diploide Chromosomenzahl hinaus).

Gewebe | 1.2

Im Laufe der ontogenetischen Entwicklung differenzieren sich die Zellen zu unterschiedlichen Zelltypen und bilden Verbände, in denen sie miteinander kommunizieren, zusammenarbeiten und sich gegenseitig beeinflussen.

Interaktionen zwischen Zellen | 1.2.1

Die Zellform und der Zusammenschluss der Zellverbände sind von der **Adhäsion** (Anhaftung, Verankerung) von Zellen untereinander sowie zur extrazellulären Matrix abhängig. Hierzu dienen **Adhäsionsproteine** (z.B. Cadherine bzw. Integrine). Dies sind Transmembranproteine, welche die Moleküle des intrazellulären Zytoskeletts mit den Molekülen der anderen Zellen bzw. mit der extrazellulären Matrix (z.B. Kollagenfasern) verbinden.

Die Zellen in einem Zellverband bewahren durch Verbindungsstrukturen (z.B. Desmosomen, s. Kap. 1.2.3.3) direkte **physische Kontakte** zu ihren Nachbarn. Andere Verbindungskomplexe können auch für die Übertragung von elektrischen oder chemischen Signalen spezialisiert sein. Zellen vermögen außerdem miteinander über große Entfernungen mittels **Signalmolekülen** (z.B. Hormone) zu kommunizieren.

Definition und Klassifikation von Geweben | 1.2.2

Je nach Anordnung der Zellen und der Zwischenzellularsubstanz – oder auch nach ihrer Herkunft – haben die deutschen Anatomen A. KÖLLIKER

Definition

Zellverbände von ähnlicher Struktur und Funktion werden als **Gewebe** bezeichnet.

und F. v. LEYDIG eine **Klassifikation von Geweben** vorgeschlagen, die heute noch angewandt wird. Es werden die folgenden Typen unterschieden:

▶ Epithel,
▶ Bindegewebe,
▶ Muskelgewebe,
▶ Nervengewebe.

Die Lehre von den Geweben wird als **Histologie** bezeichnet.

1.2.3 | Epithel

Das Epithel ist ein geschlossener Zellverband **ohne** nennenswerte interzelluläre **Zwischenräume**.

1.2.3.1 | Allgemeine Merkmale des Epithels

Das Epithel ist **nicht durchblutet**, es unterliegt der **ständigen Erneuerung**. Von dem darunterliegenden Bindegewebe ist das Epithel durch die **Basalmembran** getrennt. Die Basalmembran stellt im engeren Sinne keine Gewebeart dar. Sie ist vielmehr eine lichtmikroskopisch sichtbare Grenzschicht zwischen Epithel- und Bindegewebe, welche aus Glykoprotein-Kollagen-Komplexen aufgebaut ist. Sie stellt die Verankerungszone für die Mutterzellen des Epithels dar. Zudem ist sie selektiv permeabel und passierbar. Embryonal entsteht das Epithel aus **Ektoderm** (z.B. Epidermis), aus **Entoderm** (z.B. Schleimhaut der Darmwand) oder aus **Mesoderm** (z.B. Endothel = Auskleidung der Blutgefäße, s. Kap. 1.3.2.2).

1.2.3.2 | Klassifikation und Typen

Das Epithelgewebe wird nach der Anzahl der Zellschichten sowie der Form der Zellen eingeteilt.

Anzahl der Zellschichten: Hierbei gilt als Kriterium, ob alle oder nur einige Zellen den Kontakt zur Basalmembran haben. Man unterscheidet

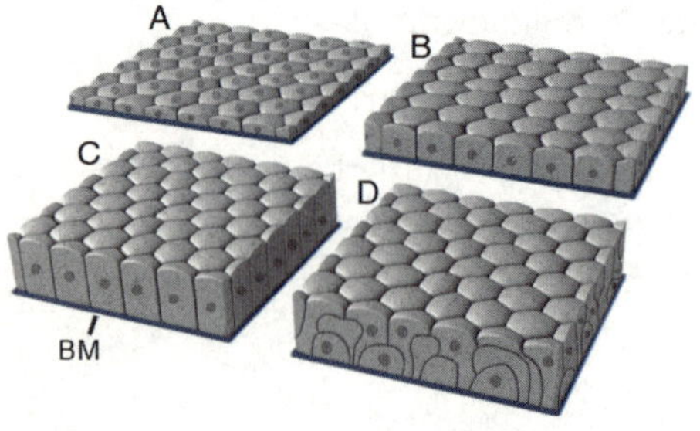

▶ **einschichtiges** Epithel (Kontakt zur Basalmembran bei allen Zellen, Abb. 1.12): Dieses Epithel kann zudem in ein **einreihiges** (alle Zellen sind von ähnlicher Größe und Form und auf dem Querschnitt befinden sich alle Zellkerne auf der selben Höhe in der Basalmembran, z.B. Magen-, Darmschleimhaut) und ein **mehrreihiges** (z.B. Respirationstrakt) unterschieden werden;

▶ **mehrschichtiges** Epithel (Kontakt zur Basal-

Abb. 1.12

Einschichtiges Epithel. A Plattenepithel, **B** kubisches Epithel, **C** zylindrisches Epithel, **D** mehrreihiges Epithel. BM Basalmembran.

membran nur bei einigen Zellen, Abb. 1.13): Das mehrschichtige Epithel kann **unverhornt** oder **verhornt** (keratinisiert) sein (**Keratin** ist ein Intermediärfilament bildendes Strukturprotein). Beim verhornten Epithel sterben die Zellen der obersten Schicht ab und werden als Hornschuppen abgeschilfert (z.B. Oberhaut, Speiseröhre bei Grasfressern);

▶ **Übergangsepithel** (Abb. 1.13): Es ist ein mehrreihiges (nach einigen Autoren: mehrschichtiges) Epithel, welches in der Harnblase und den Harnleitern vorkommt. Dieses Epithel ist dehnbar und verformbar. Typisch ist die so genannte Kruste (s. Kap. 1.2.3.3).

Form der Zellen: Bei der Einteilung der mehrschichtigen Epithele gilt als Kriterium die Form der Zellen der obersten Schicht. Man unterscheidet

▶ **Plattenepithel** (z.B. Epidermis, Endothel, Pneumozyten, Auskleidung der Hohlräume und Öffnungen von Mund, Anus, Vagina),

▶ **kubisches** (isoprismatisches) Epithel (z.B. Drüsenausgänge, Nierenkanälchen),

▶ **zylindrisches** (hochprismatisches) Epithel (Magen-, Darmschleimhaut).

Zur Charakterisierung der Epithelgewebe werden beide Kriterien kombiniert. So kann man z.B. ein einschichtiges Plattenepithel, ein mehrschichtiges unverhorntes Plattenepithel und ein mehrreihiges zylindrisches Epithel unterscheiden.

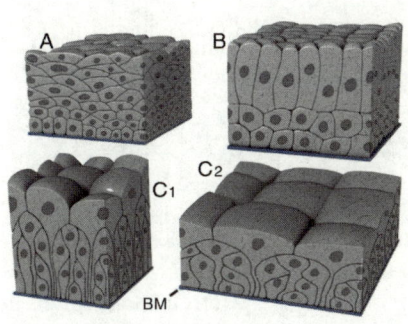

| Abb. 1.13

Mehrschichtiges Epithel und Übergangsepithel.
A unverhorntes Plattenepithel, **B** zylindrisches Epithel; Übergangsepithel: **C1** erschlafft, **C2** gedehnt. BM Basalmembran.

Polarität von Epithelzellen

| 1.2.3.3

Epithelzellen sind häufig **polarisiert** (strukturell und funktionell asymmetrisch). Besonders auffällig ist die Polarität bei einschichtigem Epithel, wo an jeder Zelle die apikale (obere, freie), die basale (zur Basalmembran zugewandte) und die laterale (den Nachbarzellen zugewandte) Oberfläche unterschieden werden kann.

Modifikation der apikalen Oberfläche (Abb. 1.14): Die apikale Oberfläche befindet sich auf der äußeren, bei Hohlorganen auf der nach innen gekehrten (luminalen) Oberfläche eines Organs. Sie ist auf Funktionen spezialisiert, die mit der Abgrenzung von zwei Milieus zusammenhängen: **Schutz**, **Sekretion**, **Resorption** und **Bewegung**.

▶ Die **Kruste** ist eine chemische Schutzbarriere. Sie wird vom verdichteten Zytoplasma am apikalen Pol der Oberflächenzellen des Übergangsepithels der Harnwege gebildet.

▶ Die **Kutikula** wird aus nach außen abgegebenen Zellprodukten gebil-

Abb. 1.14

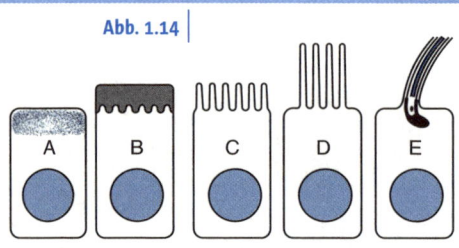

Modifikationen der apikalen Zelloberfläche.
A Kruste, **B** Kutikula, **C** Mikrovilli, **D** Stereozilien, **E** Kinozilium.

det, die mit der Oberfläche der Zelle verhaftet bleiben (z.B. Tunicin bei Manteltieren, Chitin bei Insekten, Zahnschmelz, Zona pellucida der Eizelle). Die Kutikula besitzt eine mechanische Schutzfunktion.

▶ **Mikrovilli** sind feine, kurze (1–6 µm) zytoplasmatische Fortsätze der apikalen Zelloberfläche, die durch Aktin-Mikrofilamente gestützt werden. An der Epitheloberfläche bilden sie den **Bürstensaum**. Mikrovilli dienen der Vergrößerung der Zelloberfläche und erleichtern die Resorption der Nährstoffe (z.B. Epithel der Dünndarmschleimhaut, Körperoberfläche von Bandwürmern).

▶ **Stereozilien** sind keine Zilien, sondern besonders lange Mikrovilli. Sie stehen in Beziehung zur Sekretabsonderung und Resorption und befinden sich u.a. im Nebenhodengang, im Amnionepithel sowie in der Haut von Neunaugen. Im Innenohr (Haarzellen des Corti-Organs und des Gleichgewichtsorgans) sind sie funktionell Teil eines Sinnesorgans.

▶ **Kinozilien** zeigen wellenartige Bewegungen und transportieren auf diese Weise z.B. die Schleimschicht mit Partikeln in die Luftröhre oder auch das Ei im Eileiter. Das mit Kinozilien ausgestattete Epithel wird als **Flimmerepithel** bezeichnet.

▶ **Geißeln** dienen dem Transport von Wasser und/oder Nahrungspartikeln (z.B. Choanozyten der Schwämme) oder der eigenen Bewegung (z.B. Spermien = Abkömmlinge des Samenepithels).

Modifikationen der basalen Oberfläche: Die basalen Oberflächen der Zellen stehen in Kontakt mit der Basalmembran. Die Verbindung zwischen der Basalmembran und den Zellen wird durch Adhäsionstransmembranproteine (Integrine) vermittelt. Basale Zelloberflächen liegen nahe der Blutversorgung und enthalten verschiedene Hormonrezeptoren. Der Zellkern und das ER befinden sich meistens in der basalen Hälfte der Zelle.

Modifikationen der lateralen Oberflächen: Epithelzellen stehen in einem engen Kontakt miteinander. Es gibt drei Hauptformen der Verbindungen von Epithelzellen (Abb. 1.15):

▶ **Tight junction, Zonula occludens:** Eine Art Schlussleiste, welche durch die Verschmelzung von benachbarten Zellmembranen im apikalen Bereich entsteht. Als Gürtel umgibt sie die ganze Zelle. Diese Schlussleiste besitzt eine Schrankenfunktion, sie verhindert das Eindringen von Darmbakterien und Toxinen in die Blutbahn.

▶ **Desmosom (Macula adhaerens):** Eine lokale punktuelle Verbindung, die aus zwei Haftplatten an der Oberfläche von benachbarten Zellmembranen besteht. Desmosomen sind durch Intermediärfilamentproteine im

Zytoplasma verankert. Die Haftplatten sind durch Cadherine miteinander verbunden. Die **Zonula
adhaerens** ist eigentlich ein gürtel-
artiges Desmosom, das sich unter
der Schlussleiste befindet.

▶ **Gap junction (Nexus)**: Ein zytoplasmatischer Kanal, welcher von spezialisierten Proteinen (Connexi-
nen) gebildet wird. Die nach innen
gewandten Aminosäuren sind
hydrophil, so wird der Durchtritt
von kleinen Molekülen ermöglicht
(Salze, Zucker, Aminosäuren usw.).
Gap junctions dienen dem Stoffaustausch und der Erregungsleitung und sind somit wichtig für
interzelluläre Kommunikation und Koordination.

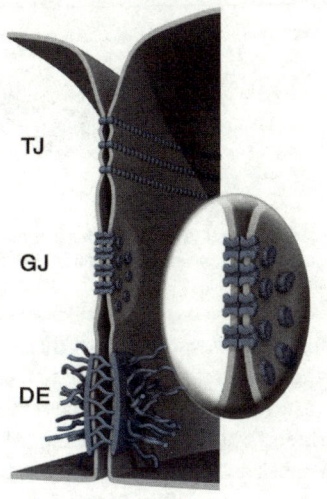

| Abb. 1.15

**Modifikationen der
lateralen Zelloberfläche**.
DE Desmosom, **GJ** Gap
junction (zusätzlich ver-
größert), **TJ** Tight junction.

Funktionen von Epithelgeweben

| 1.2.3.4

Das Epithelgewebe bildet die Bedeckung der Körperoberfläche und dient
der inneren Auskleidung von Hohlorganen. Es übernimmt verschiedene
Aufgaben:

▶ **Bedeckung/Schutz** von Außen und Innen: Hierzu dient das mehrschichtige Epithel, wobei die Verhornung einen zusätzlichen mechanischen
Schutz bietet und zudem vor Austrocknung bewahrt,

▶ **Resorption**: Einschichtiges Epithel mit einer durch Mikrovilli vergrö-
ßerten Oberfläche,

▶ **Gasaustausch**: Einschichtiges dünnes Plattenepithel,

▶ **Bewegung von Substraten**: Flimmerepithel,

▶ **Sekretion**: Drüsen,

▶ **Reizaufnahme**: Sinnesepithel im Innenohr, Pigmentepithel im Auge,

▶ **Kontraktion**: Einige Zellen spezialisieren sich auf Kontraktion und bilden das so genannte **Myoepithel**, z.B. in Ausgängen einiger Drüsen oder in
der Regenbogenhaut des Auges.

Drüsen und Sekretion

| 1.2.3.5

Drüsenzellen sind Epithelzellen, die sich auf die **Sekretion**, also die Absonderung von Biomolekülen und/oder Flüssigkeiten aus Zellen, spezialisieren. Sie können im Epithel einzeln zerstreut sein (z.B. **Becherzellen** im
Darm oder Respirationstrakt) oder in Drüsen (Glandulae) organisiert
sein. **Endokrine Drüsen** geben ihre Produkte – Hormone – direkt in die

Abb. 1.16

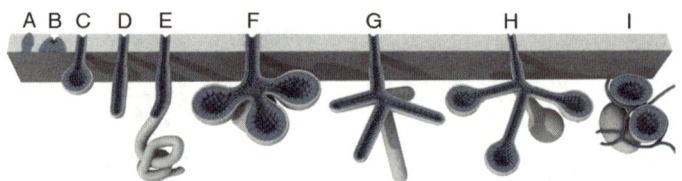

Typen von Drüsen. A Becherzelle, **B** intraepitheliale Drüse, **C** einfache Alveolardrüse, **D** einfache Tubulardrüse, **E** gewundene Tubulardrüse, **F** verzweigte Alveolardrüse **G** verzweigte Tubulardrüse, **H** verzweigte Tubulo-Alveolardrüse, **I** endokrine Drüse (nach ČIHÁK, 1987).

Blutbahn ab, während **exokrine Drüsen** ihre Sekrete über einen Ausführgang nach außen oder in einen Hohlraum abgeben.

Nach der **Form des sezernierenden Endstücks** werden drei Typen von exokrinen Drüsen unterschieden (Abb. 1.16):

▶ **tubuläre** Drüsen (z.B. Magen-, Darm- und Schweißdrüsen),

▶ **alveolare** (azinöse) Drüsen (z.B. Milchdrüsen),

▶ **tubulo-alveolare** Drüsen (z.B. einige Speicheldrüsen).

Nach der **Art der Sekretion** werden folgende Typen unterschieden (Abb. 1.17):

▶ **merokrine** (ekkrine) Sekretion: Exozytose ohne Verlust vom Zytoplasma (z.B. menschliche Schweißdrüsen, alle endokrinen Drüsen),

▶ **apokrine** Sekretion: Das Sekret wird zusammen mit dem apikalen Teil der Zelle abgeschnürt (z.B. Milchdrüsen, Duftdrüsen der Säugetiere),

▶ **holokrine** Sekretion: Die gesamte Drüsenzelle wird zum Sekret und abgestoßen (z.B. Talgdrüsen).

Nach dem **Typ des Sekretes** werden unterschieden:

▶ **seröse** Drüsen: Sie produzieren ein dünnes, wässriges Sekret mit Proteinen und Glykoproteinen (z.B. Ohrspeicheldrüse, enzymproduzierende Drüsen),

▶ **muköse** Drüsen: Sie stellen ein schleimiges Sekret her (z.B. Drüsen der Speiseröhre),

▶ **sero-muköse** Drüsen: Sie produzieren ein gemischtes Sekret (z.B. kleine Speicheldrüsen).

Bei unterschiedlichen Tierarten können von verschiedenen Drüsen außerdem **verschiedene andere Stoffe** sezerniert werden, z.B. NaCl, HCl, H_2SO_4, giftige Proteine, Blausäure.

Abb. 1.17

Typen der Sekretion. A merokrine (ekrine) Drüse, **B** apokrine Drüse, **C** holokrine Drüse.

Bindegewebe

1.2.4

Das Bindegewebe entsteht **aus Mesoderm** (s. Kap. 1.3.2.2). Sein Aufbau und seine Funktion sind sehr vielfältig. Ein wichtiges strukturelles Merkmal ist die reichlich vorhandene Interzellularsubstanz (Abb. 1.18).

Allgemeine Merkmale des Bindegewebes

1.2.4.1

Die **zwischenzelluläre (Interzellular-) Substanz** besteht aus der **Grundsubstanz** und **Proteinfasern**. Die Grundsubstanz (Matrix) ist aus Glykoproteinen und Proteoglykanen mit Glykosaminoglykanen aufgebaut (deren wichtigste Bestandteile Hexosamine und Hyaluronsäure sind). Die Matrix ist zur Wasseraufnahme befähigt.

Es exististieren drei verschiedene Typen von **Proteinfasern**:

▶ **Kollagenfasern**: Kollagen ist ein Protein, von welchem 20 verschiedene Typen vorkommen. Typische Aminosäuren sind Hydroxyprolin und Hydroxylysin. Kollagen macht 40 % der Proteinmasse eines Tierkörpers aus, jedoch fehlt es bei Arthropoden (sowie bei Protisten). Es ist in kochendem Wasser löslich, wobei eine leimartige Substanz entsteht. Kollagen zeichnet sich durch sehr starke Zugfestigkeit aus (bei gleicher Masse ist es gar zugfester als Stahl). Es ist in gewellten Fasern organisiert, welche aus Lamellen, Fibrillen und Filamenten aufgebaut sind. Die Fasern bilden bis zu 15 μm dicke Bündel.

▶ **Elastische Fasern** sind bis 10 μm dick und bestehen aus Elastin. Elastin enthält insbesondere hydrophobe Aminosäuren – Glycin, Prolin und Valin – und ist daher unlöslich. Weiterhin ist es sehr resistent gegen Hitze, Säuren- und Laugen und zudem sehr dehnbar (ohne Zerreißen kann es auf 150 % seiner Länge gedehnt werden). Am Lebenden ist es von gelblicher Farbe, jedoch ist es histologisch schlecht anfärbbar.

▶ **Retikulinfasern** bestehen aus Retikulin (auch Präkollagen genannt), das ähnlich wie Kollagen aufgebaut ist, jedoch einen höheren Saccharidgehalt hat und chemisch resistenter ist. Retikulinfasern kommen in der Basalmembran, rund um Kapillaren, Nerven- und Muskelzellen vor.

Abb. 1.18

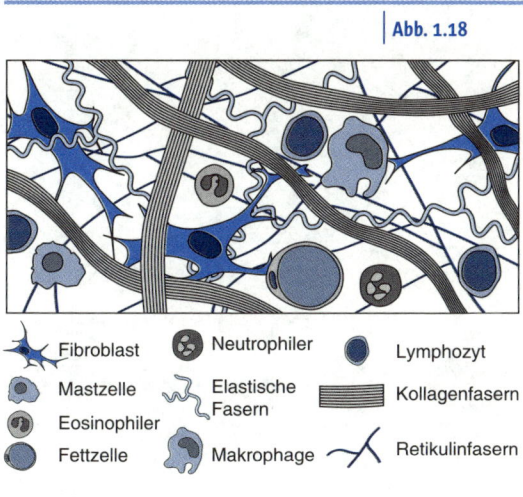

Fibroblast   Neutrophiler   Lymphozyt
Mastzelle   Elastische Fasern   Kollagenfasern
Eosinophiler
Fettzelle   Makrophage   Retikulinfasern

Bestandteile des Bindegewebes.

Die **Zellen** des Bindegewebes lassen sich in zwei Gruppen einteilen: Hauptzellen und Nebenzellen (Abb. 1.19). **Hauptzellen** sind fixe, ortsbeständige Zellen, die in dem Gewebe entstanden sind, in dem sie auch vorkommen:

▶ **Fibroblasten** sind spindelförmige Zellen mit langen Fortsätzen, die teilungsaktiv und für die Bildung der interzellulären Substanz verantwortlich sind. Im reifen, weniger aktiven Stadium stellen sie als **Fibrozyten** den überwiegenden Anteil der Hauptzellen. Fibrozyten sind in der Lage, in das Stadium von Fibroblasten zurückzukehren. Spezialisierte Formen sind Chondro- und Osteoblasten bzw. -zyten (s. Kap. 1.2.5).

▶ **Retikulumzellen** sind sternförmige Zellen, welche die Retikulinfasern im Knochenmark, die lymphatischen Gewebe und die Fettgewebe bilden. Einige Retikulumzellen phagozytieren antigenes Material und Zellreste.

▶ **Pigmentzellen** oder **Chromatophoren** sind meistens flache, sternförmig verzweigte, mit feinen Pigmentkörnchen gefüllte Zellen. Nach Art des Pigmentes werden verschiedene Typen von Chromatophoren unterschieden. **Melanozyten** (Melanophoren), die das braunschwarze Pigment Melanin bilden, sind die am häufigsten vorkommenden Pigmentzellen.

▶ **Fettzellen** oder **Adipozyten** sind fettspeichernde Zellen (s. Kap. 1.2.4.2).

Nebenzellen sind freie, teilweise bewegliche Zellen, die eigentlich dem Immunsystem angehören und im Bindegewebe in veränderlicher Zahl vorkommen. Einige behalten ihre ursprünglichen Eigenschaften und können das Bindegewebe wieder verlassen. Die meisten Nebenzellen lassen sich jedoch im Bindewebe nieder und differenzieren sich weiter:

▶ **Mastzellen** sind große Zellen (20–30 μm) mit vielen basophilen Körnern (Granula), die bei einer allergischen Reaktion ausgestoßen werden und **Heparin** sowie **Histamin** freisetzen.

▶ **Makrophagen** sind große verzweigte Zellen (12–30 μm), die sich aus Monozyten entwickeln und zur Endozytose (s. Box 1.1) befähigt sind. Sie entfernen Fremdkörper und Zellreste und beteiligen sich an der Immunantwort, indem sie auf ihrer Oberfläche den Lymphozyten die phagozytierten Antigene präsentieren.

▶ **Plasmazellen** sind ovale, basophi-

Abb. 1.19

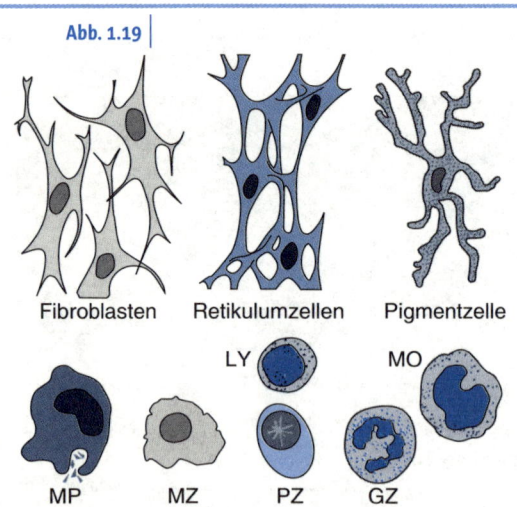

Fibroblasten   Retikulumzellen   Pigmentzelle

LY   MO

MP   MZ   PZ   GZ

Haupt- und Nebenzellen des Bindegewebes. GZ Granulozyt, **LY** Lymphozyt, **MO** Monozyt, **MP** Makrophag, **MZ** Mastzelle, **PZ** Plasmazelle.

le Zellen mit einem runden, exzentrisch gelegenen Kern und einer Rad-
speichenstruktur des Chromatins. Sie produzieren die Antikörper und
sind damit die Träger der humoralen Immunität (s. Kap. 3.3.1). Zudem
kommen sie vermehrt an Orten vor, die das Eindringen von Bakterien
ermöglichen.

▶ **Leukozyten** sind weiße Blutzellen (Lymphozyten, Monozyten, neutro-,
eosino- und basophile Granulozyten), die eine wichtige Rolle bei der
Immunantwort spielen (s. Kap. 1.2.6.1 und Kap. 3.3.1).

Klassifikation und Typen | 1.2.4.2

Bindegewebe werden nach Typ der vorwiegenden Fasern und Hauptzellen eingeteilt in:

▶ embryonales Bindegewebe,
▶ gallertiges Bindegewebe,
▶ retikuläres Bindegewebe,
▶ kollagenes Bindegewebe,
▶ elastisches Bindegewebe,
▶ Fettgewebe,
▶ Knorpelgewebe,
▶ Knochengewebe,
▶ Blut.

Knorpel- und Knochengewebe werden zusammengefasst auch als
Stützgewebe bezeichnet. **Blut** ist ein Sondertyp des Bindegewebes (die
reichlich vorhandene Interzellularsubstanz ist hier flüssig). Stütz- und
Blutgewebe werden hier wegen ihrer Besonderheit getrennt behandelt.

Embryonales Bindegewebe, auch als **Mesenchym** bezeichnet, besteht aus
einem lockeren, mit interzellulärer Flüssigkeit gefülltem Schwammwerk
stark verzweigter Zellen. Es differenziert sich im Laufe der embryonalen
Entwicklung zu weiteren Bindegewebs-Typen
sowie auch zu Muskelgewebe.

Gallertiges Bindegewebe enthält wenige Zellen und Fasern, eingebettet in viel Intrazellu-
larsubstanz geleeartiger Konsistenz. Es ist
elastisch und schützt darunter liegende
Strukturen. So kommt es beispielsweise in
den nuclei pulposi der Bandscheiben sowie in
der Zahnpulpa vor und bildet als Wharton-
Sulze das Grundgewebe der Nabelschnur der
Säugetiere.

Retikuläres Bindegewebe stellt ein Netzwerk
aus Retikulumzellen und Retikulinfasern dar.
In relativ wenig Interzellularsubstanz befin-

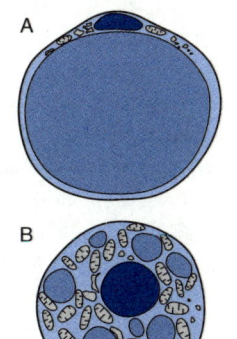

| **Abb. 1.20**

Fettzellen (Adipozyten).
A Univakuoläre Fettzelle,
B plurivakuoläre Fettzelle.

den sich viele bewegliche Zellen. Dieses Gewebe bildet den Hauptbestandteil von Blut bildenden und lymphatischen Organen (Knochenmark, Milz und Lymphknoten).

Kollagenes Bindegewebe besteht hauptsächlich aus Kollagenfasern. Es kommt als lockeres (**interstitielles**, d.h. Zwischenraum-Gewebe) oder straffes Gewebe vor. Straffes Gewebe kann entweder geflechtartig (Muskelfaszien, Organkapseln) oder parallelfaserig angeordnet sein (Bänder und Sehnen).

Elastisches Bindegewebe besteht aus elastischen Fasern. Es kommt in der Arterienwand und in manchen Sehnen vor. Außerdem bildet es die Ligamenta flava (gelbe Bänder zwischen benachbarten Wirbelbögen) und das Ligamentum nuchae (Nackenband).

Fettgewebe ist auf das Speichern von Fett (in Form von Triglyzeriden) spezialisiert. Es besteht aus Fettzellen (**Adipozyten**, Abb. 1.20), die durch kollagene und elastische Fasern zu Fettgewebsläppchen zusammengefasst werden. Es gibt zwei **Typen von Fettgewebe**:

▶ Das **weiße** (univakuoläre) **Fettgewebe** besteht aus großen, runden Fettzellen mit einem randständigen Zellkern und einem Fetttröpfchen. Weißes Fettgewebe dient als Energiereservoir und Baufett (ist also Füll-, Schutz-, Polstergewebe) und zur Thermoisolation.

▶ Das **braune** (plurivakuoläre) **Fettgewebe** besteht aus Zellen mit vielen kleinen Fetttröpfchen; seine Energiereserven können schnell mobilisiert werden. Seine braune Farbe wird durch Zytochrome in den Mitochondrien sowie durch eine starke Vaskularisation (Gefäßversorgung) verursacht. Es kommt vor allem bei Kleinsäugern (v.a. Winterschläfern) und bei Jungtieren von Säugetieren (einschließlich des Menschen), insbesondere im Bereich zwischen den Schulterblättern vor. Daher wird ein aus dem braunen Fettgewebe hervorgehender Tumor als Hibernom bezeichnet (Hibernation = Winterschlaf).

1.2.5 | Stützgewebe

Stützgewebe wird unterteilt in Knorpel- und Knochengewebe.

Knorpelgewebe (Abb. 1.21) ist ein druckfestes, weiches Stützgewebe. **Knorpelzellen** (**Chondroblasten** bzw. -zyten) sind runde Zellen, reich an endoplasmatischem Retikulum, Glykogen und Fetttropfen. Sie produzieren die Fasern und die Grundsubstanz, in der sie sich allmählich einmauern. Hauptbestandteile der Grundsubstanz sind schwefelhaltige Glykosaminglykane (Chondroitinsulfate). Ein bis mehrere Knorpelzellen befinden sich in Gruppen bzw. Nestern (**Chondrone**), umgeben von verdichteter, faserfreier Grundsubstanz. Der Knorpel wiederum ist umgeben von der Knorpelhaut (**Perichondrium**), einem faserigen, gut durchbluteten und reichlich innervierten Überzug. Knorpelgewebe enthält nur wenige Gefäße. Die Knorpelzellen werden durch Diffusion ernährt und gewinnen ihre Energie hauptsächlich durch anaerobe Glykolyse. Je nach Beschaffenheit der Substanz (und Größe der Chondrone) kann man verschiedene **Knorpeltypen** unterscheiden:

▶ **Zellknorpel** besteht aus bläschenartigen Zellen, die nur durch dünne Grundsubstanz-Wände getrennt sind. Dies ist der Embryonalknorpel, der sich bei Kleinsäugern in der Ohrmuschel erhält.

▶ **Hyaliner Knorpel** ist im frischen Zustand bläulich opaleszierend. Die Kollagenfibrillen sind sehr dünn und ihre optischen Eigenschaften (Refraktionsindex) sind denen der Grundsubstanz ähnlich. Daher sind die Fasern im Lichtmikroskop nicht sichtbar und die Interzellularsubstanz ist optisch homogen. Die Chondrone enthalten zwei oder vier Zellen. Hyaliner Knorpel bildet das fetale Skelett, bei Adulten kommt er z.B. als Gelenk-, Rippen-, Nasen-, Luftröhren- und Bronchialknorpel vor. Bei Knorpelfischen mineralisiert dieser Knorpel und bildet das gesamte Skelett aus.

▶ **Elastischer Knorpel** ist im frischen Zustand gelblich und elastisch; er enthält viele elastische und kollagene Fasern. Die Chondrone sind kleiner: Sie bestehen meistens aus einer bis zwei Zellen. Elastischer Knorpel bildet z.B. die Ohrmuschel (bei mittelgroßen und großen Säugetieren) und die Epiglottis.

▶ **Faserknorpel** ist matt weiß und sehr fest und enthält viele Kollagenfasern. Die Chondrone sind eher klein. Im Lichtmikroskop erinnert er an straffes kollagenes Bindegewebe. Dieser Knorpel kommt an mechanisch besonders belasteten Stellen vor: Er bildet z.B. den Faserknorpelring der Bandscheiben, die Schambeinsymphyse und die Menisci des Kniegelenks.

Knochengewebe (lat. os) ist ein zug- und druckfestes ($10–15$ kg/mm²), hartes Stützgewebe der Wirbeltiere. Knochenzellen (**Osteoblasten**) bilden um sich herum die organische Interzellularsubstanz. In den Hohlräumen dieser Substanz (den sog. **Lakunae**) eingeschlossene Knochenzellen teilen sich nicht mehr und werden als **Osteozyten** bezeichnet. Charakteristisch für die Osteozyten sind lange dünne zytoplasmatische Fortsätze. Osteozyten sind wichtig für den Mineralienhaushalt, und ihr Absterben bedeutet auch Zerfall oder Resorption des Knochens.

Die **Knochensubstanz** besteht aus einem organischen und einem anorganischen Anteil. Der organische Anteil (**Osteoid**) besteht hauptsächlich aus Kollagen, das in die Grundsubstanz eingebettet ist. Der anorganische Anteil wird vor allem aus Kalziumphosphat (**Hydroxylapatit**) gebildet (Box 1.4, Abb. 1.22). Der Anteil an Mineralien vergrößert sich im Laufe des Lebens (Neugeborenes: 48 %, Erwachsener: 60 % Mineralien).

Abb. 1.21

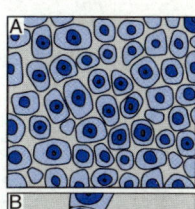
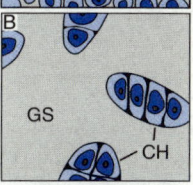
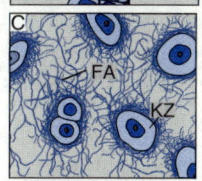
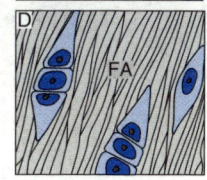

Knorpelgewebe.
A Zellknorpel, **B** hyaliner Knorpel, **C** elastischer Knorpel, **D** Faserknorpel. **CH** Chondron, **FA** Faser, **GS** Grundsubstanz, **KZ** Knorpelzelle.

Box 1.4

Kalzium-Metabolismus und Physiologie des Knochengewebes

Kalzium ist zum einen als Co-Faktor mancher enzymatischer Prozesse wichtig und zum anderen unerlässlich für die Muskelkontraktion, die neuronale Erregbarkeit, die Blutgerinnung und die Zelladhäsion. Kalzium stellt 1,5 % des Körpergewichts; 99 % des Kalziums sind im Knochengewebe gespeichert und können nach Bedarf schnell freigesetzt werden. Weil Kalzium im Knochen in Form von Kalziumphosphat gebunden ist, ist der Kalzium-Metabolismus eng mit dem Phospor-Metabolismus gekoppelt.

Die **Kalzium- und Phospatkonzentration** im Blut sowie die **Speicherung** dieser Elemente im Knochen wird durch **Calcitonin** gesteuert, einem Hormon der Schilddrüse. Calcitonin stimuliert Knochenzellen zu vermehrter Speicherung von Kalzium und bewirkt gleichzeitig eine erhöhte Ausscheidung von Kalzium über Nieren und Darm.

Die Aufnahme von Kalzium (und Phosphat) aus der Nahrung (also die **Kalzium-Resorption im Darm**) wird durch **Calcitriol** (ein Vitamin-D-Derivat) stimuliert.

Die **Freisetzung von Kalzium** (und Phosphat) **aus Knochengewebe** wird durch **Parathormon** (PTH) aus den Nebenschilddrüsen (Glandulae parathyeroideae) stimuliert. Parathormon aktiviert die Osteoklasten und damit die Knochenresorption und die Freisetzung von Kalzium. Der Verlust bzw. die Verminderung von Knochensubstanz durch erhöhte Resorption und/oder verminderte Neubildung wird als **Osteoporose** bezeichnet. Sie führt zu erhöhter Knochenbrüchigkeit. Verminderte Kalzifizierung (Kalkeinlagerung) der Knochensubstanz (etwa infolge unzureichenden Kalzium- bzw. Phosphatangebots) wird als **Osteomalazie** bezeichnet und äußert sich in erhöhter Weichheit der Knochen.

Abb. 1.22

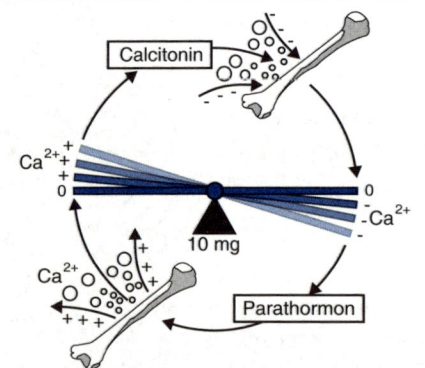

Hormonelle Kontrolle des Kalzium-Haushaltes bei Säugetieren. Bei Abweichungen vom Gleichgewicht (ca. 10 mg Ca^{2+}/100 ml Blutplasma) wird bei einer Senkung des Kalzium-Spiegels die Freisetzung von Kalzium aus den Knochen durch das Parathormon bewirkt oder bei einem erhöhten Kalzium-Spiegel die Kalzium-Speicherung in den Knochen durch das Calcitonin stimuliert.

Nach der Anordnung der Interzellularsubstanz unterscheidet man zwei **Typen von Knochengewebe**:

▶ **Geflechtknochen** (Faserknochen) mit einer regellosen Anordnung des Gewebes (z.B. Innenohrkapsel, Schädelnähte).

▶ **Lamellenknochen** (Abb. 1.23) mit lamellarer Anordnung des Gewebes ist der häufigste Knochentyp. Die Baueinheit des Lamellenknochens ist ein **Osteon (Havers-System)**, das aus bis zu 20 um die **Zentral-**(Havers-)**Gefäße** konzentrisch angeordneten Speziallamellen besteht. In den Nischen zwischen den Osteonen befinden sich Schaltlamellen (ohne Gefäß);

mehrere Osteone sind umgeben von Generallamellen. Von den Havers-Gefäßen zweigen seitlich **Volkmann-Gefäße** (in den Volkmann-Kanälen) ab. Das Knochengewebe ist somit gut durchblutet.

Knochen ist aufgebaut aus einer festen Außenzone (**Kompaktknochen**) und einem inneren schwammartigen Gerüstwerk (**Spongiosa**) aus feinen Knochenbälkchen. Zwischen den Bälkchen befindet sich das **Knochenmark** (bestehend aus Fettgewebe und Blut bildenden Zellen). Der Knochen ist überzogen mit **Knochenhaut** (**Periost**: faseriges Bindegewebe ähnlich der Knorpelhaut). Die Knocheninnenräume sind mit dem **Endost** (dünne Schicht retikulären Bindegewebes) ausgekleidet. Endost und Periost spielen eine wichtige Rolle bei der Knochenbildung, denn ihre Zellen können sich zu spezialisierten Knochenzellen differenzieren.

Knochenbildung (Ossifikation):

Man unterscheidet **drei Grundmechanismen** der Knochenbildung:

▶ **Desmale Ossifikation** bedeutet die direkte Umwandlung von faserigem Bindegewebe in Knochengewebe. Hierbei entstehen aus Mesenchymzellen bzw. Fibroblasten die Osteoblasten, die um sich das Knochengewebe bilden (zunächst spongiose Geflechtknochen). Auf diese Art und Weise entstehen z.B. die Schädeldeckknochen, das Schlüsselbein, der knöcherne Panzer der Schildkröten und auch die Osteoderme (»Hautknochen«) der Krokodile. Auch bei der Entstehung von Fischschuppen spielt die desmale Ossifikation eine wichtige Rolle.

▶ **Chondrale Ossifikation** ist die gewöhnliche Form der Knochenbildung. Hierbei entsteht der Knochen um (perichondral) oder anstelle von Knorpelgewebe (enchondral). Das Knorpelgewebe wird dabei nicht umgewandelt, sondern ersetzt, es dient nur als Gerüst und wird zunächst durch spezialisierte Zellen – die **Chondroklasten** – abgebaut (phagozytiert). Die ersten Osteoblasten differenzieren sich ähnlich wie bei der desmalen Ossifikation aus Fibroblasten, hier aus Fibroblasten der Knorpelhaut.

▶ **Endostale Ossifikation** ist die lebenslang stattfindende Erneuerung (Ab- und Aufbau) und Remodellierung von Knochen nach mechanischer Belastung. Für die Remodellierung des Knochens sind knochenabbauende Zellen, so genannte **Osteoklasten** von Bedeutung. Osteo-

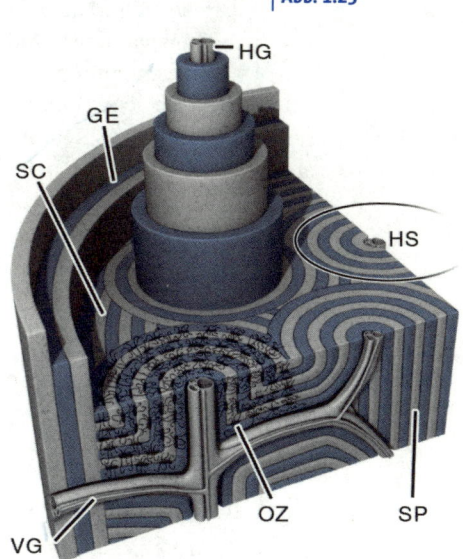

| Abb. 1.23

Aufbau des Lamellenknochens. GE Generallamelle, **HG** Zentralgefäß (Havers-Gefäß), **HS** Osteon (Havers-System), **OZ** Osteozyt, **SC** Schaltlamelle, **SP** Speziallamelle, **VG** Volkmann-Gefäß.

klasten sind große, vielkernige Zellen, die Säuren und Kollagen-abbau-ende Enzyme produzieren und den Knochen damit, meist von der end-ostalen Seite her, auflösen. Dabei werden die Osteozyten aus den Laku-nen »befreit« und zu Osteoblasten aktiviert. Weitere Osteoblasten wer-den von Bindegewebszellen der Knochenhaut rekrutiert. Die Osteoblas-ten bilden den neuen Knochen, der der veränderten mechanischen Belastung besser angepasst ist.

Vorkommen des Knochengewebes: Das Skelett der meisten Wirbeltiere wird von Knochengewebe gebildet. Es kommt auch in einigen Sehnen, Bändern und Gelenkkapseln (Sesambeine), im Penis vieler Säugetiere (Penisknochen, s. Kap. 4.8.4.2), in der Herzwand bei Wiederkäuern und in der Lederhaut des Auges (Sclera) von Fischen und Vögeln vor. Kno-chengewebe bildet außerdem den Schildkrötenpanzer sowie die Haut-knochen von Krokodilen (und manchen Dinosauriern).

1.2.6 | Blut

Blut ist ein abgeleitetes spezialisiertes flüssiges Bindegewebe der Wir-beltiere, das in den Blutgefäßen zirkuliert. Die normale Blutmenge von erwachsenen Säugetieren beträgt etwa 1/12 des Körpergewichts. Das Blut besteht aus dem flüssigen Blutplasma und den Blutzellen bzw. -kör-perchen. Blut hat wichtige **Funktionen** als bzw. in:

▶ **Transportmedium** für Gase (Gasaustausch), Nährstoffe und Vitamine, Stoffwechselprodukte, Hormone.

▶ **Homöostase**: Ionen-, osmotische Regulation, Thermoregulation (bei endothermen Tieren).

▶ **Immunität**.

Auf diese Funktionen wird später näher eingegangen.

1.2.6.1 | Bestandteile

Durch Zentrifugieren der (mit Heparin ungerinnbar gemachten) Blut-probe kann der Anteil der Blutzellen und -körperchen am gesamten Blutvolumen als so genannter **Hämatokrit** bestimmt und vom flüssigen Rest, dem Blutplasma, getrennt werden (Abb. 1.24). Der normale Häma-tokritwert (d.h. Volumenanteil von Blutzellen) beträgt 40–52 % beim Mann und 37–47 % bei der Frau.

Blutplasma:

▶ Wasser (90 % des Volumens),

▶ Proteine: Albumine, Globuline, Fibrinogen, Prothrombin (7 %),

▶ sonstige organische Stoffe: Aminosäuren, Glukose, Vitamine, Lipide (sie werden an Albumin gebunden) (2,1 %),

▶ Elektrolyte (0,9 %).

Blutplasma ohne Blutgerinnungsprotein (Fibrinogen) wird als **Blutserum** bezeichnet.

Blutzellen und -körperchen (Abb. 1.25):

▶ **Erythrozyten** (rote Blutkörperchen, »Erys«) sind runde, scheibenförmige, bei Säugetieren kernlose, meistens bikonkave Zellen mit einem Durchmesser (beim Menschen) von etwa 7,5 μm (s. Abb. 1.2). Es sind die häufigsten Blutzellen (beim Mann 5,1 Millionen, bei der Frau 4,6 Millionen Erythrozyten pro 1 μl Blut). Da die Erythrozyten in den meisten Geweben zu finden sind, wird ihre Größe zur Abschätzung der Größe von anderen Zellen und Strukturen benutzt. Die Erythrozyten entstehen im Knochenmark, bei niederen Wirbeltieren aber auch in der Milz und Leber und bei Neunaugen in der Darmwand. Die Lebensdauer der Erythrozyten beträgt beim Menschen etwa 120 Tage. Nach Verbrauch ihrer Energiereserven werden Erythrozyten in der Milz und der Leber abgebaut (Kap. 3.3.1.3, Box 1.5). Erythrozyten sind die Träger des **Hämoglobins** (**Hb**). Das Hämoglobinmolekül besteht aus vier Polypeptideinheiten mit je einem Häm – ein Eisen-bindender Komplex. Hämoglobin kann reversibel Sauerstoff binden und auf diese Weise übertragen (s. auch Kap. 2.3.1).

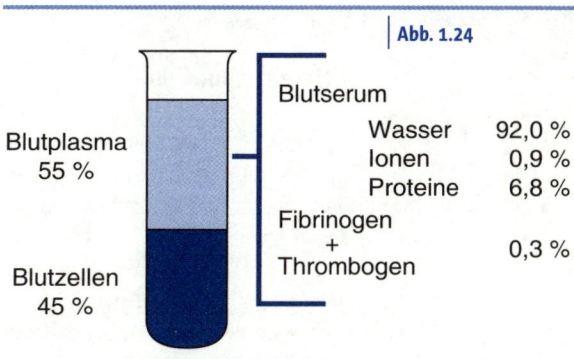

| Abb. 1.24

Blutserum		
Wasser	92,0 %
Ionen	0,9 %
Proteine	6,8 %

Fibrinogen + Thrombogen   0,3 %

Blutplasma 55 %

Blutzellen 45 %

Zusammensetzung des menschlichen Blutes.

Farbiger Hämoglobinabbau

Nach dem Absterben von Erythrozyten wird das Hämoglobin in der Leber zu **Biliverdin** abgebaut, das zu **Bilirubin** weiter reduziert und mit der Galle ausgeschieden wird, und für die gelbbraune Farbe des Stuhls verantwortlich ist. Bilirubin wird im Darm teilweise abgebaut – das Abbauprodukt **Urobilinogen** wird mit dem Urin ausgeschieden. Nach längerem Stehenlassen des Urins entsteht aus Urobilinogen durch Oxidation **Urobilin**, das dem Urin seine gelbe Farbe verleiht. Der schrittweise Abbau vom Hämoglobin zum Bilirubin erfolgt auch nach dem Austritt von Blut (**Bluterguss**, Hämatom) in die Haut und erklärt die graduelle Farbveränderung von Blutergüssen. Der Übertritt von Bilirubin ins Blut (z.B. durch Verschluss des Gallenabflusses) führt zu einer gelblichen Hautverfärbung, der **Gelbsucht** (Ikterus). Das beim Abbau von Erythrozyten freiwerdende Eisen wird zur Neubildung von Hämoglobin verwendet.

Box 1.6

Differentialblutbild

Die Häufigkeit des Vorkommens sowie der Zustand (Form, Größe, Reife) von einzelnen Zelltypen im Blut (bzw. die Abweichungen von der Norm) liefern Hinweise auf bestimmte Krankheiten. Die **Bestimmung** und **Auszählung** der jeweiligen **Blutzellen** in einer repräsentativen Stichprobe ist daher ein wichtiger Bestandteil einer medizinischen Untersuchung. Das Differentialblutbild wird durch Auswertung von mindestens 100 Leukozyten in einem gefärbten Blutausstrich unter dem Lichtmikroskop erstellt. Die Zahl der roten Blutzellen kann aufgrund des Hämatokrits bestimmt werden.

Beim gesunden erwachsenen Menschen ist die Zahlenverhältnis von einzelnen Blutzell- und Blutkörperchentypen etwa folgendes:

Abb. 1.25

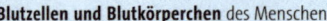

Erythrozyten   Thrombozyten   Lymphozyt

Eosinophiler   Neutrophiler   Basophiler   Monocyt
                Granulozyt

Blutzellen und Blutkörperchen des Menschen.

- ▶ 100 000 Erythrozyten
- ▶ 5 000 Thrombozyten
- ▶ 140 Leukozyten, davon:
    - ▶ 95 neutrophile Granulozyten
    - ▶ 33 Lymphozyten
    - ▶ 7 Monozyten
    - ▶ 4 eosinophile Granulozyten
    - ▶ 1 basophiler Granulozyt

Eine Verminderung der Anzahl an Erythrozyten wird als **Anämie** (Blutarmut) bezeichnet. Die Vermehrung der Leukozytenzahl (z.B. bei Infektionen oder einer bösartigen Wucherung des blutbildenden Gewebes, der **Leukämie**) wird als Leukozytose bezeichnet. Eine Verminderung der Leukozytenzahl wird als **Leukopenie** bezeichnet (Lymphozytopenie kommt z.B. bei AIDS vor). Eine Erhöhung der Anzahl an Blutplättchen nennt man Thrombozythämie, eine ungewöhnlich niedrige Anzahl wird als Thrombo(zyto)penie bezeichnet.

▶ **Leukozyten** (weiße Blutzellen) sind die Zellen des Abwehrsystems (s. Kap. 3.3.1, Box 1.6). Sie sind weniger zahlreich als Erythrozyten (beim Menschen 4 000–10 000 pro 1 µl Blut) und werden im Knochenmark und im lymphatischen Gewebe (Milz, Thymus, Lymphknoten) gebildet. Sie sind kurzlebig (0,5 Stunden bis 3 Tage). Leukozyten können die Blutbahn verlassen und als freie Zellen im Bindegewebe vorkommen. Nach ihrer Form, Größe und Funktion werden die Leukozyten eingeteilt in:

▶ **Granulozyten** umfassen ca. 70 % der Leukozyten. Sie haben einen lappenartig gegliederten Kern. Nach Anfärbarkeit der vorkommenden zytoplasmatischen Granula werden drei Typen unterschieden:

- neutrophile Granulozyten (ca. 95%),
- eosinophile Granulozyten (ca. 4%),
- basophile Granulozyten (ca. 1%).

▶ **Lymphozyten** (ca. 25%) sind sehr einheitlich in Form und Aussehen (kleine Zellen mit großem rundem Kern), können jedoch (mit Hilfe von speziellen Techniken) in verschiedene funktionelle Typen eingeteilt werden. Die meisten Lymphozyten kommen im Bindegewebe und in lymphatischen Organen vor, und nur ca. 4% aller Lymphozyten zirkulieren im Blut.

▶ **Monozyten** (ca. 5%) sind große Zellen (Ø 12–20 μm) mit einem nierenförmigen Kern. Nach ein paar Tagen verlassen sie die Blutbahn, lassen sich im Bindegewebe nieder und differenzieren sich zu Makrophagen.

▶ **Thrombozyten** (Blutplättchen) sind kleine, von den Megakaryozyten im Knochenmark gebildete, kernlose, von einer Zellmembran umschlossene Körperchen (Ø ca. 3 μm; es sind keine Zellen, sondern nur Zellteile). Sie spielen eine wichtige Rolle bei der Blutgerinnung. Beim Menschen kommen 150 000–350 000 in 1 μl Blut vor; sie haben eine Lebensdauer von etwa 8 Tagen.

Blutgerinnung

| 1.2.6.2

Die Blutgerinnung ist ein komplexer Prozess, der als **Kaskadenreaktion** über insgesamt 13 **Blutgerinnungsfaktoren** (verschiedenen Proteinen und Ionen) abläuft (Abb. 1.26). Er wird durch eine Schädigung der Gefäßwand ausgelöst. Der direkte Kontakt eines der Faktoren mit Kollagen, welches bei unversehrter Gefäßwand durch das Endothel vom Blut abgeschirmt ist, kann den Prozess in Gang setzen. Zudem setzen die Zellen in der beschädigten Gefäßwand **Thromboplastin** (Blutgerinnungsfaktor III) frei, welches in Kombination mit Blut-Kalzium und weiteren Faktoren eine Änderung des plasmatischen **Prothrombin** (Faktor II) zu **Thrombin** bewirkt. Thrombin spaltet enzymatisch **Fibrinogen** (Faktor I) in lösliche Fibringlobuline und unlösliches **Fibrin**. Das Fibrin bildet ein dichtes Geflecht, in dem Blutzellen und -körperchen hängen bleiben, so dass ein Blutpfropf (**Thrombus**, Blutgerinnsel) entsteht. Die angeborene Störung eines der Faktoren, des Faktors VIII, führt zur Hämophilie, der Bluterkrankheit.

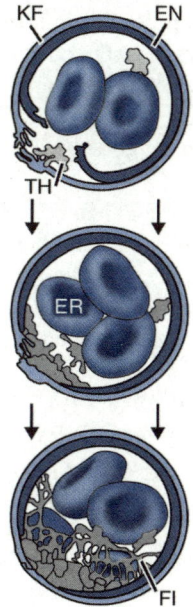

| **Abb. 1.26**

Schema der Blutgerinnung (Querschnitt durch das Blutgefäß). **EN** Endothel, **ER** Erythrozyten, **FI** Fibrin, **KF** Kollagenfasern, **TH** Thrombozyt (nach CAMPBELL, 1997).

Die Rolle der Thrombozyten bei der Blutgerinnung ist vielseitig: Sie ballen sich zusammen, wenn sie durch Verletzung der Gefäßwand in Kontakt mit »nacktem« Kollagen kommen und sie setzen Fibrinogen frei sowie auch Serotonin, welches als Mediator die Verengung der Gefäße bewirkt. Später beteiligen sich die Thrombozyten mit ihren Enzymen an der Auflösung des Thrombus.

1.2.6.3 | Blutbildung

Abgenutzte Blutzellen werden von Makrophagen aus der Zirkulation entfernt und Leukozyten wandern in das Bindegewebe ab. Im Bedarfsfall (Infektionsattacke) muss ihre Zahl schnell erhöht werden. Der Bestand an Blutzellen muss andauernd erneuert werden. Blutbildungsstammzellen entstehen aus dem Mesoderm (s. Kap. 1.3.2.2). In den ersten Monaten der Ontogenese wird Blut im Dottersack, in Leber, Milz und Thymus gebildet, ab dem 5. Monat und bei Erwachsenen fungieren dann **Knochenmark** und lymphatische Organe als Hauptorte der Blutbildung (s. Kap. 3.3.1.3). Die Blutbildung, auch als **Häm(at)opoese** bezeichnet, wird hormonell reguliert. Eines der bekanntesten Hormone ist das in den Nieren gebildete **Erythropoetin**, welches die **Erythropoes**e, d.h. die Bildung von Erythrozyten kontrolliert. Im Knochenmark entwickeln sich Zellen gleicher Abstammung zu verschiedenen Zelllinien weiter: So entstehen über mehrere Stadien z.B. die Erythroblasten als Vorstufen von Erythrozyten, Megakaryoblasten als Vorstufen von Megakaryozyten, welche dann die Thrombozyten abspalten, Lymphoblasten als Vorstufen von Lymphozyten oder Myeloblasten als Vorstufen von Granulozyten (s. Kap. 3.3.1).

1.2.7 | Nervengewebe

Das Nervengewebe ist ein sehr spezialisiertes Gewebe **ektodermaler Herkunft**. Es besteht aus **zwei Zelltypen**: **Neuronen** mit der Fähigkeit zur Aufnahme, Verarbeitung und Leitung elektrochemisch kodierter Informationen und **Gliazellen**, die als Stütz- und Nährzellen für die Neuronen dienen. Das Gewebe enthält nur wenig Interzellularsubstanz.

1.2.7.1 | Neuron

Ein Neuron (Nervenzelle) besteht aus dem Zellleib und den Fortsätzen (ein bis viele Dendriten und ein Axon, Abb. 1.27).

▶ Der **Zellleib** wird auch als **Perikaryon**, **Soma** oder **Corpus neuroni** bezeichnet. Typisch sind so genannte **Nissl-Schollen** (basophile, d.h. mit basischen Farbstoffen anfärbbare Körperchen). Es handelt sich um örtliche Ansammlungen von Ribosomen mit hohem Gehalt an RNA. Sie entspre-

Box 1.7

Riesenaxone

Die Körper der Neurone befinden sich bei den Wirbeltieren im Zentralnervensystem (Gehirn, Rückenmark) oder in seiner unmittelbaren Nähe. Da die Haut sprichwörtlich bis zu den Finger- und Zehenspitzen innerviert ist, bedeutet das, dass die Fortsätze einiger Neurone entsprechend lang sind – so sind **die längsten Nervenzellen** beim Menschen über 1 m lang, bei der Giraffe bis zu 5 m. Die Fortsätze sind sehr dünn (1–4 μm, bei einigen Neuronen bis 30 μm) und erst eine Ansammlung dieser Fortsätze, der Nerv, ist makroskopisch sichtbar. Die **dicksten Nervenfortsätze** (sog. **Riesenaxone**) gibt es bei Kalmaren (Gattung *Loligo*). Sie haben einen Durchmesser von bis zu 1 mm. Riesenaxone wurden erstmals 1909 beschrieben, jedoch wollte niemand glauben, dass es sich dabei tatsächlich um Einzelzellen handelt. Erst 1936 gelang es YOUNG durch physiologische Untersuchungen nachzuweisen, dass dies tatsächlich einzelne Axone und nicht etwa Nerven sind. Zu der damaligen Zeit war diese Entdeckung revolutionär, da die technischen Möglichkeiten physiologischer Untersuchungen einzelner Zellen noch sehr begrenzt waren. Dank der Riesenaxone der Kalmare und Tintenfische konnten die Kenntnisse über die Mechanismen der Entstehung des Aktionspotentials gewonnen werden. Auch heute noch zählen die Riesenaxone zu Paradeobjekten der neurophysiologischen Forschung.

Da die Axone der Wirbellosen nicht myelinisiert sind, wird eine schnelle Impulsleitung durch ihre Verdickung bewirkt. Dadurch kann die schnelle und synchrone Muskelkoordination gewährleistet werden, die bei diesen großen und aktiven Kopffüßlern wichtig ist.

chen dem rauen ER. Eine von einer Bindegewebskapsel umgebene Ansammlung von Zellleiben wird als **Ganglion** bezeichnet.

▶ **Dendriten** sind die Zellfortsätze, die die Impulse **afferent**, also zum Zellleib hinführend, leiten.

▶ Das **Axon** (Achsenzylinder, **Neurit**) ist ein Fortsatz, der die Impulse **efferent** leitet, also vom Perikaryon weg. Der Endteil, das so genannte **Telodendron**, des Axons ist unmyelinisiert und verzweigt (Box 1.7).

Die Axone sind von den **Schwann-Zellen** (s. Kap. 1.2.7.3) umwickelt; dadurch entsteht die **Schwann-Scheide** (Abb. 1.28). Die Schwann-Zellen bilden das **Myelin**, eine aus Lipiden, Proteinen und Wasser bestehende Substanz. Bei einer einfachen Umwicklung spricht man von einer unmyelinisierten (marklosen)

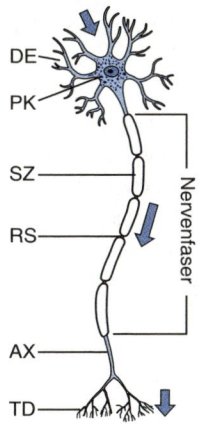

Abb. 1.27

Neuron. DE Dendriten, **PK** Perikaryon (mit Zellkern und Nissl-Schollen), Nervenfaser bestehend aus **AX** Axon und Schwann-Scheide, **SZ** Schwann-Zellen, **RS** Ranvier-Schnürring, **TD** Telodendrien. Pfeile zeigen die Richtung der Erregungsleitung: afferent im Dendriten und efferent im Axon.

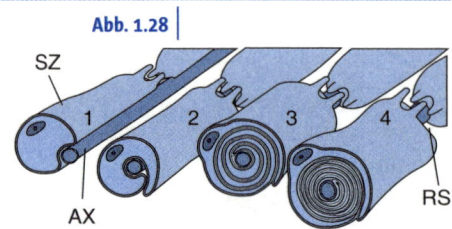

Abb. 1.28

SZ

1 2 3 4

AX

RS

Die Entstehung einer Schwann-Scheide durch **1** Anlagerung der Schwann-Zellen (**SZ**) an das Axon (**AX**), **2** eine einfache Umwicklung, **3–4** fortschreitende mehrfache Umwicklung durch eine myelinhaltige Schwann-Zelllamelle. **RS** Ranvier-Schnürring.

Scheide. Bei einer vielfachen Umwicklung durch die Lamellen der Schwann-Zelle entsteht eine myelinisierte (markreiche) Scheide. Die **Myelinscheide** wirkt als Isolierschicht gegen elektrische Ströme. In Abständen von 0,08–1 mm wird die Scheide durch **Ranvier-Schnürringe** (Nodi, Knoten) unterbrochen. Das Internodium – die Strecke zwischen zwei Knoten – entspricht der Ausdehnung einer Schwann-Zelle.

Eine **Nervenfaser** besteht aus **Axon plus Scheide**; als **Nerv** bezeichnet man ein **Bündel von Nervenfasern**, umhüllt von einer bindegewebigen Haut (Perineurium).

Nach der Anzahl der Fortsätze werden folgende **Neurontypen** unterschieden:

▶ **Bipolarer Neurontyp**: Nervenzellen, die einen Dendrit und einen Axon haben und als so genannte Ganglienzellen in der Netzhaut und im Innenohr vorkommen.

▶ **Multipolarer Neurontyp**: Diese Nervenzellen besitzen ein Axon und mehrere Dendriten; die meisten Neurone des Zentralnervensystems gehören zu diesem Typ.

▶ **Pseudounipolarer Neurontyp**: Hierbei teilt sich ein T-förmiger Fortsatz erst außerhalb der Zelle in einen Dendrit und einen Axon auf; dies ist z.B. bei den afferenten Neuronen der hinteren Wurzeln der Spinalnerven der Fall.

▶ **Unipolarer Neurontyp**: Dies sind Nervenzellen ohne Dendrit. Als unipolar können die Fotorezeptoren (Stäbchen und Zapfen) der Netzhaut bezeichnet werden. Sie stellen modifizierte Neurone dar.

1.2.7.2 | Physiologie des Nervengewebes

Die Grundfunktion des Nervengewebes ist die Bildung und Leitung von Signalen in Form von Nervenimpulsen (Aktionspotentiale). Dank der Anordnung von Neuronen in Ketten und Kreisen können die Signale mit Hilfe der einfachen »ein-aus«-Regelung auf komplexe Weise moduliert werden (Box 1.8).

Ruhepotential: Die Zellmembran ist undurchlässig für organische, negativ geladene Ionen (Aminosäuren und Proteine). Im Ruhezustand ist die Konzentration von Kaliumionen im Inneren der Nervenzellen 20- bis 50fach höher als im Extrazellulärraum. Weil die Zellmembran für Kaliumionen durchlässiger ist als für andere Ionen, neigen erstere dazu, dem Konzentrationsgradienten entsprechend aus dem Neuron zu entweichen. Dabei hinterlassen sie im Zellinneren einen Überschuss an negativ geladenen Ionen. Da die elektrische Ladung jedoch bestrebt ist, den Konzentrationsgradienten auszugleichen, werden die Kaliumionen wieder zurückgezogen, bis ein Gleichgewicht zwischen den beiden Kräften entsteht. In diesem Zustand ergibt sich ein Spannungsunterschied zwischen den beiden Seiten der Membran, genannt Ruhepotential: In Bezug auf den extrazellulären Raum hat das Zellinnere ein **negatives Potential** (−60 bis −80 mV; Abb. 1.29).

Aktionspotential: Im Gegensatz zur Kaliumionen-Konzentration ist die Konzentration von Natriumionen innerhalb des Neurons 5- bis10fach niedriger als außerhalb der Zelle. Für Natriumionen ist die Zellmembran undurchlässig. Die Anbindung eines Neurotransmitters an die Membranrezeptoren führt zur kurzzeitigen Veränderung der Membranleitfähigkeit: Die Natriumionen können nun in das Zellinnere eindringen und der Unterschied im Potential zwischen Außen- und Innenseite der Membran verringert sich. Hat die **Depolarisation der Zellmembran** einen bestimmten Schwellenwert erreicht, öffnen sich die Ionenkanäle und Natriumionen strömen schnell in das Zellinnere ein. Es kommt zur kurzzeitigen örtlichen Umpolung des Membranpotentials auf bis zu +60 mV. Eindringende Natriumionen diffundieren auch in die benachbarten Bereiche und bewirken dort ebenfalls eine Depolarisation und Öffnung der Ionenkanäle, so dass die Depolarisation als **Aktionspotential** entlang der Neuronenoberfläche weitergeleitet wird (s. Abb. 1.29). Diese Änderung des Membranpotentials verläuft nach dem **Alles-oder-Nichts-Gesetz**, d.h. der Reiz muss eine bestimmte Intensität (Reizschwelle) erreichen, um die Öffnung der Ionenkanäle zu bewirken.

Refraktärphase: Nach dem Erreichen des Schwellenwertes bewirkt die Umpolung des Membranpotentials die Öffnung von Kalium-Kanälen und erlaubt, dass Kaliumionen aus der Zelle entweichen. Weiterhin wird die Na⁺/K⁺-Pumpe aktiviert, welche die Natriumionen aus der Zelle hinaus- und Kaliumionen hineinschleust. Die Membran kehrt zum

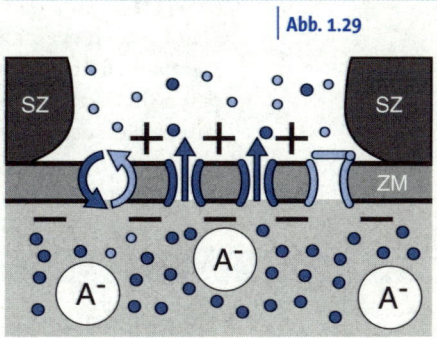

Abb. 1.29

Ruhepotential. Extrazellularraum oben, Intrazellularraum unten im Bild, größere helle Kreise = K⁺, kleinere dunkle Kreise = Na⁺, A⁻ = negativ geladene Ionen (Aminosäuren und Proteine), **SZ** Schwann-Zelle, **ZM** Zellmembran. Dargestellt sind (von links nach rechts) eine Na⁺/K⁺-Pumpe, zwei K⁺-Kanäle und ein geschlossener Na⁺-Kanal.

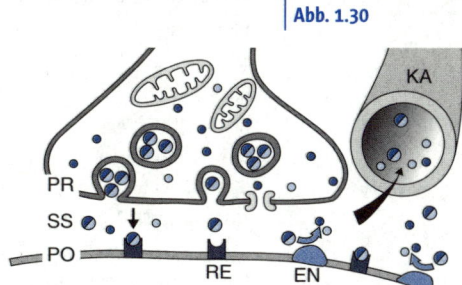

Abb. 1.30

Synapse. **EN** Neurotransmitter spaltendes Enzym, **KA** Blutkapillare, die den nicht gebundenen Neurotransmitter sowie die Spaltprodukte in die Blutbahn aufnimmt, **PO** postsynaptische Membran, **PR** präsynaptische Membran, **RE** den Neurotransmitter bindender Membranrezeptor, **SS** synaptischer Spalt.

Ruhezustand zurück (**Repolarisation**). Die Zeitspanne (1–2 ms) zwischen der Entstehung des Aktionspotentials und der Wiederherstellung des Ruhepotentials wird als **Refraktärphase** bezeichnet. In dieser Zeit kann kein weiteres Aktionspotential ausgelöst werden.

Bei myelinisierten (d.h. elektrisch isolierten) Nervenfasern kann eine Depolarisation nur im Bereich der Ranvier-Schnürringe stattfinden, wo die Isolationsschicht reduziert und Natrium- und Kalium-Kanäle reichlich vorhanden sind. Ein Aktionspotential muss somit von einem Ranvier-Schnürring zum anderen springen (**saltatorische Erregungsleitung**). Diese Art der Reizleitung ist schneller (ca. 120 m/s) und energetisch sparsamer als die **kontinuierliche Erregungsleitung** in unmyelinisierten Nervenfasern (1 m/s), weil die notwendigen Ionen-Konzentrations-Veränderungen nur örtlich begrenzt stattfinden.

Synapse: Die Umschaltstelle für die Übertragung der Erregung zwischen zwei Neuronen oder zwischen einem Neuron und einer Zielzelle (Drüsenzelle oder Muskelfaser) wird als **Synapse** bezeichnet (Abb. 1.30). Zwischen beiden Zellen befindet sich ein Spalt. Die Erregung wird von

---

Box 1.8

Blockieren der Signalübertragung: Kälte, Kokain, Kurare

Von großer praktischer Bedeutung ist die Erkenntnis, dass die Impulsleitung entlang der Nervenfortsätze oder die Signalübertragung an den Synapsen blockiert werden kann. Dadurch kann die sensitive Verbindung zwischen bestimmten Körperregionen und dem Gehirn unterbunden werden. Man spricht von einer lokalen **Anästhesie** (gegen Schmerzen sowie Temperatur- und Berührungsreize). Allgemeine (ganzkörperliche) Anästhesie wird auch als **Narkose** bezeichnet. Lokalanästhetika sind Derivate des Kokains, eines natürlichen Alkaloids der Kokablätter. Sie stören das Ruhepotential der Nervenzelle. Eine Blockierung der Erregungsleitung kann auch durch Kälte, Wärme oder Druck verursacht werden. Einige Gifte sind in der Lage, die Ionenkanäle der Nervenzelle zu blockieren. Die Wirkungsorte vieler Pharmaka sind die Synapsen. So besetzt das aus bestimmten südamerikanischen Lianenarten gewonnene Pfeilgift, das Alkaloid Kurare, die postsynaptischen Rezeptoren der cholinergen Synapsen und verhindert dadurch die Erregungsübertragung durch Acetylcholin an der **Muskelendplatte** (Neuron-Muskel-Synapse). Die Muskeln, darunter auch der Atemmuskulatur, erschlaffen, es folgt der Erstickungstod. Da Kurare weder über die Mundschleimhaut noch über den Verdauungstrakt resorbiert wird, kann das Fleisch der durch Kurare getöteten Tiere verzehrt werden. Weil Kurare die Blut-Hirn-Schranke nicht durchdringt, wirkt es auf die Muskeln bei vollem Bewusstsein. In der Chirurgie wird Kurare auch zur Muskelentspannung kontrolliert eingesetzt.

einer Zelle zur anderen über den Spalt nur in einer Richtung übertragen. Dies geschieht meist chemisch mit der Hilfe von **Neurotransmittern**.
Neurotransmitter sind z.B. Acetylcholin, Noradrenalin, Dopamin, Serotonin, Glycin und Glutaminsäure. Als Antwort auf eine elektrische Stimulation aus den Enden des **präsynaptischen Axons** wird der Neurotransmitter durch Exozytose in den **synaptischen Spalt** freigesetzt. Er bindet an
die Rezeptoren der postsynaptischen Zellmembran und verursacht
damit die Öffnung der Ionenkanäle und die Depolarisation dieser Zellmembran. Restlicher, im synaptischen Spalt verbliebener Neurotransmitter wird durch ein zuständiges, im Spalt vorhandenes **Enzym** abgebaut (z.B. Acetylcholin durch Acetylcholinesterase). Somit ist es möglich,
dass die postsynaptische Membran das Ruhepotential wiederherstellen
kann.

Neuroglia

Neuroglia ist das Hüll- und Stützgewebe des Nervensystems. Es besteht
aus **Gliazellen**. Dies sind Zellen mit Fortsätzen, die im Gegensatz zu Neuronen jedoch keine Synapsen und keine
Aktionspotentiale bilden. Sie behalten ihre
Teilungsfähigkeit auch nach der Geburt. Es
gibt verschiedene Typen von Gliazellen (Abb.
1.31):

▶ **Makroglia**: **Astrozyten** dienen dem Stofftransport zwischen Gefäßen und Neuronen. Sie
bilden die Gliamembran, die das Hirngewebe
gegen die Hirnhaut und die Blutgefäße
abgrenzt. **Oligodendrozyten** bilden Myelinscheiden im Zentralnervensystem.

▶ **Mikroglia** sind kleine, bewegliche und zur
Phagozytose befähigte Zellen.

▶ **Ependymzellen** sind epithelähnliche Zellen,
die im Zentralnervensystem die Auskleidung
der Hohlräume bilden.

▶ **Schwann-Zellen** sind Stützzellen des peripheren Nervensystems. Sie bilden Myelinscheiden um die Axone.

| 1.2.7.3

| Abb. 1.31

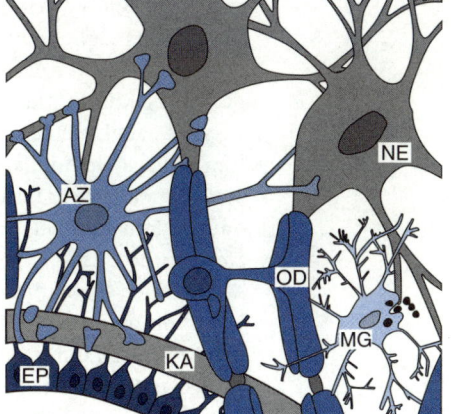

Gliazellen. **AZ** Astrozyt, **EP** Ependymzelle, **KA** Blutkapillare,
MG Mikroglia, **NE** Neuron, **OD** Oligodendrozyt.

Muskelgewebe

| 1.2.8

Das Muskelgewebe ist ein **zur Kontraktion befähigtes,** spezialisiertes Gewebe mesodermaler Herkunft (Ausnahme: Die glatten Muskeln der Regenbogenhaut im Auge entstehen aus Ektoderm).

Abb. 1.32

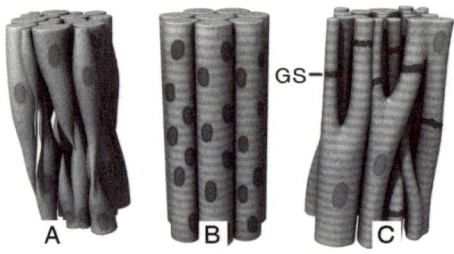

Typen von Muskelgewebe. A glatte Muskelzellen, **B** quergestreifte Muskelfasern, **C** Herzmuskelzellen. **GS** Glanzstreifen.

Es gibt **drei Haupttypen von Muskelgewebe**, die sich in Aufbau, funktionellen Eigenschaften und Steuerung unterscheiden: glatte, quergestreifte und Herz-Muskulatur (Abb. 1.32). Einen Sondertyp stellt die schräggestreifte Muskulatur dar. Das Muskelgewebe besteht aus länglichen, kontraktilen Elementen: In der glatten Muskulatur sind dies Spindelzellen, in der Herzmuskulatur verzweigte Zellen, und die quergestreifte Muskulatur besteht aus Synzytien, den so genannten Muskelfasern. Innerhalb der Muskelelemente verlaufen **Myofibrillen**, die sich aus den elektromikroskopisch sichtbaren Protein-**Myofilamenten** zusammensetzen (Abb. 1.33, Box 1.9). Die Myofilamente – dünne Aktin- oder dicke Myosin-Filamente – sind geometrisch sehr regelmäßig angeordnet: Im Querschnitt bilden sie ein hexagonales Muster, in dem immer ein Myosinfilament von sechs Aktinfilamenten umgeben ist. Die Myosin- und Aktinfilamente sind miteinander durch Querbrücken verzahnt (**Aktin-Myosin-Komplex**, **Aktomyosin**). Eine **Kontraktion**, d.h. eine Verkürzung der Muskelfaser, erfolgt als teleskopartiges Ineinandergleiten von Aktin- und Myosinfilamenten, ermöglicht durch das Auflösen und Neubilden der Querverbindungen. Die Länge der Filamente selbst bleibt dabei konstant. Die Energie für die Kontraktion wird durch die Spaltung von ATP geliefert. Wichtig sind dabei auch die Ca^{2+}-Ionen, die vom sarkoplasmatischen Retikulum freigegeben und anschließend wieder abgefangen werden.

▶ **Glatte Muskulatur** besteht aus spindelförmigen, etwa 80 (20–500) μm langen Muskelzellen mit einem ovalen, zentral gelegenen Zellkern. Dünne und dicke Mikrofilamente überlappen sich weitgehend, so dass Myofibrillen einheitlich anisotrop (s. Box 1.9) erscheinen. Glatte Muskulatur kommt in den Wänden innerer Hohlorgane vor, sie ist unwillkürlich (vegetativ) innerviert und arbeitet langsam, aber ausdauernd.

▶ **Quergestreifte Muskulatur** besteht aus lang gestreckten Elementen, den Muskelfasern, die als Synzytien durch Verschmelzung von vielen Zellen entstehen. Viele Zellkerne befinden sich an der Peripherie unter dem Sarkolemma. Die charakteristische Querstreifung beruht auf der Anordnung der Myofibrillen: Die einzelnen Abschnitte sind in ihrer Lage synchronisiert. (Abb. 1.33a, b, Box 1.9)

Quergestreifte Muskulatur ist meistens mit dem Bewegungsapparat verbunden und wird daher auch als **Skelettmuskulatur** bezeichnet (Ausnahme: Hautmuskeln und Muskeln der Sinushaare). Sie ist willkürlich innerviert.

Box 1.9

Querstreifung der Muskelfaser

Myofibrillen sind aus helleren (**isotropen**) und dunkleren (**anisotropen**) Bereichen aufgebaut (isotrop = polarisiertes Licht nicht drehend, in allen Richtungen gleiche physikalische Eigenschaften aufweisend, anisotrop = polarisiertes Licht drehend, in unterschiedlichen Richtungen verschiedene physikalische Eigenschaften aufweisend).

Ein Abschnitt, ein so genanntes **Sarkomer**, ist ca. 1,5–2,2 μm lang und liegt zwischen zwei Zwischenscheiben, die als so genannte **Z-Streifen** sichtbar werden und ein transversales, am Sarkolemma verankertes System bilden. Innerhalb eines Sarkomers folgt auf den Z-Streifen ein isotroper Abschnitt, die **I-Zone**, die durch dünne Aktinfilamente gebildet wird. Weiter folgt die anisotrope **A-Zone**, bestehend aus Myosin und Aktin mit einer zentralen Aufhellung. Daran schließt sich die **H-Zone**, Hensen-Zone, an, die nur aus Myosin besteht. Ganz zentral ist im Elektronenmikroskop schließlich als dunklerer **M-Streifen** die Mittelmembran sichtbar. Sie wird, wie auch die Zwischenscheibe, durch Proteinquerverbindungen gebildet, reicht jedoch nicht bis zum Sarkolemma.

Abb. 1.33

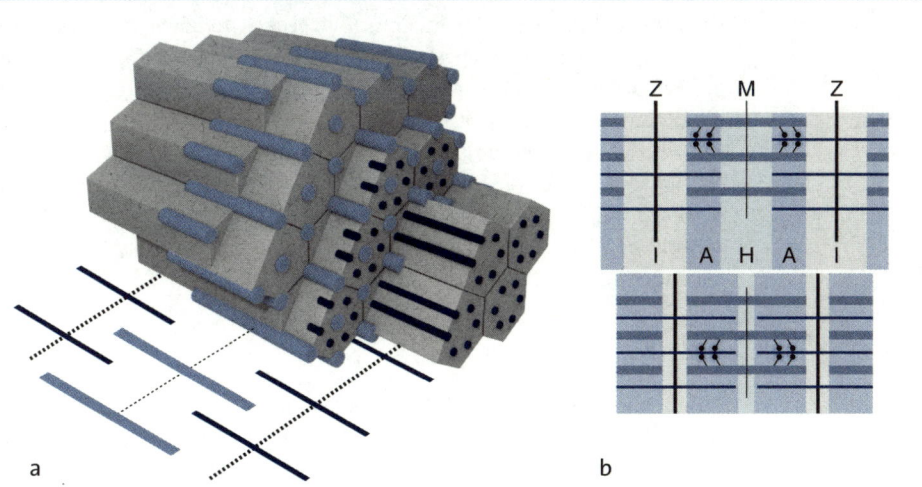

a 3-D-Modell des Sarkomers. Dargestellt ist die räumliche Anordnung von dünnen Aktin- (dunkler) und dicken Myosinfilamenten (heller). **b** Geometrisches Muster eines Sarkomers, projiziert auf eine Ebene. Oben ein relaxiertes, unten ein kontrahiertes Sarkomer. Dünne Aktinfilamente (schwarz) wechseln mit dickeren Myosinfilamenten (hellblau). Dargestellt sind Z-Streifen, I-Zone, A-Zone, H-Zone und M-Streifen. An einigen Stellen ist die dynamische Verbindung zwischen Myosin und Aktin dargestellt.

▶ **Herzmuskulatur** besteht aus sich verzweigenden und miteinander verbundenen Zellen mit einem zentral gelegenen Zellkern. Die Querstreifung ist sichtbar. Zwischen einzelnen Zellen befinden sich so genannte **Glanzstreifen** (Interkalarscheiben). Die Hauptkomponenten der Glanzstreifen (Zonula adhaerens, Desmosom und gap junctions, s. Kap. 1.2.3.3) sind treppenartig angeordnet. Die Herzmuskulatur ist unwillkürlich innerviert, sie zeigt – lebenslang – rhythmische, automatische Kontraktionen.

▶ **Schräggestreifte Muskulatur** kommt bei Nematoden und Anneliden vor. Sie besteht aus einkernigen Muskelzellen: Die Z-Scheiben sind stabförmig und schräg zur Längsachse des Myofilamentverlaufs versetzt (also nicht senkrecht wie bei der quergestreiften Muskulatur). Diese Anordnung ermöglicht eine besonders starke Verkürzung der Muskelzellen, die bei peristaltischen Bewegungen erforderlich ist.

1.3 | Entwicklung

Die Entwicklung eines Organismus (**Ontogenese**) vollzieht sich in mehreren aufeinanderfolgenden Phasen. Ein Individuum wird genetisch bei der **Befruchtung** definiert (s. Kap. 4.4.1; Box 1.10). Das befruchtete Ei mit diploidem Chromosomensatz wird als **Zygote** bezeichnet. Die Zygote entwickelt sich durch Furchung weiter: es beginnt die **pränatale** (vorgeburtliche) **Entwicklung**, die die Blastogenese, Embryogenese und Fetogenese einschließt. Die auf die Geburt (bzw. auf das Schlüpfen) folgende **postnatale Entwicklung** besteht in der weiteren Differenzierung und dem Wachstum. Sie endet mit dem Altern und dem Tod.

1.3.1 | Blastogenese

Da die Einschnürungen bei der Zytoplasmateilung als Furchen sichtbar sind, wird die Teilung der Zygote als **Furchung** bezeichnet (Box 1.10, Abb. 1.34). Dabei wird das Zytoplasma durch aufeinanderfolgende Mitosen in stets kleinere Tochterzellen, **Blastomeren**, unterteilt. Dieser Zyklus verlangsamt sich schließlich, wenn eine »angemessene« Kern-Plasma-Relation, also »normale Zellgröße« erreicht ist. Während der Furchung wird der Zellzyklus auf die Mitose und die S-Phase der Interphase beschränkt; die G-Phasen sind unterdrückt.

Das folgende Entwicklungsstadium, die **Morula**, wird nach 3–6 Zellteilungen erreicht und stellt eine solide Kugel dar, die aus 16–64 Blastomeren besteht. Beim Menschen wird das aus 16 Zellen bestehende Morula-

Box 1.10

Dotterreserven und Furchung

Die Eier werden je nach der Menge ihrer **Dottervorräte** (s. Kap. 4.4.2.4 u. Kap. 4.9.1) eingeteilt: dotterreich (**polylecithal**), mittelmäßig dotterreich (**mesolecithal**), dotterarm (**oligolecithal**), oder dotterfrei (**alecithal**). Die **Dotterverteilung** im Zytoplasma bei oligolecithalen Eiern kann gleichmäßig (**homo-** bzw. **isolecithal**) oder ungleichmäßig sein (**heterolecithal**). Polylecithale Eier von Insekten werden auch als **centrolecithal** (der Dotter befindet sich in der Mitte der Zelle), polylecithale Eier von Kopffüßlern, Haien, Knochenfischen, Reptilien und Vögeln als **telolecithal** bezeichnet (der Dotter befindet sich an einem Pol der Zelle).

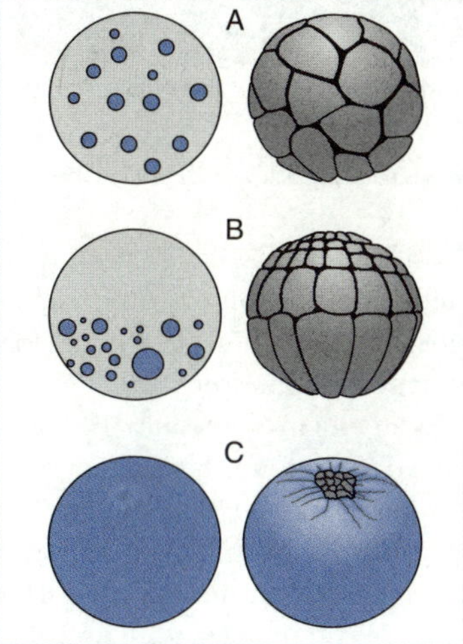

Abb. 1.34

Typen von Eiern (linke Spalte) und Arten der Furchung (rechte Spalte). **A** meso- bis oligolecithales und isolecithales Ei (links) und holoblastische synchrone Furchung (rechts), **B** meso- bis oligolecitahles und heterolecithales Ei (links) und holoblastische asynchrone Furchung (rechts), **C** polylecithales und telolecithales Ei (links) und meroblastische Furchung (rechts).

Schon nach der Befruchtung kommt es bei dotterhaltigen Eiern zur Umlagerung des Zytoplasmas, wodurch eine **animal-vegetative Polarität** entsteht, die den Verlauf weiterer Teilungen beeinflusst. Am animalen Pol befindet sich der Kern, am vegetativen Pol konzentriert sich der Dotter. Auch bei dotterhaltigen Zellen ist die Furchung zunächst gleichmäßig und synchron, alle Zellen teilen sich gleichzeitig. Später teilen sich die Zellen des animalen Pols jedoch schneller und werden stets kleiner: die Furchung wird asynchron. Die Furchung vollzieht sich bei dotterarmen Eiern meist vollständig (**total, holoblastisch**, z.B. bei Insekten), während sie bei dotterreichen Eiern meist unvollständig (**partiell, meroblastisch**) ist (z.B. bei Amphibien). Bei manchen Tieren (z.B. bei Fischen, Reptilien und Vögeln) teilt sich der dotterreiche Teil (der vegetative Pol) gar nicht, während auf dem animalen Pol die so genannte **Keimscheibe** entsteht, in der die weitere Entwicklung stattfindet.

Stadium am 3.–4. Tag erreicht. Die Morula ist noch in der Zona pellucida (s. Kap. 4.9.1) eingeschlossen und damit nicht größer als die Eizelle.

Die Morula erreicht die Gebärmutter und entwickelt sich zur **Blastula** (Abb. 1.35). Dies ist eine Hohlkugel: Die einschichtige Wand, der so genannte **Trophoblast**, umschließt einen Hohlraum, das **Blastocoel**. Bei Säugetieren ist dieser Hohlraum besonders stark entwickelt und die Blastula wird daher **Blastozyste** genannt (Abb. 1.35). Im Inneren befindet sich exzentrisch eine Zellmasse, der **Embryoblast**, die die Grundlage des

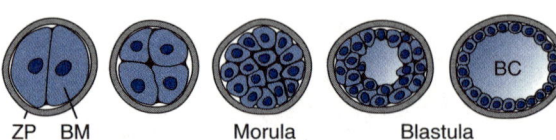

Abb. 1.35

ZP   BM   Morula   Blastula

Blastogenese. **BC** Blastocoel, **BM** Blastomer, **ZP** Zona pelucida.

künftigen Embryonen darstellt. Diese **embryonalen Stammzellen** sind totipotent und können sich in jeden Gewebetyp differenzieren. Daher können sie als Grundlage für die Züchtung von Ersatzorganen benutzt werden. Das Blastula-Stadium wird beim Menschen am 4.–5. Entwicklungstag erreicht und besteht aus 32–58 Zellen.

Auch die Blastula ist noch in der Zona pellucida eingeschlossen. Vor der Anheftung an die Uterusschleimhaut schlüpft die Blastozyste aktiv aus der Zona pellucida. Durch Flüssigkeitsaufnahme bläht sie sich bis zu einem Durchmesser von 0,25 mm auf. Die Trophoblastzellen verschmelzen zu einem Synzytium. Die Blastozyste dringt in das Schleimhautepithel der Gebärmutter ein.

Am 6.–12. Entwicklungstag kommt es beim Menschen zur **Einnistung** (Nidation, Implantation) in das Bindegewebe der Gebärmutter. Nun beginnt Blut in die Lakunen (Höhlen im Trophoblast) zu strömen, so dass der utero-plazentare Kreislauf beginnen kann (s. Kap. 4.9.4).

1.3.2   Embryogenese

Während der Embryogenese (Entwicklung des Embryoblasten zum Embryo), die beim Menschen zwischen dem 16. und dem 60. Entwicklungstag stattfindet, wird die Grundorganisation des Embryos festgelegt (Gastrulation) und Gewebe sowie Organsysteme werden ausgebildet (Histogenese bzw. Organogenese).

1.3.2.1   Gastrulation

Im Anschluss an die Furchung (beim Menschen in der 3. Woche) erfolgt bei allen Tieren ein Vorgang, den man als Gastrulation bezeichnet. Hierbei entstehen durch aktive Zellwanderung die **Keimblätter**, also die Zellschichten, von denen sich in der weiteren Entwicklung alle Gewebe bzw. Organe ableiten lassen. Es entsteht somit aus der einschichtigen Blastula ein 2- oder 3-schichtiger Keim, die **Gastrula**, mit einem **Urdarm** (**Archenteron**), der sich nach außen mit dem **Urmund** (**Blastoporus**) öffnet. Die Gastrulation ist ein mannigfaltiger Prozess: Beim Seeigel oder Lanzettfischen – klassische Modelltiere der Embryologie – erfolgt sie durch Einstülpung (Invagination) des Urdarms aus der Blastula (Abb. 1.36), während bei den meisten Wirbeltieren sich die Zellen zuerst im Bereich der künftigen Urmundoberlippe von der äußeren Wand (**Epiblast**) abtrennen

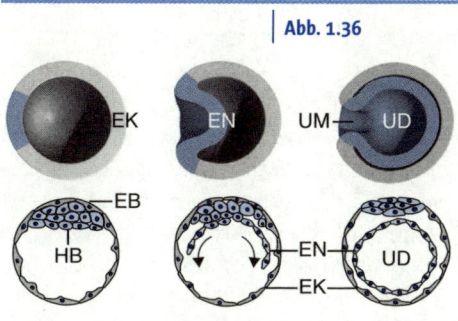

Abb. 1.36

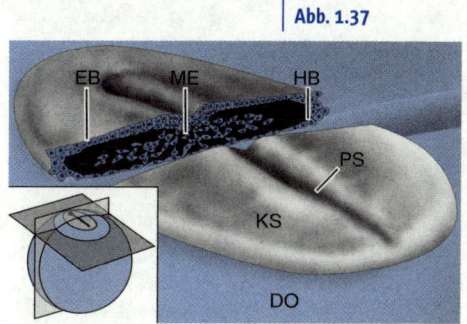

Abb. 1.37

Gastrulation. Obere Reihe: Gastrulation durch Invagination im Medianschnitt (s. Abb. 1.39). **Untere Reihe**: Gastrulation durch Delamination (Frontalschnitt). **EB** Epiblast, **EK** Ektoderm, **EN** Entoderm, **HB** Hypoblast, **UD** Urdarm, **UM** Urmund.

Gastrulation der Keimscheibe. DO Dotter, **EB** Epiblast, **HB** Hypoblast, **KS** Keimscheibe, **ME** Mesenchymzellen, **PS** Primitivstreifen.

(Delamination), an ihre Innenseite wandern und dort eine zweite innere Schicht (**Hypoblast**) bilden (Abb. 1.36). Der Spalt zwischen dem Epi- und dem Hypoblast entwickelt sich später zum Coelom (s. unten). In der Mittellinie der Keimscheibe vermehren sich die Zellen besonders intensiv, wodurch in der Längsachse der so genannte **Primitivstreifen**, der aus aus zwei Wülsten besteht, gebildet wird (Abb. 1.37). Von diesem Bereich – beginnend von der Urmundoberlippe – aus entsteht durch Invagination oder durch Migration von Einzelzellen oder Zellgruppen das mittlere Blatt. Die Zellen wandern durch die so genannte Primitivrinne, die zwischen den beiden Wülsten verläuft. Auch innerhalb der Wirbeltiere unterscheiden sich zwischen unterschiedlichen Klassen diese Prozesse in ihren Einzelheiten.

Die drei Keimblätter sind:
▶ **Ektoderm** (Ektoblast)): äußeres Keimblatt,
▶ **Entoderm** (Entoblast): inneres Keimblatt,
▶ **Mesoderm** (Mesoblast): mittleres Keimblatt.

Nach der Anzahl der Keimblätter lassen sich bei Tieren zwei Typen unterscheiden:
▶ **Diploblastica** (z.B. Coelenterata) mit zwei Keimblättern, Ektoderm und Entoderm.

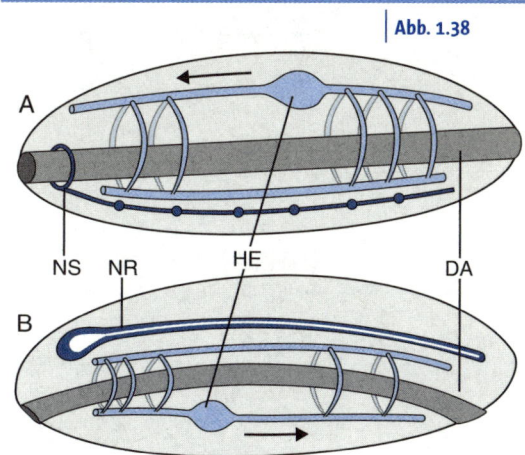

Abb. 1.38

Bauplan der Protostomier (A) und Deuterostomier (B). NR Neuralrohr, **NS** Nervenstrang, **HE** Herz, **DA** Darm.

Box 1.11

Körpersymmetrie, anatomische Begriffe

Alle Triploblastica sind primär (zumindest im larvalen Stadium) bilateral symmetrisch organisiert und werden daher als **Bilateralia** (**Bilateria**) bezeichnet. Im Gegensatz dazu sind die Coelenterata radial (strahlenförmig) symmetrisch und werden **Radiata** genannt. Bilaterale Symmetrie heißt, dass der Körper durch eine Schnittebene in zwei spiegelbildlich gleiche Hälften (rechte und linke) zerlegt werden kann. Am bilateralen Körper kann man verschiedene Ebenen und Richtungen unterscheiden, die die anatomische Beschreibung vereinfachen und eindeutig machen. Man benutzt hierzu die lateinische Terminologie.

Abb. 1.39

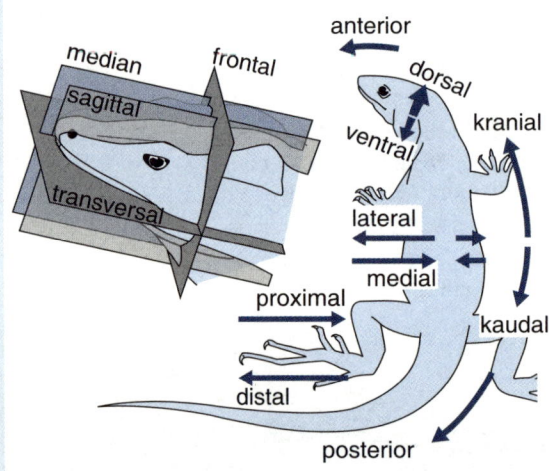

Anatomische Schnittebenen und Richtungen.

Die anatomischen **Richtungen** sind (s. Abb. 1.39):

► dorsal (rückseitig, zum Rücken hin),
► ventral (bauchseitig, zum Bauch hin),
► medial (in der Mitte),
► lateral (seitlich),
► kranial (schädelwärts),
► kaudal (schwanzwärts),
► distal (weiter vom Rumpf/Organ entfernt),
► proximal (rumpfwärts, rumpfnah),
► superficial (oberflächlich),
► profundus (tief).

Weiterhin benutzt man auch folgende anatomische Begriffe:

► anterior (vorderer),
► posterior (hinterer),
► superior (oberer),
► inferior (unterer).

Die **Ebenen** bzw. Achsen und Linien des Körpers sind:

► median (die Ebene, die den Körper in ventral-dorsaler Richtung in zwei gleiche Hälften teilt),
► sagittal (parallel zur Medianebene),
► transversal (horizontale Ebene),
► frontal (senkrecht zur Sagittalebene verlaufende Vertikalebene).

▶ **Triploblastica** (die meisten Tiere) mit drei Keimblättern, Ekto-, Ento- und Mesoderm.

Nach der Entwicklung des Bauplans (genauer nach dem Schicksal des Urmundes) werden die Triploblastica wiederum in zwei Gruppen einge- teilt (Abb. 1.38):

▶ **Protostomia**, zu ihnen zählen die meisten Wirbellosen. Bei ihnen ent- steht der spätere Mund aus dem Urmund, der After geht aus einer sekundären Einstülpung des Ektoderms hervor. Das Nervensystem liegt hier ventral (Box 1.11, Abb. 1.39) vom Darm, das Herz dorsal.

▶ **Deuterostomia** (Echinodermata und Chordata) sind die Tiere, bei denen der Urmund zum späteren After umgebildet wird. Der Mund wird auf der Gegenseite als Ektodermtasche neu gebildet. Das Zentralnervensys- tem liegt hierbei dorsal, das Herz ventral des Darms.

Diploblastica (Radiata) »Coelenterata« (Cnida- ria und Ctenophora) **Triploblastica** (Bilateria) alle sonstigen Tier- stämme **Protostomia** die meisten Tierstämme **Deuterostomia** Echinodermata Chordata

Histogenese und Organogenese

| 1.3.2.2

Nachdem die Gastrula entstanden ist, erfolgt die Differenzierung der Zellen der einzelnen Keimblätter zu Geweben (Histogenese) und embryo- nalen Organanlagen (Organogenese, Box 1.12).

Aus dem **Ektoderm** entstehen das Hautepithel (Epidermis) und die durch seine Einstülpung entstandenen Strukturen (Hautanhangsgebilde und Hautdrüsen, Schleimhautepithelien beider Enden des Verdauungs- rohres sowie Tracheen der Insekten), die Sinnesepithelien und das Neu- roektoderm.

Der Prozess, der zur Bildung und Differenzierung des Neuroekto- derms führt, wird als **Neurulation** bezeichnet (Abb. 1.40). Bei Wirbeltieren beginnt er mit der Verdickung des Ektoderms in der Mittellinie der dor- salen Seite des Keimes. Dieser verdickte Streifen wird als **Neuralplatte** bezeichnet. Beidseitig der Neuralplatte wölben sich die **Neuralwülste** auf, bis zwischen ihnen eine **Neuralrinne** entsteht.

Nach weiterer Einfaltung und anschließen- dem Einrollen der Neuralplatte entwickelt sich das **Neuralrohr**, das sich schließlich vom Haupt-Ektoderm ablöst und ins Körperinnere verlagert wird. Aus dem Neuralrohr entwi- ckeln sich Gehirn und Rückenmark. Seitlich, an der Nahtstelle des Neuralrohres, differen- zieren sich die **Neuralleisten**. Aus dem Material der Neuralleisten entstehen die Ganglien des vegetativen Nervensystems, die Schwann-Zel- len, die Hirnhäute, das Nebennierenmark, ein Teil des Gesichtsschädels und die Dentinkei- me der Zähne.

| Abb. 1.40

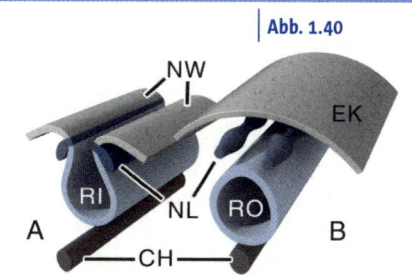

Neurulation. Der schematisierte Ausschnitt der dorsalen Wand eines Embryos. **A** Einstülpung der Neuralplatte. **B** Abgeschlossene Neurulation. **CH** Chorda dorsalis, **EK** Ektoderm, **NL** Neuralleiste, **NW** Neuralwulst, **RI** Neuralrinne, **RO** Neuralrohr (nach ČIHÁK, 1987).

Box 1.12

Herkunft von Geweben und Organen

Ektoderm

► Epidermis,
► Hautanhangsgebilde einschließlich Hautdrüsen,
► Epithelschicht der Schleimhaut der Körperöffnungen,
► Sinnesorgane,
► Nervengewebe,
► Hirnhäute,
► Melanozyten,
► Nebennierenmark,
► Gesichtsschädel und Zähne.

Mesoderm

► Muskelgewebe,
► Bindegewebe (einschließlich Knochengewebe und Blut),
► Herz-Kreislaufsystem,
► Exkretionsorgane,
► Geschlechtsorgane.

Entoderm

► epitheliale Auskleidung der Atmungs- und Verdauungsorgane mit Drüsen,
► Adenohypophyse,
► Schilddrüse,
► Gameten.

Das **Entoderm** entwickelt sich zur Epithelauskleidung des Verdauungstraktes. Die Ausstülpungen des Darms differenzieren sich im vorderen Abschnitt zu Vorderlappen der Hypophyse, Schilddrüse und Lungen, im mittleren Darmteil zu Leber und Bauchspeicheldrüse. Auch die Gameten erscheinen zunächst im Entoderm, wandern dann jedoch ab und besiedeln die Gonaden mesodermaler Herkunft (Abb. 1.41).

Das **Mesoderm** ist das mittlere der drei Keimblätter. Während der Gastrulation wandert es als zusammenhängender Mantel zwischen Ektoderm und Entoderm ins Innere des Keimes. Das Mesoderm besteht aus Mesenchymgewebe (s. Kap. 1.2.4.2). Beginnend an der oberen Urmundlippe bilden sich im Keim der Chordatiere drei längliche Mesodermstreifen: die zentrale Chorda und seitlich verlaufende Somiten (Abb. 1.42).

Die **Chorda dorsalis**, auch als Notochord bezeichnet, liegt zwischen Neuralrohr und Darm und bildet in Form eines länglichen Stabes das Achsenskelett des Körpers. Sie induziert (s. Kap. 1.3.7.4) die Lage des Kopfes, des Nervensystems und der Somiten. Bei Wirbeltieren wird sie im Laufe der Entwicklung durch die Wirbelsäule verdrängt. Reste der Chorda bilden Teile der Bandscheiben, die Nuclei pulposi (s. Kap. 5.4.2). Streng genommen entsteht die Chorda nicht direkt aus dem Mesoderm, sondern eher aus dem Dach des Urdarms und damit aus dem Entoderm – wegen ihrer engeren Beziehung zum Mesoderm spricht man von einem **Chorda-Mesoderm-Komplex**.

Die paarig vorhandenen **Somiten** (Ursegmente) sind seitlich der Chorda angelegt. Sie differenzieren sich in drei verschiedene Anlagen: Sklerotom, Myotom und Dermatom. Die **Sklerotome** werden vom Mesenchymgewebe gebildet, welches die Chorda umgibt. Sie entwickeln sich zu den Anlagen der Wirbelsäule. Die **Myotome** entwickeln sich zur Stammmuskulatur. Auf der peripheren Seite löst sich das **Dermatom**, das die Zellen für das Hautbindegewebe (Dermis) liefert, von den Somiten ab. Aufgrund der aufeinanderfolgenden Entstehung der Somiten wird der Embryonenkörper in mehrere mehr oder weniger gleichartige Segmente (sog. Metamere) gegliedert. Diese Körpergliederung (**Metamerie**) bleibt im adulten Zustand bei einigen Tieren fast vollständig (Regenwurm), bei anderen nur in bestimmten Bereichen (Muskulatur der Fische, Rippen und Zwischenrippenräume bei Säugern) erhalten.

Die Somiten breiten sich lateral und weiter ventral aus, wodurch

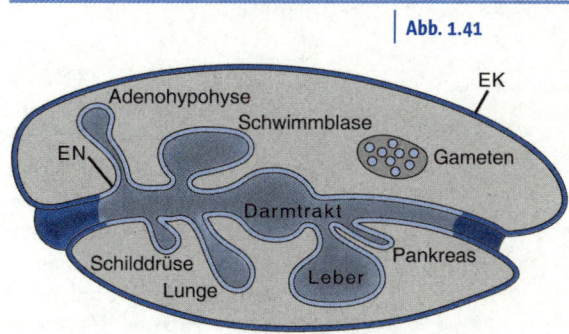

| Abb. 1.41

Organe entodermaler Herkunft. Entodermaler Herkunft sind die Schleimhaut- bzw. Drüsenepithelien der gegebenen Organe. **EK** Ektoderm, **EN** Entoderm.

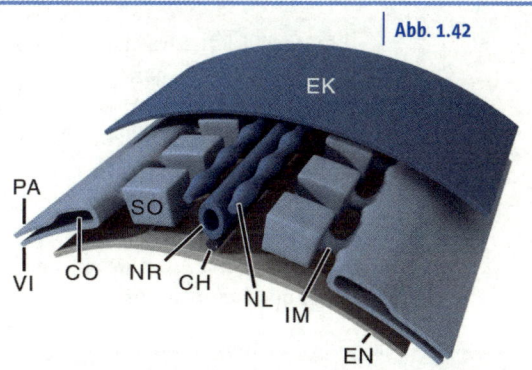

| Abb. 1.42

Mesodermentwicklung. Der schematisierte Ausschnitt der dorsalen Wand eines Embryos. **CH** Chorda, **CO** Coelom, **EK** Ektoderm, **EN** Entoderm, **IM** intermediäres Mesoderm, **NL** Neuralleiste, **NR** Neuralrohr, **PA** parietales Blatt, **SO** Somit, **VI** viszerales Blatt (nach ČIHÁK, 1987).

die Seitenplatten entstehen. Sie sind durch das **intermediäre Mesoderm** stielartig mit den Somiten verbunden. Das intermediäre Mesoderm ist segmentiert und bildet das urogenitale System aus (Nieren und Gonaden sowie ihre Ausgänge). Die **Seitenplatten** bleiben unsegmentiert und differenzieren sich zum parietalen und viszeralen Blatt. Das **parietale Blatt** bildet die Leibeswand und ihre innere Auskleidung (Somatopleura) sowie die Extremitäten. **Das viszerale Blatt** bildet die Wandschichten des Magen-Darm-Traktes und des Herzes (Splanchnopleura). In der Mitte des Körpers, wo das parietale Blatt in das viszerale Blatt übergeht, bildet sich das Aufhängeband für die inneren Organe, das **Mesenterium**. Zwischen den beiden Blättern entsteht das **Coelom** (Zölom), eine vom mesodermalen Epithel ausgekleidete sekundäre Leibeshöhle.

1.3.3 | Fetogenese

Die an die Embryogenese anschließende Phase (beim Menschen ab dem 4. Entwicklungsmonat), welche mit der Geburt endet, wird bei den Säugetieren als Fetogenese, fetale Entwicklung, und die Frucht als Fetus bezeichnet. **Beim Fetus**, der beim Menschen am Anfang der Fetogenese ca. 4 cm lang ist, **sind alle Organanlagen schon festgelegt.** Während sich bei der Blasto- und Embryogenese die große Zygote in immer kleinere Zellen teilt (bis zur Größe von normalen Körperzellen) und sich die entstandenen Zellkomplexe umgruppieren, ist die Fetogenese vor allem durch das allgemeine Wachstum und die Differenzierung (Reifung) der Organe charakterisiert. Die Organe werden jetzt auch funktionell aktiv.

1.3.4 | Embryonale Anhangsgebilde

Bei Wirbeltieren werden während der Entwicklung so genannte embryonale Anhangsorgane gebildet (Abb. 1.43, 1.44). Diese dienen dem Schutz und dem Stoffwechsel (der Ernährung, der Exkretion und dem Gasaustausch). Nach dem Schlüpfen bzw. nach der Geburt bilden sie sich zurück.

Bei Tieren mit dotterreichen Eiern (Fische, Reptilien, Vögel) ist das größte Anhangsgebilde der der Ernährung dienende **Dottersack**. Er entsteht aus einer Ausstülpung des Urdarms, mit welchem er über den Dottergang weiter kommuniziert. Die Wand des Dottersacks besteht aus Entoderm sowie aus dem visceralen und parietalen Blatt des Mesoderms. Zwischen den beiden Blättern befindet sich extraembryonales Coelom.

Eine weitere, kaudal des Dottersacks gelegene, blinde Ausstülpung des Darms (bei Vögeln, Reptilien und insbesondere bei Säugetieren) ist die **Allantois**, auch Harnsack genannt. Die Allantois dient dem Gasaustausch und der Speicherung von Exkretionsprodukten.

Rings um den Embryo erhebt sich eine Ektoderm und somatisches Mesoderm umfassende Amnionfalte. Ihre Ränder wölben

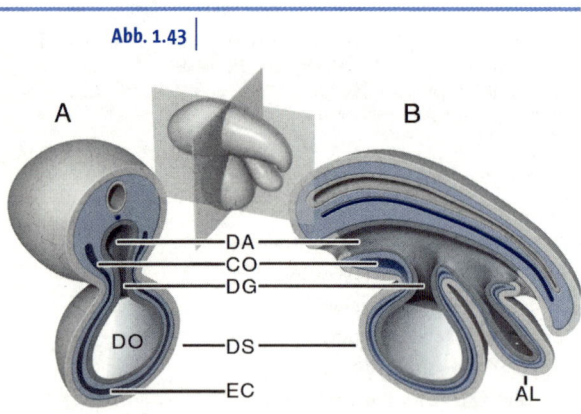

Abb. 1.43

Embryonale Anhangsgebilde. Frontaler (**A**) und medianer Schnitt (**B**) durch einen Wirbeltierembryo. **AL** Allantois, **CO** Coelom, **DA** Darm, **DG** Dottergang, **DO** Dotter (gelb), **DS** Dottersack, **EC** extraembryonales Coelom. Hellblau = Gewebe mesodermaler Herkunft, dunkelblau = entodermale Schleimhautepithel-Auskleidung.

sich wie Flügel über den Embryo, so dass dieser von zwei Hüllen umgeben ist, die durch das extraembryonale Coelom getrennt sind. Die innere Schicht bezeichnet man als **Amnion** und die äußere als **Serosa**. Solche Tiere (Reptilien, Vögel, Säugetiere), die während der pränatalen Entwicklung ein Amnion bilden, werden als Amniota bezeichnet, als Anamnia hingegen die niederen Wirbeltiere, welche keines bilden.

Bei plazentalen **Säugetieren** entwickelt sich die Serosa aus dem Trophoblasten der Blastozyste und wird als **Chorion** bezeichnet. Der Chorion bildet Ausstülpungen (Zotten), die in die Uteruswand eindringen. Der Dottersack wird reduziert, die Allantois wächst aus und verschmilzt mit dem Chorion. Chorion plus Allantois plus Uteruswand bilden schließlich die **Plazenta**. Sie dient dem Gasaustausch, der Zufuhr von Nährstoffen, dem Abtransport von Exkreten und der Hormonproduktion (s. auch Kap. 4.9.4). Bei Nagetieren und Insektivoren beteiligt sich auch der Dottersack an der Plazentabildung. Auch bei einigen lebendgebärenden Haifischen gibt es eine Dottersackplazenta.

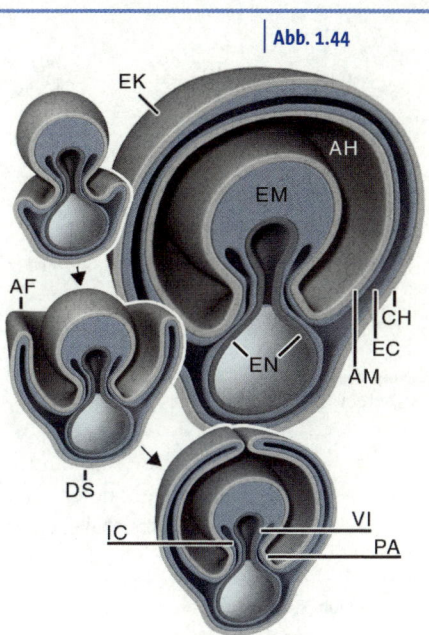

| Abb. 1.44

Entstehung der embryonalen Schutzhüllen. AF Amnionfalte, **AH** Amnionhöhle, **AM** Amnion, **CH** Chorion (= Serosa), **DS** Dottersack, **EC** extraembryonales Coelom, **EK** Ektoderm, **EN** Entoderm, **EM** Embryo, **IC** intraembryonales Coelom, **PA** parietales Blatt, **VI** viszerales Blatt, (Chorda und Neuralrohr sind nicht dargestellt) (in Anlehnung an ČIHÁK, 1987).

Larvalentwicklung und Metamorphose

| 1.3.5

Bei vielen Tieren mit dotterarmen Eiern verläuft die Embryonalentwicklung schnell und es entstehen zunächst die Jungstadien ohne differenzierte Gonaden, die **Larven**. Larven können als freilebende Embryonalstadien betrachtet werden, die unzureichende Dotterreserven durch aktive selbständige Nahrungsaufnahme kompensieren. Generell kann man von einer sinnvollen »Arbeitsteilung« zwischen Larven und Adulten sprechen. Bei Insekten heißt das erwachsene Tier **Imago** (Plur. **Imagines**). Während die Larvalstadien vorwiegend der Nahrungsaufnahme und damit dem Wachstum dienen, sind die Imagines für die Fortpflanzung zuständig. Bei einigen Insekten drückt sich dies in der Reduzierung des Magen-Darm-Traktes im adulten Stadium aus. Bei sesshaften (Korallen) oder wenig beweglichen Tieren (Muscheln) dient das Larvalstadium der Ausbreitung. Gleiches gilt für viele Parasiten.

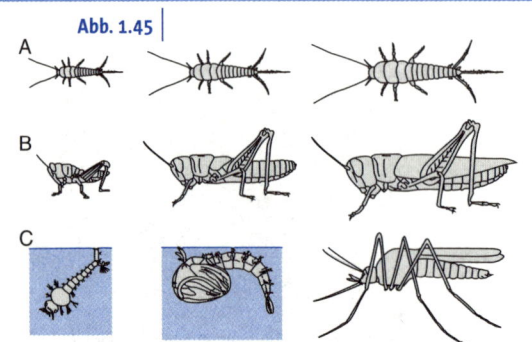

Abb. 1.45

A

B

C

Metamorphose. Beispiele für **A** Ametabolie (Silberfischchen), **B** Hemimetabolie (Heuschrecke), **C** Holometabolie (Stechmücke).

Als **Metamorphose** werden alle Vorgänge bezeichnet, die von der Larvalorganisation zur Imago führen. Die Metamorphose erfolgt bei verschiedenen Tieren unterschiedlich; so werden z.B. **bei Insekten** folgende **Typen der Metamorphose** unterschieden (Abb. 1.45):

▶ **Hemimetabolie**, unvollständige Metamorphose (z.B. Heuschrecken, Wanzen, Schaben): Bei jeder Häutung kommt es stufenweise zur quantitativen und qualitativen Fortentwicklung von der Larve über die so genannte **Nymphe** bis zur Imago. Alle Entwicklungsstadien ähneln einander, allerdings besitzt nur die Imago Flügel.

▶ **Holometabolie**, vollständige Metamorphose (z.B. Käfer, Schmetterlinge, Zweiflügler): Die oft »raupenförmigen« Larven sind völlig andere Lebensformen als die Imagines. Zellen der Imaginalanlagen verharren während der ganzen Larvalentwicklung im undifferenzierten Zustand als so genannte **Imaginalscheiben**. Während der Metamorphose zerfallen die meisten Larvalorgane und werden phagozytiert. Die Metamorphose erfolgt während des Ruhestadiums der **Puppe** (Pupa). Die Puppen mancher Insekten sind von einem seidenartigen Gespinst umhüllt, dem **Kokon**.

In wenigen Fällen erfolgt die Entwicklung bei Insekten (z.B. Springschwänze, Silberfische) direkt, ohne Metamorphose (man spricht auch von **Ametabolie**): Mit jeder Häutung nimmt die Körpergröße zu. Bis auf die Entwicklung der Geschlechtsorgane gibt es jedoch keinen qualitativen Unterschied zwischen Larve und Imago.

Abb. 1.46

Hormonelle Steuerung der Metamorphose.
A Holometabolie der Insekten: Ein niedriger Spiegel des Juvenilhormons und ein Anstieg von Ekdyson lösen die Metamorphose aus. Der spätere erneute Anstieg des Juvenilhormons bewirkt die Eiablage.
B Metamorphose der Amphibien. Die Metamorphose wird durch das Thyroxin gefördert und durch das Prolaktin gehemmt.

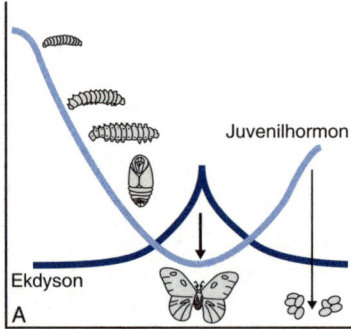

Juvenilhormon

Ekdyson

A

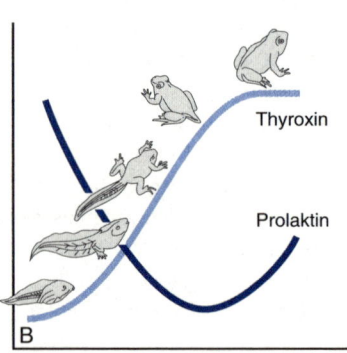

Thyroxin

Prolaktin

B

Box 1.13

Das Juvenilhormon und der Papierfaktor

Im Jahr 1964 wurde der tschechische Entomologe KAREL SLÁMA, damals ein junger Nachwuchswissenschaftler, zu einem Forschungsaufenthalt ins Labor von C. M. WILLIAMS an der Harvard University eingeladen, um dort gemeinsam einige Forschungsprojekte über die europäische Feuerwanze *Pyrrhocoris apterus* durchzuführen. SLÁMA brachte befruchtete Eier dieser Wanzen mit, die er problemlos schon seit ein paar Jahren in Prag gezüchtet hatte. Doch in Amerika häuteten sich die Larven häufiger als je zuvor beobachtet wurde, bis sie, ohne in die Metamorphose einzutreten, starben. Nach einer detektivischen Suche nach der Ursache des rätselhaften Zucht-Misserfolgs stellten die Wissenschaftler schließlich fest, dass der Grund in der Herkunft des Filterpapiers lag, auf dem die Wanzen in Petrischalen gehalten wurden. Aus zahlreichen Experimenten schlossen die Forscher, dass das amerikanische Papier hauptsächlich aus einer Holzart besteht, welche Stoffe enthält, die eine Wanzenmetamorphose hemmen. Dieses Phänomen ist heute als »Papierfaktor« bekannt. Man stellte fest, dass das für die Papierherstellung verwendete Holz das der Balsamtanne ist, welches einen Stoff (heute »Juvabion« genannt) enthält, der eine ähnliche Wirkung hat wie das Juvenilhormon. Offensichtlich hat im Laufe der Evolution die Balsamtanne ein Mittel entwickelt, um bestimmte Insektenschädlinge abzuwehren. Die Wissenschaftler haben gleich die Anwendungsmöglichkeiten dieses Stoffes bei der Schädlingsbekämpfung erkannt und publiziert. Ihre Vorhersage wurde Mitte der siebziger Jahre bestätigt.

Weitere Pflanzenstoffe wurden isoliert bzw. chemisch synthetisiert, die ähnliche Wirkungen zeigen wie Juvenilhormone, aber chemisch nicht mit ihnen identisch sind. Man nennt sie **Juvenilhormonanaloga** oder **Juvenoide**. Diese Stoffe wirken artspezifisch. So wird das Juvenoid »Methopren« heute zur Bekämpfung von Pharao-Ameisen und Flöhen benutzt, da es für die Säugetiere vollkommen unschädlich ist. Es hat sich auch zur Kontrolle des Moskitos *Aedes nigromaculus* bewährt, einer Art, die gegen konventionelle Insektizide resistent geworden ist.

Die Metamorphose wird durch **Hormone** gesteuert, die in Abhängigkeit vom physiologischen Zustand des Organismus und von den Umweltbedingungen ausgeschüttet werden (Abb. 1.46). So bewirkt bei Insekten das Hormon **Ekdyson** (Ekdysteron) der Prothoraxdrüse die Häutung (Ekdysis), hingegen hemmt das **Juvenilhormon** aus dem Corpus allatum (einem Hirnganglionanhängsel) die Häutung und fördert das Wachstum des Larvalgewebes (Box 1.13).

Bei den Amphibien wird die Metamorphose durch Thyroxin (s. Kap. 5.3.2.3) ausgelöst und durch Prolaktin (s. Kap. 4.12.3.1) gehemmt. Hierbei findet folgender Ablauf statt:

äußerer Reiz → ZNS (Hypothalamus → Hypophyse) → Schilddrüse

Bei einer Unterbrechung der Reaktionskette findet die Metamorphose nicht statt, und die Geschlechtsreife wird im larvalen Zustand erreicht (Beispiel: *Ambystoma*, das »Axolotl«).

Thyroxin, Ekdyson und Juvenilhormon sind hydrophobe Moleküle, die die Zellmembranen passieren und über die Zellkernrezeptoren die Genaktivität steuern.

1.3.6 | Postnatale Entwicklung

Die postnatale Entwicklung – der Lebenslauf – wird bei Säugetieren und Vögeln unter Berücksichtigung körperlicher, sexueller und psychosozialer Ereignisse (also in Bezug auf Merkmale und ihre Veränderungen) in bestimmte **Lebensphasen** oder **Altersstufen** eingeteilt (s. Abb. 1.51):
- ▶ **Neugeborenen-Phase** (Schlüpfling),
- ▶ **juvenile Phase** (Säugling, Kind, Nestling),
- ▶ **Pubertät: subadulte Phase** (Adoleszent, Jugendlicher),
- ▶ **adulte Phase** (Erwachsener),
- ▶ **Senium** (Altern).

Diese Lebensabschnitte sind zeitlich nicht einheitlich definiert und ihr Eintritt und ihre Dauer sind, obwohl artspezifisch, individuell sehr variabel und durch viele Faktoren (wie Geburtsgewicht, Nahrungsverfügbarkeit, soziale Umwelt) beeinflusst. Einen wichtigen Meilenstein in der postnatalen Ontogenese stellt die Pubertät dar.

Neugeborenen-Phase (Schlüpfling): Diese Phase (beim Menschen 4 Wochen) umfasst bei den Tieren die Zeit, in der sich die noch teilweise unreifen Organe (Haut, Lungen, Leber, Nieren, Magen-Darm-Trakt, Sinnesorgane und das Nervensystem) an die neue Umwelt anpassen und die Funktion der Plazenta bzw. der embryonalen Anhangsgebilde übernehmen müssen. Kurz nach der Geburt kommt es auch zur Gewichtsabnahme um bis zu 10 % des Körpergewichts. Tiere, die in einem unreifen Zustand (**Nesthocker**) geboren werden bzw. schlüpfen (z.B. Kaninchen, Katze, Singvögel), sind nackt, haben begrenzte Wärmeregulation und Bewegungsfähigkeiten und unreife Sinnesorgane, wobei die Augen und Gehör-

Abb. 1.47

Beispiel für Jugendkleid: Hirschkuh mit Kalb (Foto: Marcus Schmitt).

gänge noch verschlossen sind. Die Neugeborenen-Phase ist bei Nesthockern viel länger als bei **Nestflüchtern** (engl. precocial, nidifugous), die in einem reifen Zustand geboren werden bzw. schlüpfen, so dass sie den Eltern bzw. der Mutter schon nach kurzer Zeit aktiv folgen können (z.B. Hase, Pferd, Huhn). Die Grenzen zwischen Nesthockern und Nestflüchtern sind fließend (s. Box 4.18).

Juvenile Phase: Dies ist die Phase der **Abhängigkeit von den Eltern** bzw. von der Mutter. In den meisten Fällen entspricht sie mehr oder weniger dem Zeitraum, in dem die Jungen gesäugt bzw. gefüttert werden müssen. Es ist die Zeit der Kindheit, die mit dem Eintritt der Pubertät und der Entwöhnung endet. Bei manchen Primaten, Raubtieren und Nagetieren verlängert sich die Juvenilphase, zumal wenn es sich um sozial lebende Tiere handelt. Besonders charakteristisch ist diese Tatsache für den Menschen, bei dem die Kindheit viel länger dauert als die eigentliche Säuglingsphase, und die Abhängigkeit von den Eltern über das Kindsein hinausreicht.

Die juvenile Phase ist charakterisiert durch **unreife Gonaden** und **fehlende sekundäre Geschlechtsmerkmale** sowie kontinuierliches Wachstum und **Veränderungen der Körperproportionen.** Typisch sind auch **Juvenilmerkmale**, etwa ein Jugendkleid (z.B. Wildschwein, Hirsch, Robbe, viele Vögel; Abb. 1.47). Man spricht in diesem Zusammenhang von einem Altersdimorphismus. Jugendmerkmale betreffen auch das Verhalten (Neugier, Spielverhalten) oder die Lautäußerungen (z.B. Bettelrufe von Nestlingen). Sie sind darüber hinaus sehr wichtig für das Sozialverhalten – so wirken sie z.B. aggressionshemmend oder als Auslöser für Brutpflegehandlungen (Abb. 1.47, s. Abb. 1.50, 1.59, Kap. 4.10.3).

Pubertät: Die Pubertät wird als **Geschlechtsreife** bezeichnet: Die Gonaden werden reif; die Spermatogenese (s. Kap. 4.8.1.3) und die weibliche Zyklizität setzen ein – bei Mädchen bemerkbar durch die erste Menstruation (**Menarche**; s. Kap. 4.9.5.1). **Ausgelöst** wird die Pubertät **durch Gonadotropine**, deren Ausschüttung wiederum vom Hypothalamus gesteuert wird, der dabei auf verschiedene Umwelt- und körpereigene Signale reagiert (s. Kap. 4.12.1). Während der Pubertät treten morphologische Änderungen auf. Sie werden durch Ausschüttung von Geschlechtshormonen (s. Kap. 4.12.4) ausgelöst und führen zu einer äußerlich sichtbaren Auseinanderentwicklung der Geschlechter, zum **Geschlechtsdimorphismus** (s. Box 4.9). Typisch für die pubertäre Phase ist zudem ein **Wachstumsschub**. Auch führen Veränderungen im Hormonspiegel zu **Verhaltensänderungen** (s. Kap. 4.12). Bei Tieren kommt es im Normalfall zur Trennung von den Eltern bzw. von der Mutter, der die Abwanderung (engl. dispersal) folgt.

Tiere, die sich in diesem Entwicklungsstadium befinden, werden als **subadult** bezeichnet. Beim Menschen spricht man von Jugendlichen, Adoleszenten, Teenagern. Der Eintritt der Pubertät hat sich beim Menschen in den letzten Jahrzehnten immer weiter nach vorne verschoben: In Europa liegt die pubertäre Phase bei Mädchen heute zwischen 10 und 15 Jahren, bei Knaben zwischen 12 und 17 Jahren. Dies ist im Durchschnitt vier Jahre früher als vor hundert Jahren.

Adulte Phase: Mit dem Erreichen der Geschlechtsreife am Ende der Pubertät wird das **Wachstum verlangsamt** und kommt bei vielen Tieren

---

Box 1.14

Warum altern wir?

Diese Frage ist nicht trivial und hat die Menschheit seit jeher beschäftigt. Verschiedenste Hypothesen und Theorien versuchen die Ursachen des Alterns zu erklären:

Die **bekanntesten Theorien für die Ursachen** sind:

▶ **Abnutzung**, **Verschleiß**. Zur Kategorie der Abnutzung zählt die **Verkürzung von Telomeren**, jenen langen Abschnitten von repetitiven Nukleotiden am Ende der Chromosomen, die bei jeder Zellteilung verbraucht werden. Wenn die Telomerlänge eine bestimmte Grenze unterschritten hat, kann sich die Zelle nicht mehr (teilen und) erneuern und stirbt ab. Ihre Lebensdauer ist somit wesentlich von der Telomeren-Länge bestimmt. Die Verkürzung der Telomeren erklärt auch den so genannten **Hayflick Effekt**: Manche Zellen können nur eine bestimmte Zahl an Teilungen in ihrem Leben durchlaufen und sterben dann ab. Die Produktion des für die Verlängerung von Telomeren notwendigen Enzyms (der Telomerase) ist eingestellt. Eine Ausnahme stellen embryonale Stammzellen und Gametogonien sowie auch Krebszellen dar, die Telomerase produzieren und sich folglich auch unbegrenzt oft teilen können. Doch der Zusammenhang zum Altern des gesamten Organismus bleibt unklar, denn schließlich sind manche lebenswichtige Zellen, wie Herzmuskelzellen oder Neurone, im differenzierten Zustand ohnehin nicht teilungsfähig.

▶ **Chemische Schädigung**. Sie kann durch freie Radikale erfolgen, jene aggressiven chemischen Verbindungen, die als Nebenprodukte bei der oxidativen Phosphorylierung (s. Kap. 2.1.3.1) anfallen und durch Oxidation funktionale Makromoleküle wie z.B. Proteine oder Nukleinsäuren beschädigen. Sie können z.B. mit Superoxiddismutase, Vitamin C oder Melatonin abgefangen bzw. neutralisiert werden. Die **Glykation** bezeichnet einen Prozess der Denaturierung von Proteinen durch Anbindung von Glukose. Kalorienreduktion in der Nahrung kann im Experiment bei Laborratten die Glykationsrate tatsächlich verringern und die Lebenserwartung verlängern.

▶ **»Altersgene«**. Solche Gene könnten nach bestimmter Anzahl der Zellteilungen oder durch angesammelte Stoffwechselprodukte (wie Lipofuszin) eingeschaltet werden. Die Seneszenz erinnert an das Krankheitsbild der Progerie (Werner-Syndrom), eine rezessiv erbliche vorzeitige Vergreisung. Man vermutet, dass die genetischen Mechanismen, die ganz zum Stillstand. Ein zeitlich unbegrenztes, also lebenslanges Wachstum haben manche Wirbellose, Fische und Reptilien, teilweise auch einige Nagetiere. Die erreichbare Körpergröße wird dabei durch die Lebensdauer und die Wachstumsrate bestimmt. Morphologische **Veränderungen**, die nach der Pubertät stattfinden, sind – abgesehen von einer möglichen Weiterentwicklung der sekundären Geschlechtsmerkmale – eher von **regressiver Art** (z.B. Glatzenbildung beim Mannes).

Progerie auslösen, auch normale Seneszenz begleiten könnten. Ein weiterer genetischer Faktor, der möglicherweise für die Zellalterung verantwortlich ist, könnte die Reprimierung des Gens für das Enzym Telomerase sein (s. oben).

▶ **Anhäufung von schädlichen Mutationen** im Alter (MEDAWAR 1952, s. Box 3.12). Eine allgemeine Eigenschaft der Lebewesen ist die Fähigkeit, sich fortzupflanzen. Die Wahrscheinlichkeit dafür ist bei einem Neugeborenen gleich Null, bei einem jungen Adulten am höchsten und sinkt mit fortschreitendem Alter, denn die »Gegenwahrscheinlichkeit«, dass das Individuum stirbt, nimmt zu. Wird ein mutiertes Gen vererbt und führt dann im Nachkommen zum Tode vor der Geschlechtsreife oder zur Unfruchtbarkeit, dann wird es durch Selektion ausgesondert. Wird die schädliche (die Lebenstüchtigkeit beeinträchtigende) Mutation dagegen erst nach Beginn der Fortpflanzungsfähigkeit exprimiert (»angeschaltet«), kann sie immer weiter gegeben werden. Im Laufe der Evolution werden sich Gendefekte nach dieser Theorie also **passiv** akkumulieren. Sie belasten die spätere Lebensphase immer mehr – der Organismus altert.

▶ **Antagonistische Wirkung von pleiotropen Genen** (WILLIAMS 1957). Danach gibt es Gene mit pleiotroper (vielseitiger) Wirkung, die im niedrigeren Alter die **Fitness** (s. Box 4.1) begünstigen und daher durch die Selektion gefördert werden, jedoch im Alter einen negativen Effekt bekommen. So könnte z.B. ein Gen die Speicherung von Kalzium in Knochen junger Individuen fördern und damit Knochenbrüche verhindern. Im höheren Alter könnte dasselbe Gen das Risiko der Osteoarthritis (Knochen-Gelenk-Entzündungen) erhöhen. Der wesentliche Unterschied zu der vorgenannten Theorie ist, dass hier eine **aktive Erhaltung** der pleiotropen Gene im Genpool durch die Selektion angenommen wird.

▶ **Theorie des »wegwerfbaren Körpers«** (KIRKWOOD 1999). Folgt man diesem Modell, ist es zwecklos, zu viel Energie für die Körpererhaltung und -reparatur zu verwenden, wenn die Chancen, in einer »gefährlichen Welt« lange zu leben, ohnehin niedrig sind. In einer solchen Situation erscheint es sinnvoller, die verfügbaren Ressourcen in eine schnelle Fortpflanzung zu investieren, um dadurch die eigene Fitness hoch zu halten. Da die verfügbare Energie limitiert ist, wird ein Individuum folglich gezwungen, »eine Entscheidung zu treffen«: Vermehrung oder Instandhaltung. Die Körper, die zugunsten einer frühen Fortpflanzung nicht repariert werden, verschleißen auch schnell.

Senium und Tod: Das Senium, die letzte Lebensphase, ist durch **Seneszenz**, einen regressiven Alterungsprozess, charakterisiert: den quantitativen **Abbau** sowie auch die qualitative **Degeneration** (Rückbildung, Vereinfachung) auf allen Organisationsebenen (s. Kap. 1.3.7.6). Außerdem kommt es zur Anhäufung von Abnutzungserscheinungen, Schädigungen und schädigenden Stoffwechselprodukten. Das Senium ist begleitet von herabgesetzter Leistungsfähigkeit und reduzierter Aktivität. Die Fähigkeit des Organismus, Schädigungen zu reparieren, ist verringert, wodurch die physiologische Leistung der Organe weiter sinkt. Manche altersbedingte Änderungen (z.B. Glatze, graues Haar) sind jedoch funktionell neutral und beeinträchtigen die Leistungsfähigkeit nicht. Die Frage, weshalb Organismen altern, beschäftigt Laien wie Forscher gleichermaßen (Box 1.14).

Die Altersphase ist bei den meisten Tieren in freier Wildbahn sehr kurz – denn sobald ihre Leistungsfähigkeit herabgesetzt wird, steigt ihr Risiko, einem Raubtier oder Parasiten zum Opfer zu fallen oder zu verhungern, erheblich. Auch bei Tieren in menschlicher Obhut verläuft das Senium relativ schnell, und die meisten Tiere können sich bis zum Tode fortpflanzen. Die **Postmenopause** (s. Kap. 4.1, Kap. 4.9.5.1), jener Lebensabschnitt, in dem die Frau zwar aktiv, jedoch nicht mehr fortpflanzungsfähig ist, ist ein spezifisch menschliches Phänomen.

Es gibt jedoch auch einige Organismen, deren Sterblichkeit vom Alter unabhängig ist, d.h. sie sterben zufällig durch äußere Ursachen, ohne erkennbare Zeichen von Seneszenz. Bei diesen Spezies (Beispiele findet man insbesondere im Pflanzenreich unter den Nadelbäumen; bei Tieren zählen wahrscheinlich einige Schildkröten, Hummer und Muscheln in diese Kategorie) ist die Degeneration oder der Verlust von physiologischen Funktionen mit zunehmendem Alter nicht bemerkbar, und die theoretische maximale Lebensdauer kann nicht bestimmt werden.

Der **Tod**, das Ende des Lebens eines Individuums (lat. Exitus),

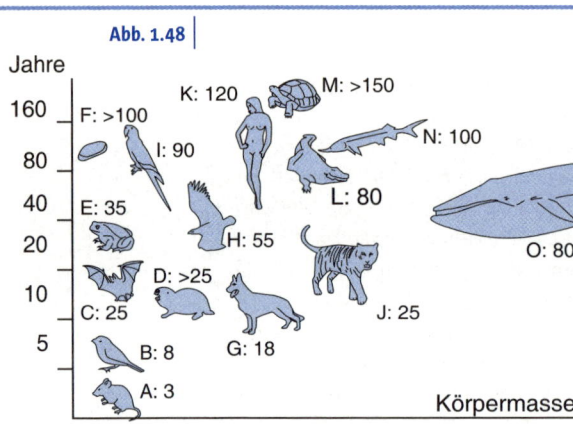

Abb. 1.48

Jahre

160 — F: >100
K: 120   M: >150
I: 90   N: 100
80 —
40 —   E: 35   L: 80
H: 55   O: 80
20 —
D: >25
10 —
C: 25   J: 25
5 —   B: 8   G: 18
A: 3   **Körpermasse**

Maximal mögliche Lebensdauer verschiedener Organismen.
A Maus, **B** Singvogel, **C** Fledermaus, **D** Graumull, **E** Erdkröte, **F** Muschel, **G** Hund, **H** Adler, **I** Papagei, **J** Tiger, **K** Mensch, **L** Krokodil, **M** Schildkröte, **N** Stör, **O** Grauwal. Die Größenproportionen werden nur teilweise berücksichtigt. Die Angaben zur Lebensdauer beziehen sich z.T. nur auf einzelne Arten der genannten Tiergruppe. Es ist auch zu berücksichtigen, dass die angegebene Lebensdauer von 120 Jahren beim Menschen bis auf ein paar Ausnahmefälle aus einer gut dokumentierten Stichprobe mit *n* = »mehrere Milliarden« beruht: Die Stichprobengröße ist bei anderen Organismen viel kleiner.

wird medizinisch als irreversibler Funktionsverlust der Atmungsorgane, des Kreislaufs und des Zentralnervensystems beschrieben (s. Kap. 1.3.7.6).

Lebensdauer: Verschiedene Tiere leben unterschiedlich lange. Die maximal mögliche Lebensdauer (engl. lifespan) ist artspezifisch (Abb. 1.48), wird jedoch von den wenigsten Individuen erreicht. Die durchschnittliche (erwartbare) Lebensdauer wird als **Lebenserwartung** (engl. life expectancy) bezeichnet. Es gibt – analog zu den Versuchen, das Altern zu erklären – viele Theorien, welche die maximale Lebensdauer betreffen. Die meisten proximaten Erklärungen gehen von einer (genetischen) **Determinierung der Lebensdauer** aus. So wurde nachgewiesen, dass die Anzahl der Zellteilungen, die ein Klon von Zellen durchlaufen kann, festgelegt ist (s. Box 1.14). Auch die Anzahl der Herzschläge und Atemzüge korreliert mit der Lebensdauer bei verschiedenen Tieren. Die meisten Kleinsäugetiere haben eine höhere Stoffwechselrate (Herz- und Atemfrequenz) und leben kürzer (»schneller«) als die großen Säugetiere.

Prozesse und Mechanismen der Entwicklung

| 1.3.7

Die Bildung der Körperstrukturen (**Morphogenese**, Gestaltbildung) läuft auf mehreren Ebenen ab:
▶ **Histogenese**: Bildung von Geweben.
▶ **Organogenese**: Bildung von Organen (mit Organogenese wird auch eine Phase der Embryogenese bezeichnet, s. Kap. 1.3.2.2).
▶ **Musterbildung**: Räumliche Anordnung von Geweben und Organen.

Zu den wichtigen Mechanismen bei der Morphogenese zählen sowohl **quantitative** (Wachstum bzw. Rückbildung) und **qualitative Änderungen** (Zelldifferenzierung, Polarisierung) als auch **Interaktionen** wie Zellwanderung, Zelladhäsion, Zellerkennung, genetische Steuerungsvorgänge und Induktion. Bei der Gestaltung des Körpers ist außerdem die **Regulation** (Aktivierung oder Repression, Hemmung) **der Genexpression** und der Proteinbildung durch Gene und Signale aus der Umgebung der Zellen von entscheidender Bedeutung. Differenzierte Zellen und Gewebe **regenerieren** und können **repariert** werden, letztendlich jedoch **altern** sie **und sterben** ab.

Wachstum und Rückbildung

| 1.3.7.1

Wachstum ist ein quantitativer Vorgang, der sich in einer Zunahme an Größe und Masse des Körpers bzw. seiner Teile äußert. Prinzipiell unterscheidet man beim Wachstum zwischen zwei Prozessen, die auch kombiniert vorkommen können. Zum einen kann Wachstum mit einer Zellvermehrung (Proliferation) einhergehen (z.B. hat ein neugeborener

Abb. 1.49

Mechanismen des Wachstums (Hypertrophie und Hyperplasie) und der **Rückbildung** (Atrophie und Involution) sowie einige **Wachstumsfehlbildungen** (Aplasie und Neoplasie).

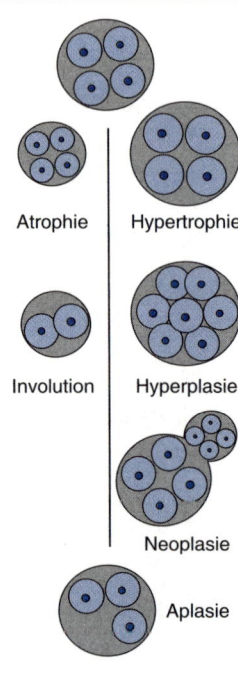

Atrophie   Hypertrophie

Involution   Hyperplasie

Neoplasie

Aplasie

Abb. 1.50

Allometrisches Wachstum in der Ontogenese bei Mensch, Hund und Pferd. Verschiedene Körperteile wachsen in Bezug zur Gesamtkörpergröße mit unterschiedlicher Geschwindigkeit (Wachstumsrate); hier anhand unterschiedlicher Steigungen der »Wachstumsgerade« dargestellt.

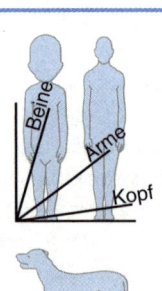

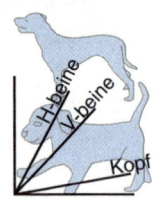

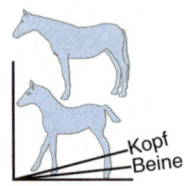

Mensch 2×10^{12}, ein Erwachsener dagegen 6×10^{13} Zellen) und zum anderen mit einer einfachen Zellvergrößerung bzw. einer Zunahme der extrazellulären Substanz. Auch die Rückbildung (Verkleinerung bzw. Schwund von Geweben, Abnahme der Organ- bzw. Körpermasse), das Gegenteil des Wachstums, spielt bei der Entwicklung eine wichtige Rolle.

Man unterscheidet folgende mit dem Wachstum bzw. der Rückbildung in Verbindung stehende **Mechanismen** (Abb. 1.49):

▶ **Hypertrophie** bedeutet eine Vergrößerung von Geweben oder Organen durch Zunahme des Volumens (der Zellen und der zwischenzellulären Substanz) bei gleichbleibender Zellzahl (z.B. Muskel-, Fettgewebe).

▶ **Atrophie** ist die Rückbildung eines Organs oder Gewebes durch einfache Verkleinerung der Zellen bzw. Schwund der zwischenzellulären Substanz bei Erhaltung der Zahl der Zellen (z.B. Muskelgewebe, Fettgewebe) und somit das genaue Gegenteil der Hypertrophie.

▶ **Hyperplasie** (auch numerische Hypertrophie genannt) bedeutet eine Vergrößerung durch Zunahme der Zellzahl bei gleichbleibender Zellgröße (z.B. Drüsen). Mit **Neoplasie** wird die irreversible Neubildung von Geweben bei Regeneration oder Tumorbildung bezeichnet.

▶ **Involution** (auch numerische Atrophie) bezeichnet das Gegenteil der Hyperplasie, also eine Rückbildung durch Abnahme der Zellzahl.

▶ **Aplasie** bezeichnet eine ausbleibende Entwicklung einer vorhandenen Gewebe- oder Organanlage. Fehlt auch die Anlage, spricht man von **Agenesie**. Ein angeborener Verschluss von Hohlorganen oder natürlichen Körperöffnungen wird als **Atresie** bezeichnet.

Die Organanlagen wachsen entweder mit einer verhältnismäßig konstanten Geschwindigkeit (**isometrisches Wachstum**) oder, häufiger, in ihren einzelnen Teilen und/oder in Bezug

Box 1.15

Körpergröße

Die Körpergröße variiert bei Tieren enorm: Am einen Ende der **Größenskala** stehen beispielsweise die nur 0,04 mm großen Rädertierchen (Rotatoria), deren Körpermasse im Picogramm-Bereich liegt (10^{-12} g) und deren Körper aus nur 32 Zellen besteht. Am anderen Ende der Skala befindet sich das größte Tier, das je gelebt hat (und noch lebt!): Der Blauwal mit 100 t Körpergewicht und über 30 m Länge.

Die maximal erreichbare Körpergröße wird durch viele Faktoren bestimmt: Hierzu gehört die **Gravitation**, die sowohl den biomechanischen Halt und die Bewegung, als auch bei hoch gewachsenen Tieren den Kreislauf beeinflusst. Wassertiere sind durch die Gravitation am wenigsten, fliegende Tiere am stärksten limitiert. Die Körpergröße wird auch durch die **verfügbare Energie** und die verfügbaren Baustoffe bedingt. Generell gilt, dass endotherme Tiere (mit höheren Stoffwechselraten) bei vergleichbaren Ressourcen kleiner sind als die Ektothermen. Herbivoren erreichen stattlichere Körpergrößen als Karnivoren.

Mit steigender Körpergröße nimmt das **Körpervolumen** mit der 3. Potenz, die **Körperoberfläche** dagegen nur mit der 2. Potenz der Länge bzw. Breite zu. Größere Tiere haben daher eine relativ kleine Körperoberfläche. Dies kann unter Umständen vorteilhaft sein, z.B. wenn der Wärmeverlust über die Körperoberfläche reduziert werden muss. So erklärt sich auch, weshalb diejenigen Säugetiere oder Vögel, welche in kälteren Gebieten leben, größer sind als ihre Verwandten in wärmeren Gebieten (**Bergmann-Regel**). Die Säugetiere und Vögel aus wärmeren Gebieten hingegen erweitern ihre Körperoberfläche noch zusätzlich durch Vergrößerung der distalen Körperteile (Ohrmuschel, Schwanz, Extremitäten). Sie können auf diese Weise die Wärmeabgabe maximieren (**Allen-Regel**).

Mit zunehmender Körpergröße vermindert sich relativ gesehen nicht nur die Körperoberfläche, sondern auch die Stoffwechselrate. Diese ist vor allem von **Verteilungssystemen** (s. Kap. 2.2.3.4) abhängig. Verteilungssysteme (wie die Tracheen bei Insekten, die Luftwege der Wirbeltiere, oder die Gefäße des Kreislaufsystems) verzweigen sich fraktalartig. Je größer der Körper, desto länger sind die Strecken innerhalb dieser Systeme und umso größer auch die Verluste während des Transports. Dies ist einer der Gründe, weshalb sich im Laufe der Ontogenese mit zunehmender Vergrößerung des Körpers das Wachstum verlangsamt. Das Prinzip der steigenden Verluste in komplexeren Transportsystemen erklärt auch die limitierte Körpergröße von Insekten: Das Tracheensystem darf nur so lang sein, dass der passive Sauerstofftransport beim gegebenen Partialdruck noch möglich ist.

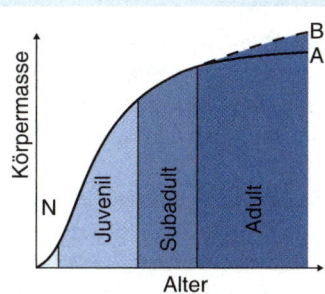

| Abb. 1.51

Wachstumskurve verschiedener Lebensabschnitte.
A Begrenztes Wachstum, **B** unbegrenztes Wachstum. **N** Neugeborenes.

zu anderen Organen unterschiedlich schnell (**allometrisches Wachstum**; Abb. 1.50).

Mit Hilfe von **Wachstumsfaktoren**, körpereigenen Peptiden oder Proteinen (z.B. epidermaler Wachstumsfaktor, EGF) regen sich die Zellen gegenseitig zur Proliferation an. Eine einzelne isolierte Gewebezelle in einer Zellkultur teilt sich daher nicht. Das Wachstum, oder genauer die allgemeine Steigerung der DNA- und Proteinsynthese, wird durch das **Wachstumshormon** (**STH** Somatotropes Hormon, Somatotropin) angeregt (Box 1.15, s. auch Kap. 2.1.5.3). Dabei handelt es sich um ein artspezifisches Peptidhormon, das in der Adenohypophyse (s. Kap. 5.3.2.1) gebildet wird. Die Ausschüttung von STH wird durch **Somatostatin** geregelt, ein Hormon des Hypothalamus (s. Kap. 5.3.2.1). Unter Dauerstress (s. Box 5.5) wird die Produktion vom STH vermindert. Ein STH-Mangel in der Wachstumsphase führt zum so genannten Zwergwuchs (**Nanismus**), eine Überproduktion an STH vor der Pubertät zum **Gigantismus**, nach der Pubertät zur **Akromegalie** (Vergrößerung der distalen Körperteile).

1.3.7.2 | Zelldifferenzierung

Zelldifferenzierung bedeutet eine **qualitative**, d.h. **morphologische** und **physiologische Spezialisierung** der Zellen und damit die Entstehung von verschiedenen Zelltypen. Im Verlauf der Entwicklung entsteht dabei aus einer totipotenten Zelle ein vielzelliger Organismus, dessen Zellen sich zunehmend voneinander morphologisch unterscheiden und sich für verschiedene Funktionen spezialisieren. Zellkerne aller Körperzellen sind die Nachkommen des Zellkerns der Zygote. Entsprechend beinhalten sie eine Kopie der genetischen Information für den Aufbau des gesamten Organismus. Die Nutzung des Genoms (d.h.»was wann gelesen wird«) wird auf der Ebene der Transkription geregelt. Welche Gene zu welchem Zeitpunkt exprimiert werden, wird durch die Zusammensetzung des Zytoplasmas bestimmt (vgl. Prinzip der Klonierung, Kap. 4.13.3). Dabei haben benachbarte Zellen Einfluss auf den Zustand des Zytoplasmas: Ihre Signale werden über die Membran- oder Kernrezeptoren aufgenommen. Manchmal muss sich eine Zelle zunächst mehrfach teilen, bevor ein bestimmtes Gen exprimiert werden kann. In einigen Organsystemen kann die Differenzierung lebenslang stattfinden (z.B. Bildung der Blutzellen, s. Kap. 1.2.6.3).

1.3.7.3 | Genetische Steuerung der Entwicklung

Der Bauplan aller Lebewesen ist durch die Gene festgelegt. Das Kernproblem der **Entwicklungsgenetik** betrifft daher die Frage: »Wie wird die eindimensionale Information (Basensequenz) in die vierdimensionale Struktur (Raum und Zeit) eines Organismus umgesetzt?« Die Entwicklungsge-

Box 1.16

Mit Bauch nach oben

1822 veröffentlichte ÉTIENNE GEOFFROY SAINT HILAIRE seine Theorie, dass **die Bauchseite eines Arthropoden-Körpers der Rückenseite der Wirbeltiere entspricht** und umgekehrt. An der Anatomie des Hummers zeigte er, dass das Nervensystem unter dem Verdauungtrakt, das Herz über dem Verdauungstrakt liegt (Abb. 1.38). Diese Idee von einer dorso-ventralen Umkehr der Körperorganisation bei Arthropoden und Wirbeltieren bestätigte seine Konzeption des einheitlichen Körperbaus von Tieren. Sein Artikel hat in der Französischen Akademie der Wissenschaften heftige Diskussionen ausgelöst.
Die molekulargenetische Analyse bestätigte die Ansicht von GEOFFROY ST. HILAIRE. So wurde beim Krallenfrosch (*Xenopus laevis*) ein Protein (Chordin, Chd) gefunden, das in der Gastrula die Entstehung der Rückenseite bestimmt. Bei der Taufliege bedingt ein fast identisches Protein, das durch das Gen *sog* (short gastrulation) bestimmt wird, die Entstehung der Bauchseite. Weiterhin entspricht das Produkt des Gens *dpp* (decapentaplegic), das bei der Taufliege an der Bauchseite exprimiert wird, dem Protein Bmp-4 (bone morphogenetic protein), das beim Krallenfrosch in höherer Konzentration auf der Rückenseite vorkommt. Und tatsächlich induzierte in einem Experiment das Taufliegenprotein Sog die Bildung der Chorda dorsalis, während die Injektion von Chordin bei der Taufliege die Entstehung der Bauchseite bewirkt. Die Funktion der Proteine Chd und Sog ist also bei den Wirbeltieren und Arthropoden seitlich verkehrt, in beiden Fällen führt sie jedoch zur Herausbildung des embryonalen Körperteiles, der das Nervensystem beinhaltet. Diese Umkehr der dorso-ventralen Achse in der Gastrulation führte zur Trennung der Protostomia und Deuterostomia.

netik ist ein dynamisches Forschungsgebiet und es kann hier nur eine sehr vereinfachte Übersicht über einige Aspekte der Problematik gegeben werden. Die Gene, welche die räumliche Anordnung des Körpers (Kopf-Schwanz-Achse, Bauch- und Rückenseite und Segmentierung) kontrollieren, wurden zuerst bei der Taufliege beschrieben (Box 1.16). Später wurden diese Kenntnisse auch durch Befunde bei anderen Tieren erweitert und verallgemeinert.

Schon **in der unbefruchteten Eizelle** vieler Tiere gibt es eine erkennbare **Polarität**, die **durch** ein **Konzentrationsgefälle** zytoplasmatischer Komponenten (mRNA, Proteine, Dotter) **bestimmt** ist (s. Box 1.10). Durch die Furchung der großen Zygote in viele kleinere Blastomeren werden unterschiedliche Plasmabereiche der Zygote unterschiedlichen Tochterzellen zugeteilt. Unterschiedliche Bereiche teilen sich auch mit unterschiedlicher Geschwindigkeit und es entsteht ein Keim, der in einer oder mehreren Achsen asymmetrisch sein kann. In den verschiedenen Blastome-

Abb. 1.52

Proteinkonzentrations-gradienten von verschiedenen Morphogenen (Bicoid, Caudal, Hunchback und Nanos) und die Gap-Gen-Expressionsdomänen (Giant, Knirps, Krüppel und Tailless) in einem *Drosophila*-Embryo. **A** anteriorer, **P** posteriorer Pol des Embryos.

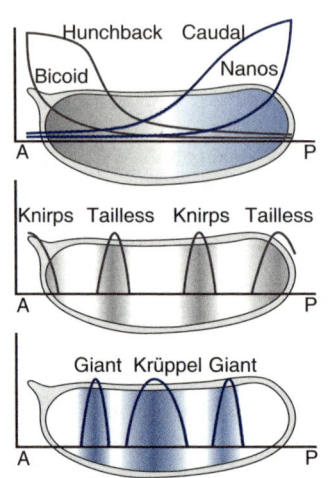

Abb. 1.53

Expressionsmuster ausgewählter Paar-Regel-Gene (oben) und der **Segmentpolaritäts-Gene (unten)** in den 14 Parasegmenten des *Drosophila*-Embryos. Unten ist die Projektion auf die endgültigen Segmente dargestellt. **Mn** Mandibula, **Mx** Maxilla, **La** Labium, **T** Thorax, **A** Abdomen.

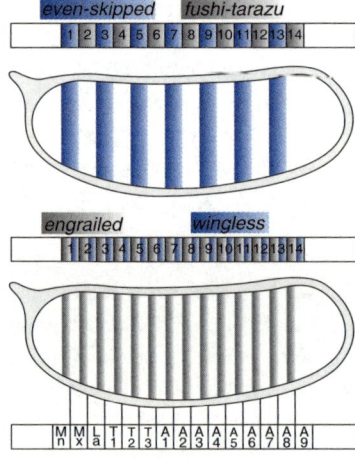

ren, die sich nun durch die Zusammensetzung ihres Zytoplasmas voneinander unterscheiden, erhalten die Zellkerne durch das Zytoplasma Informationen (z.B. durch die Existenz und Konzentration bestimmter Proteine) über die Lage der Zelle im Keim (etwa wie **Koordinaten** der »antero-posterioren Breite« und »dorso-ventralen Länge« auf der »Keimkugel«).

Während die Polaritätsachsen bei den Säugetieren erst nach der Furchungsphase festgelegt werden, bilden sie sich bei den meisten Tieren schon zu Anfang der Furchung aus. Bei der Taufliege beispielsweise bestimmen **maternale** (mütterliche) **Gene** die Achsenpolarität schon in der Eizelle. Sie produzieren mRNA, welche in der Eizelle ungleichmäßig verteilt wird. Diese mRNA wird in der Zygote in regulatorische Proteine, die so genannten **Morphogene**, translatiert. Die anterior-posteriore (Kopf-Schwanz-) Achse in einem Fliegenembryo wird durch die Morphogene Bicoid und Hunchback, im hinteren Bereich durch die Morphogene Nanos und Caudal bestimmt (Abb. 1.52). Die Morphogene diffundieren im Zytoplasma zu jeweils gegenüberliegenden Polen der Eizelle und bilden ein Konzentrationsgefälle. Letzteres spiegelt sich später in den unterschiedlichen Konzentrationen dieser Proteine in den Blastomeren wieder, die in verschiedenen Bereichen der Zygote entstanden sind. Damit vergleichbar bestimmen die Proteine Dorsal und Toll die dorso-ventrale Achse. Die genannten Proteine binden an die DNA und kontrollieren dort die Expression bestimmter Gene.

Die Gradienten der Achsen-Proteine verursachen regionale Unterschiede in der Expression von **zygotischen Segmentierungsgenen**. Zunächst bewirken die **Gap-Gene** eine grobe Einteilung des Keimes auf die vordere, mittlere und hintere Region (Abb. 1.52). Mutationen in diesen Genen verursachen große Lücken im Segmentierungsmuster der Tiere. Als nächstes werden die **Paar-Regel-Gene** aktiviert, die die Entstehung der primären Körpersegmente (Parasegmente) bewirken (bei der Fliege sind es 14 Parasegmente). Zuletzt bestimmen die **Segmentpolaritätsgene**, die anterior-posteriore Polarität in den jeweiligen Segmenten. Die endgültigen Segmente (z.B. Körpersegmente bei Insekten oder Wirbel bei Wirbeltieren) entstehen durch Verschmelzung des hinteren Teils eines Parasegments mit dem vorderen Teil des daran anschließenden Parasegments (Abb. 1.53).

Eine weitere Differenzierung einzelner Segmente und damit ihre individuelle Charakteristik wird durch **homeotische Gene** bestimmt (s. Box 1.18). Diese Gene entscheiden darüber, mit welchen »Körperanhängen« (Beine, Flügel, Antennen) welches Segment ausgestattet wird. Bei Mutationen in diesen Genen entstehen die vorgesehenen Organe am falschen Ort, z.B. zusätzliche Beine an der Stelle, an der normalerweise Antennen gebildet werden sollten. Homeotische Gene beinhalten die **Homeobox**, eine Sequenz von 180 Basenpaaren, die die Homeodomäne (60 Aminosäuren) eines Proteins kodiert und an die DNA bindet. Homeobox-Gene kodieren Transkriptionsfaktoren, die Kaskaden von weiteren Genen aktivieren oder unterdrücken, um z.B. einen Flügel zu bilden. Die Homeobox ist in der Phylogenese hoch konserviert und wurde bei allen homeotischen Genen und bei allen bisher untersuchten Tieren sowie bei Pilzen und Pflanzen gefunden.

Homeotische Gene sind an den Chromosomen hintereinander in einem so genannten Cluster angeordnet. So befindet sich das **HOM-C-Cluster** bei der Taufliege auf dem 3. Chromosom, wobei es aus zwei Gen-Komplexen besteht: Der Antennapedia-Komplex (*Antp-C*) von 5 Genen ist für den vorderen Körperteil und der Bithorax-Komplex (*BX-C*) von 3 Genen für den hinte-

Abb. 1.54

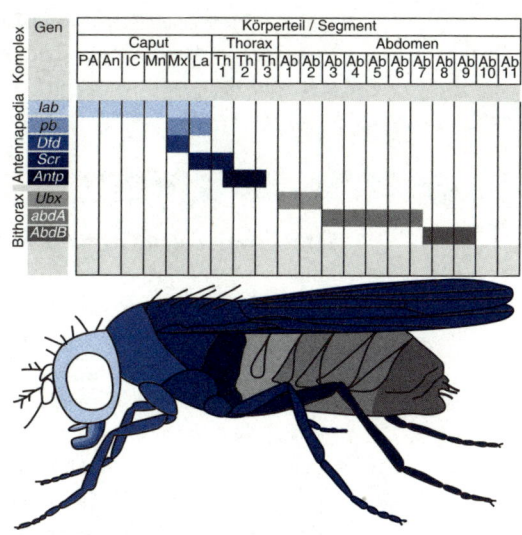

Reihenfolge der homeotischen Gene des *HOM-C*-Clusters auf dem 3. Chromosom und ihrer Ausprägung entlang der Körperlängsachse bei *Drosophila*. **Caput** Kopf, **PA** Praeantennalsegment, **An** Antennen, **IC** Intercalarsegment, **Mn** Mandibeln, **Mx** Maxillen, **La** Labium, **Th** Thorax, **Ab** Abdomen.

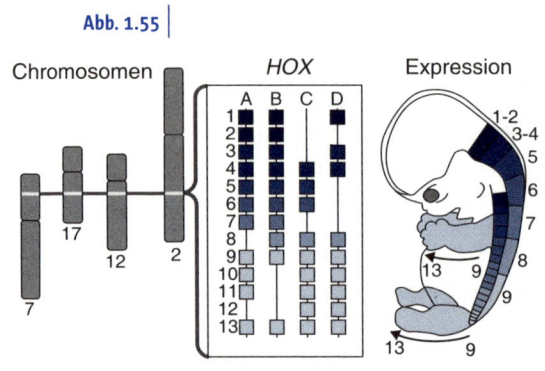

Abb. 1.55

Chromosomen   *HOX*   Expression

Lokalisation und Reihenfolge der *HOX*-Gene auf dem 7. (*HOXA*), 17. (*HOXB*), 12. (*HOXC*) und 2. Chromosom (*HOXD*) und die Ausprägung am menschlichen Körper.

ren Körperteil zuständig. Die Reihenfolge der Gene auf dem Chromosom entspricht der Reihenfolge ihrer Ausprägung entlang der Längsachse des Körpers (**Kolinearitätsprinzip**, Abb. 1.54). Auch bei anderen Tierstämmen haben homeotische Gene (bei Wirbeltieren **Hox-Gene,** von **H**omeo**box**, genannt) eine organisierte Reihenfolge innerhalb des Clusters auf dem Chromosom und werden der Reihe nach entlang der Körperachse aktiviert. Bei Säugetieren gibt es vier paraloge (s. Kap. 1.3.8.3) *Hox*-Cluster – *Hoxa,* *Hoxb, Hoxc, Hoxd* (jeweils mit 9–13 Genen), die auf vier Chromosomen liegen: beim Menschen auf den Chromosomen 2 (*HOXD*), 7 (*HOXA*), 12 (*HOXC*) und 17 (*HOXB*) (Abb. 1.55; Box 1.17).

1.3.7.4 | Embryonale Induktion

Die **Differenzierung der Zelle**n kann **entweder herkunftsgemäß** festgelegt sein (**determiniert**; z.B. Zellgenealogien bei Nemathelminthen) **oder**, wie bei den meisten Tieren, **ortsgemäß induziert**.

Während der embryonalen Entwicklung kommt es zu Formänderungen und Wanderungen von Zellen: Man spricht von **morphogenetischen**

Schreibweise von Gennamen und Genprodukten

Gemäß den Konventionen der Datenbanken werden Gene und ihre mRNA *kursiv* geschrieben. Normalerweise beginnen rezessive Gene mit kleinen und dominante Gene mit großen Anfangsbuchstaben. Genprodukte beginnen immer mit Großbuchstaben und werden nicht kursiv, sondern häufig in Kapitälchen geschrieben. Die Namen von menschlichen Genen, anders als bei Genen von Tieren, werden mit großen Buchstaben geschrieben: *HOXA1, HOXA2* beim Menschen und *Hoxa1, Hoxa2* bei der Maus.

Für detaillierte nomenklatorische Regeln siehe z.B.

Drosophila: http://www.flybase.org/docs/nomenclature/lk/nomenclature

Maus: http://www.informatics.jax.org/mgihome/nomen

Mensch: http://www.gene.ucl.ac.uk/nomenclature

Bewegungen. Hierdurch kommen die Zellen in neue Umgebungen mit veränderten chemischen und physikalischen Bedingungen. Die Zellen beeinflussen sich auch gegenseitig durch ihre Oberflächen- und Signalmoleküle, die sie freisetzen. Eine gegenseitige ortsgemäße Beeinflussung von Zellen bzw. Geweben, die zur Auslösung eines Entwicklungsvorganges führt, wird als embryonale **Induktion** bezeichnet. Derartige Mechanismen sind vor allem bei Amphibien untersucht worden.

So wird z.B. das Anlegen des Neuralrohrs durch Signale aus dem Chorda-Mesoderm (Protein-Aktivine, Retinsäure und weitere Moleküle) induziert, die von den darüber liegenden Ektodermzellen empfangen werden. Die Induktionsfähigkeit des Chorda-Mesoderms wurde durch Transplantationsexperimente demonstriert, in denen Chorda-Mesoderm aus dem Bereich der Urmundoberlippe auf eine andere Stelle unter dem Ektoderm einer anderen Gastrula verpflanzt wurde. Das Transplantat induzierte die Entstehung einer weiteren Körper-Längsachse mit einem zusätzlichen Neuralrohr. In anderen Worten, die Differenzierung des Transplantats erfolgte nicht entsprechend der Herkunftsposition im Spender, sondern entsprechend seiner neuen Umgebung im Wirt. Nach ihrem Entdecker und wegen ihrer Bedeutung in der Embryogenese wird die dorsale Urmundlippe als **Spemann-Organisator** bezeichnet (Abb. 1.56, Box 1.18).

Aussagekräftig sind auch die Transplantationsversuche, bei denen **Chimären** erzeugt werden. (Die Chimäre ist in der griechischen Mythologie ein Fabelwesen: vorn Löwe, in der Mitte Ziege, hinten Drache.) Sie ist ein Individuum, das aus Geweben verschiedener Individuen und damit aus verschiedenen Genotypen besteht.

Regeneration

1.3.7.5

Regeneration umfasst **Erneuerung, Heilung** und **Ersatz** verloren gegangener Teile eines Individuums. Organismen, bei denen die Entwicklung der Zellen determiniert ist (z.B. Nemathelminthes), verfügen über keine Regenerationsmöglichkeiten. Große Regenerationsfähigkeit gibt es dagegen bei Polypen, Strudelwürmern und Seesternen. Diese Tiere können Körperfragmente vollständig ergänzen und sich auf diese Art auch **ungeschlechtlich fortpflanzen** (s. Kap. 4.2.1). Man kann zwei Formen der Regeneration unterscheiden.

► Die **physiologische Regeneration** gewährleistet die normale Erneuerung von Geweben (z.B. Epidermis-, Leber-, Blutzellen). Einige Gewebe (z.B. Muskelzellen, Neurone) sind terminal differenziert und können nicht oder nur bedingt (Nerven) regeneriert werden.

► Die **reparative Regeneration** kommt nach Verletzungen oder Amputation von Körperteilen vor und dient der Heilung bzw. dem Ersatz des verlorenen Körperteils. Hohe Regenerationsfähigkeit weisen, neben den Schwämmen, Polypen, Plattwürmern und Seesternen, auch Insekten und Amphibien auf. Einige Tiere (z.B. manche Anneliden, Mollusken, Insekten, Weberknechte, Echinodermaten, einige Schwanzlurche, Eidechsen) können bestimmte Körperteile (z.B. Extremität, Tentakel, Schwanz) vom Körper abtrennen und abwerfen, um einem Prädator zu entkommen. Diese Fähigkeit wird als **Autotomie** bezeichnet. Die abgeworfenen Teile regenerieren wieder (Box 3.1).

Box 1.18

Der Nobelpreis für Physiologie oder Medizin geht an …

Abb. 1.56

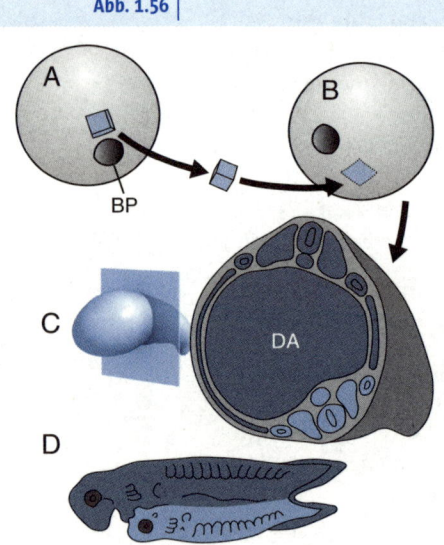

Experimentell ausgelöste embryonale Induktion. Ein Teil des Chorda-Mesoderms aus dem Bereich der oberen Lippe des BP Blastoporus der Gastrula **A** wurde in ventrales Ektoderm (oder in Blastocoel) der Gastrula **B** transplantiert. Das Transplantat induziert die Entstehung einer weiteren Körper-Längsachse mit einem zusätzlichen Neuralrohr (**C**, **D**) (in Anlehnung an SPEMANN und MANGOLD, 1924).

1935: Für seine »bahnbrechende **Entdeckung des Organisator-Effekts** in der embryonalen Entwicklung« (s. Kap. 1.3.7.4) hat der deutsche Zoologe HANS SPEMANN den Nobelpreis erhalten. In einer Serie von eleganten mikrochirurgischen Transplantationsexperimenten haben Spemann und seine Doktorandin HILDE MANGOLD die induktive Interaktion von verschiedenen embryonalen Zellgruppen bestimmt. Sie haben die besondere Rolle der dorsalen Urmundlippe in der frühen Ontogenese erkannt und nachgewiesen und sie als Organisator des Embryos bezeichnet. Die Ergebnisse der Dissertation von Hilde Mangold wurden 1924 veröffentlicht; doch im selben Jahr starb sie. Da der Nobelpreis nur an die – zum Zeitpunkt der Verleihung – noch lebenden Forscher vergeben werden kann, wurde nur ihr Doktorvater mit dem Preis ausgezeichnet.

1995: Genau 60 Jahre später wurde der Nobelpreis wieder für die Entdeckungen im Bereich der experimentellen Embryologie verliehen und ging zu 1/3 an Frau Prof. Dr. CHRISTIANE NÜSSLEIN-VOLHARD und somit wieder nach Deutschland. Der Nobelpreis wurde für »die Entdeckungen bezüglich der genetischen Kontrolle der früheren Embryonalentwicklung« erteilt.

CHRISTIANE NÜSSLEIN-VOLHARD hat zusammen mit ERIC

Altern und Tod

1.3.7.6

Unter Altern bzw. Alterung wird im allgemeinen Sprachgebrauch der Prozess der graduellen und spontanen qualitativen und quantitativen Veränderungen im Laufe des Lebens verstanden. Dazu gehört mithin auch die **progressive Reifung** vor und während der Pubertät. **Regressives Altern** beginnt in einigen Organsystemen schon früh und ist nicht nur auf das Senium (s. Kap. 1.3.6) beschränkt – so z.B. das Absterben der Oogonien im Ovarium, das bei Mädchen bereits ab dem 6. Entwicklungsmonat (s. Kap. 4.9.1.3) einsetzt.

Das Absterben auf der Zellebene (**Zelltod**), ausgelöst durch den Ausfall der Zellfunktionen, verläuft als Nekrose oder Apoptose (Abb. 1.57):

WIESCHAUS Taufliegen mit mutagenen Substanzen behandelt, um die Gene zu untersuchen, deren Mutationen zu Fehlbildungen bei der Entstehung der Körperachse oder des Segmentierungsmusters geführt haben. So konnten die Wissenschaftler insgesamt 15 unterschiedliche Gene identifizieren, die – wenn mutiert – Defekte in der Segmentierung verursachen: Gap-Gene, Paar-Regel-Gene, Segmentpolaritätsgene usw. (s. oben). Die Ergebnisse wurden im Herbst 1980 in der Zeitschrift Nature publiziert und erweckten ein großes Interesse: Die Methode war einfach, doch neu und originell. Die Zahl der beteiligten Gene war begrenzt und die Gene konnten spezifischen funktionell übergeordneten Gruppen zugeordnet werden. Diese Methode wurde von vielen anderen Forschergruppen, welche auch andere Tiermodelle untersuchten, übernommen und hat somit die Entwicklungsgenetik revolutioniert. Bald wurden ähnliche Steuergene auch bei anderen Tierarten und beim Menschen entdeckt.

Schon vor hundert Jahren wurden bei Taufliegen Mutanten beschrieben, die statt Schwingkölbchen (Halteren) ein zweites Flügelpaar trugen. Diese Fehlbildungen (Transformation von einem Organ an einen anderen Ort) wurden als **Homeosis** (gr. homoios = gleichartig, osis = krankhafter Zustand) bezeichnet. EDWARD B. LEWIS hat in Los Angeles seit den 40er Jahren des letzten Jahrhunderts die genetische Basis für homeotische Transformationen untersucht. Er hat festgestellt, dass ein extra Flügelpaar durch die Duplikation eines gesamten Körpersegments entstand. Die verantwortlichen mutierten Gene gehörten einer Genfamilie (*bithorax*) an, welche die Segmentierung entlang der Körper-Längsachse kontrolliert. Gene am Anfang des Komplexes kontrollieren auch die vorderen Segmente (Kolinearitätsprinzip). Weiterhin hat Lewis entdeckt, dass die Regionen, die durch individuelle Gene kontrolliert werden, sich überlappen und dass die Gene in ihrer Funktion interagieren. Seine Entdeckungen und Erklärungsansätze haben andere Forscher zu weiteren Untersuchungen und Befunden, auch bei anderen Organismen u.a. beim Menschen, inspiriert.

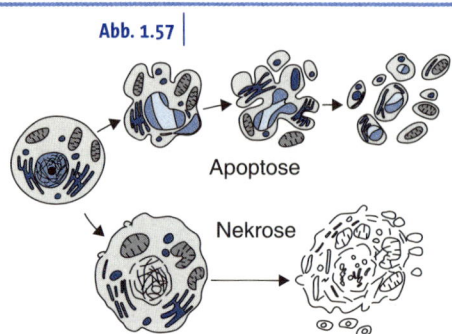

Abb. 1.57

Apoptose

Nekrose

Apoptose und Nekrose im Vergleich.

▶ Die **Nekrose** bezeichnet einen »gewaltsa-
men« Tod durch physikalische oder chemische (stoffwechselphysiologische) Schädigung. Sie führt zur Aktivierung des Immunsystems und zu einer Entzündung. Der Ausfall der Membranfunktion bewirkt das Einströmen von Kalzium- und anderen Ionen,
was zum Zerreißen von Organellmembranen
und schließlich zur Proteolyse führt.

▶ Die **Apoptose**, der programmierte Zelltod,
ist ein geordneter Prozess, der durch aktive
Expression von spezifischen Genen ausgelöst
wird und zum Selbstmord der Zelle führt. Die
Zelle zerfällt in kleine, von Membranen umschlossene Körperchen, die
durch benachbarte Zellen phagozytiert werden, ohne eine Entzündung
auszulösen. Die Apoptose ist eine Voraussetzung der Entwicklung, da
durch das Absterben bestimmter Zellen z.B. die Bildung von Hohlräumen (Mundspalt) oder die Trennung bzw. Ausdifferenzierung von Körperteilen (Finger) ermöglicht wird. Im Immunsystem werden durch
Apoptose diejenigen Zellen ausgeschaltet, die wenig spezifisch reagieren und auch eigene Körperzellen angreifen. Auch der Massentod von
T-Lymphozyten bei AIDS wird durch Apoptose und nicht durch direkte
Zerstörung der Zelle durch das HI-Virus ausgelöst. Die Apoptose ist auch
an der Involution (s. Kap. 1.3.7.1) von Milchdrüsen, Ovarialfollikeln,
Gebärmutterschleimhaut, Haarfollikeln usw. beteiligt. Die Apoptose ist
ein schneller, unauffälliger Prozess und ist daher der Aufmerksamkeit
der Forscher lange verborgen geblieben.

1.3.8 | Evolution und Entwicklung

1.3.8.1 | Frühe Konzepte

Die Embryologie hatte bei Darwinisten eine große Bedeutung für die
Erklärung der Evolution, was sich im Konzept der **Rudimente und Atavismen** sowie in der These »Die Ontogenese wiederholt die Phylogenese«
widerspiegelte. Jedoch büßte sie relativ bald ihren Stellenwert in der
Evolutionsbiologie wieder ein: Die genannte These wurde abgelehnt,
Rudimente und Atavismen wurden zwar als Beweise für die Abstammung der Arten zur Kenntnis genommen, führten jedoch nicht zu einer
weiteren Entfaltung der Embryologie oder Evolutionsbiologie. In der
ersten Hälfte des 20. Jh. entstand die neue Teildisziplin »experimentelle
Embryologie«, die jedoch keine evolutionären Aspekte mit einbezog.
Eine bedingte Renaissance des Interesses an diesem Thema hat das Buch

»Ontogeny und Phylogeny« von S. J. GOULD (1977) ausgelöst. Hier konzentrierte sich der berühmte Evolutionsbiologe auf das Konzept der Heterochronie (s. Kap. 1.3.8.4). Erst die molekularbiologischen und genetischen Ansätze haben der Embryologie neue Impulse auch in Bezug auf evolutionsbiologische Interpretationen gegeben.

Phylotypisches Stadium

Im Gegensatz zur Vorhersage der Rekapitulationstheorie (»Ontogenese rekapituliert Phylogenese und die früheren Entwicklungsstadien sind sich ähnlicher als die späteren Stadien«) **sind** gerade die **frühesten Stadien der Embryogenese sehr variabel**: Eigröße, Dotterverteilung, Furchungsverlauf, Gastrulation, Entstehung der Körperhöhlen usw. Gerade in den früheren Stadien der Ontogenese beobachtet man eine große Vielfalt der Entwicklungsprozesse, während die späteren Stadien ziemlich konservativ sind. Manchmal gibt es auch bei verwandten Arten (beispielsweise bei den Seeigeln *Helicodaris tuberculata* und *H. erythrogramma* sowie manchen Froscharten) große Unterschiede in der Ontogenese, doch kaum Unterschiede bei erwachsenen Formen. Verschiedene embryonale Stadien können sich offensichtlich unabhängig voneinander evolvieren. Schließlich zeigt auch die experimentelle Embryologie, dass gerade in den frühen Stadien größere experimentelle Eingriffe möglich sind (Stichwort: Totipotenz der Stammzellen).

Obwohl der evolutionäre Weg der Säugetiere von Fischen über reptilähnliche Tetrapoden als gesichert gilt, gibt es keine klaren »Fisch«- oder »Reptilien«-Stadien während der embryonalen Entwicklung der Säugetiere, wie es von der Rekapitulationstheorie suggeriert wurde. Nichtsdestoweniger gibt es eine Phase in der Ontogenese, die in der Evolution stark konserviert und minimal diversifiziert ist. Sie wird als **phylotypisches Stadium** bezeichnet. Dies ist die Phase der größten Ähnlichkeit der Embryonen verschiedener Wirbeltiere, die HAECKEL, VON BAER und andere Forscher so fasziniert hat, die sie jedoch falsch interpretiert haben. Das phylotypische Stadium beginnt mit der Neurulation und endet mit der Bildung der Somiten. Eine der Hypothesen sagt, dass gerade in den phylotypischen Stadien die *Hox*-Gene am stärksten exprimiert werden, deren feste zeitliche und räumliche Anordnung und Verbindung (Kolinearität, s. Kap. 1.3.7.3) keine Flexibilität erlaubt. Das phylotypische Stadium ist damit ein enger »Flaschenhals«, in dem die sonst flexible Ontogenese plötzlich diszipliniert und eingeengt wird – die wichtigsten morphogenetischen Prozesse werden somit beschleunigt, kontrolliert und vorhersagbar durchlaufen. Dies ist auch das Stadium, in welchem die Embryonen meist empfindlich und verletzlich sind und am häufigsten absterben.

| 1.3.8.2

Definition

Der Begriff **Atavismus** bezeichnet eine individuell spontan auftretende Fehlbildung (Neubildung) von Merkmalen, die im Laufe der Stammesgeschichte dieser Art schon verschwunden sind und bei der jeweiligen Tierart normalerweise nicht vorkommen. Beispiele für solche »Rückschläge« oder Atavismen sind beim Menschen eine starke Körperbehaarung oder das Auftreten überzähliger Brustwarzen. Merkmale, die in der Stammgeschichte bei den Vorfahren nicht vorhanden waren (beim Menschen z.B. Hörner oder Flügel), können auch nicht als Atavismen auftreten.

1.3.8.3 | Konzept der Homologie

Eines der wichtigsten gemeinsamen Konzepte von Evolutionsbiologie, vergleichender Biologie und Systematik ist das Homologie-Analogie-Konzept.

▶ **Homologie** (Gleichartigkeit) bezeichnet Merkmale (Organe, Funktionen, Verhaltensweisen) gemeinsamer Herkunft. Diese können entweder dieselbe Funktion aufweisen oder sich im Prozess der **adaptiven Divergenz** auf verschiedene Funktionen spezialisiert und dann auch ihre Form verändert haben (z.B. Arm des Menschen, Flügel der Fledermaus, vordere Flosse des Delphins).

▶ **Analogie** (Gleichsinnigkeit) bezeichnet Merkmale verschiedener Herkunft, die sich im Prozess der **Konvergenz** auf ähnliche Weise **angepasst** (**adaptiert**) haben, um gleiche Funktionen zu erfüllen (z.B. hydrodynamische Körperform bei Fischen, Fischsauriern, Pinguinen und Delphinen). Diese Merkmale sind also im Laufe der Evolution mehrmals und **unabhängig voneinander** »erfunden« worden.

Befunde aus der Entwicklungs- und Molekulargenetik zeigen jedoch, dass das **morphologische Homologiekonzept** revidiert bzw. weiter spezifiziert werden muss. So haben z.B. die Extremitäten von Insekten und Wirbeltieren einen unterschiedlichen Aufbau und wurden folglich stets für analoge Strukturen gehalten (d.h. Strukturen unterschiedlicher Herkunft, die sich zur Erfüllung desselben Zwecks spezialisierten). Molekulargenetische Analysen ergaben allerdings, dass für die Entstehung der Beine bei Insekten (aus der Imaginalscheibe), wie auch bei Wirbeltieren, dieselben Gene verantwortlich sind. Das **Konzept** wurde somit um **die genetische Ebene erweitert**.

Danach unterscheidet man **zwei Typen von Homologien**:

▶ **Orthologie** (historische Homologie): Die Gene zweier Arten sind ortholog, wenn sie im Laufe der Phylogenese aus demselben Genort (Locus) eines gemeinsamen Vorfahrens entstanden sind – z.B. die Hämoglobingene des Menschen und der Fledermaus.

▶ **Paralogie** (biologische Homologie): Ein Locus bei zwei Arten ist paralog, wenn er durch Gen-Duplikation und nachfolgende Divergenz innerhalb einer Art entstanden ist, z.B. die Gene für Hämoglobin und Myoglobin.

Dieses **Konzept** wurde wiederum auch auf **andere Merkmale** erweitert. So können der Arm des Menschen und der Flügel der Fledermaus als **orthologe**, der Arm und das Bein des Menschen als **paraloge Strukturen** bezeichnet werden.

Die Analyse der orthologen Gene (etwa für Hämoglobin des Menschen und der Fledermaus) hilft uns, die verwandtschaftlichen Beziehungen zwischen diesen Organismen zu klären. Die genaue Kenntnis paraloger Gene (Hämoglobin und Myoglobin) ermöglicht es uns, die Evolution einer Familie von Genen (hier: Globin-Gene) nachzuvollziehen. Wenn wir nicht wüssten, dass es in einem Organismus mehrere paraloge Kopien von Globingenen gibt, dann könnte z.B. die Rekonstruktion der Wirbeltier-Phylogenese zu falschen Schlüssen führen. Wollte man etwa die Stammesgeschichte anhand des (Hämo-)Globins von Mensch und Fledermaus und des (Myo-)Globins vom Schimpansen nachvollziehen, dann käme es ohne Kenntnis der Paralogie zu dem Fehlurteil, der Mensch sei mit der Fledermaus näher verwandt als mit dem Schimpansen.

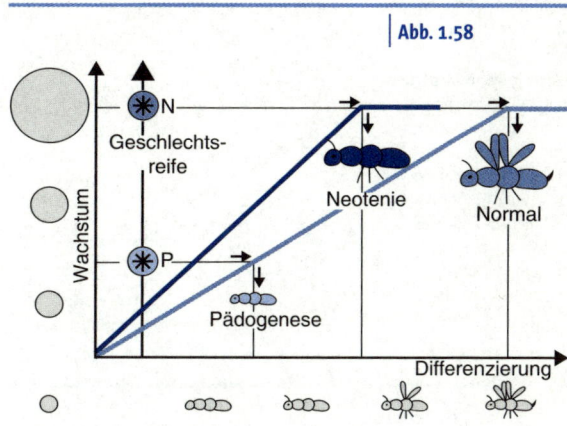

Abb. 1.58

Heterochronie: zwei Formen der Pädomorphose. Das Wachstum und die Entwicklung (Differenzierung) werden jeweils mit der Geschlechtsreife (mit Sternsymbol im Kreis dargestellt) beendet. Neotenie entsteht bei der Verzögerung der somatischen Differenzierung relativ zur »normal« verlaufenden Gonadenentwicklung (hellblaue Gerade). Pädogenese ist das Ergebnis einer beschleunigten (früher auftretenden) Gonadenentwicklung.

Die Einführung des Orthologie-Paralogie-Konzepts hat auch das Studium der Phylogenese und der Evolution stark beeinflusst: Orthologe Merkmale informieren uns über die Phylogenese, paraloge Merkmale berichten über die Evolution der Formen, Funktionen und Verhaltensweisen. Die kombinierte Betrachtung paraloger und orthologer Gene bietet ein umfassendes Bild der Evolution der Organismen, zumal, wenn jene Körperteile besonders berücksichtigt werden, für deren Entwicklung diese Gene aktiviert worden sind.

Geradezu ein Modell für dieses kombinierte Studium von Evolution, Ontogenese und Phylogenese bieten die **homeotischen Gene** (s. Kap. 1.3.7.3). Ihre Mutationen zu verstehen hat geholfen, die Problematik der Makroevolution, die als Summe kleiner mikroevolutionärer Veränderungen nicht immer erklärbar war, in ein neues Licht zu rücken und begreifbar zu machen.

Heterochronien

1.3.8.4

Heterochronie bezeichnet eine zeitliche Verschiebung der Entwicklungsprozesse bei zwei enger verwandten Taxa, d.h. die Organe einer Art werden zu einer anderen Zeit (bzw. mit abweichender Schnelligkeit) entwickelt als bei einer verwandten Art. Dieses Phänomen beruht zumeist auf Mutationen jener Gene, die für den zeitlichen Entwicklungsablauf zuständig sind. Häufig führt eine Heterochronie zum Ausfall der Meta-

Abb. 1.59

Neotenie beim Menschen.
Kopfprofile von einem
Schimpansen- und einem
Menschenbaby, einem
ausgewachsenen Schim-
pansen und einem Mann.
Beachte die Ähnlichkeit
des Schimpansenbabys
mit dem Menschen (teil-
weise nach NAEF, 1926).

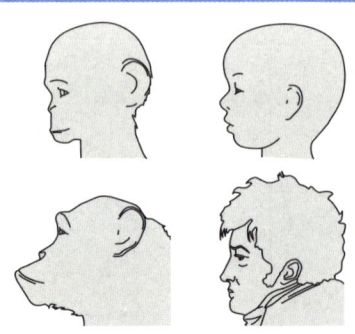

Abb. 1.60

**Die Entstehung des unter-
schiedlichen Streifenmus-
ters bei Zebras** (links Berg-
zebra bzw. Boehm-Zebra,
rechts Grevy-Zebra) kann
durch den unterschiedlichen
Zeitpunkt des Einschaltens
eines Gens erklärt werden,
wie das Beispiel der Luft-
ballons veranschaulicht.
Die Streifen werden beim
früheren Einschalten (Be-
malen eines kleinen Luft-
ballons) breiter, da mehr
Zeit zum Wachstum gege-
ben ist. Im Gegensatz dazu
sind die Streifen relativ
schmal, wenn dasselbe Gen
erst später eingeschaltet
wird (erst der größere Luft-
ballon wird mit demselben
Streifenmuster bemalt).

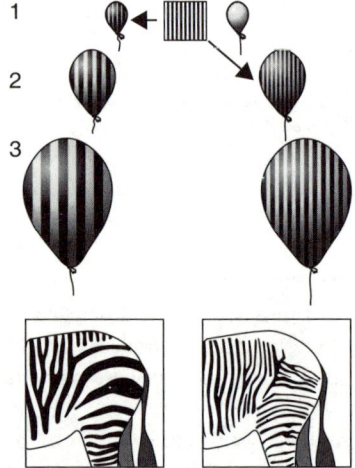

morphose bzw. zum Beibehalten
juveniler Merkmale. Man spricht
von **Pädomorphose**.

Zwei Formen der Heterochronie
können Pädomorphose herbeifüh-
ren (Abb. 1.58):

► **Neotenie** ist eine Verzögerung
(Retardierung) der somatischen
Entwicklung relativ zur »normal«
(d.h. wie bei verwandten Arten) verlaufenden Gonadenentwicklung
(z.B. *Ambystoma tigrinum*).

► **Pädogenese** ist das Ergebnis
einer beschleunigten Gonadenentwicklung. Dadurch entsteht eine
Tendenz zu kleineren Nachkommen. Pädogenese hat eine »ver-
frühte« Zeugungsfähigkeit zur
Folge (Bsp: Gallmücken – die par-
thenogenetische Generation entwickelt sich bereits in der Mutter-
larve und diese wird von innen
aufgefressen, s. Kap. 4.2.3 u. Kap.
4.2.4).

In beiden Fällen hört die somatische Entwicklung auf, sobald der
Organismus seine Geschlechtsreife
erreicht hat. Neotenie hat auch in
der Evolution mancher menschlicher Merkmale eine Rolle ge-
spielt. Als Beispiele seien der rela-
tiv große Kopf, das flache Gesicht, sowie auch Spiellust und Neugier
genannt. Es sind typische Juvenil-Merkmale anderer Primaten. Dass sie
vom erwachsenen Menschen beibehalten werden, kann durch die im
Laufe unserer Evolution eingetretene Verzögerung der somatischen Entwicklung relativ zur Gonadenentwicklung erklärt werden (Abb. 1.59).
Wie der Zeitpunkt des Ein- oder Ausschaltens eines Gens den Phänotyp
verändern kann, das veranschaulicht das Beispiel der Zebrastreifen (Abb.
1.60).

Fragen

1 Was ist der Unterschied zwischen Mikrotubuli und Mikrofilamenten?

2 Welche von den folgenden Verknüpfungen bezüglich des endoplasmatischen Retikulums (ER) sind nicht stimmig? (a) Ribosomen – raues ER, (b) Proteinsynthese – glattes ER, (c) raues ER – Ausscheidung von Proteinen aus der Zelle, (d) sarkoplasmatisches Retikulum – raues ER, (e) glattes ER – Hodenzellen.

3 Welche von den folgenden Substanzen bzw. Strukturen werden nicht vom Golgi-Apparat gebildet: (a) Glykolipide, (b) Glykoproteine, (c) sekretorische Vesikel, (d) Lipofuszin, (e) Diplosomen, (f) Lysosomen?

4 Kolchizin, das Alkaloid der Herbstzeitlosen, hemmt die Zellteilung, indem es an die Spindeltubuli des Spindelapparats bindet. Andere Zellgifte, die so genannten Alkylantien können Alkylgruppen auf die DNA übertragen, zwei DNA-Stränge vernetzen und dadurch die Zellteilung hemmen. Welche von diesen Zellgiften wird in der Zytodiagnostik (Bestimmung von Abweichungen von der normalen Chromosomenstruktur und -anzahl) verwendet und warum?

5 Welche Drüse ist mehr durchblutet und warum? (a) Bauchspeicheldrüse oder (b) Mundspeicheldrüse?

6 Warum zählt das Blut zum Bindegewebe?

7 Warum heilt ein beschädigter Knorpel langsamer als ein vergleichsweise beschädigter Knochen?

8 Was können die unmittelbaren Ursachen der Gelbfärbung der Haut bei der Gelbsucht sein?

9 Wie könnte man – ohne Medikamente – einer mit einem Kurare-Pfeil getroffenen Person das Leben retten?

10 Welche Aussage ist richtig? Zellen, die sich bei Wirbeltieren zuerst über die dorsale Urmundlippe der Blastula nach innen einstülpen, entwickeln sich zum/zur (a) Gehirn, (b) Notochord (Chorda dorsalis), (c) Leber, (d) primitiven Darm (Archenteron), (e) Rückenmark.

11 Welche Organellen spielen eine Rolle beim Zelltod: Liposomen, Lysosomen, Diplosomen, Kinetosomen oder Ribosomen? Was ist der Wirkungsmechanismus?

12 Welche Aussage ist richtig? Die Flügel der Fledermaus und die Beine des Menschen sind (a) analog, (b) homolog (c), (d) ortholog, (e) paralog, (f) keine dieser Aussagen trifft zu.

13 Welche Aussage trifft nicht zu? Die Osteoporose kann behandelt werden: mit Calcitriol, Calcitonin, Parathormon, einem Hemmer der Osteoklasten, einem Hemmer der Osteoblasten.

14 Wie erklären Sie, aufgrund Ihrer entwicklungsbiologischen Kenntnisse, dass a) sowohl die Bauchspeicheldrüse als auch die Adenohypophyse Somatostatin ausschütten, b) Adrenalin sowohl im Gehirn wie im Nebennierenmark gebildet wird, c) Melanozyten in der Epidermis, im Auge, im Innenohr und im Gehirn vorkommen?

2 | Metabolismus

Inhalt

Der Metabolismus ist die Grundlage aller Lebensvorgänge

Unter **Metabolismus** versteht man den Komplex aller energetischen und den Stoffwechsel betreffenden Vorgänge, der die Bausteine und die Energie (Box 2.1) für Wachstum, Erhaltung, Steuerung und Fortpflanzung liefert. Der Prozess der Umwandlung von körperfremden Stoffen in körpereigene Substanzen wird als **Assimilation** bzw. **Anabolismus** bezeichnet. Er umschließt Nahrungsaufnahme, enzymatische Spaltung der Nahrung (Verdauung) und Resorption der gewonnenen Moleküle sowie ihre Synthese in körpereigene Stoffe. Die Energie für die Assimilation wird durch Abbau von energiereichen Nahrungsbestandteilen oder körpereigenen Substanzen im Prozess der **Dissimilation**, auch **Katabolismus** genannt, gewonnen. Energiearme, giftige oder weiter nicht verwendbare Stoffwechselabbauprodukte werden ausgeschieden (**Exkretion**).

Obwohl metabolische Vorgänge teilweise außerhalb der Zellen (**extrazellulär**) stattfinden und auf der Organ- und Organismusebene gesteuert werden, findet die Energieversorgung in den Zellen (**intrazellulär**) statt. Es geht letztendlich darum, die einzelnen Zellen mit Bausteinen und energiereichen Substanzen zu versorgen, da die Energie intrazellulär produziert und umgewandelt wird, und auch die Synthese körpereigener Substanzen intrazellulär erfolgt.

Der Zellstoffwechsel soll in diesem Lehrbuch, entsprechend dem Fokus auf die organismische Ebene, nur kurz erwähnt werden; auf spezialisierte Lehrbücher der Zellbiologie, Biochemie und **Physiologie** (Lehre von den normalen Lebensvorgängen und Funktionen des Organismus) wird hingewiesen. In diesem Kapitel werden wir uns auf den Austausch der Stoffe und Gase zwischen den Zellen und ihrer Umwelt konzentrieren.

Energiegewinnung | 2.1

Der Grundbaustein aller organischen Verbindungen ist der Kohlenstoff. Je nachdem, wie der Kohlenstoff gewonnen wird und aus welchen Quellen, werden die Organismen in zwei große Gruppen eingeteilt.

▶ **Autotrophe** Organismen nutzen CO_2 als die einzige Kohlenstoffquelle.
▶ **Heterotrophe** bzw. organotrophe Organismen gewinnen Kohlenstoff stets aus der organischen Materie.

Hauptwege der Energiegewinnung | 2.1.1

Auch unter dem **Aspekt der Energiegewinnung** werden die Organismen in zwei Gruppen eingeteilt.

▶ **Phototrophe** Organismen nutzen die Lichtenergie der Sonne.
▶ **Chemotrophe** Organismen gewinnen Energie durch Umwandlung exogener chemischer Stoffe. Chemotrophen Organismen stehen für die Verarbeitung von organischen Stoffen und die Gewinnung freier Energie **zwei Wege** zur Verfügung:

▶ **aerober Weg: Zellatmung,**
▶ **anaerober Weg: Gärung.**

Alle Tiere sind **chemoheterotroph,** d.h. sie gewinnen Energie und Kohlenstoff aus organischer Materie. **Energie** aus chemischen Bindungen wird in Form von **chemischer Bindungsenergie** gespeichert, oder aber in andere Formen, wie z.B.

▶ **mechanische** (Bewegung, Schall),
▶ **thermische** (Wärme),
▶ **elektrische Energie**

umgewandelt. Dabei werden energiereiche Moleküle (Fette, Kohlenhydrate, Proteine) unter Energiegewinn zu energiearmen Stoffen (Kohlendioxid, Wasser, Ammoniak, Harnstoff) abgebaut.

Energieübertragung und -speicherung | 2.1.2

Ein universeller biologischer **Energieüberträger** ist das **Adenosinphosphat-System.** Adenosinphosphate sind Phosphorsäureester von Adenosin – einem Nukleosid aus einer Purinbase (Adenin) und einem Zucker (Ribose). Besonders wichtig für den Energieaustausch ist das ATP (Adenosintriphosphat), ein relativ großes Molekül, dessen **Synthese in den Mitochondrien durch oxidative Phosphorylierung** durch die ATP-Synthase (ATPase) gesteuert wird. Bei der hydrolytischen Spaltung von ATP zu ADP (Adenosindiphosphat) wird Energie freigesetzt. Durch Übertragung des Phosphatrestes können ATP und ADP ineinander umgewandelt werden.

Box 2.1

Energie

Die physikalische Größe »Energie« ist definiert über die Formel:

Energie = Kraft (in Newton) • **Weg** (in Meter).

Maßeinheit für Energie ist somit ein Newtonmeter (Nm). Diese und andere Einheiten (kWh, kcal) wurden durch das Gesetz über die Einheiten im Messwesen (SI-System, 1969) durch das **Joule** (1 Nm; = die Energie, die benötigt wird, um ein Kilogramm mit einer Kraft von einem Newton einen Meter anzuheben) abgelöst. Doch werden in der täglichen Praxis häufig weiterhin die alten Energieeinheiten verwendet.

Die **Kilocalorie** (**kcal**) (umgangssprachlich spricht man meist von »Kalorien«, doch sind Kilokalorien gemeint) war früher die Basiseinheit für die Wärmenergie. Heute wird sie immer noch verwendet, um den **Energiegehalt in Stoffen** und **Nahrungsmitteln** anzugeben. Auch viele Ergometer weisen den Energieumsatz immer noch in kcal aus. **Eine kcal entspricht der Wärmeenergie, die erforderlich ist, um 1 kg Wasser um 1° Celsius** (von 14,5° C auf 15,5° C) **zu erwärmen**.

1 kcal = 4,19 kJ

Ein **Berechnungsbeispiel**: Ein Mensch, der (bekleidet) 80 kg wiegt und auf die zweite Plattform des Eiffelturms in 115 Metern Höhe steigt, verbraucht:

$80 \text{ kg} \cdot 9,81 \text{ m/s}^2$ (= Fallbeschleunigung) $\cdot 115 \text{ m} = 90.252 \text{ Nm} = 90 \text{ kJ}$ Energie.

Dies entspricht etwa der Energiemenge, die eine 60-Watt-Glühlampe in 25 Minuten verbrennt (1 Wattsekunde = 1 J; 60 Watt • 1500 s = 90 kJ). In unserem Beispiel verbrauchte der Turmsteiger also 90 kJ (= 21,5 kcal) mehr als im Ruhezustand. Diese Energiemenge kann durch den Verzehr von vier kleinen Schokolinsen wiedergewonnen werden. Das Beispiel ist natürlich stark vereinfacht, denn weitere Energie wird auch für die Körperabkühlung durch Schwitzen, gesteigerte Atemfrequenz usw. gebraucht. In der Tat ist das Treppensteigen energetisch ziemlich anspruchsvoll und erfordert bei einer 80 kg schweren Person ca. 419 kJ (= 100 kcal) pro zehn Minuten.

Brennwert der Nährstoffe

In den 1890er-Jahren hat der deutsche Physiologe MAX RUBNER eine Schlüssel-Entdeckung der Stoffwechselphysiologie gemacht: Die Energiemenge, die der Körper aus der zugeführten Nahrung produziert, gleicht der Energiemenge, die durch die Verbrennung dieser Nahrung durch Feuer freigesetzt würde.

Energiegewinn pro Gramm:

Kohlenhydrate 16,8 kJ (= 4 kcal)

Proteine 16,8 kJ (= 4 kcal)

Fette 37,7 kJ (= 9 kcal)

$$ATP + H_2O \longleftrightarrow ADP + P \text{ (Phosphat)} + H^+ + 30,5 \text{ kJ/mol}$$

Der Umsatz von ATP in der Zelle ist sehr hoch, so dass ATP ständig neu gebildet werden muss. Ein Mensch benötigt in Ruhe etwa 40 kg ATP pro Tag, bei Bedarf sogar kurzfristig 0,5 kg pro Minute!

Ein zusätzliches Reservoir an energiereichen Phosphatbindungen stellt bei den Wirbeltieren **Kreatinphosphat** dar. Das Kreatinphosphat bietet eine schnell verfügbare Energiereserve insbesondere im Muskelgewebe. Es wird in Kreatin und Phosphat gespalten, wobei die Phosphatgruppe zur Regeneration von ATP aus ADP benutzt wird:

$$Kreatinphosphat + ADP + H^+ \longleftrightarrow Kreatin + ATP$$

Mit der Energie des Kreatinphosphats können kurzzeitige (10–20 s) Höchstleistungen erbracht werden (z.B. bei 100-m-Sprintern).

Zellatmung

| 2.1.3

Bei der Zellatmung werden **organische Moleküle unter Zufuhr von Sauerstoff verbrannt** und in CO_2 und Wasser oxidiert (bei der Verbrennung von Proteinen entsteht als Abbauprodukt noch zusätzlich Ammoniak):

$$\text{organische Verbindungen} + O_2 \rightarrow CO_2 + H_2O + \text{Energie}$$

Die Reaktion verläuft in mehreren aufeinanderfolgenden Schritten, wobei jeweils neue Stoffwechselprodukte (**Metabolite**) gebildet und im nächsten Schritt weiter durch spezifische Enzyme abgebaut werden.

Den organischen Verbindungen werden in jedem Schritt Wasserstoffatome entzogen und an so genannten **Elektronencarrier** übertragen. Der Elektronentransport wird insbesondere durch die Nicotinamid-Adenin-Dinukleotide (**NAD+**) vermittelt, die als Elektronenakzeptoren wirken und in reduzierter Form, als **NADH**, als Elektronendonoren genutzt werden. Weiterhin dienen auch Flavinadenindinukleotide (**FAD** bzw. **FADH$_2$**) als Elektronencarrier.

Oxidation von Substrat A: $AH_2 + NAD = A + NADH_2$
Reduktion von Substrat B: $B + NADH_2 = BH_2 + NAD$

2.1.3.1 | Aerober Stoffwechsel der Kohlenhydrate

Alle Nahrungsstoffe der Tiere haben ihren Ursprung in der Photosynthese der Kohlenhydrate durch Pflanzen und Cyanobakterien (Abb. 2.1). **Kohlenhydrate** sind auch die wichtigsten Energielieferanten für die tierischen Zellen. Zur Gewinnung der Energie nutzen die Zellen hauptsächlich das Monosaccharid Glukose. Tierische Zellen enthalten nur minimale Mengen an freier Glukose, da diese osmotisch wirksam ist und damit den osmotischen Druck in den Zellen erhöht. Sie ist in den Körperflüssigkeiten gelöst und muss den Zellen kontinuierlich nachgeliefert werden. Kohlenhydrate werden von Tieren in einer polymerisierten und damit osmotisch wenig wirksamen Form als **Glykogen** gespeichert.

Glykolyse: Der Abbau der Glukose wird als Glykolyse bezeichnet. Hierbei wird das **Glukose-Molekül** (6 C-Atome) in zehn enzymatisch katalysierten Reaktionen **in zwei Moleküle Pyruvat** (3 C-Atome) zerlegt. Die Reaktion verlangt zunächst Energie von ATP, doch letztendlich weist sie eine positive Bilanz von 2 Molekülen ATP und 2 Molekülen NADH/H+ auf. Die Glykolyse findet **im Zytosol** statt. Weitere Reaktionen verlaufen in den Mitochondrien.

Oxidative Decarboxylierung von Pyruvat: Pyruvat wird durch ein integrales Protein in die Mitochondrien-Matrix transportiert. Hier wird es zunächst decarboxyliert (CO_2 wird abgespalten), der Rest des Moleküls wird **zur Acetylgruppe** oxidiert. Dabei wird NAD zu $NADH/H^+$ reduziert. Schließlich wird die Acetylgruppe an Coenzym A (Vitamin Panthotensäure) gebunden und es entsteht eine instabile, reaktionsfähige und energiereiche Form: **Acetyl-Coenzym A** (Acetyl-CoA).

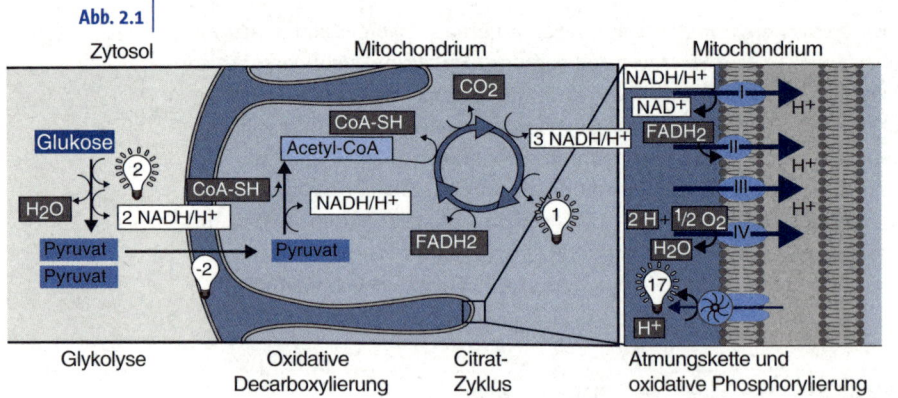

Abb. 2.1

Zytosol   Mitochondrium   Mitochondrium

Glykolyse   Oxidative Decarboxylierung   Citrat-Zyklus   Atmungskette und oxidative Phosphorylierung

Übersicht über den aeroben Stoffwechsel der Kohlenhydrate. Durch Glykolyse entstehen aus einem Glukose-Molekül zwei Pyruvat-Moleküle. In der Graphik wird bei der Darstellung weiterer Prozesse die Spaltung von nur einem dieser Pyruvat-Moleküle verfolgt. Glühbirne = ATP.

Citrat-Zyklus: Beim oxidativen Stoffwechsel wird Acetyl-CoA weiter durch den Citrat-Zyklus abgebaut. Der Citrat-Zyklus wird nach einem der Zwischenmetaboliten so genannt; er wird zu Ehren seines Entdeckers auch als »**Krebs-Zyklus**« bezeichnet. Dabei wird dem Acetyl-CoA Wasserstoff entzogen. Der Kohlenstoff wird als Kohlendioxid freigesetzt und die gewonnene Energie zur Bildung von weiteren ATP-Molekülen benutzt. Pro Molekül Glukose entstehen 6 CO2, 2 NADH + H$^+$, 2 FADH$_2$ und 2 ATP.

Atmungskette: Die Wasserstoffatome aus der Glykolyse und aus dem Citratzyklus sind an NADH und FADH$_2$ gebunden. Über die so genannte **Atmungskette** werden sie nun auf Sauerstoff übertragen. Die Atmungskette besteht aus einer Vielzahl von in vier Komplexen organisierten Enzymen, die in der inneren Mitochondrienmembran lokalisiert sind. Eine Besonderheit der Atmungskette liegt darin, dass das Proton und das Elektron des Wasserstoffatoms voneinander getrennt übertragen werden. Zwei mobile **Elektronentransporter** übertragen Elektronen durch die Mitochondrienmembran zwischen den einzelnen Komplexen. Hierbei wechseln die Komponenten der Transportkette zwischen einem reduzierten und einem oxidierten Zustand. Am Ende der Reaktionskaskade entsteht Wasser und damit ein stabiler Zustand. Durch die kontrollierte Kettenreaktion ist gewährleistet, dass die Reaktion nicht »explosionsartig« abläuft und die Energie nicht als Wärme verloren geht, sondern dass sie zur Gewinnung von ATP genutzt werden kann.

Oxidative Phosphorylierung: Der letzte Schritt der Zellatmung ist die oxidative Phosphorylierung. Hierbei wird das ATP aus ADP phosphoryliert (mit Phosphat angereichert). Weil die Synthese durch Oxidation (Elektronenverlust) angetrieben wird, spricht man von oxidativer Phosphorylierung. Nach dem allgemein akzeptierten **chemiosmotischen Modell** (Abb. 2.1) pumpt die Atmungskette Protonen aus der Mitochondrienmatrix in den Membraninnenraum und erzeugt dadurch einen Protonengradienten. Die Protonen diffundieren durch einen H$^+$-Kanal in der ATP-Synthase (ein Transmembranproteinkomplex) wieder zurück in die Matrix. Auf der Matrixseite der ATP-Synthase befinden sich Proteine, die aus ADP und P die Bildung von ATP katalysieren. Sie werden, analog zu einem Mühlrad, von den einströmenden Protonen angetrieben. Das neugebildete ATP wird schließlich im Austausch gegen ADP in das Zytosol abgegeben.

Die **Zellatmung** mit der oxidativen Phosphorylierung ist der **energetisch effektivste** Mechanismus der Energiegewinnung.

Definition
Coenzym: niedermolekulare Struktur (meist ein Vitaminderivat), das zusammen mit dem **Apoenzym** (Enzymprotein) das aktive (**Holo-**)**Enzym** bildet.

Energiegewinn = 36 Mol ATP pro 1 Mol Glukose

2.1.3.2 **Aerober Stoffwechsel der Lipide**

Lipide werden hauptsächlich im Fettgewebe **als Triglyceride** (mit drei Fettsäuren veresterte Glycerole) **gespeichert**. Bei ihrer Remobilisierung werden sie zunächst **durch Lipasen in Glycerol und freie Fettsäuren** gespalten. Das Glycerol wird weiter im Kohlenhydratstoffwechsel verarbeitet. Die Fettsäuren werden in den Mitochondrien (und zum Teil in den Peroxisomen) schrittweise aerob (oxidativ) **zu Acetyl-CoA abgebaut**. Dieses wird im Citrat-Zyklus und in der Atmungskette vollständig zu Kohlendioxid und Wasser abgebaut (Abb. 2.1). Bei der Oxidation der Stearinsäure mit 18 C-Atomen entstehen insgesamt 9 Acetyl-CoA-Moleküle und je 16 ATP-Moleküle pro Molekül Acetyl-CoA.

Der **Energiegehalt** von Lipiden ist nahezu doppelt so **hoch** wie der von Kohlenhydraten oder Proteinen (s. Box 2.1). Anders als Glykogen binden Lipide in ihrem Molekulargerüst kein Wasser. Damit können Lipide eine bestimmte Energiemenge in einer etwa 8-mal leichteren Gewebemasse binden als Glykogen. Dies ist insbesondere für **Zugvögel** oder **Winterschläfer** von Bedeutung, da sie große Energievorräte speichern und dabei die Gewichtszunahme minimieren müssen. Lipide sind als Energiespeicher auch für **Wüstentiere** vorteilhaft, denn sie können, anders als Glykogen, ohne zusätzliches Wasser gespeichert werden. Darüber hinaus entsteht bei der Oxidation von Lipiden doppelt so viel metabolisches Wasser pro Gramm Ausgangssubstrats als bei der Verbrennung von Kohlenhydraten. Entsprechend speichern z.B. Kamele große Fettmengen in ihren Höckern, die Fettschwanz-Rennmaus (*Pachyuromys duprassi*) in ihrem Schwanz. Lipide können jedoch nicht so schnell wie Kohlenhydrate mobilisiert werden und eignen sich daher eher zur längerfristigen Energiespeicherung.

Allerdings erfordert die Verbrennung von Fettsäuren auch die **Beteiligung von Kohlenhydraten**. Das Nervengewebe kann seinen Energiebedarf nur aus dem Abbau der Glukose decken.

2.1.3.3 **Aerober Stoffwechsel der Aminosäuren**

Aminosäuren dienen vor allem als Bausteine für die Synthese körpereigener Proteine. Aminosäuren, die zur Synthese von Proteinen nicht gebraucht werden, werden in Glukose oder Lipide umgewandelt und als solche verbrannt oder gespeichert. Körpereigene Proteine (insbesondere Muskelproteine) werden zur Energiegewinnung erst als allerletzte Möglichkeit bei länger andauerndem Hungern verwendet, nachdem die Glykogen- und Fettvorräte schon ausgeschöpft wurden.

Der Energiegewinn durch Verbrennung von Aminosäuren ist dem bei der Oxidation von Kohlenhydraten (s. Kap. 2.1.3.1) vergleichbar, doch ist die Beseitigung der Metabolite energetisch aufwendiger. Unterschiedliche Aminosäuren haben unterschiedliche Strukturen und chemische Eigenschaften und werden dementsprechend auf teilweise unterschiedlichen Wegen abgebaut. Im Allgemeinen wird beim Abbau die Aminogruppe **transaminiert**, d.h. gegen eine Ketogruppe ausgetauscht. Die dabei entstehenden Ketocarbonsäuren werden zur **Glukoneogenese** (Neubildung der Glukose) in der Leber oder den Nieren genutzt. Die verbleibenden Kohlenstoffverbindungen treten als Pyruvat oder Acetyl-CoA in den Citrat-Zyklus ein. Die freien Ammonium-Ionen werden zur Synthese von stickstoffhaltigen Verbindungen genutzt oder ausgeschieden.

Gärung: Anaerobe Glykolyse

| 2.1.4

Eine kurzfristige Unterversorgung des Gewebes (z.B. der Muskulatur bei hoher Beanspruchung) mit Sauerstoff erfordert anaerobe Energiegewinnung. Einige Zellen, wie die Erythrozyten der Säugetiere, betreiben keine Zellatmung und gewinnen die Energie nur auf dem anaeroben Weg. Hierbei wird das Endprodukt der Glykolyse, **Pyruvat**, nicht weiter oxidativ gespalten, sondern **in Laktat** (Salz der Milchsäure) **umgewandelt**.

Glykogen → Glukose → Pyruvat → (Milchsäure) Laktat

Im Vergleich zur Zellatmung, bei der 36 Mol ATP pro Mol Glukose entsteht, ist der Energiegewinn der Milchsäuregärung gering: nur **2 Mol ATP pro Mol Glukose**. Ein weiterer Nachteil ist die **Anhäufung von Laktat**, die zur **Erniedrigung des pH-Wertes** führt, wodurch die notwendigen chemischen Reaktionen für die Muskelkontraktion gehemmt werden. Es entsteht ein »Muskelkater«. Das Laktat muss in der Leber und im Herz abgebaut werden. Der Abbau erfolgt unter erhöhtem Sauerstoffverbrauch: der Organismus geht eine **Sauerstoffschuld** ein. Anaerobe Glykolyse ermöglicht, allerdings nur vorübergehend, eine schnelle Leistung.

Stoffwechselregulation

| 2.1.5

Egal was oder wie viel wir essen, unser Glukose-Spiegel bleibt, bis auf eine kurze Episode nach der Mahlzeit, relativ konstant (beim gesunden Menschen im Bereich von ca. 0,7–1,1 g/l Blut). Dies ist vor allem deshalb wichtig, da Glukose in den Zellen nicht gespeichert werden kann (s. Kap. 2.1.3.1) und viele Gewebe (insbesondere Nervengewebe) auf eine ununterbrochene Versorgung mit Glukose angewiesen sind. Eine Verminderung der Glukose-Konzentration im Blut (beim erwachsenen Menschen unter 0,5 g/l) wird als **Hypoglykämie**, eine Erhöhung (über 1,2 g/l) als **Hyperglykämie** bezeichnet.

Zwei Gruppen von antagonistischen Hormonen mit einem breiten Einfluss auf den Metabolismus kontrollieren die Blutzucker-Konzentration:

▶ **Insulin** und **Thyronine**, die den Zuckerspiegel herabsetzen ↓,
▶ **Glukagon**, **Wachstumshormon** und **Adrenalin** (s. Kap. 2.1.5.3), die den **Zuckerspiegel erhöhen** ↑.

2.1.5.1 | Insulin

Insulin ist ein Polypeptidhormon aus 51 Aminosäuren, dessen Produktion in den so genannten B-Zellen (Beta-Zellen) der Langerhans-Inseln der Bauchspeicheldrüse erfolgt (s. Kap. 2.5.3.2). Sowohl Struktur als auch Funktion des Insulin-Moleküls blieben im Laufe der tierischen Evolution sehr **konservativ**, haben sich also nur wenig verändert. Insulin vom Fadenwurm *Caenorhabditis elegans* und Insulin vom Menschen weisen eine ähnliche Struktur und Funktion auf; auch Fischinsulin wirkt beim Menschen.

Das Hormon besitzt anabolische Eigenschaften und reguliert hauptsächlich den **Metabolismus von Kohlenhydraten**. Verzehr, Spaltung und Darmresorption von Kohlenhydraten führen zu einem Anstieg der Glukose im Blut, was wiederum die Sekretion von Insulin im Pankreas anregt. Insulin wirkt auf Hepatozyten und stimuliert mehrere Enzyme, darunter Glykogensynthase, zur Glykogen-Bildung (**Glykogenese**) und damit zur Bindung und Speicherung des Zuckers. Insulin wird in der ärztlichen Praxis benutzt, um **Zuckerkrankheit** zu behandeln.

Weitere Funktionen von Insulin sind:

▶ **Anregung des gesamten Metabolismus** durch Stimulation der DNA-Replikation und Protein-Synthese sowie Modifizierung der Aktivität vieler Enzyme,
▶ **Erhöhung der Synthese von Fettsäuren** und Speicherung von Lipiden in Fettzellen,
▶ **Hemmung der Proteolyse**,
▶ **Erhöhung der Aufnahme von** im Blut frei zirkulierenden **Aminosäuren** durch Zellen,
▶ **Erhöhung der Aufnahme von Kalium**,
▶ **Vasodilatation**.

2.1.5.2 | Thyronine

Zwei Hormone der Schilddrüse (Glandula thyroidea, s. Kap. 5.3.2.3), Trijodthyronin (**T3**) und Tetrajodthyronin (**T4**, **Thyroxin**) haben starke Stoffwechselwirkung. Es handelt sich um tyrosinreiche **Proteine**, die an drei

---

Definition

Unter dem Begriff **Diabetes** (Zuckerkrankheit) wird eine krankhafte Hyperglykämie verstanden. Sie kann verschiedene Ursachen haben – z.B. eine verminderte Produktion von Insulin oder eine Resistenz von Leberzellen gegen Insulin.

bzw. vier Stellen **mit Jod** besetzt sind. Die Ausschüttung der Thyronine unterliegt der Kontrolle durch die Hypothalamus-Hypophyse-Achse (s. Kap. 5.3.2). Die im Blut frei zirkulierenden Hormone regulieren die Rückkopplung im Regelkreis.

Thyronine dienen der Aufrechterhaltung einer ausgeglichenen Energiebilanz des Organismus und der **Anpassung des Stoffwechsels an den jeweiligen Bedarf**. Thyronine **steigern die Stoffwechselrate** durch eine erhöhte Expressionsrate der Gene für ATPase, aber auch durch gesteigerten Sauerstoffverbrauch, gesteigerte Insulinfreisetzung, Beschleunigung des Nahrungstransports durch den Darm und Resorption von Glukose und Fettsäuren. Weiterhin regen sie die Tätigkeit der Nebennierenrinde an. Sie steigern den Zellstoffwechsel und steuern Wachstum und Differenzierung bei juvenilen Organismen (vgl. Steuerung der Metamorphose bei Amphibien, Kap. 1.3.5).

Antagonisten von Insulin

| 2.1.5.3

Glukagon ist ein Peptidhormon (29 Aminosäuren), das in den A-Zellen (Alpha-Zellen) der Langerhans-Inseln produziert wird. Bei Hypoglykämie wird die Glykogenspaltung in der Leber angeregt und damit eine Erhöhung des Blutzuckers bewirkt; außerdem beeinflusst Glukagon die Ruhigstellung des Darms. Die Sekretion dieses Hormons wird durch Adrenalin stimuliert.

Wachstumshormon (**STH**, somatotropes Hormon, **Somatotropin**) wird in der Adenohypophyse (s. Kap. 5.3.2.1) gebildet. Seine Bildung und Freisetzung wird durch Somatostatin und SRH (s. Kap. 5.3.2.1) gesteuert. Das Wachstumshormon steigert die DNA-Synthese und Proteinbiosynthese und ist somit notwendig für ein normales Längenwachstum. Somatotropin führt zu einer vermehrten Aminosäureaufnahme und -verwertung und wird bei Hypoglykämie vermehrt freigesetzt. Auch erhöht es den Blutzuckerspiegel durch Anregung der Glukagonfreisetzung und Glukoneogenese und bewirkt auch den Fettabbau (s. Box 2.13).

Adrenalin gehört zu den **Katecholaminen** (s. Kap. 5.3.2.8); es ist ein Hormon des Nebennierenmarks (s. Kap. 5.3.2.4), und wirkt auch als Neurotransmitter des Sympathikus (s. Kap. 5.2.2.5). Es wird auch als Stresshormon (s. Box 5.5) bezeichnet, das die energetischen Reserven des Körpers schnell mobilisiert. Adrenalin bewirkt:
▶ Erhöhung des Energieumsatzes,
▶ Erhöhung des Blutdrucks und Anstieg des zentralen Blutvolumens,
▶ Erhöhung der Herzfrequenz, der Erregungsleitung und der Kontraktiliät des Herzens,
▶ Erweiterung der Bronchien,
▶ Freisetzung von Glukagon, Glykogenspaltung in der Leber und im

Muskelgewebe, Freisetzung und Neubildung von Glukose und damit Anstieg des Blutzuckerspiegels,

▶ Erweiterung der Gefäße in der Muskulatur,

▶ Abschaltung des Magen-Darm-Trakts (Hemmung der Peristaltik).

2.2 | Energiehaushalt

Tiere gewinnen die zum Leben notwendige Energie aus der Verbrennung der Nahrung. Je mehr Energie sie zur Verfügung haben, desto effizienter können sie Prädatoren entkommen, Parasiten bekämpfen, sich mit ungünstigen Umweltbedingungen auseinandersetzen, Gewebe regenerieren und sich fortpflanzen.

2.2.1 | Zuteilungsprinzip

Die Energie, die einer Funktion zugewiesen wird, reduziert die Menge der Energie, die anderen Funktionen zugute kommen kann. »Man kann einen gegebenen Kuchen nur in mehrere kleinere Stückchen schneiden, ihn jedoch nicht vergrößern.« Man bezeichnet diese Regel als **Zuteilungsprinzip** (allocation principle).

Die **Menge der Energie**, die Tiere gewinnen und letztendlich in die Fortpflanzung investieren können, **ist** durch viele Faktoren **eingeschränkt** (Abb. 2.2). Diese Faktoren sind:

▶ Verfügbarkeit geeigneter Nahrungsquellen,

▶ Qualität (Energiegehalt) der verfügbaren Nahrung,

▶ Menge der Nahrung, die pro Zeiteinheit aufgenommen werden kann,

▶ Effizienz des Nahrungsabbaus in resorptionsfähige Verbindungen,

▶ Effizienz der Resorption,

▶ Effizienz der Transportmechanismen,

▶ Effizienz der katabolen biochemischen Reaktionen, die wiederum von vielen Faktoren (Körpertemperatur, Verfügbarkeit von Sauerstoff, notwendigen Enzymen usw.) abhängig ist.

2.2.2 | Stoffwechselrate

Den Gesamt-Energieverbrauch eines Organismus pro Zeiteinheit bezeichnet man als **Stoffwechselrate** (engl. metabolic rate, **MR**). Der Energieumsatz, der erforderlich ist, um den Körper eines ruhenden, gesunden, nicht gestressten, nüchternen Tieres, das weder durch Hitze noch durch Kälte belastet ist (es befindet sich in der neutralen Umgebungstemperatur, der Thermoneutralzone, s. Kap. 3.2.4.2), aufrecht zu erhalten, wird **bei endothermen Tieren** als **Grundumsatz** (**Basalstoffwechsel**, engl. basal metabolic rate, **BMR**) bezeichnet. Bei ektothermen Tieren verändert sich die Körpertemperatur und damit auch die Stoffwechselrate mit der Umgebungstemperatur. Der minimale Energieumsatz wird daher **bei ektothermen Tieren** auf eine gegebene Umgebungstemperatur bezogen und als **Standardstoffwechsel** (engl. standard metabolic rate, **SMR**) bezeichnet.

Die **Stoffwechselrate** kann berechnet werden aus:

▶ dem Brennwert (Energiegehalt) der aufgenommenen Nahrung, von dem die Brennwerte des Kots und des Urins abgezogen werden,

▶ der Energie, die als Wärme von einem Tier abgegeben wird,

▶ dem Sauerstoffverbrauch und der Kohlendioxidproduktion,

▶ dem Wasser- und Kohlendioxidumsatz (berechnet nach der Gabe bzw. Einnahme einer definierten Menge durch Radioisotope markierten Wassers und der Auswaschrate (allmähliche Verdünnung) von diesen Isotopen aus Körperflüssigkeiten.

| Abb. 2.2

Spaltung
Resorption

Das Fassmodell des Energiehaushaltes. Die Menge der Energie, die ein Organismus (hier als Fass symbolisiert) gewinnen, speichern und in Fortpflanzung und Erhaltung der Integrität (Hähne **A** und **B**) investieren kann, wird durch viele Faktoren beeinflusst: die Fassungskapazität, die Menge und Qualität des »Treibstoffs«, die pro Zeiteinheit aufgenommen werden kann, die Effizienz der Spaltung in resorptionsfähige Verbindungen und die Effizienz der Resorption. Wärme geht stets verloren (symbolisiert durch den undichten Hahn **C**).

Die tatsächlich resorbierte Nahrungsenergie wird als **assimilierte Energie** bezeichnet. Sie entspricht dem Energiegehalt der aufgenommenen Nahrung abzüglich des Brennwertes des Kots (unverdaute Nahrungsreste). Die Effizienz der Assimilation ist bei Gras- und Blattfressern gering (50–65 %), bei Fleischfressern dagegen hoch (um 90 %).

Ein Teil der assimilierten Energie wird jedoch nicht vollständig abgebaut, sondern in Form von Metaboliten hauptsächlich über den Urin ausgeschieden. Bei Wiederkäuern, die größere Mengen von Urin und Darmmethan produzieren, gehen somit etwa 13 % der assimilierten Energie verloren. Assimilierte Energie abzüglich des Energiegehaltes des Urins ergibt die **metabolisierbare Energie**. Diese Energie kann vom Stoffwechsel weiter verwertet werden.

Ein Teil der metabolisierbaren Energie wird für die mechanische und chemische Nahrungsverarbeitung (einschließlich Produktion der Enzyme, Durchblutung der Organe, Resorption und Transport von Nährstoffen usw.) benutzt und kann nicht für andere Funktionen verwendet werden. Tatsächlich steigt nach der Nahrungsaufnahme auch der Energieumsatz des Körpers. Durch umfangreiche katabole und anabole Reaktionen (s. Kap. 2.1.2) wird auch Wärme produziert, wodurch weitere Energie verloren geht. Die nun anderen Funktionen zur Verfügung stehende Energie wird als **nutzbare Energie** bezeichnet.

> **Brennwert der Nahrung – Brennwert Kot = assimilierte Energie**
> **Assimilierte Energie – Brennwert Urin = metabolisierbare Energie**
> **Metabolisierbare Energie – Energie für Verdauung = nutzbare Energie**

2.2.3 | Körpergröße und Energieumsatz

Der Energiebedarf und die Stoffwechselrate steigen mit der Körpergröße eines Tieres an, allerdings nicht proportional (Box 2.2, Abb. 2.3). Bezogen auf die Masseneinheit (also je Gramm oder Kilogramm) nimmt die relative Stoffwechselrate daher mit steigender Körpergröße ab; natürlich gibt es auch Ausnahmen von dieser Regel, z.B. unterirdisch lebende Nagetiere.

2.2.3.1 | Kleiber-Gesetz

Messungen des Sauerstoffverbrauchs bei Säugetieren und Vögeln haben gezeigt, dass der Grundumsatz (BMR) sich durch die Exponentialfunktion $BMR = k \cdot M^{3/4}$ ausdrücken lässt, wobei M die Körpermasse ist und k eine taxon-spezifische Konstante (Intercept), die bei den meisten Säuger- und Vogelordnungen einen Wert zwischen 2,5 und 7 annimmt. Die 3/4-Potenz (^{0,75}) entspricht der Steigung (Slope) einer Regressionsgeraden in der logarithmischen Darstellung der Grafik. Die **klassische Formel**, die MAX KLEIBER **für die Säugetiere** berechnet hat, lautet:

Kleiber-Formel

> $BMR \ (ml \ O_2/g \cdot h) = 3,9 \ M^{0,75}$ bzw. $BMR \ (kJ/Tag) = 293 \ M^{0,75}$

Diese 1932 und 1967 publizierte Gleichung wird auch als Kleiber-Gesetz bezeichnet.

Spätere Autoren berücksichtigten weitere Messpunkte bzw. größere Spannbreiten der Körpergewichte und ermittelten daraus teilweise abweichende »säugetiertypische« Intercept-Konstanten (4,3 bzw. 5,0) und Steigungen (0,69 bzw. 0,71).

Für die nicht-proportionale (allometrische, s. Kap. 1.3.7.1) Beziehung zwischen der Körpergröße und dem Grundumsatz werden verschiedene Erklärungsansätze angewandt:

▶ Hypothese des Oberfläche/Volumen-Verhältnisses.

▶ Hypothese der Allometrie und des differenziellen Energieverbrauchs.
▶ Transportwege-Hypothese.

Oberflächen/Volumen-Verhältnis

2.2.3.2

Größere Tiere haben – bezogen auf ihr Körpervolumen – eine relativ geringere **Körperoberfläche** als kleinere Tiere. Weil die Wärme über die Haut, und Gase und Stoffe über die Schleimhäute (d.h. innere Oberflächen) ausgetauscht werden, darf man annehmen, dass die Größe der relativen Oberfläche den Grundumsatz der Tiere beeinflusst.

Dies würde bedeuten, dass der Grundumsatz (BMR) proportional zur 2/3-Potenz der Körpermasse wäre: BMR $\approx M^{2/3}$, denn die Fläche ist zweidimensional, das Volumen dagegen dreidimensional (s. Abb. 2.4). Tat-

---

Box 2.2

Körpergröße und Stoffwechselrate

Aus der Kleiber-Formel folgt, dass bei einer Katze, die mit 2 kg etwa 100-mal schwerer ist als eine Maus (ca. 20 g), der Grundumsatz nur ca. 30-mal höher ist. Auf 1 g Körpergewicht bezogen, ist der Grundumsatz der Katze mithin 3-mal niedriger als bei einer Maus. Um ein »Katzengramm« am Leben zu erhalten, wird demnach nur ein Drittel der Energie wie für ein »Mausgramm« benötigt. Ein Elefant – 4 Tonnen, 2000-mal schwerer als eine Katze – verbraucht nur 300-mal mehr Energie. Pro Gramm Körpergewicht ist dieser Verbrauch also knapp 7-mal niedriger als bei einer Katze und gar 21-mal geringer als bei der Maus. Als erster hat 1883 der deutsche Physiologe MAX RUBNER mit Hilfe der euklidischen Geometrie so argumentiert: wenn ein Tier n-mal länger ist als ein anderes, ähnlich gebautes, dann ist seine Oberfläche n^2-mal größer. Jedoch ist sein Volumen (und somit auch die Körpermasse) dann n^3-mal größer! Diese Regel erkläre die relative Verringerung des Grundumsatzes mit der Vergrößerung der Körpermasse.

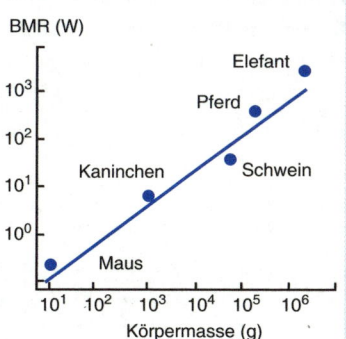

Abb. 2.3

Abhängigkeit des Grundumsatzes (BMR) **von der Körpergröße** bei Säugetieren. Die Steigung (slope) der Regressionsgeraden in der logarithmischen Darstellung entspricht der 3/4-Potenz (in Anlehnung an KLEIBER, 1967).

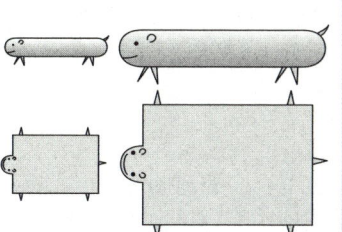

Abb. 2.4

Oberflächen/Volumen-Verhältnis. Größere Tiere haben – bezogen auf ihr Körpervolumen – eine kleinere Körperoberfläche als kleinere Tiere, da bei einer Zunahme der Fläche um den Faktor 2 das Volumen um den Faktor 3 wächst.

sächlich steigt die Stoffwechselrate zwar langsamer als die Körpergröße, doch nicht so langsam, dass dies mit einer einfachen Geometrie zu erklären wäre.

2.2.3.3 Allometrie und differenzieller Energieverbrauch

Die Größe vieler Organe steigt nicht gleichmäßig (isometrisch), sondern ungleichmäßig (allometrisch) mit der Zunahme der Körpergröße (s. Kap. 1.3.7.1). So benötigen große Tiere aus statischen Gründen ein relativ massiveres Skelett als kleine Tiere. Manche anderen Organe, darunter Gehirn, Niere und Leber, folgen der Körpergröße dagegen nach einem negativ-allometrischen Prinzip: Mit zunehmender Körpergröße nimmt ihr Anteil am Gewicht der Tierart ab (Tab. 2.1).

Das Skelett hat bei größeren Tieren zwar einen verhältnismäßig höheren Anteil am Körpergewicht, doch verbraucht es, bezogen auf ein Gramm Gewebe, viel weniger Energie als andere Organe. Andererseits sind gerade die Organe, die bei größeren Tieren proportional kleiner werden (Gehirn, Niere, Leber) sehr stoffwechselaktiv. Beim Menschen verbrauchen sie insgesamt über 50 % des Grundumsatzes. Zusammenfassend heißt dies, dass zur Erhaltung einer größeren Körpermasse (mit höherem Anteil an »billigem« Skelett und kleinerem Anteil an »anspruchsvollen« Organen) weniger Energie je Masseeinheit benötigt wird.

Tab. 2.1 Prozentualer Anteil von Skelett- und Gehirnmasse an der Gesamtkörpermasse bei ausgewählten unterschiedlich schweren Säugetieren

	Körpermasse (g)	Anteil an Körpermasse (%) Skelett	Gehirn
Maus	20	4	2,5
Katze	2 000	7	1,5
Mensch	65 000	8,5	2
Pferd	300 000	10	0,002
Elefant	4 000 000	16,5	0,002

2.2.3.4 Transportwege

Der Körper der Tiere besteht aus Zellen, die unabhängig von der Körpergröße vergleichbar groß sind. Im Allgemeinen enthält daher ein größerer Körper mehr Zellen als ein kleinerer Körper. Letztendlich muss jede Zelle mit Nährstoffen und Sauerstoff versorgt und müssen deren Abbauprodukte abgeführt werden. Die Endverzweigungen der Transportsysteme (z.B. Kapillaren) besitzen einen ähnlichen Durchmesser, da die Zellen vergleichbar groß sind. Dies spiegelt sich in der Tatsache wider, dass die Transportwege in einem größeren Körper verzweigter und damit auch länger sind, als in einem kleineren Körper. Zur Minimierung der Verluste beim Transport müssen die Wege einerseits möglichst kurz gehalten werden und sich andererseits in möglichst

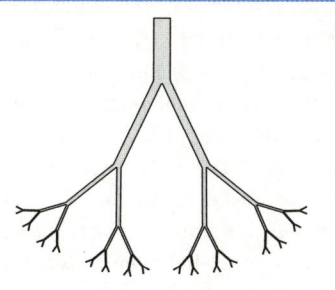

Abb. 2.5

Fraktal. Ein Fraktal ist ein geometrisches Muster, das aus verkleinerten Kopien seiner selbst besteht und damit einen hohen Grad an Selbstähnlichkeit aufweist.

flachen Winkeln verzweigen. **Die Verzweigungen** röhrenförmiger **Verteilungsbahnen** (Blutgefäße, Atemwege, Harnwege bei Tieren, wie auch Gefäße der Pflanzen) **unterliegen** den Gesetzmäßigkeiten **der Fraktal-Geometrie** (Abb. 2.5). Obwohl die fraktal-geometrische Lösung des Problems der Versorgung der Zellen optimal ist, sind Verluste und Verlangsamung des Transports in längeren und verzweigteren Bahnen (d.h. in einem größeren Körper) nicht zu vermeiden (Box 2.3). Das entsprechende mathematische Modell zeigt, dass die Verringerung der Transport-Effizienz mit steigender Körpergröße einen Exponenten von 0,75 erwarten lässt.

Box 2.3

Magische 3/4 und die alte/neue »Universelle Theorie des Lebens«

Seitdem MAX KLEIBER gezeigt hat, dass die Verringerung des Grundumsatzes durch Vergrößerung des Körpers nicht dem Exponenten 2/3 wie erwartet, sondern 3/4 folgt (s. Kap. 2.2.3.1, 2.2.3.2), wurde über den Wert 3/4 bzw. über das »fehlende« 1/4 sehr viel spekuliert und ihm fast eine magische Bedeutung zugeschrieben. Auch aus diesem Grunde fand das Fraktalgeometrie-Modell des Ökologen JIM BROWN, des Botanikers BRIAN ENQUIST, und des Physikers GEOFFREY WEST aus dem Santa Fe Institute in New Mexico, USA, zwar großen, aber nicht kritikfreien Anklang.

Noch mehr Aufregung und Kontroversen erzeugten mehrere Artikel, die in letzter Zeit (1997–2004) in renommierten Fachzeitschriften publiziert wurden. Die Forscher stellten auch die »Universelle metabolische Theorie der Ökologie bzw. des Lebens« auf: Der Metabolismus beeinflusst alle Lebensvorgänge (darunter Wachstum, Fortpflanzungsrate und Lebensdauer) und seine Rate ist von der Körpergröße und -wärme abhängig. Die Autoren zeigen, dass ähnliche Prinzipien u.a. auch in der ökologischen Sukzession gelten. Charakteristisch ist hierbei die Vergrößerung der durchschnittlichen Größe von Individuen bei gleichzeitiger Verringerung ihrer Anzahl – dies führt zur Verlangsamung der Stoffwechselrate des gesamten Ökosystems.

2.2.3.5 | **Optimierung und Anpassung**

Wie viele andere »Gesetze« und »Universaltheorien« beruhen auch die oben erwähnten Modelle auf Verallgemeinerungen und sind mit sehr vielen Ausnahmen von der Regel konfrontiert. Diese Ausnahmen haben entweder einen ökologischen oder – sehr häufig – einen taxonomisch-phylogenetischen Nenner. Auch die ontogenetischen und innerartlichen Grundumsatz-Körpermasse-Abhängigkeiten folgen häufig anderen Mustern als die Korrelationen, die auf einem Vergleich von Durchschnittswerten zwischen den Arten beruhen. Offensichtlich kann man den Grundumsatz einzelner Arten und Individuen nicht lediglich von rein mechanischen und geometrischen Eigenschaften ableiten. Man muss zudem evolutionsökologische Anpassungen jeder einzelnen Art berücksichtigen und den tatsächlichen Wert des Grundumsatzes als eine Optimierung zu einer bestimmten Lebensweise, in einem bestimmten Habitat, unter bestimmten Bedingungen und bei einer bestimmten genotypischen und phänotypischen Ausstattung betrachten.

Es muss auch darauf hingewiesen werden, dass sich die intensiv diskutierten Gesetzmäßigkeiten ausnahmslos auf den Grundumsatz beziehen, d.h. auf die Werte, die im Labor bei nüchternen, ruhenden Tieren gemessen wurden. Das Leben der aktiven Tiere in freier Wildbahn hingegen wird überwiegend von der Arbeitsstoffwechselrate bestimmt. Hierzu gibt es jedoch nur wenige Daten.

2.3 | # Kreislauf

Gase, Nährstoffe und Stoffwechselprodukte müssen im Körper von und zu den Zellen transportiert werden (s. auch Kap. 2.2.3.4). Der Transport kann durch eine **einfache Diffusion** erfolgen. Bei Coelenteraten und Plathelminthen dient das **Gastrovaskularsystem** (s. Kap. 2.5.3.1), ein gefäßartig verzweigter Verdauungssack, gleichzeitig auch der Verteilung verdauter Stoffe. Bei den meisten Tieren entstehen spezialisierte **Transport- und Verteilungssysteme**, in denen die Gase und Substanzen, häufig in gelöster oder gebundener Form, über spezialisierte Flüssigkeiten transportiert werden. Da diese Transportsysteme sowohl der Zufuhr von Atemgasen und Nährstoffen zu den Zellen wie auch zur Abfuhr von Abbauprodukten dienen (also dem Kreislauf der Gase und Stoffe), werden sie als **Kreislaufsysteme** bezeichnet. Fließt die Transportflüssigkeit **in einem geschlossenen System**, spricht man von **Blut** (s. Kap. 1.2.6; z.B. Wirbeltiere). Als **Hämolymphe** wird die Transportflüssigkeit bezeichnet, welche die sich in einem Körperhohlraum (**Mixocoel** bzw. **Hämocoel**) befindlichen Organe umspült (z.B. bei Insekten). Die Hämolymphe zirkuliert somit in **einem offenen System**.

Kreislaufsysteme dienen weiterhin dem Transport von Hormonen, Immunzellen, Abwehrstoffen sowie auch dem Wärme-Transport. Diese Aspekte werden in den entsprechenden Kapiteln behandelt. Zum Transport auf Zellebene s. Kap. 1.1.2.2.

Transport von Atemgasen

| 2.3.1

Sauerstoff diffundiert sehr langsam, und in Wasser ist er zudem schlecht löslich. Größere Organismen mit dickeren Geweben benötigen aus diesem Grunde spezielle Transportsysteme. In ihren Körperflüssigkeiten befinden sich **respiratorische Proteine**, welche den Sauerstoff als Komplex an ein Metall einer organischen Matrix binden.

Box 2.4

Hämoglobin und Myoglobin

Hämoglobin und Myoglobin sind globuläre Proteine der Wirbeltiere mit der Fähigkeit, Sauerstoff reversibel zu binden und zu übertragen. Es handelt sich um miteinander verwandte Proteine, die von paralogen Genen (s. Kap. 1.3.8.3) kodiert werden.

Hämoglobin (**Hb**, Molekulargewicht 64500) besteht aus Globin (vier Peptidketten) mit je einem Häm (Protoporphyrin-Komplexe mit je einem Fe^{2+}-Atom), das den Sauerstoff bindet (hierbei handelt es sich nicht um eine echte chemische Oxidation). Das Hämoglobin kommt hauptsächlich in Erythrozyten vor (1 l Blut beim Menschen enthält 145–160 g Hb). Nach dem Absterben der Erythrozyten wird das Hb abgebaut (s. Box 1.5). Das frei werdende Eisen wird zur Neubildung von Hb verwendet. In der Lunge wird Hb mit O_2 angereichert – es wird zum Oxyhämoglobin. In den Kapillaren wird O_2 im Zielgewebe abgegeben – das Hb wird desoxygeniert.

Da das Hb eine noch höhere Affinität für **Kohlenmonoxid** (CO) als für O_2 besitzt, wird O_2 von CO verdrängt, was zur CO-**Vergiftung** führen kann. Einige Quallen, wie die Staatsquallen, haben ihre Schirmglocken mit CO gefüllt. Dies ist möglich, weil sie keine Transportproteine besitzen und der Sauerstoffbedarf über die Diffusion abgedeckt wird.

Myoglobin, der rote Muskelfarbstoff, ist mit dem Hb verwandt. Es ist allerdings nur ein Viertel so groß wie Hb (MG 17 000) und besteht auch nur aus einer einzigen Peptidkette mit einem Häm. Dafür hat Myoglobin eine sechsfach höhere O_2-Affinität. Es kommt im Muskelgewebe vor und dient der Speicherung von O_2. Besonders reich an Myoglobin sind die Muskeln von tauchenden Säugetieren wie von Walen und Robben.

Tab. 2.2 | Charakteristika und Vorkommen der vier häufigsten respiratorischen Pigmenten

	Hämoglobin	Hämerythrin	Chlorocruorin	Hämocyanin
Metall	Fe	Fe	Fe	Cu
Träger im Blut	Zelle/Plasma	Zelle	Plasma	Plasma
Farbe oxygeniert	rot	violett	grün	blau
desoxygeniert	violett	farblos	farblos	farblos
Vorkommen	Vertebrata Echinodermata Crustacea Insecta Nematoda Plathelminthes Mollusca Annelida	Priapulida Brachiopoda Sipunculida Annelida	Polychaeta	Arachnida Spinnen Crustacea Mollusca

Es gibt vier verschiedene respiratorische Proteine, die bei den Tieren für den Sauerstofftransport eingesetzt werden:

▶ **Hämoglobin** (Box 2.4),
▶ **Chlorocruorin**,
▶ **Hämocyanin**,
▶ **Hämerythrin**.

Da diese Proteine je nach Grad der Anreicherung mit Sauerstoff ihre Farbe ändern, werden sie auch **respiratorische Pigmente** genannt (Tab. 2.2).

Kohlendioxid (CO$_2$) wird in Form von HCO$_3^-$-Ionen transportiert. In dieser Form wird es physikalisch in Blutplasma und Erythrozyten gelöst:

$$CO_2 + H_2O \longleftrightarrow H_2CO_3 \longleftrightarrow H^+ + HCO_3^-$$

Die Reaktion wird durch das zinkhaltige Enzym **Carboanhydrase** beschleunigt. Carboanhydrase ist daher insbesondere bei kleinen Säugern (mit hoher Stoffwechselrate) in großer Masse vorhanden.

Abb. 2.6 |

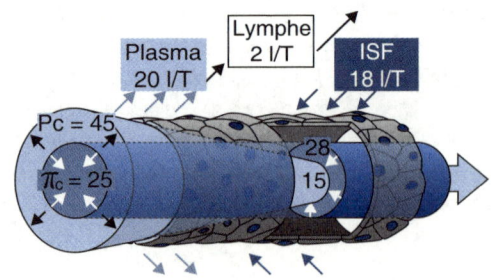

Stofftransport im Kapillarbett. Mit zunehmender Verzweigung des Gefäßsystems im Kapillarbett fällt der hydrostatische Blutdruck (**Pc**) von ca. 45 mm Hg auf ca. 15 mm Hg ab. Der kolloidosmotische Druck (**π$_c$**) im Blutplasma nimmt leicht zu (von 25 mm auf 28 mm Hg). Solange der hydrostatische Druck überwiegt, wird das Plasma aus den Kapillaren ausgepresst. Sinkt der hydrostatische Druck unter den kolloidosmotischen Druck, wird die interstitielle Flüssigkeit (**ISF**) in die Kapillaren aufgesogen. Ein Teil des Plasmas verbleibt im Zwischenzellraum als Lymphe. l/T = Liter/Tag.

Stofftransport

2.3.2

Im Plasma gelöste Stoffe werden durch das Blut heran- und anschließend wieder von den Zielgeweben wegtransportiert. In welche Richtung
der Austausch zwischen der Blutbahn und dem zwischenzellulären
Raum bzw. zwischen den Zellen erfolgt, ist durch das Verhältnis des
Blutdruckes zum osmotischen Druck bedingt.
Während mit zunehmender Verzweigung des
Gefäßsystems im Kapillarbett der **hydrostatisch
bedingte Blutdruck** von ca. 5,3 kPa (40 mm Hg)
auf ca. 2 kPa (15 mm Hg) abfällt, bleibt **der kolloidosmotische Druck** (**onkotischer** Druck) im Blutplasma weitgehend konstant (um 3,3 kPa (25
mm Hg). (Eigentlich handelt es sich eher um
Sogkraft als um Druck.) Solange der hydrostatische Druck überwiegt, wird das Plasma
zusammen mit den Nährstoffen aus den
Kapillaren ausgepresst. Sinkt im Verlauf der
Kapillaren der hydrostatische Druck unter
den kolloidosmotischen Druck, wird die
interstitielle Flüssigkeit zusammen mit den
Metaboliten in die Kapillaren aufgesogen
(Abb. 2.6). Ein Teil des Plasmas verbleibt im
Zwischenzellraum als so genannte **Lymphe.** Als
solche fließt es zwischen den Gewebsspalten
und wird dem Blutkreislauf durch Lymphgefäße wieder zugeführt. Der aus dem Unterschied zwischen hydrostatischen und onkotischen Druck sich ergebende effektive Filtrationsdruck wird auch als Starling-Kraft
bezeichnet.

Abb. 2.7

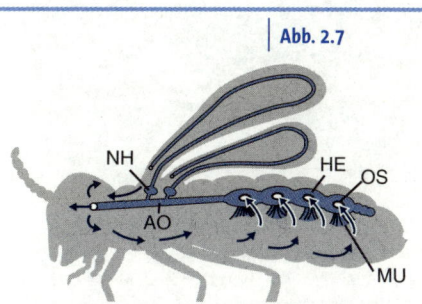

Offener Kreislauf bei einem Insekt. AO Aorta, **HE** Herz,
MU dorsales Diaphragma (bestehend aus Flügelmuskeln und
Bindegewebe), **NH** Nebenherz, **OS** Ostium.

Abb. 2.8

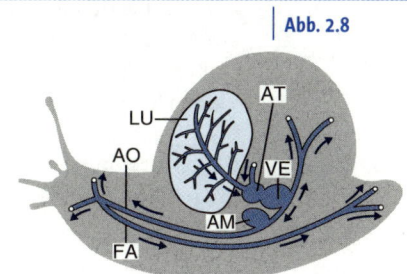

Offener Kreislauf bei einer Lungenschnecke. AM Ampulla,
AO Aorta, **AT** Atrium, **FA** Fußarterie, **LU** Lunge, **VE** Ventrikel.

Kreislaufsysteme

2.3.3

Kreislaufsysteme können offen oder geschlossen sein. Offene Kreislaufsysteme kommen bei Arthropoden, Schnecken und Muscheln vor, das
geschlossene Kreislaufsystem kommt bei Wirbeltieren, Cephalopoden
und Anneliden vor.

Offenes Kreislaufsystem

2.3.3.1

Dieses System besteht aus einem dorsal gelegenen **röhrenförmigen Herz**,
das die Hämolymphe entweder direkt (z.B. bei Wasserflöhen) oder über

Abb. 2.9

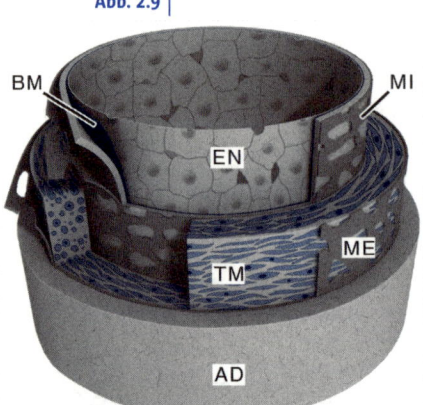

Aufbau eines Blutgefäßes. **AD** Adventitia, **BM** Basalmembran, **EN** Endothel, **ME** Membrana elastica externa, **MI** Membrana elastica interna, **TM** Tunica media.

eine unpaare Aorta kopfwärts pumpt (z.B. bei Heuschrecken). Bei Krebstieren wird die Hämolymphe über paarige Gefäße kopfwärts und eine unpaare Aorta schwanzwärts gepumpt. Diese großen Gefäße können wiederum seitlich geschlossene Äste abgeben, die verschiedene Bereiche und Anhänge des Körpers versorgen. Alle Gefäße öffnen sich im Hämocoel, wo die Hämolymphe entlassen wird und die Organe umspült. Durch spaltförmige Öffnungen (Ostien) wird die Hämolymphe wieder ins Herz gesaugt (Abb. 2.7, Abb. 2.8). Der Hämolymphendruck ist sehr niedrig. Daher »bluten« Insekten bei Verletzungen nicht. Die Versorgung von einzelnen Organen oder Körperregionen kann nur bedingt entsprechend dem Bedarf rationiert werden. Allerdings verfügen die Fluginsekten über die Möglichkeit der Herzschlagumkehr und viele Arthropoden weisen zusätzliche Nebenherzen auf, z.B. in Antennen oder anderen Körperanhängen. Bei den Insekten, die mit Tracheen atmen, ist die Hämolymphe am Atemgastransport nicht beteiligt und das Kreislaufsystem ist noch einfacher gebaut als bei den kiemenatmenden Arthropoden und den lungenatmenden Schnecken.

2.3.3.2 | Geschlossenes Kreislaufsystem/Gefäße

Im geschlossenen System strömt das Blut in Gefäßen in eine Richtung, angetrieben durch Kontraktionen spezialisierter Abschnitte (Box 2.5). Der Druck ist höher als in einem offenen System, der Kreislauf schneller und die Zufuhr zu einzelnen Organen kann reguliert und nach Bedarf rationiert werden.

Bei **Wirbeltieren** besteht das Kreislaufsystem aus den Gefäßen und einem dazwischengeschalteten Herzen. Es werden folgende **Typen von Gefäßen** unterschieden:

▶ **Arterien** (die große, unpaare Körperschlagader wird als **Aorta** bezeichnet),
▶ Arteriolen,
▶ **Kapillaren**,
▶ Venolen,
▶ **Venen**.

Abb. 2.10

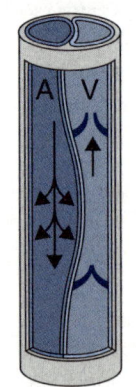

Beziehung zwischen einer Arterie (A) und einer Vene (V) innerhalb einer gemeinsamen Gefäßscheide. Die Pulswelle in der Arterie drückt das Blut in der Vene aus den Abschnitten zwischen den Venenklappen in Gegenrichtung hinaus.

Aufbau der Gefäße im Vergleich | Tab. 2.3

	Arterie	Arteriole	Kapillare	Venole	Vene
Lumen	+++	+	Ø 5–15 μm	++	++++
Wanddicke	+++	++		+	++
Endothel	+	+	+	+	+
glatte Muskulatur	+++	++	-	+	++
	zirkulär, geordnet		-	spiralig, ungeordnet	
elastische Fasern	+++	++	-	+	++
Bindegewebe	+++	+	-	+	++

Die Anzahl der Pluszeichen verweist auf den relativen Anteil der einzelnen Komponenten. Die tatsächliche Dicke der Wände und ihrer Komponenten ändert sich im Verlauf des Kreislaufsystems auch innerhalb der einzelnen Gefäßtypen.

Box 2.5

Entdeckung des Kreislaufs

Nach dem Tod wird das Blut durch die Muskelkontraktion (Totenstarre) aus den Arterien gepresst. Die Arterien sind dann leer. Daher haben die altgriechischen Gelehrten angenommen, dass die Arterien dem Lufttransport dienen (gr. aer = Luft, terein = enthalten). Es ist für uns fast unverständlich, dass diese und weitere heute als obskur und lächerlich betrachteten Vorstellungen der Antike über Blut, Gefäße und Herz bis zum 17. Jahrhundert ernsthaft angenommen wurden. Erst 1628 setzte sich WILLIAM HARVEY mit dem Modell des Herz-Gefäß-Systems von GALENOS kritisch auseinander und beschrieb richtig das Prinzip des Herz-Blutkreislaufs. Mit seiner auch aus heutiger Sicht modernen Arbeitsweise und Beweisführung (Abb. 2.11) hat HARVEY die moderne experimentelle Physiologie und Anatomie begründet.

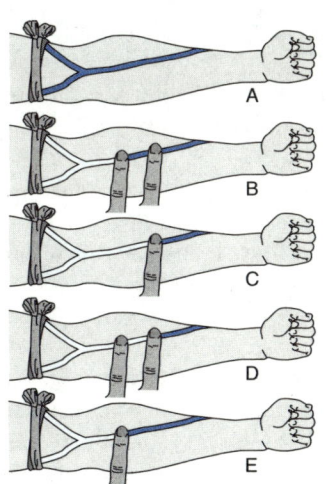

| Abb. 2.11

Eines der Experimente von W. HARVEY zum **Nachweis der Unidirektionalität** (»Einbahnstraße«) **des Blutkreislaufs**. **A** Ausgangssituation; **B** Unterarmvene ist mit zwei Fingern gedrückt, entleert sich in Richtung Körper, bleibt gefüllt im Abschnitt zwischen den Fingern, staut sich vor dem Finger auf der distalen Seite; **C** Wegnehmen des proximalen Fingers führt zur Entleerung des blockierten Gefäßabschnitts; **D** auch nach erneutem Fingerdruck bleibt Abschnitt leer; **E** entfernt man den distal platzierten Finger, füllt sich der leere Abschnitt bis zur nächsten Blockade. Bei allen Versuchen fließt das Blut immer nur in einer Richtung (nach HARVEY, 1628).

Box 2.6

Arterien- und Venensystem der Säugetiere

Arcus aortae (unpaarer Aortenbogen, gibt u.a. folgende Äste ab):
- ▶ **Truncus brachiocephalicus**
  - ▶ **rechte A. carotis communis** (s. unten)
  - ▶ **rechte A. subclavia** (s. unten)
- ▶ **Arteria coronaria** (paarige Kranzarterien zum Herzen)
- ▶ **A. subclavia** (zur linken vorderen Extremität, fortgesetzt als **A. brachialis**)
- ▶ **A. carotis communis** (zu Hals und Kopf, linke Hälfte)
  - ▶ **A. carotis externa** (zu Hals- und Kopforganen und -muskeln)
  - ▶ **A. carotis interna** (zum Gehirn)

Aorta thoracica (Brustaorta, unpaare Fortsetzung des Aortenbogens)
- ▶ **Aa. intercostales** (paarige Arterien zu den Zwischenrippenräumen)

Aorta abdominalis (Bauchaorta, unpaare Fortsetzung der Aorta)
- ▶ **Truncus coeliacus** (unpaarer Arterienstamm)
- ▶ Abgänge zu den Oberbauchorganen: Leber, Magen, Milz, Pankreas
- ▶ **A. renalis** (paarige Abgänge zu den Nieren)
- ▶ Abgänge **zum Darm**
- ▶ Abgänge **zu den Gonaden**

A. iliaca communis (paarig durch Gabelung der Bauchaorta)
- ▶ **A. iliaca interna** (zum Becken, zu den Geschlechtsorganen)
- ▶ **A. iliaca externa** (zur hinteren Extremität)

Paarige **Vena jugularis** (vom Kopf) vereinigt sich mit der paarigen **V. subclavia** (von der vorderen Extremität) in die unpaare vordere/obere Hohlvene (**Vena cava cranialis/superior**), die sich wiederum mit der hinteren/unteren Hohlvene (**V. cava caudalis/inferior**) vereinigt, die das Blut aus den hinteren Extremitäten, den Becken-, Bauch- und Brustorganen sammelt.

Zwischen Darm und Leber befindet sich die **Vena portae** (Pfortader), die das venöse nährstoffreiche Blut aus dem Darm sammelt und der Leber zur Bearbeitung zuführt:
Bauchaorta → Darmarterie → Darm → **V. portae** → Leber → Lebervene → hintere Hohlvene.

Arterien führen das Blut vom Herzen weg, **Venen zum Herzen hin** (Box 2.6). Gefäße sind Schläuche, deren Wand aus konzentrischen Gewebeschichten aufgebaut ist (Abb. 2.9). Die innere, bei allen Gefäßtypen vorhandene Schicht ist die **Intima** (**tunica intima**) aus Endothel (einschichtiges Plattenepithel mesodermaler Herkunft). Die mittlere Schicht, **Media** (tunica media), besteht aus glatter Muskulatur und elastischen Fasern. Die **Exter-**

na, auch Adventitia genannt (tunica adventitia), ist die äußere bindegewebige Schicht. Die einzelnen Typen von Gefäßen unterscheiden sich durch das Vorkommen und die Ausprägung der einzelnen Schichten (Tab. 2.3). Kapillaren sind z.B. nur aus dem nach außen von der Basalmembran umschlossenen Endothel aufgebaut.

In den Venen der Extremitäten befinden sich so genannte **Venenklappen**, die den Blutrückfluss verhindern. Bei der Kompression einer Vene, z.B. durch anliegende Muskeln oder die Pulswelle in einer benachbarten Arterie, wird das Blut aus den Abschnitten zwischen den Klappen ausgepresst – und zwar nur in einer Richtung (Abb. 2.10, Abb. 2.11). Dank dieser Klappen wird der hydrostatische Druck einer hohen Flüssigkeitssäule in Einzeldrucke von Säulen geringer Höhe unterteilt.

Blutdruck

| 2.3.3.3

Durch das Pumpen des Herzens und den Widerstand der Gefäßwände entsteht der **Blutdruck**. Während der **Systole** des Herzmuskels wird das Blut ausgestoßen. Der hydrostatische Druck in der Aorta erreicht beim gesunden erwachsenen Menschen ca. 140–150 mm Hg (18,7–20 kPa). Dieser Druck sinkt mit der Entfernung vom Herzen. Er beträgt z.B. in der Arteria brachialis (Oberarm), deren Druck bei der ärztlichen Untersuchung gemessen wird, ca. 120 mm Hg (16 kPa), während der Druck der A. radialis (Unterarm) auf ca. 90 mm Hg (12 kPa) fällt. Mit weiterer Verzweigung der Arterien sinkt der Druck weiter, da sich der Gesamtquerschnitt des Schlauchsystems, auf den das Anfangsvolumen verteilt wird, stetig vergrößert. Zu einer deutlichen Blutdrucksenkung kommt es allerdings erst im Bereich der Arteriolen, die durch ihre kleinen Durchmesser dem Blut einen hohen Strömungswiderstand entgegensetzen und somit den Durchfluss des Blutes weiter verlangsamen. Durch den periodischen Blutauswurf durch das Herz entsteht im Kreislauf eine wellenartige Druckschwankung, die als **Puls** tastbar ist. Der Blutfluss in der Aorta ist trotz des periodischen Ausstoßes ziemlich kontinuierlich. Aufgrund der Elastizität der Wände von Aorta und großen Arterien werden die Druckwellen gedämpft und ein Teil des ausgestoßenen Blutes wird zurückgehalten und während der Diastole weitergegeben. Man spricht von einer **Windkesselfunktion** der Aorta. Während der **Diastole**, Erschlaffung des Herzmuskels und Füllung des Herzens, ist der Blutdruck am niedrigsten – beim Menschen im Bereich der A. brachialis um 85–90 mm Hg.

Blutdruckregulation: Der Blutdruck kann durch **Änderung des Herzminutenvolumens** (s. Kap. 2.3.3.6) und des peripheren Widerstandes durch **Vasodilatation** (Gefäßerweiterung) oder **Vasokonstriktion** (Gefäßverengung) geändert werden (Abb. 2.12). Der **neuronale Regelkreis** besteht aus **Pressosensoren** (Mechanosensoren) in der Wand von Aorta und Hauptschlag-

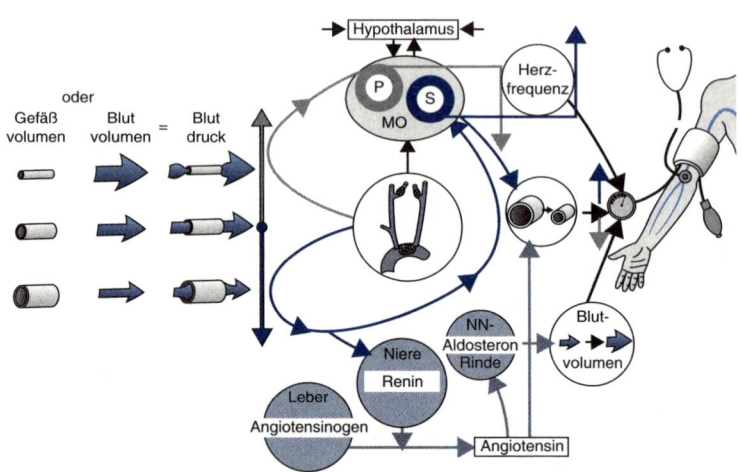

Abb. 2.12

Schematische Darstellung der Blutdruckregelung.
P Parasympathikus,
MO Medulla oblongata,
S Sympathikus.

ader, die bei der Dehnung der Gefäßwände Signale an die Kreislaufzentren in der Medulla oblongata (s. Kap. 5.2.2) senden. Bei Abweichung der Messwerte von den Sollwerten wird die Herzfrequenz bzw. die Engstellung der peripheren Gefäße **sympathisch oder parasympathisch** (s. Kap. 5.2.2) geändert.

Ein weiteres wichtiges Regulationssystem, das auf dem Rückkopplungsprinzip beruht, ist das **hormonale Renin-Angiotensin-Aldosteron-System**. Dieses System wird aktiviert, wenn das Plasmavolumen (z.B. durch Blutverlust) oder der Blutdruck abnehmen. **Renin** ist ein in den Nieren produziertes Peptide-spaltendes Enzym, das Angiotensinogen zu **Angiotensin** spaltet und damit aktiviert. Renin wird z.B. bei der Minderdurchblutung der Nieren vermehrt ausgeschüttet. Angiotensin ist ein Peptidhormon, das aus dem in Leber und Fettgewebe gebildeten Angiotensinogen entsteht. Angiotensin bewirkt die Vasokonstriktion und stimuliert die Produktion von **Aldosteron**, einem Hormon der Nebennierenrinde, das die Na^+-Rückresorption in den distalen Nierentubuli fördert. Somit reguliert Aldosteron den Wasserhaushalt und beeinflusst Blutvolumen und Blutdruck (s. auch Kap. 2.6.2.5).

Auch manche **exogenen Stoffe** können zu Bluthochdruck (**Hypertonie**) oder zu einer Blutdrucksenkung (**Hypotonie**) führen. Sie finden Anwendung als Wirkstoffe entsprechender Arzneimittel.

Der Blutdruck wird auch durch die **Schwerkraft** beeinflusst. So kann es beim Menschen z.B. zu Blutdruckabfallsymptomen infolge einer Blutverschiebung im unteren Körperbereich bei einem zu schnellem Übergang vom Liegen zum Stehen kommen. Mit besonders extremen Anforderungen an die Blutdruckregulation sind Giraffen wegen ihres langen Halses konfrontiert und Baumschlangen, die über längere Zeit senkrecht mit dem Kopf nach unten hängen.

Morphologie des Herzens

2.3.3.4

Das Herz ist ein **muskuläres Hohlorgan**, das durch rhythmische Kontraktion (Systole) und Erschlaffung (Diastole) den Blutstrom erzeugt und erhält. Das Herz befindet sich bei Wirbeltieren im kranialen (Brustkorb-) Bereich des Rumpfes, ventral von der Speiseröhre: Es ist im bindegewebigen Herzbeutel (**Perikard**) eingeschlossen. Die Muskelwand (**Myokard**, aus Herzmuskelgewebe, s. Kap. 1.2.8) ist mit einer Schleimhaut (**Endokard**) aus Endothel und Bindegewebe ausgekleidet. Die Größe des Herzens wird auch durch das Herzvolumen ausgedrückt. Der Normalwert beträgt bei erwachsenen Menschen 630–800 ml (dabei wiegt das Herz 230–340 g); bei Leistungssportlern in Ausdauersportarten kann das Herzvolumen bis 1700 ml betragen. Die Größe des Herzens verhält sich bei enger verwandten Tieren proportional zur Körpergröße (isometrisch, s. Kap. 2.2.3.3).

Ontogenetisch entsteht das Herz durch Differenzierung eines Gefäßabschnittes, des **Herzschlauchs**. Somit ist das Herz im Kreislaufsystem voll eingegliedert. Am Herzschlauch lassen sich vier hintereinander liegende kontraktile Abschnitte unterscheiden (Abb. 2.13): **Sinus venosus** (Venensinus), **Atrium** (Vorhof), **Ventrikel** (Kammer), **Bulbus arteriosus** bzw. **Conus arteriosus** und **Truncus arteriosus**:

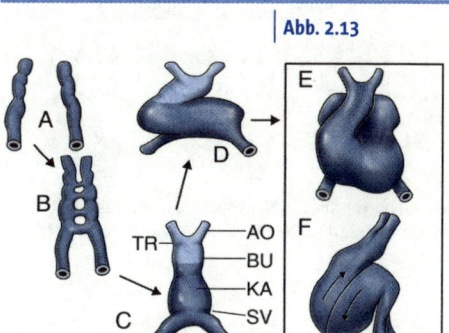

Abb. 2.13

Entwicklung des Herzens. Die paarig angelegten Endothelschläuche (Abschnitte der Dottervenen, **A**) verschmelzen (**B**) zu einem Herzschlauch (**C**). Am Herzschlauch sind einzelne Abschnitte zu erkennen: **VE** Einflussvenen, **SV** Sinus venosus, **KA** Kammer, **BU** Bulbus, **TR** Truncus, **AO** Ausflussaorten. Durch ungleichmäßiges Wachstum und Verlagerung der Einzelteile entsteht die Herzschleife (**D**, **E** Anblick von vorne, **F** Anblick von rechts) mit einem absteigenden und einem aufsteigendem Schenkel. Zwischen **SV** und **KA** entwickelt sich der linke Vorhof, die **KA** wird zum linken Ventrikel. Der aufsteigende Schenkel wird zum rechten Ventrikel.

→ **Sinus venosus** → **Atrium** → **Ventrikel** → **Bulbus arteriosus**
→ **Truncus arteriosus** → **Aorta** →

Die Muskelstärke nimmt dabei von Abschnitt zu Abschnitt zu. Diese Anordnung findet man ebenfalls beim Herzen der **Fische**.

Aus dem Herzschlauch entsteht durch Verlagerung und ungleichmäßiges Wachstum einzelner Abschnitte die **Herzschleife**. Die Spitze dieser Schleife entspricht der späteren Herzspitze. Venöser Eingang und arte-

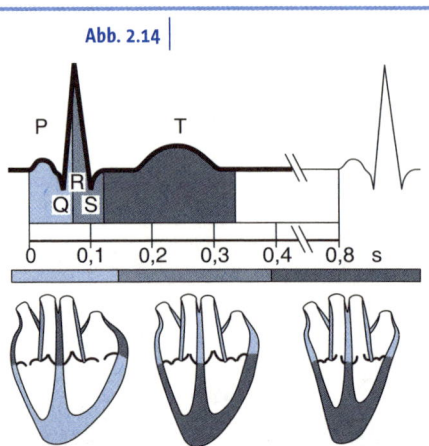

Abb. 2.14

Der Verlauf von Systole (dunkelblau) **und Diastole** (hellblau) **und der entsprechenden EKG-Kurve**. Zeitachse in Sekunden.

rieller Ausgang liegen nebeneinander. Es entsteht ein sackförmiges Herz wie wir es von den Tetrapoden (sowie von manchen Fischen) kennen. Die Umgestaltung der Herzschleife zum vierkammerigen Herzen schließt die Bildung der Trennwände ein. Es ist ein komplizierterer Prozess, auf den hier nicht weiter eingegangen wird. Das Herz ist das erste Organ, das im Wirbeltierembryo seine Funktion aufnimmt.

Das **Herz der Amphibien** besteht aus einer Herzkammer und zwei Vorhöfen. Die Herzkammer ist bei **Schildkröten und Squamaten** teilweise, bei **Krokodilen, Vögeln und Säugetieren** vollständig durch eine Scheidewand (**Septum**) in eine linke und eine rechte Hälfte geteilt. Das Atrium ist jeweils der kleinere, muskelschwächere, kranial liegende Abschnitt; der Ventrikel der größere, dickwandigere und kaudal liegende Abschnitt. Die Wand des linken Ventrikels ist bis zu dreimal so dick wie die des rechten Ventrikels. Der Herzmuskel selbst muss mit Blut gut versorgt werden – dies geschieht über die **Kranzgefäße**. Ein Verschluss (**Infarkt**) der Kranzarterien und damit die Unterbrechung der Blutversorgung führt zum Absterben des Herzmuskelgewebes.

Im Herz befinden sich vier Klappen, die den Rückfluss des Blutes verhindern:

▶ zwei **Taschenklappen**, jeweils zwischen Großarterie und Kammer (aus je drei halbmondförmigen Taschen),

▶ zwei **Segelklappen**, jeweils zwischen Vorhof und Kammer: 3-zipfelige Klappe rechts, 2-zipfelige Klappe links.

2.3.3.5 Autorhythmie des Herzens

Das Herz hat die Fähigkeit, sich spontan, d.h. ohne äußere Einwirkung, rhythmisch zu kontrahieren. Die selbständige Erregungsbildung erfolgt im **Sinusknoten** (auch Sinuatrialknoten oder Keith-Flack-Knoten genannt), einer Ansammlung von spezialisierten Herzmuskelzellen am Venensinus im rechten Vorhof. Der Sinusknoten wirkt wie ein Schrittmacher und erzeugt elektrische Impulse, die sich – da die Herzmuskelzellen miteinander über Interkalarscheiben kommunizieren (s. Kap. 1.2.8) – über die Wände des Vorhofs verbreiten und so Kontraktionsreize auslösen. Diese Impulse gelangen zum **Atrioventrikularknoten** (auch Aschoff-Tawara-Knoten genannt) an der rechten Herzvorderwand zwischen Vorhof und

Kammer. Hier werden die Impulse verzögert, so dass sich die Vorhöfe vollständig kontrahieren und entleeren können. Spezielle Muskelfasern leiten dann die Impulse über die gesamte Kammerwand. Diese Fasern sind im so genannten Atrioventrikular-Bündel (His-Bündel) im Septum organisiert, das sich in zwei Schenkel teilt. Die Ausläufer der Schenkel unter dem Endokard an der Herzspitze heißen Purkinje-Fasern.

Die durch den Herzmuskel laufenden Aktionspotentiale werden durch die Körperflüssigkeiten über den ganzen Körper und bis zur Körperoberfläche geleitet, wo sie auch aufgenommen werden können. Das Verfahren zur Registrierung dieser Impulse heißt **Elektrokardiographie**; die graphische Darstellung ist das Elektrokardiogramm (**EKG**, Abb. 2.14).

Parameter der Herzfunktion

| 2.3.3.6

Der **Herzschlag** ist eine aus Systole und Diastole bestehende Abfolge; ihre Dauer wird als **Herzzyklus** bzw. Herzperiode bezeichnet. Die Zahl der Herzschläge pro Minute bestimmt die **Herzfrequenz**. Die Herzfrequenz beträgt beim gesunden erwachsenen Menschen in Ruhe 60–80 Schläge pro min. Sie stimmt mit der **Pulsfrequenz** überein. Die Herzfrequenz ist von der Stoffwechselrate abhängig und sinkt bei Tieren in der Regel mit steigender Körpergröße (Abb. 2.15). Die Herzfrequenz kann (über die Einwirkung auf den Sinusknoten) den physiologischen Bedürfnissen angepasst werden. So steigert eine erhöhte Körpertemperatur oder eine physische Belastung die Herzfrequenz. Die Herzfrequenz wird aber auch durch psychische Belastung, den so genannten akuten Stress (Kampfoder-Flucht-Reaktion, s. Box 5.5), über Adrenalin (Neurotransmitter des Sympathikus und Hormon des Nebennierenmarks) erhöht.

Die Blutmenge, die aus jeder Kammer bei einer Systole ausgestoßen wird, ist das **Schlagvolumen** (Normalwert beim erwachsenen Mann in Ruhe um 70 ml). Das Produkt aus Schlagvolumen und Herzfrequenz ergibt das **Herzminutenvolumen**, das beim gesunden ruhenden Menschen 4,5–5 Liter ausmacht. Durch das Schließen der Herzklappen entstehen **Herztöne**, die man mit einem Stethoskop abhören und beurteilen kann. Durch Herzklappenfehler entstehen vom normalen Herzton abweichende **Herzgeräusche**.

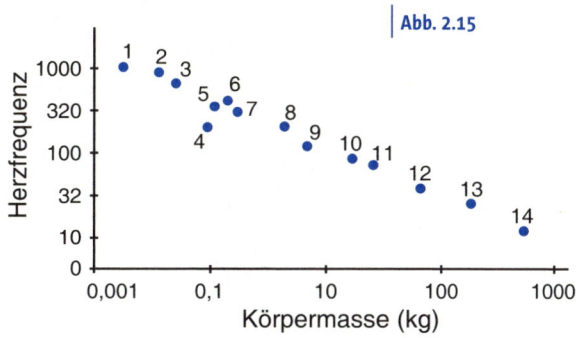

| Abb. 2.15

Die Abhängigkeit der Herzfrequenz von der Körpermasse bei Säugetieren. Beachte die logarithmische Darstellung!
1 Zwergspitzmaus, **2** Wasserspitzmaus, **3** Hausmaus, **4** Graumull, **5** Goldhamster, **6** Laborratte, **7** Meerschweinchen, **8** Kaninchen, **9** kleiner Hund, **10** großer Hund, **11** Mensch, **12** Pferd, **13** Elefant, **14** Grauwal.

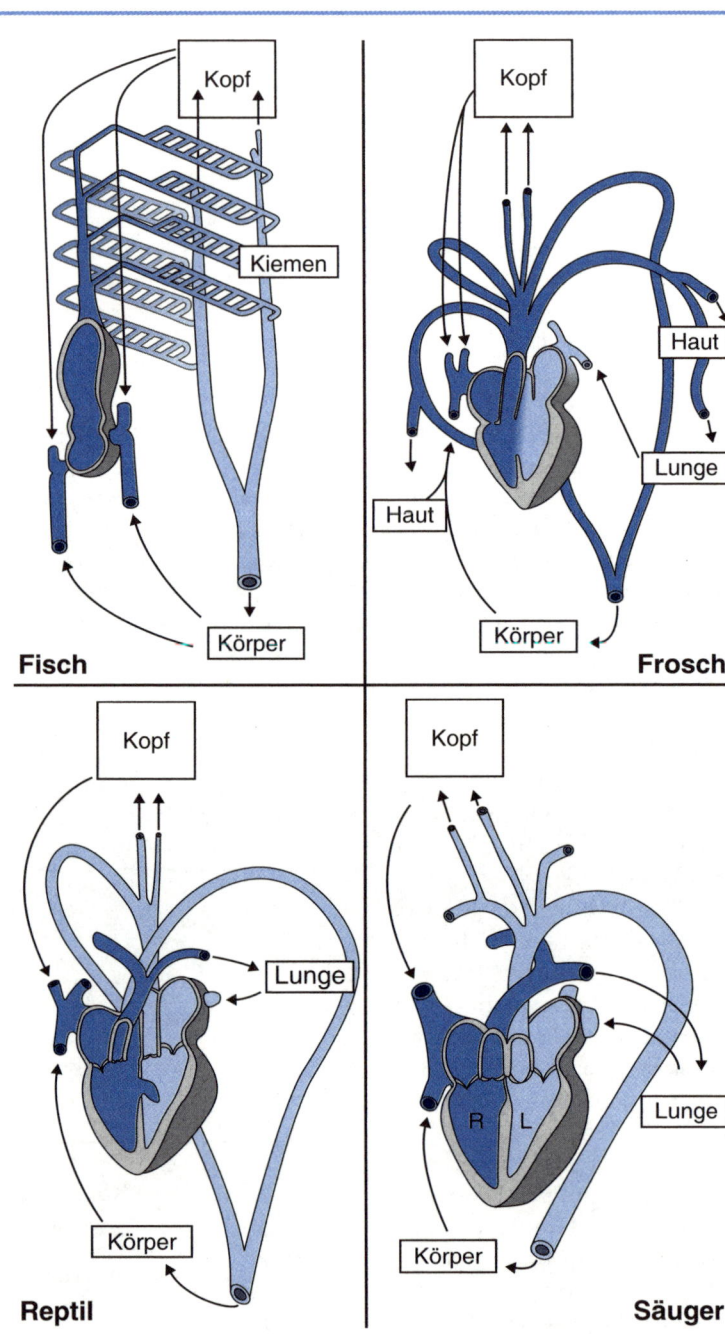

Fisch

Kopf

Kiemen

Körper

Frosch

Kopf

Haut

Lunge

Haut

Körper

Reptil

Kopf

Lunge

Körper

Säuger

Kopf

R   L

Lunge

Körper

Herz-Kreislauf-System bei Wirbeltieren (Abb. 2.16)

Bei **Fischen** wird das Blut vom Ventrikel über den Bulbus arteriosus zu den Kiemen gepumpt, wo es oxygeniert (mit Sauerstoff angereichert) wird. Das sauerstoffreiche Blut versorgt dann Kopf- und Körperorgane. Im **Kiemenkapillarsystem** wird allerdings der Blutfluss stark verlangsamt und der **Blutdruck herabgesetzt** (s. Kap. 2.3.3.3).

Bei **Säugetieren**, **Vögeln** und **Krokodilen** werden zwei voneinander vollständig getrennte Kreislauf-Untersysteme unterschieden: **Lungen-Kreislauf** (Niederdrucksystem) und **Körper-Kreislauf** (Hochdrucksystem).

| 2.3.3.7

Kleiner oder Lungen-Kreislauf

rechtes Atrium → rechter Ventrikel → Lungenarterie (A. pulmonalis) → Lungenkapillaren → Lungenvene (V. pulmonalis) → linkes Atrium

---

Großer oder Körper-Kreislauf

linkes Atrium → linker Ventrikel → Aorta → Arteriensystem → Kapillaren → Venensystem → Hohlvene (Vena cava) → rechtes Atrium

---

Geschlossener Blutkreislauf bei Wirbellosen (Abb. 2.17)

Bei **Cephalopoden** ist das Herz in einen Ventrikel und zwei Atrien geteilt. Das Blut fließt vom Ventrikel in den Körper. Der Blutdruckabfall im Körperkapillarnetz wird durch paarige **Kiemenherzen** kompensiert, die das Blut zu den Kiemen pumpen, wo das Blut oxygeniert wird, bevor es in die Atrien fließt.

| 2.3.3.8

Bei **Anneliden** besteht das System aus einem dorsalen und einem ventralen Gefäß. Diese sind in jedem Körpersegment über Lateralgefäße miteinander verbunden. Es gibt kein zentrales Herz; das Blut wird durch Kontraktionen des dorsalen Gefäßes und mehrerer (meistens 5 Paaren von) **Lateralherzen** im vorderen Körperbereich, die das Blut von dorsal nach ventral pumpen, bewegt. Das Blut strömt im Dorsalgefäß nach vorne, im Ventralgefäß nach hinten.

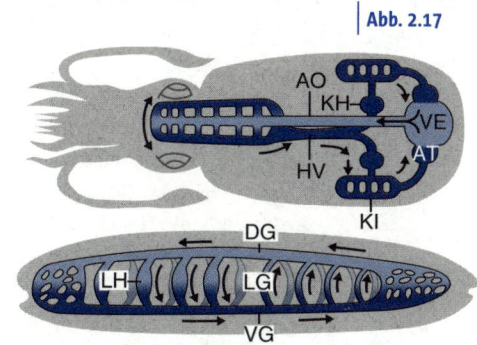

| Abb. 2.17

Geschlossener Blutkreislauf bei Cephalopoden (oben) **und bei Anneliden** (unten). **AO** Aorta, **AT** Atrium, **DG** Dorsalgefäß, **HV** Hauptvene, **KH** Kiemenherz, **KI** Kiemen, **LG** Lateralgefäß, **LH** Lateralherz, **VE** Ventrikel, **VG** Ventralgefäß.

2.4 | Atmung

Tiere gewinnen die benötigte Energie hauptsächlich durch **aerobe Zellatmung**, die so genannte **innere Atmung** (s. Kap. 2.1.1). Daher müssen die Zellen mit Sauerstoff versorgt und von Kohlendioxid befreit werden. Die Gase müssen zu jeder Zelle hin und von der Zelle weg transportiert werden.

Der Vorgang der O_2-Aufnahme und CO_2-Abgabe durch den Organismus und der Gasaustausch zwischen der Außenwelt und dem inneren Körpermilieu wird als **äußere Atmung** (**Respiration**) bezeichnet.

Die Respiration umfasst folgende Vorgänge:
▶ **Ventilation** bestehend aus **Inspiration** (Einatmung) und **Exspiration** (Ausatmung),
▶ **Diffusion** der Gase über das Grenzgewebe (**respiratorisches Epithel**) in das Plasma,
▶ **Perfusion**, d.h. der Ventilation angepasste Durchblutung der Atmungsorgane,
▶ **Konvektion**, d.h. Gastransport zwischen dem Respirationsepithel und den Zielgeweben.

2.4.1 | Physikalische Voraussetzungen des Gastransports

Die Diffusion ist rein passiver Natur. Die **Diffusionsrate ist abhängig von:**
▶ der **Löslichkeit** des Gases in der Flüssigkeit. Um über eine Körpermembran diffundieren zu können, muss O_2 zuerst in Wasser gelöst werden. Die Gasaustauschfläche, das **respiratorische Epithel, muss** daher **feucht** gehalten werden.
▶ der **Größe und Dicke des respiratorischen Epithels**, d.h. der Fläche und Länge der Strecke, über welche die Diffusion erfolgt,
▶ dem **Konzentrationsgradienten** des Gases, wobei die Gaskonzentration in verschiedenen Medien (z.B. Luft, Wasser) durch den **Partialdruck** bestimmt wird.

Bei einer Konzentration von 21 % ist der Partialdruck von O_2 in der Atmosphäre 160 mm Hg bzw. 21,2 kPa (= 21 % von 760 mm Hg bzw. 101,3 kPa, dem normalen Luftdruckwert in Meereshöhe). Bei diesem Partialdruck können nur zwischen ca. **0,5 % bis max. 1 % O_2 in Wasser gelöst** werden, d.h. der Sauerstoffgehalt im Wasser ist ca. 20- bis 40-mal geringer als in der Luft (Box 2.7).

Es gibt folgende Möglichkeiten, die **Diffusionsrate** und damit die Sauerstoffmenge, die in das Plasma übergeht, **zu erhöhen:**
▶ die **Respirationsfläche**, über die O_2 diffundiert, so **groß und dünn** wie möglich zu halten. Dies kann z.B. über Einfaltungen und Verästelungen der Fläche geschehen. Somit kann die Fläche der respiratorischen Epi-

---

Merksatz

Partialdruck (Teildruck) eines Gases ist der Anteil am Gesamtdruck eines Gasgemisches. Er entspricht dem Volumenanteil des Gases am Gesamtvolumen des Gasgemisches.

Box 2.7

Sauerstoff- und Kohlendioxidgehalt in Raum und Zeit

Die Konzentration von Sauerstoff in Luft und damit sein Partialdruck sind von mehreren Faktoren abhängig, darunter vom **Luftdruck**, der **Feuchtigkeit** und der **Temperatur**. Während bei einem Luftdruck von 760 mm Hg in Meereshöhe die Konzentration von Sauerstoff 21 % und sein Partialdruck entsprechend 160 mm Hg (21 % von 760) beträgt, halbiert sich der Luftdruck in 5500 m Höhe und entsprechend reduziert sich auch der Sauerstoff-Partialdruck. Bei feuchter, mit Wasserdampf gesättigter Luft verringert sich entsprechend der Anteil von O_2 am Gesamtvolumen des Gasgemisches und damit auch der Partialdruck von O_2.

In der **Erdgeschichte** schwankte der Sauerstoffgehalt stark. So betrug der O_2-Gehalt z.B. vom Kambrium bis zum Devon (vor ca. 545 bis 360 Million Jahren) etwa 15 %, während er im Karbon und Perm (vor ca. 360–250 MJ) auf ca. 35 % anstieg. Der hohe O_2-Partialdruck erleichtert die Diffusion über längere Strecken und ermöglichte damit wahrscheinlich auch die Existenz von Rieseninsekten, die von Fossilien dieser Zeit bekannt sind. Die **Löslichkeit von Sauerstoff im Wasser** ist 30-mal geringer als die von Kohlendioxid. Sie nimmt mit steigender Wassertemperatur und Salinität ab. Dies bedeutet, dass Süßwasser sauerstoffreicher als Meerwasser und kaltes Wasser sauerstoffreicher als warmes Wasser ist. Die verminderte Sauerstoffversorgung, z.B. in Höhen, in eutrophierten Gewässern, bei längeren Tauchvorgängen, in feuchten und nicht belüfteten Erdhöhlen wird als **Hypoxie** bezeichnet.

Problematisch für die Tiere ist nicht nur der unter Umständen geringe O_2-Gehalt, sondern auch ein hoher CO_2-Gehalt (**Hyperkapnie**). Der normale **CO_2-Gehalt in der Luft beträgt 0,03–0,04 %** und war in der Erdgeschichte bis zum Ende des Karbons vor ca. 290 MJ und dann auch im Mesozoikum (245–65 MJ) viel höher als heute. In den Gängen von unterirdisch lebenden Tieren (z.B. Maulwurf, Graumull) kann das Kohlendioxid auf bis zu 13,5 % ansteigen, wobei der Sauerstoffgehalt auf 6 % sinken kann. Während die meisten anderen Säugetiere

| Abb. 2.18

Afrikanischer Graumull (*Cryptomys* sp.), ein unterirdisch lebendes Nagetier, als Beispiel eines Säugetiers, das an hypoxische und hyperkapnische Verhältnisse angepasst ist.

einschließlich des Menschen einen CO_2-Gehalt nur bis ca. 1 % tolerieren können, sind subterrane Säugetiere an hyperkapnische Verhältnisse angepasst (Abb. 2.18).

thelien enorm vergrößert werden (z.B. beträgt beim Menschen die innere Oberfläche des Lungenepithels 100 m², während die Körperoberfläche »nur« 1,5–2 m² beträgt).

▶ den **Konzentrationsgradienten** zwischen der Umgebung und dem inneren Milieu konstant hoch aufrecht zu halten. Dies kann durch eine kontinuierliche Abnahme des diffundierten Sauerstoffs auf der Abgabeseite des Respirationsepithels gewährleistet werden. Die Abnahme und der stetige Wegtransport erfolgt durch die Bindung an die Respirationsproteine (s. Kap. 2.3.1) und die Bewegung der Transportflüssigkeit. Gleichzeitig muss der **Partialdruck des Sauerstoffs auf** der Aufnahmeseite der Austauschgrenze **konstant hoch** gehalten werden, d.h. man muss für die Zufuhr von sauerstoffreicher Luft bzw. sauerstoffreichem Wasser **durch Ventilation** sorgen.

2.4.2 | Atmungsorgane (Respirationsorgane)

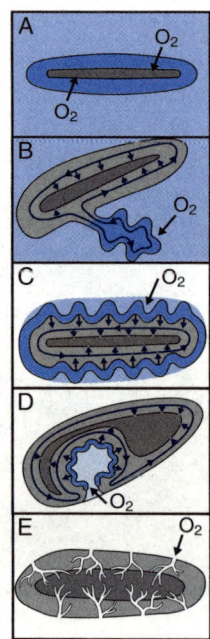

Abb. 2.19

Vergleich verschiedener Atmungssysteme. A keine spezialisierte Gasaustauschfläche (Gase diffundieren zwischen der Grenzoberfläche und den Körperzellen), **B** Kiemen, **C** Haut als Atmungsorgan, **D** Lunge, **E** Tracheen. Bei B–D diffundieren Atemgase über die Respirationsfläche und werden zu den Zielzellen über Blut oder Hämolymphe transportiert. Der Kreislauf ist dunkelblau dargestellt.

Bei relativ wenigen Tiergruppen gibt es **keine** spezialisierte Gasaustauschfläche, so dass die Gase zwischen der Grenzoberfläche und den Körperzellen diffundieren. Bei den meisten Tieren entstehen jedoch spezialisierte Organe, in denen der Gasaustausch durch Diffusion stattfindet, sowie auch Transportsysteme, die die Konvektion der Gase zu und von den Zellen gewährleisten. Im einfachsten Fall wirkt die gesamte Körperoberfläche, also die **Haut**, als ein Atmungsorgan. Häufiger ist die Diffusionsfläche jedoch nur örtlich durch Faltung, Verästelung usw. vergrößert und durch extreme Dünnwandigkeit und Durchblutung zum Gasaustausch zwischen Umgebung und Blut spezialisiert. So entstehen bei Wassertieren als Ausstülpungen der Körper- bzw. Darmoberfläche die **Kiemen**, und bei Landtieren als Einstülpungen der Körper- bzw. Darmoberfläche die **Lungen**. Ein weiteres Bauprinzip stellen die **Tracheen** bei Insekten und Myriapoden dar, die den Körper als Einstülpungen der Körperoberfläche in Form eines fein verzweigten Röhrensystems durchdringen und die Gase ohne Beteiligung eines Kreislaufsystems bis zu den Zellen hin- bzw. von dort wegbringen (Abb. 2.19).

2.4.2.1 | Direkte Diffusion ohne Atmungsorgane

Einige Tiere (z.B. Porifera, Cnidaria, Plathelminthes, Nematoda, einige Annelida) verfügen nicht über spezialisierte Atmungsorgane. Der Sauerstoff diffundiert von der Umgebung direkt zu den einzelnen Zellen. Den meisten dieser Tieren ist gemein, dass es sich um **wasserlebende** bzw. in der Feuchte lebende **kleine** Organismen handelt, mit einem günstigen Oberflächen-Volumen-Verhältnis (s. Kap. 2.2.3.2). Auch einige große Tiere wie die Quallen können den Gasaustausch durch Diffusion decken – als Diblastica sind sie einfach **aus dünnen Zellschichten gebaut**, die mit Wasser von außen und innen umspült werden. Schwämme sind von einem **System von Wasserkanälen** durchzogen, die mit einem aktiv erzeugten Wasserstrom durchspült werden.

Haut | 2.4.2.2

Bei kleineren Tieren (günstiges Oberflächen-Volumen-Verhältnis!), die im Wasser oder feuchtem Milieu leben, können die Gase über die gesamte Haut mittels **Diffusion** ausgetauscht werden, unter der Haut in Körperflüssigkeiten übertreten **und** durch den Körper **aktiv transportiert** werden. Somit wirkt die Haut als eine Gasaustauschfläche, ein Atmungsorgan. Die zur Atmung spezialisierte Haut ist

▶ durch Falten usw. vergrößert,
▶ dünn,
▶ gut vaskularisiert, d.h. durch viele Gefäße gut durchblutet.

Damit eine solch dünne, vaskularisierte Haut nicht austrocknet und die O_2-Aufnahme möglich ist, muss sie (durch Schleim, Leben im feuchten Milieu) **feucht gehalten** werden.

Die Hautatmung finden wir insbesondere bei **Anneliden** und **Amphibien**. Bei Amphibien ist die Haut ein wichtiges Atemhilfsorgan, das sich insbesondere am CO_2-Austausch beteiligt. Bei den amerikanischen lungenlosen Salamandern (Familie Plethodontidae) ist die Haut sogar das einzige Atmungsorgan. Da die Haut nicht bewegt werden muss, um ventiliert zu werden, braucht die Atmung durch die Haut **keine neuronale Kontrolle**. Die Rolle der Hautatmung bei Amphibien ist auch an der **Organisation des Blutkreislaufs** erkennbar (s. Abb. 2.16). Eine spezielle Hautarterie zweigt von der Lungenarterie ab und bringt somit relativ sauerstoffarmes Blut mit. Dadurch kann das Blut in der Haut mehr O_2 aufnehmen. Das in der Haut oxygenierte Blut wird über die Hautvene direkt zum Herzen und weiter über den Körperkreislauf direkt zu anderen Geweben transportiert. Die Haut von anderen Wirbeltieren ist für Gase weniger durchlässig, nichtsdestoweniger kann sie sich am Gasaustausch (insbesondere an der CO_2-Abgabe) beteiligen. Dies ist von einigen Fischen und sogar von einigen Reptilien bekannt, unter den Säugetieren insbesondere von den Fledermäusen.

Wenn Tiere an die Hautatmung von atmosphärischem Sauerstoff angepasst sind (was prinzipiell vorteilhaft ist, da in der Luft mehr Sauerstoff ist als im Wasser), sind sie nicht in der Lage, den Sauerstoff aus dem Wasser effizient aufzunehmen – ein Regenwurm ertrinkt im Wasser.

2.4.2.3 | **Kiemen**

Kiemen (Branchia) sind Atmungsorgane **primär aquatischer Tiere**. Es handelt sich um **spezialisierte Ausstülpungen**

- ▶ der Extremitäten (Crustacea, Polychaeta),
- ▶ der Mantelhöhle (Mollusca),
- ▶ der Coelomwand (Echinodermata),
- ▶ des Vorderdarms (Chordata).

Box 2.8

Vielfältige Kiemen

Polychaeta: Marine Ringelwürmer besitzen lappenartige Kiemen an jedem Körpersegment oder lange gefiederte Kiemen, die sich am Kopf- oder Schwanzende konzentrieren.

Crustacea: Die Kiemen der Krebse sind Anhänge (Epipoditen) oder Umbildungen der Thorakalbeine. Sie werden durch den Carapax bedeckt, wodurch eine Kiemenhöhle entsteht. Auf diese Art verborgene Kiemen sind besonders für amphibische und landlebende Krebse von Bedeutung. Ihre Kiemen werden in der Atemhöhle mit Hilfe eines Wasservorrats feucht gehalten.

Aquatisch lebende Insektenlarven: Larven von Eintags- und Steinfliegen besitzen so genannte Tracheenkiemen, Ausstülpungen von Extremitätenanlagen.

Mollusca: Die so genannten Kammkiemen der meisten aquatischen Weichtiere ragen in die Mantelhöhle hinein. Bei Muscheln wird mit Hilfe der Kiemen auch die Nahrung aus dem Wasser filtriert.

Echinodermata: Die Kiemen der Seesterne sind sehr einfach geformte und fast über den gesamten Körper verteilte Ausstülpungen der Coelomwand.

Tunicata und Acrania: Bei Manteltieren und Lanzettfischchen ist der Vorderdarm sackartig erweitert und durch zahlreiche Kiemenspalten siebartig perforiert. So entsteht der so genannte **Kiemendarm**, der vom Peribranchialraum umgeben ist. Der Peribranchialraum stellt eine eingeschlossene »Außenwelt« dar und öffnet sich nach außen mit dem Atrioporus. Der Kiemendarm ist gut durchblutet und dient nicht nur dem Gasaustausch sondern insbesondere der Filtrierung der Nahrung.

Agnatha und Chondrichthyes: Bei Neunaugen und Knorpelfischen befindet sich jeder **Kiemenbogen** in einer eigenen Höhle und hat eine eigene **Kiemenspalte**. Haie haben 5–7 Kiemenspalten und ihre Anzahl spielt auch als ein taxonomisches Merkmal eine Rolle.

Osteichthyes: Bei Knochenfischen befindet sich der Kiemenapparat in einer **Kiemenhöhle,** deren Öffnung durch einen **Kiemendeckel** (Operculum) geschützt ist (s. Abb. 2.21).

Larven von einigen Fischen und Amphibien: Die Larven von Lungenfischen, Flösselhechten und Amphibien sowie auch neotene Schwanzlurche (s. Kap. 1.3.8.3) entwickeln **äußere Kiemen**, die frei aus dem Körper herausragen.

Bei den Kiemen der verschiedenen Stämme der Tiere handelt es sich also um analoge und nicht homologe Strukturen (s. Kap. 1.3.8.3; Box 2.8). Kiemen sind dünn, reichlich vaskularisiert und weisen eine durch feine Verästelungen stark vergrößerte Oberfläche auf. Bei manchen Tieren steht der **Kiemenapparat als Filterapparat auch im Dienste der Ernährung** (z.B. bei Mollusca, Tunicata und Acrania; Abb. 2.20). Kiemen sind auch wichtige **Organe der Exkretion, Osmo-** und **Ionenregulation**.

Kiemen der Fische: Diese sind paarig angelegt und bestehen aus **Kiemenbögen** (bei modernen Knochenfischen 4 Paare) mit je einer **Kiemenarterie,** einer **Kiemenvene** und einem **Kiemennerv** (Abb. 2.21). Die Kiemenbögen tragen je zwei Reihen von abgeflachten **Kiemenfilamenten** (Primärlamellen). Die Kiemenfilamente tragen wiederum **Kiemenlamellen** (Sekundärlamellen). Die Kiemenlamellen sind sehr dünn und liegen eng nebeneinander (0,02–0,05 mm Abstand). An der Luft, ohne den Auftrieb des Wassers, fallen die Kiemenlamellen in sich zusammen und verkleben, wodurch die Respirationsfläche reduziert wird und die Tiere ersticken.

Kiemenventilation: Die Kiemen werden durch einen nur in **einer Richtung** fließenden Wasserstrom (unidirektional) umspült. Dank dem **Gegenstromprinzip** (Außenwasser und Blut bewegen sich in entgegengesetzte Richtungen, Abb. 2.22) kann 80–90 % des im Wasser gelösten Sauerstoffs ins Blut übertreten. Die Effektivität der Säuger-Lunge liegt dagegen bei nur 25 %. Wasser hat allerdings einen niedrigeren O_2-Gehalt als Luft und als Medium zur Bewegung ist es viel dichter als Luft. Dies hat zur Folge, dass Wassertiere 30 % der mit Hilfe der Atmung gewonnenen Energie wieder in die Ventilation rückinvestieren müssen, Landtiere dagegen

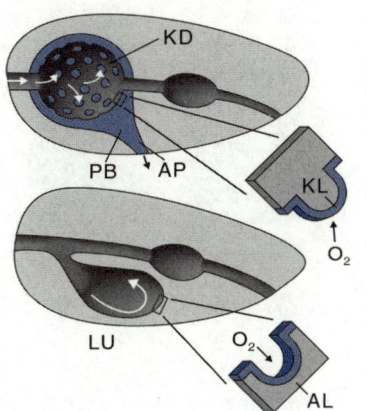

Abb. 2.20

Kiemen (als Ausstülpungen, **oben**) **und Lungen** (als Einstülpungen der Respirationsfläche, **unten**) **im Vergleich**. Wasser wird mit dem Mund aufgenommen, fließt wie durch ein Sieb durch den perforierten Kiemendarm in den umgebenden Peribranchialraum (**PB**), umspült dabei die Kiemenlamellen (**KL**) und verlässt den Körper durch den Atrioporus (**AP**). **AL** Lungenalveolus, **KD** Kiemendarm, **LU** Lunge.

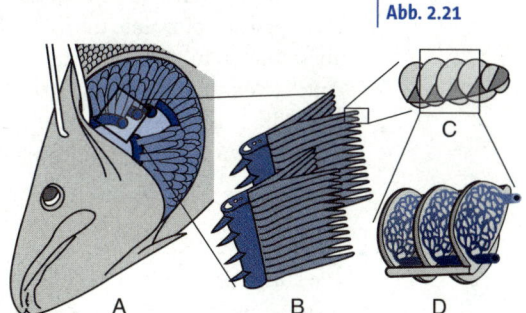

Abb. 2.21

Kiemen der Knochenfische. **A** Blick in die Kiemenhöhle bei abgeklapptem Kiemendeckel. **B** zwei ausgeschnittene Kiemenbögen (am Querschnitt sind die Kiemengefäße und der Kiemennerv sichtbar) mit je zwei Reihen von Kiemenfilamenten. **C** und **D** vergrößerter Abschnitt des Kiemenfilaments mit quer gestellten, reichlich durchbluteten Kiemenlamellen.

Abb. 2.22

Austausch von Stoffen, Gasen oder Wärme in einem Gleichstrom- (links) und einem Gegenstromsystem (rechts). Die Zahlen entsprechen z.B. der Konzentration in Prozent, dem Partialdruck oder der Temperatur und drücken die Effizienz des Austausches in beiden Systemen allgemein aus.

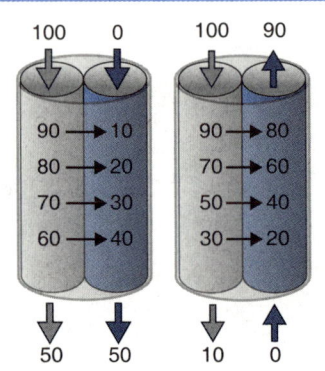

nur 1–3 %. Die Ventilation erfolgt bei Fischen durch pumpenartige Mundbewegungen, eine aktive Erweiterung und Verengung des Kiemenbereichs, Kiemendeckelbewegungen sowie durch aktive fächerartige Bewegungen der Kiemenbögen und die Veränderung der Einstellung der Kiemenfilamente. Bei vielen aktiven Fischen kann die Kiemenventilation aber auch durch einen Staudruck erfolgen, der entweder beim Schwimmen oder bei mit geöffnetem Maul gegen den Wasserstrom ausgerichteter Positionierung des Fisches entsteht. So stellen z.B. Makrelen ab einer bestimmten Schwimmgeschwindigkeit die Pumpbewegungen des Kiemenapparats ein. Haie und Thunfische ventilieren ihre Kiemen beinahe ausschließlich mit Hilfe des beim Schwimmen entstehenden Staudrucks. Manteltiere und Lanzettfischchen ventilieren den Kiemendarm mit Hilfe von bewimperten Zellen. Hummer und Flusskrebse ventilieren ihre Kiemen mit Hilfe eines kleinen paddelartigen Anhängsels an der Maxille.

2.4.2.4 Lunge

Die Lunge (Pulmo) ist eine Einstülpung der Körperoberfläche (bei Wirbellosen) bzw. eine im Körper eingeschlossene Ausstülpung des Vorderdarms (bei Wirbeltieren; Box. 2.9). Das **respiratorische Epithel** befindet sich dabei **auf der Innenseite** der Darmausstülpung (s. Abb. 2.20) und ist somit besser vor Austrocknung geschützt als die Kiemen. Die Oberflächenvergrößerung erfolgt durch Verästelung und Auffaltung in winzige Bläschen. Die Lungen von Wirbellosen werden kaum oder nur wenig aktiv ventiliert, und der Gaswechsel zwischen der Lunge und der Umgebung erfolgt hier durch Diffusion.

2.4.2.5 Respirationssystem der Säugetiere

Das Respirationssystem besteht aus den Atemwegen und der Lunge.

Die **Atemwege** umfassen:

▶ **Nasenöffnungen** → **Nasenhöhlen** → **Choanen** → Mund-Nasen-Rachenraum,

▶ **Pharynx** (Rachen, Schlund) – hier kreuzen sich Luft- und Nahrungswege,

▶ **Larynx** (Kehlkopf) mit Doppelfunktion: Er ist der mit dem Kehldeckel **(Epiglotis)** verschließbare »Pförtner« zu den unteren Luftwegen und beherbergt den Apparat der Stimmbildung,

Box 2.9

Vielfältige Lungen

Pulmonata: Bei der Lungenhöhle der Lungenschnecken handelt es sich um eine **umge-wandelte Mantelhöhle**, deren Wand sehr gefäßreich ist. Die Lunge kommuniziert mit der Umgebung über eine Öffnung, dem so genannten **Pneumostom**. Einige Lungen-schnecken leben aquatisch, aber benutzen weiterhin ihre Lungen zur Atmung – sie müs-sen regelmäßig auftauchen und ihre Lungen belüften. Einige Wasserlungenschnecken verfügen zusätzlich über sekundäre Kiemen.

Arachnida: Spinnen und Skorpione verfügen über so genannte **Buchlungen** (Fächerlun-gen), die sich auf der Ventralseite des Hinterleibs befinden. Die Oberflächenvergrößerung erfolgt über blätterartige, durch Kutikula versteifte Körpereinstülpungen, die von Hämo-lymphe durchströmt werden. Zwischen diesen Blättern entstehen Atemtaschen. Die Buchlungen-Öffnung nach außen wird **Stigma** genannt.

Dipnoi, Cladistia: Bei Lungenfischen und Flösselhechten entstehen neben den vollwer-tigen Kiemen die Lungen als ventrale Ausbuchtung(en) des Schlunds (Pharynx). Diese Lungen sind einfach und relativ wenig gekammert. Afrikanische und südamerikanische Lungenfische können ihren O_2-Bedarf fast vollständig über die Lungenatmung decken. Die CO_2-Abgabe erfolgt dagegen hauptsächlich über die Kiemen.

Amphibia: Alle adulten Amphibien, bis auf lungenlose Salamander (Plethodontidae) und neotene Formen von Schwanzlurchen, besitzen Lungen. Bei den meisten Amphibien sind die Lungen einfach gebaut, sackförmig, mit glatter innerer Oberfläche und relativ wenig durchblutet. Bei größeren terrestrischen Amphibien wie der Aga-Kröte ist die Lungen-atmung wichtiger, und die Lungen sind stärker gekammert und vaskularisiert.

Reptilia: Reptilienlungen sind meist stärker gekammert als die Lungen von Amphibien, aber die Vergrößerung der Oberfläche ist bei den verschiedenen Taxa unterschiedlich ausgeprägt. Relativ hochentwickelt sind die Lungen bei Schildkröten und Krokodilen.

Säugetiere: Die Oberflächenvergrößerung durch Kammerung ist hier stark ausgeprägt. Die Lungen sind zwar kleiner als bei Reptilien oder Amphibien vergleichbarer Körpergrö-ße, aber die Fläche des Respirationsepithels ist 5- bis 10-mal größer. Die Lungen haben die Konsistenz von feinporigem Schaumstoff.

Vögel: Die Lungen der Vögel sind leistungsfähiger als die Lungen sonstiger Wirbeltiere. Die Vogel-Lungen sind relativ klein, ihre Respirationsfläche ist allerdings 5- bis 8-mal grö-ßer als bei Säugetieren vergleichbarer Körpergröße. Der Bauplan der Vogel-Lunge unter-scheidet sich von dem der Lungen anderer Wirbeltiere (Kap. 2.4.2.7).

▶ **Trachea** (Luftröhre): Sie ist beim Menschen eine 10–12 cm lange Röhre, aufgebaut aus 16–20 nach dorsal offenen, hufeisenförmigen hyalinen Knorpelspangen, deren Enden mit Bindegewebe und glatter Muskulatur zusammengehalten werden. Die Knorpelspangen sind untereinander

Abb. 2.23

Bronchialbaum bei Säugetieren. HB Hauptbronchien, **LB** Lappenbronchien, **TR** Trachea (in Anlehnung an GRAY's Anatomy 1980).

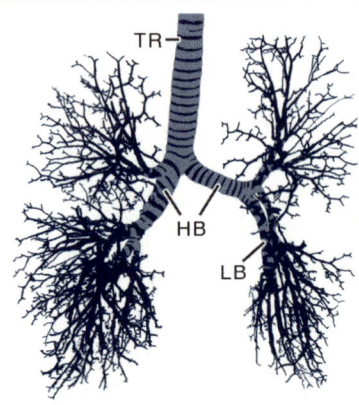

verbunden mit Bändern. Die Trachea ist ausgekleidet mit einem mehrreihigen Flimmerepithel,

▶ **zwei Hauptbronchien** (Bronchus, Bronchi): Sie entstehen durch die Gabelung der Trachea und sind ähnlich wie die Trachea aufgebaut. Die Hauptbronchien verbinden die Lungen mit der Trachea, treten zusammen mit den Lungengefäßen am **Lungenhilum** in die Lunge ein, wo sie sich weiter verzweigen (Abb. 2.23).

Die **Lunge** ist ein paariges, kegelförmiges Organ. Die rechte Lunge (auch rechter Lungenflügel genannt) ist aufgeteilt in drei, die linke Lunge (linker Lungenflügel) in zwei **Lungenlappen**. Die Hauptbronchien verzweigen sich in der Lunge in:

▶ **Lappenbronchien** (rechts in drei, links in zwei), diese wieder in

▶ **Segmentbronchien**, diese in

▶ **Bronchiolen** (Ø 0,7–1 mm), die nicht mehr durch Knorpelspangen gestützt werden. Ihre Wände sind aus elastischen Fasern und glatter Muskulatur aufgebaut. Die Bronchiolen sind mit einem einschichtigen kubischen Epithel ausgekleidet. Sie teilen sich auf in

▶ **Alveolarkanälchen** und

▶ **Alveolen** (Sg. Alveolus), bläschenartige Ausstülpungen (Ø 100–300 μm) der Alveolarkanälchen (Abb. 2.24). Die Alveolenwände werden aus flachen **Pneumozyten** gebildet, die die Blutkapillaren umschließen. Zwischen den Pneumozyten liegen Nischenzellen (Pneumozyten II), die ein **Surfactant** (engl. surface active agent) produzieren, ein Gemisch aus Phospholipiden und Proteinen, das eine wichtige Rolle bei Schutz und Selbstreinigung der Alveolen spielt.

Abb. 2.24

Aufbau der Alveolen. AK Alveolarkanälchen, **AL** Alveolus, **BM** Basalmembran, **BR** Bronchiolus, **KA** Kapillare, **MA** Mastzelle, **NZ** Nischenzelle, **P**Z Pneumozyt.

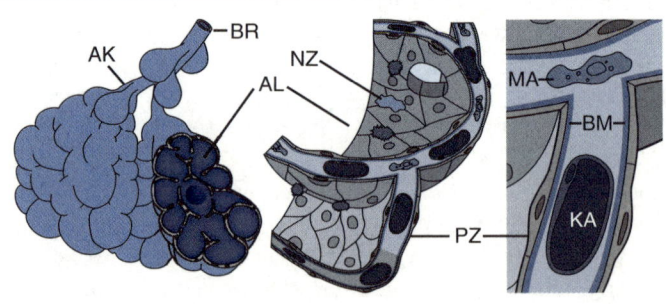

Ventilation der Lunge | 2.4.2.6

Die Lunge selbst verfügt über keine eigene Muskulatur, um sich auszudehnen oder zu kontrahieren wie z.B. das Herz. Die Ventilation ist daher von den Bewegungen anderer Organe abhängig. Sie erfolgt durch **Einatmung** (Inspiration) und **Ausatmung** (Exspiration). Bei **Fischen, Amphibien, Reptilien** und **Säugetieren** werden die Lungen mit Hilfe der Wechselströmung **bidirektionell belüftet**, bei **Vögeln** in einer Richtung, **unidirektionell**.

Bei **Fischen** und **Amphibien** handelt es sich um eine **Druckatmung**. Hierbei wird Luft wird geschluckt, d.h. die Luft wird zunächst in die Mundhöhle eingesaugt und dann bei geschlossenem Mund durch das Anheben des Mundbodens in die Lunge gedrückt.

Reptilien, Säugetiere und Vögel ventilieren die Lungen durch **Saugatmung** (Unterdruckatmung). Während sich bei verschiedenen **Reptilien** an der Ventilation teilweise unterschiedliche Muskeln und Bewegungsmechanismen beteiligen, ist sie bei Säugetieren bzw. Vögeln einheitlich geregelt. Bei **Säugetieren** werden zur Ventilation **zwei Atmungsmechanismen** eingesetzt (Abb. 2.25):

▶ Die **Zwerchfellatmung**, Bauchatmung. Das Zwerchfell (Diaphragma) ist eine nach kranial gewölbte, muskulöse Scheidewand zwischen der Brust- und Bauchwand, die nur bei Säugetieren vorkommt: Beim Abplatten des Zwerchfells werden die Baucheingeweide nach kaudal gedrückt und der Brustraum vergrößert. Die Lungen werden hierbei gedehnt und durch den entstehenden Unterdruck wird Luft in die Lungen gesaugt. Durch die sich anschließende Entspannung des Zwerchfells gelangen die Organe aufgrund eigener Elastizität sowie des überwiegenden Druckes der Bauchwand in die Ausgangsform. Die Luft wird dabei aus den Lungen wieder herausgepresst.

▶ Bei der **Rippenatmung**, Brustatmung, erfolgt die Inspiration durch die Erweiterung des Brustkorbs (Thorax), sowie über ein Anheben der Rippen mit Hilfe der äußeren **Zwischenrippenmuskeln** (Mm. intercostales externi). Die Exspiration erfolgt durch die Abflachung des Brustkorbs aufgrund der Senkung der Rippen mit Hilfe der inneren Zwischenrippenmuskeln (Mm. intercostales interni). An den Bewegungen des Brustkorbs können sich auch einige Rumpfmuskeln (sog. Atemhilfsmuskeln) beteiligen.

Für die Ventilation ist die **Formerhaltung der Lunge** von Bedeutung. Die Lunge verfügt jedoch über keinerlei stützende oder aussteifende Strukturen. Vielmehr haftet sie an den Innenwänden der Brusthöhle ausschließlich durch die **Haftkraft eines kapillaren Flüssigkeitsfilms** zwischen dem äußeren und inneren Pleurablatt. Die **Pleura** (Brustfell) entsteht als Auskleidung der Coelomhöhle (s. Kap. 1.3.2.2) aus einschichtigem Plattenepithel und einer dünnen Bindegewebsschicht. Sie bildet zwei Blät-

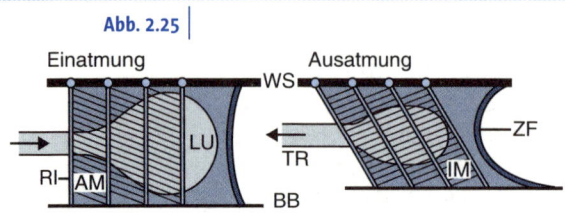

Abb. 2.25

Ventilation der Säugetierlunge. **AM** Äußere Zwischenrippenmuskulatur, **BB** Brustbein, **IM** innere Zwischenrippenmuskulatur, **LU** Lunge, **RI** Rippe, **TR** Trachea, **WS** Wirbelsäule, **ZF** Zwerchfell.

ter, die Pleura parietalis, die den Brusthohlraum auskleiden und die Pleura visceralis, die die Oberfläche der Lunge bildet. Die beiden Blätter gehen im Bereich der Lungenhilus ineinander über. Kapillarkräfte heften die Lunge an die Innenwand der Brusthöhle, jedoch sind hierbei gleichzeitig Verschiebungen möglich – vergleichbar mit zwei nassen aufeinandergelegten Glasscheiben. Gelangt Luft in den Pleuraspalt (man spricht vom **Pneumothorax**), wird der negative intrapleurale Druck aufgehoben und die Lunge kollabiert.

2.4.2.7 Respirationssystem der Vögel

Die Vogellunge (Abb. 2.26) ist relativ starr und fest mit der dorsalen Brustkorb-Innenwand verwachsen. Die strukturelle und funktionelle Einheit bilden hier nicht die Alveolen, sondern die so genannten **Parabronchien** (Lungenpfeifen, Ø 500 µm), welche die Lunge parallel laufend durchziehen und an beiden Enden an ein querlaufendes Röhrensystem angeschlossen sind. Von den Parabronchien zweigen seitlich blind endende **Luftkapillaren** (Ø 100 µm) ab, die von Blutkapillaren umhüllt sind. Die Lungen sind mit **Luftsäcken** verbunden. Die meisten Vögel besitzen 7 Luftsäcke (einige 8–9), einen unpaaren Luftsack vorne am Gabelbein, sowie paarige vordere und hintere thorakale und abdominale Luftsäcke. Die Luftsäcke erstrecken sich bis in die Spalträume zwischen den Organen, sowie unter die Haut und in die Knochen. Sie sind nicht durchblutet und dienen nicht dem Gasaustausch, sondern fungieren lediglich als Puffervolumen und Pumpe.

Ventilation der Vogellunge: Vögel besitzen kein Zwerchfell und die Brust- und Bauchhöhle sind daher nicht voneinander getrennt. Bei der **Einatmung** vergrößert sich durch Rippenbewegung die Körperhöhle und es entsteht ein Unterdruck in den Luftsäcken. Die Luft strömt in das Atmungssystem: Sie gelangt zunächst in die **hintere Luftsackgruppe** (hintere thorakale und abdominale Luftsäcke) sowie in die hinteren Teile der Lungen. Bei der **Ausatmung** wird die Körperhöhle kleiner und Luft wird aus den Luftsäcken ausgepresst. Luft aus den hinteren Luftsäcken strömt durch die **Parabronchien** und hat gleichzeitig die Tendenz, zurück in die Hauptbronchien zu strömen – doch dies wird durch Luftmassen aus den vorderen Luftsäcken blockiert. Zur gleichen Zeit wird der Luft auch der Weg zu den hinteren Luftsäcken versperrt und es bleibt nur der Weg in die Hauptbronchien und die Trachea offen. Mit dem **zweiten Atemzug** gelangt beim Einatmen Luft in die vorderen Luftsäcke und beim Ausatmen verlässt sie diese wieder. Es werden also **zwei volle Atemzüge** benötigt, damit ein eingeatmetes Luftmolekül das ganze System passieren kann und wieder ausgeatmet wird. Das System wird sowohl beim Einatmen wie beim Ausatmen stets nur in einer Richtung mit Luft durchströmt, obwohl in den oberen Atemwegen, wie bei anderen Tetrapoden, die Luft beim Ein- und Ausatmen jeweils in der Gegenrichtung strömt. Die **Richtungssteuerung** der Strömung beruht auf den aerodynamischen Eigenschaften der Bronchien, es bedarf keiner Ventile.

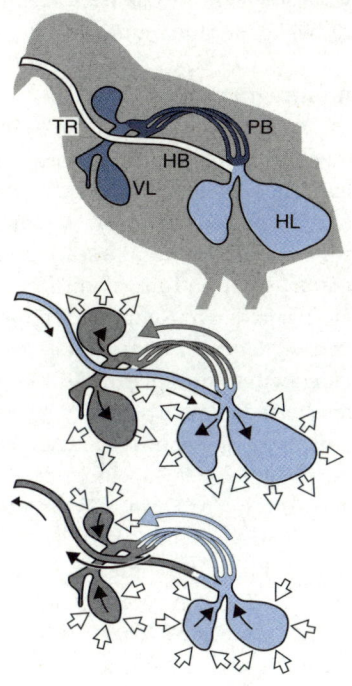

Abb. 2.26

Lungen und Atemwege der Vögel (oben). **HB** Hauptbronchus, **HL** hintere Luftsäcke, **PB** Parabronchien, **TR** Trachea, **VL** vordere Luftsäcke.

Die Ventilation der Vogellunge (Mitte und unten). In der Mitte der erste, unten der zweite Atemzug. Siehe Text für Erläuterungen.

Parameter der Atemfunktion

2.4.2.8

Der **Atemzug** ist eine aus der Einatmung und der Ausatmung bestehende Abfolge. Die Zahl der Atemzüge pro Minute bestimmt die **Atemfrequenz**. Die Atemfrequenz beträgt beim gesunden erwachsenen Menschen in Ruhe 14/min. Sie ist von der Stoffwechselrate abhängig, sinkt bei Tieren in der Regel mit steigender Körpergröße und kann – auch unter bewusster Kontrolle – den physiologischen Bedürfnissen angepasst werden. So steigt die Atemfrequenz bei erhöhter Körpertemperatur oder bei physischer Belastung. Auch durch psychische Belastung, den so genannten akuter Stress (Kampf-oder-Flucht-Reaktion; s. Box 5.5), wird die Atemfrequenz durch Adrenalin (Neurotransmitter des Sympathikus und Hormon des Nebennierenmarks; s. Kap. 5.3.2) erhöht.

Die Luftmenge, die pro Atemzug eingeatmet wird, ist das **Atemzugvolumen** (Normalwert beim erwachsenen Menschen in Ruhe: 400–600 ml). Das Produkt aus Atemzugvolumen und Atemfrequenz ergibt das **Atemzeitvolumen**, das beim gesunden ruhenden Menschen ca. 7 l pro Minute beträgt. Die **Vitalkapazität** ergibt sich durch das maximale Luftvolumen, das nach maximaler Einatmung wieder ausgeatmet werden kann. Sie beträgt bei jungen Frauen ca. 3,4 l und bei jungen Männern ca. 4,8 l. Das

Residualvolumen ist das nach maximaler Ausatmung noch in der Lunge verbleibende Luftvolumen.

2.4.2.9 Atemregulation

Die Kiemen- und Lungenfunktion wird durch die Tätigkeit der Atemmuskulatur reguliert. Da es sich hierbei um quergestreifte Muskulatur handelt, können die Atmungsbewegungen auch willkürlich kontrolliert werden. Ein zuverlässiger, rhythmischer, lebenslang andauernder Wechsel zwischen Ein- und Ausatmungsbewegungen muss jedoch ebenfalls automatisch und unwillkürlich erfolgen können. Dies wird durch die **Atemzentren** (d.h. Neuronengruppen) in der Medulla oblongata und im Pons (s. Kap. 5.2.2) gesteuert. Die Atemzentren reagieren auf Signale aus Lunge, Atemmuskulatur, Kreislaufsystem und Gehirn. Wichtige **Chemorezeptoren** befinden sich in der Medulla oblongata und im Kreislaufsystem: die so genannten Paraganglien ode Karotidenkörperchen (Glomus caroticum an der Gabelungsstelle der A. carotis communis und Glomus aorticum in der Aorta). Chemorezeptoren messen den O_2- und den CO_2-Gehalt, sowie den pH-Wert der Körperflüssigkeiten. Die Atemzentren bei luftatmenden Wirbeltieren reagieren wesentlich intensiver und schneller auf den CO_2-Anstieg als auf den O_2-Abfall im Blut. Die dadurch ausgelöste gesteigerte Atemfrequenz, die **Hyperventilation** oder das Hecheln, dient in erster Linie dazu, das CO_2 loszuwerden.

Darüber hinaus wird der Luftfluss durch Erweiterung (unter Einfluss vom Sympathikus bzw. Adrenalin, s. Kap. 5.3.2) oder Verengung (Parasympathikus, Acetylcholin) der Bronchien und Bronchiolen (durch Kontraktion oder Erschlaffung der glatten Muskulatur in den Wänden) reguliert. Beim so genannten **Bronchialasthma** kommt es zusätzlich zur Bronchialverengung durch Kontraktion der Muskulatur und zu einer Schleimhautanschwellung.

2.4.2.10 Tracheen

Tracheen sind feinverzweigende **Hauteinstülpungen**, die mit einer dünnen Kutikula (Intima) ausgekleidet und mit spiraligen Exokutikularleisten (**Taenidien**) versteift sind. Feinste Verästelungen, **Tracheolen** (0,3–0,5 μm), stehen nahezu mit jeder einzelnen Körperzelle in Kontakt. Der Sauerstoff wird **direkt** (also nicht über ein Transportmedium) an die Zellen herangeführt. Die Tracheen öffnen sich in Richtung Körperoberfläche mit verschließbaren **Stigmen**.

Zu den **Tracheenatmern** gehören die Onychophora (Stummelfüßer), einige Arachnida (Spinnentiere) und alle Tracheata (Tausendfüßer und Insekten).

Ernährung und Verdauung | 2.5

Die Energie und die Bausteine für die Aufrechterhaltung der Körperfunktionen sowie für Wachstum und Fortpflanzung werden aus **Nährstoffen**, Nährstoffe wiederum aus der **Nahrung** gewonnen.

Die Nahrung muss:
▶ gefunden, erkannt, erworben, erfasst,
▶ aufgenommen, zerkleinert, angefeuchtet und geschluckt,
▶ verdaut (aufgespalten),
▶ resorbiert (aus dem Darm aufgenommen)
▶ und ihre unverdauten Reste müssen ausgeschieden werden (Darmentleerung).

Nährstoffe | 2.5.1

Der **Nährstoffbedarf** ist von der artspezifischen Stoffwechselrate, und individuell u.a. von Geschlecht, Alter, Fortpflanzungsstatus, Gesundheitszustand und den Umweltbedingungen des Tieres abhängig. Für den Menschen wird als durchschnittlicher Nährstoffbedarf je kg Körpergewicht und Tag angegeben: Proteine 0,9 g, Fette 0,9 g, Kohlenhydrate 5 g.

Essentielle Nährstoffe haben anorganische und organische Bestandteile und werden vom Körper als Hilfsstoffe für einzelne biochemische Reaktionen benötigt. Sie können von ihm jedoch nicht synthetisiert werden und müssen daher mit der Nahrung aufgenommen werden. Für den Menschen sind essentiell:
▶ **Grundbausteine organischer Verbindungen**: C, O, H, N, P.
▶ **Wasser**: Es kann zwar vom Körper auch als Stoffwechselabbauprodukt hergestellt werden, aber nicht in ausreichender Menge.
▶ **Mineralstoffe**: Sie wirken z.B. bei der Erregungsleitung der Nerven und Kontraktion der Muskel mit. Sie sind Bestandteile von Enzymen und einigen Hormonen (Tab. 2.4). Nach ihrem mengenmäßigen Vorkommen im Körpergewebe unterscheidet man Mineralstoffe in Mengenelemente und Spurenelemente. Der Tagesbedarf beim Menschen an Ca ist 1 g, an Fe 10–15 mg. **Mengenelemente**: Konzentration >50 mg/kg, d.h. Anteil an der Körpermasse >0,005 %: Ca, Mg, Na, K, Cl, P und S. **Spurenelemente**: <50 mg/kg: Fe, Zn, Cu, Mn, I, F, Co, Mo, Cr, Se sowie auch As, Ni, Si, Sn, V; diese Elemente kommen im Körper in sehr geringen Mengen vor und der Tagesbedarf liegt im Bereich von ca. 5 mg (Zn) bis 0,005 mg und weniger. Ihre Aufnahme erfolgt nicht nur über die Nahrung, sondern auch über Trinkwasser und Atemluft. Sie haben wichtige physiologische Funktionen und ihr Fehlen ruft zahlreiche Mangelerscheinungen hervor. In größeren Gaben sind sie jedoch toxisch (Tab. 2.4).

| Tab. 2.4 | Übersicht über die wichtigsten biologisch wirksamen anorganischen Elemente: Vorkommen und Funktion im Organismus |

Element	Vorkommen bzw. Funktion im Organismus
Kalzium (Ca)	Knochengewebe, Zähne; wichtig f. Blutgerinnung, normale Reizbarkeit von Nerven- und Muskelgewebe, Muskelkontraktion
Phosphor (P)	Knochengewebe, Zähne, Nukleinsäuren, ATP u.a. Phosphorsäureester
Schwefel (S)	Chondroitinsulfate im Knorpel und anderen Bindegeweben (Haut, Sehnen, Arterienwände), Bestandteil der Aminosäuren Cystein und Methionin
Kalium (K)	intrazellulär; Aufrechterhaltung des zellulären Ruhepotentials, des osmotischen Drucks, beteiligt an der Proteinsynthese
Natrium (Na)	extrazellulär; Aufrechterhaltung des osmotischen Drucks, Erregbarkeit der Neurone
Chlor (Cl)	in Form von Chloriden (NaCl, KCl), in dissoziierter Form als Cl⁻-Ionen insbesondere in Körperflüssigkeiten; Salzsäurebildung im Magen
Magnesium (Mg)	Antagonist von Kalzium, Cofaktor von manchen Enzymen (ATPase, Kinasen)
Eisen (Fe)	manche Enzyme: Cytochrome, Peroxidasen, Katalase; respiratorische Proteine: Hämoglobin, Myoglobin, Hämerythrin, Chlorocruorin; als Ferritin und Hämosiderin in Leber, Milz, Knochenmark; Biomagnetit
Zink (Zn)	Bestandteil von Insulin und manchen Enzymen (z.B. Carboanhydrase)
Kupfer (Cu)	Hämocyanin, Superoxyddismutase, Zytochromoxidase, Oxidreduktase; Melanin-Synthese
Mangan (Mn)	Cofaktor von Enzymen (z.B. Superoxiddismutase, saure Phosphatase)
Jod (I)	in Thyroxin enthalten
Fluor (F)	Zähne
Cobalt (Co)	in Vitamin B12 enthalten
Molybdän (Mo)	Cofaktor von Enzymen (z.B. Xanthinoxidase)
Chrom (Cr)	beteiligt am Glukose-Stoffwechsel
Selen (Se)	Cofaktor von Enzymen (z.B. Glutathionperoxidase: antioxidative und antikanzerogene Wirkung)

▶ **Kohlenhydrate**: Grundnahrungsstoffe, die in der Nahrung als Polysaccharide (Stärkeprodukte), Disaccharide wie Saccharose (Rohrzucker) und Laktose (Milchzucker), sowie als Monosaccharide (Glukose, Galaktose, Fruktose) vorkommen. Nur Monosaccharide können resorbiert werden, Di- und Polysaccharide müssen also zuvor gespalten werden.

Kohlenhydrate werden von Tieren als Glykogen gespeichert, Glukose kann durch Glukoneogenese neugebildet werden. Kohlenhydrate sind wichtige Energielieferanten und Bestandteile von Glykoproteinen und Glykolipiden. Als Chitin stellen sie die wichtige Gerüstsubstanz der Arthropoden, als Tunicin die der Manteltiere dar. Es gibt **keine essentiellen Kohlenhydrate**.

▶ **Lipide**: Grundnahrungsstoffe, die von Tieren im Fettgewebe (Depotfett) als Triglyceride gespeichert werden. Sie dienen als Baufett, Wärmeisolator, Energie- und Wasserreserve. Überdies sind Lipide im Körper u.a. als Phospholipide (Bestandteile der Zellmembranen), als freie Serumlipide, Cholesterol oder Steroidhormone vorhanden. **Essentiell** für den Menschen sind einige **Fettsäuren** (z.B. **Linol**). Insekten und Cephalopoden müssen Cholesterol direkt mit der Nahrung aufnehmen.

▶ **Proteine**: Grundnahrungsstoffe, sie bilden Bausteine des Körpers (Membranproteine, Kollagen, Aktin, Myosin, Keratin u.a.) sowie Enzyme, respiratorische Proteine, Antikörper und gewisse Hormone. Nahrungsproteine liefern auch Energie. Für den Menschen und viele Tiere sind **9 Aminosäuren essentiell**: Cystein, Leucin, Tryptophan, Phenylalanin, Methionin, Threonin, Valin, Lysin, Isoleucin.

▶ **Vitamine**: Sie liefern keine Energie, sind aber (häufig als Koenzyme) für lebenswichtige Funktionen bedeutsam. Man unterscheidet **wasserlösliche Vitamine**: B1, B2, B6, B12, Niacin, Folsäure, Pantothensäure, Biotin, Vitamin C, und **fettlösliche Vitamine**: A, D, E, K. Obwohl die meisten Vitamine vom Körper synthetisiert werden können, ist die Biosyntheserate meist unzureichend und sie müssen darum regelmäßig mit der Nahrung zugeführt werden. In einer rein vegetarischen Kost fehlt vor allem das Vitamin B12. Mangelerscheinungen werden als **Hypovitaminosen** bezeichnet. Bei fettlöslichen Vitaminen kann dagegen eine Überdosierung zu **Hypervitaminosen** führen. Für Primaten (einschließlich des Menschen), einige Nagetiere (z.B. Meerschweinchen) und Fische ist **Vitamin C essentiell**. Amphibien, Reptilien, Vögel und manche Säugetiere (darunter Ratten) können dagegen Vitamin C selbst synthetisieren.

Nahrungswahl und Nahrungserwerb | 2.5.2

Nach der **typischen Ernährungsweise** können wir unterscheiden:
▶ Allesfresser, **Omnivoren** (z.B. Mensch, Schwein, Wanderratte, Braunbär, Kolkrabe),
▶ Pflanzenfresser, **Herbivoren**, Phytophagen, beim Menschen als **Vegetarier** bezeichnet. Vegetarier können als Veganer (nur pflanzliche Nahrung), Laktovegetarier (auch Milchprodukte) oder Ovolaktovegetarier (auch Milch- und Eiprodukte) leben,
▶ Fleischfresser, **Karnivoren**, Zoophagen,
▶ **Saprophagen** sind Tiere, die sich von toter organischer Substanz ernähren.

In jeder Gruppe können wir weiter differenzieren:
▶ **Generalisten** sind Tiere, die nicht besonders »wählerisch« sind. Omnivoren müssen also Nahrungsgeneralisten sein,
▶ **Spezialisten** haben ein sehr enges Nahrungsspektrum. So gibt es unter den **Herbivoren** z.B. frugivore (fruchtfressende), folivore (blattfressende), graminivore (grasfressende), granivore (samenfressende) oder pollinivore (pollenfressende) Tiere. Eine **Spezialisierung höheren Grades** ist z.B. die

Aufnahme von Blättern nur einer oder weniger Pflanzenarten, wie Bambus beim Großpanda oder Eukalyptus beim Koalabären.

Auch **Karnivoren** können sich weiter spezialisieren, z.B. zu Insektivoren, Piscivoren (Fischfresser), Sanguivoren (Blutfresser), Ovivoren (Eifresser). Eine **enge Spezialisierung** weist z.B. der Schwarzfußiltis auf, der sich fast ausschließlich von Präriehunden ernährt. Unter insektivoren Tieren trifft man recht häufig solche, die sich auf Ameisen spezialisiert haben (Myrmecophagie; etwa der Ameisenbär oder einige Spinnen).

Innerhalb der **Saprophagen** gibt es z.B. Aasfresser, Detritophagen, die sich von totem pflanzlichen Material ernähren, oder Kotfresser, Koprophagen). Ein Spezialist unter den Saprophagen ist die Kleidermotte, die sich von Keratin ernährt.

Nach **der Größe der Nahrung** unterscheidet man:

▶ **Makrophagen** (nicht zu verwechseln mit dem Zelltyp),

▶ **Mikrophagen**, deren Nahrung aus kleinen Organismen (Plankton) oder Partikeln besteht, die meist aus dem Wasser herausgefiltert werden.

Je nach **Art des Nahrungserwerbs** bzw. **der Nahrungsaufnahme** kann folgende Einteilung getroffen werden:

▶ **Absorbierer** leben in einem Medium mit gelösten Substanzen und nehmen die Nährstoffe über die Körperoberfläche direkt aus der Umgebung auf (Endoparasiten).

▶ **Filtrierer** sind Mikrophagen (z.B. Manteltiere, Riesenhai, Flamingo, Bartenwale), die die Nahrung (Bakterien, Detritus, Plankton) aus dem Wasser herausfiltern. Sesshafte Filtrierer, die zum Ausfiltern der Nahrung einen Wasserstrom erzeugen, werden auch als **Strudler** bezeichnet (darunter Schwämme, Korallen, viele Polychaeta, Muscheln).

▶ **Substratfresser** leben in ihrem Nährsubstrat und fressen sich hindurch (z.B. Krätzmilben, Regenwurm, Larven von einigen Insekten).

▶ **Sauger** beziehen eine nährstoffreiche Flüssigkeit (Phloemsaft, Nektar, Blut, Lymphe, Milch, vorverdautes Gewebe) aus einem lebenden Wirt (z.B. Blattläuse, Wanzen, nektarsaugende Falter, Kolibris, Blutegel, Vampirfledermaus, Säugetierjunge, Laufkäfer, Spinnen).

▶ **Kauer und Schlinger** sind Makrophagen, die größere Organismen bzw. Stücke davon verschlingen. Man kann folgende Typen unterscheiden:

▶ Sammler, die gezielt einzelne Beuteobjekte auflesen (viele Vögel),

▶ Weidegänger, die Pflanzenteile abbeißen und zerkleinern (Schnecken, Huftiere),

▶ Prädatoren, die ihre Beute erjagen (Spinnen, Haie, Katzen).

Tiere sind an die verschiedenen Formen der Nahrungswahl und des Nahrungserwerbs angepasst. Die Erforschung dieser **Anpassungen** gehört zu den wichtigsten Aufgaben der Zoologie und ihrer Teildisziplinen (Ökologie, einschließlich Verhaltens- und Sinnesökologie, Ethologie,

Morphologie, Physiologie). Es sei hier zudem darauf hingewiesen, dass die vergleichende funktionelle Morphologie der für den Nahrungserwerb und die Nahrungsaufnahme spezialisierten Organe (z.B. Mundwerkzeuge der Insekten, Vogelschnäbel, Säugertiergebisse) der systematischen Zoologie und der Evolutionsbiologie wichtige Anhaltspunkte liefert.

Verdauungssysteme

| 2.5.3

Während **bei Schwämmen** die Stoffaufnahme und -spaltung durch Einzelzellen, also **intrazellulär**, erfolgt, entstanden bei den anderen Tieren spezialisierte extrazelluläre **Verdauungshohlräume**, die mit der Außenwelt in Kontakt stehen und daher **als eingestülpte Oberfläche** des Tieres betrachtet werden können. Die Nahrung wird in den Hohlraum aufgenommen und hier, also **extrazellulär**, **mechanisch** und **chemisch bearbeitet** (zerkleinert und gespalten), bis die entstandenen Moleküle durch Diffusion, aktiven Transport oder Endozytose in die Auskleidungszellen des Verdauungshohlraums übergehen (d.h. **resorbiert** werden) und von dort weiter in den Körper transportiert werden können. Der Verdauungshohlraum ist auch bei sehr verschiedenen Tieren nach einem einheitlichen Prinzip gebaut. Er kann entweder die Form eines blind endenden Sacks (Gastrovaskularsystem) oder eines durchgehenden Rohres (Verdauungstrakt) haben.

Gastrovaskularsystem

| 2.5.3.1

Das Gastrovakularsystem ist eine **verzweigte Einsackung mit einer einzigen Öffnung** zur Nahrungsaufnahme und zur Abgabe der unverdauten Reste. Das System dient der extrazellulären Verdauung und – dank feiner Verästelungen – **gleichzeitig als Verteilungssystem** bei Cnidaria (Abb. 2.27), Ctenophora und Plathelminthes (Abb. 2.28).

Verdauungstrakt

| 2.5.3.2

Bei den übrigen Tieren stellt der Verdauungstrakt, auch als **Magen-Darm-Trakt** bezeichnet, ein durchgehendes Rohr mit zwei Öffnungen (Mund und After) dar.

Der **Aufbau der Wand** des Verdauungstrakts (Abb. 2.29) ist bei Wirbeltieren entlang des ganzen Rohrs einheitlich und gliedert sich vom Lumen nach außen in:

▶ **Tunica mucosa** (Schleimhaut): Epithel (oft mit Drüsenzellen), Lamina propria (Bindegewebe), Lamina muscularis (dünne Muskelschicht).
▶ **Tela submucosa** (Bindegewebe).

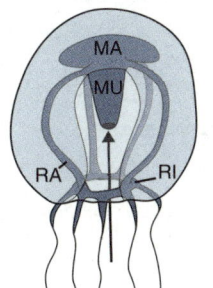

| **Abb. 2.27**

Gastrovaskularsystem (blau) **einer Qualle**. **MU** Mundöffnung, **MA** Magen, **RA** Radialkanal, **RI** Ringkanal.

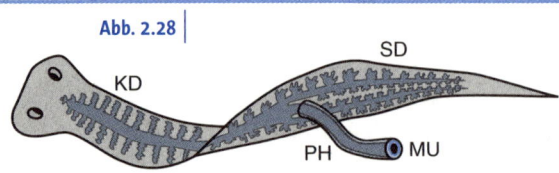

Gastrovaskularsystem (blau) **einer Planarie** (Plathelminthes). **KD** Kopfdarm, **SD** Seitendärme, **PH** ausstülpbarer Pharynx, **MU** Mundöffnung.

▶ **Tunica muscularis** (Muskelschicht): Ringmuskulatur, Längsmuskulatur.

Die relative Länge des Verdauungsrohrs, bezogen auf die Körperlänge, hängt mit der Ernährungsweise zusammen. Im Allgemeinen gilt:

Verdauungstraktlänge: Herbivora → Carnivora → Saprophaga

Das Verdauungsrohr beginnt mit der **Mundöffnung** und endet mit dem **After**. Es gliedert sich in **drei Hauptabschnitte** (**Vorder-**, **Mittel-** und **Enddarm**), die sich durch Größe des Lumens, Wanddicke bzw. Dicke einzelner Schichten, Vorhandensein von verschiedenen Drüsen und insbesondere durch den **Typ des Schleimhautepithels** unterscheiden. Die Epithelien sind auf die Ausübung verschiedener Funktionen spezialisiert. In den Verdauungstrakt münden mit ihren Ausgängen die **assoziierten Verdauungsdrüsen** (Mundspeicheldrüsen, Leber, Bauchspeicheldrüse, Abb. 2.30).

Der **Vorderdarm** ist bei Wirbeltieren mit einem mehrschichtigen Plattenepithel **ektodermaler Herkunft**, bei Insekten oft mit **Kutikula** ausgekleidet. Der Vorderdarm gliedert sich in:

▶ **Mundhöhle**. Hinzu kommen zusätzlich **Zähne** und bei Tetrapoden die **Zunge**. Bei einigen Tieren (z.B. Säugetiere, Arthropoda) münden hier die **Mundspeicheldrüsen**,

▶ **Rachen**,

▶ **Speiseröhre**.

Der **Mitteldarm** ist mit einem einschichtigen Drüsen- und Resorptionsepithel **entodermaler Herkunft** ausgekleidet. Der Mitteldarm gliedert sich in:

▶ **Dünndarm** (Intestinum tenue) mit den Abschnitten Zwölffinger-, Krumm- und Leerdarm. In den Zwölffingerdarm geben **Leber** und **Bauchspeicheldrüse** ihre Sekrete ab.

▶ **Blinddarm**,

▶ **Dickdarm** mit den Kolon-Abschnitten.

Aufbau der Wand des Verdauungstraktes bei Wirbeltieren. **AD** Adventitia, **EP** Epithel, **LM** Lamina muscularis, **LP** Lamina propria, **LU** Lumen, **TS** Tela submucosa, **SC** Ringmuskulatur (Stratum circulare), **SL** Längsmuskulatur (Stratum longitudinale).

Der **Enddarm** ist mit einem mehrschichtigen Epithel ektodermaler Herkunft ausgekleidet. Er wird auch als **Mastdarm** bezeichnet.

Der **Mund** ist bei Säugetieren durch fleischige Hautfalten, Lippen (Labia oris) geschlossen. In der **Mundhöhle** (Cavum oris) wird bei Säugetieren die Nahrung mechanisch (mit Zähnen und Zunge) bearbeitet, mit Mundspeichel wird die Nahrung angefeuchtet, gleit- und schluckfähig gemacht und teilweise angedaut. In den **Mundspeicheldrüsen** (paarige Ohrspeicheldrüse Glandula parotidea, Unterkieferdrüse Gl. submandibularis, Unterzungendrüse Gl. sublingualis, sowie zahlreiche kleine Drüsen in der Mundhöhle) wird **Mundspeichel** produziert. Speichel enthält Wasser und Schleimstoffe, so genannte Muzine, und das Enzym **Amylase** (s. Kap. 2.5.4.2). Er ist aufgrund des hohen HCO_3-Gehalts alkalisch (pH-Wert 7–8), was wichtig für Zahnschmelzschutz und Amylase-Wirkung ist. Der Speichel beinhaltet weiterhin Fluorid-Ionen (Schutz vor Karies) und Immunglobuline (Antikörper gegen Keime).

Bei Lanzettfischchen und Manteltieren ist der **Rachen** (**Pharynx**, Schlund) perforiert und zur Filtrierung von Plankton oder Detritus als Kiemendarm umgestaltet. Aus diesem Abschnitt differenzieren sich bei Wirbeltieren die Kiemen.

Bei Grasfressern ist das Epithel verhornt, bei manchen Herbivoren ist der kaudale Abschnitt der **Speiseröhre** (**Ösophagus**) in eine bis mehrere Kammern als »**Vormagen**« differenziert. Bei Vögeln und Insekten erweitert sich der vordere Abschnitt der Speiseröhre zum **Kropf** (Ingluvies) zur Speicherung der Nahrung. Bei Tauben produziert der Kropf so genannte Kropfmilch (s. Kap. 4.12.3.1).

Am **Magen** (Gaster, Ventriculus) unterscheidet man den Magenmund (Kardia), die Kuppel (Fundus), den Körper (Corpus) und den Pförtner (Pylorus). In den Gruben der Magenschleimhaut, den so genannten **Krypten**, befinden sich Drüsen, die vier Zellarten beherbergen:

▶ **Hauptzellen** bilden Pepsinogen, das durch saures Milieu zum **Pepsin** aktiviert wird (s. Kap. 2.5.4.3).

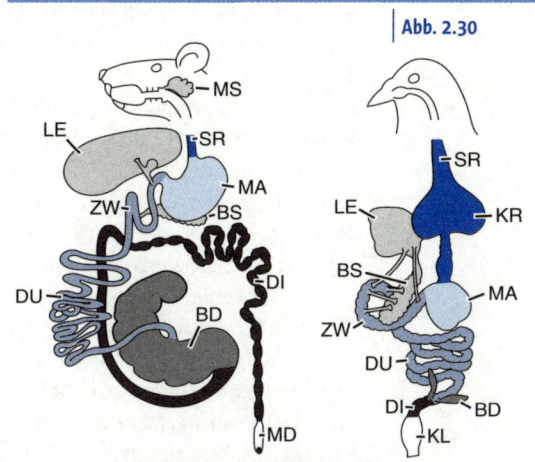

| Abb. 2.30

Abschnitte des Verdauungstraktes bei einem Säugetier (am Beispiel eines Nagetiers) **und einem Vogel** (am Beispiel der Taube). **BD** Blinddarm, **BS** Bauchspeicheldrüse, **DI** Dickdarm, **DU** Dünndarm, **KL** Kloake, **KR** Kropf, **LE** Leber, **MA** Magen, **MD** Mastdarm, **MS** Mundspeicheldrüse, **SR** Speiseröhre, **ZW** Zwölffingerdarm.

▶ **Belegzellen** bilden **Salzsäure** und **Intrinsic-Faktor**, der das Vitamin B12 vor der Verdauung schützt und somit dessen Resorption im Darm ermöglicht.

▶ **Nebenzellen** produzieren den schützenden **Magenschleim**.

▶ **Enterochromaffine Zellen** bilden **Gastrin** (s. Kap. 2.5.5.2).

Die Hauptaufgabe des Magens ist die Speicherung der Nahrung und deren langsame Abgabe in den Darm. Hier findet die Durchmischung der Nahrung statt, die Denaturierung der Proteine und die Abtötung der meisten Mikroorganismen mittels Salzsäure (pH-Wert 1,5–2,5). Ferner werden Proteine mit Pepsin gespalten, teilweise erfolgt auch eine Spaltung der Fette durch Lipasen (s. Kap. 2.5.4.4).

Die Länge des **Zwölffingerdarms** (Duodenum) beim Menschen entspricht etwa der Breite von 12 Fingern = 25 cm. Er hat die Form eines C. Im Duodenum herrscht ein alkalischer pH-Wert. Hier mündet der Gallengang sowie der Pankreasabführungsgang.

Die **Leber** (**Hepar**) ist das größte parenchymatöse Organ des Körpers (1,5 kg beim Menschen), positioniert im rechten Oberbauch. Die Leber spielt eine besondere Rolle im Stoffwechsel und kann als Chemiefabrik des Körpers bezeichnet werden. Neben Bildung und Ausscheidung der Gallenflüssigkeit findet hier u.a. Bildung von Glukose (Glukoneogenese), Synthese von Glykogen (Glykogenese), dessen Speicherung und Abbau, Verwertung von durch die Pfortader aus dem Darm zugeführten Aminosäuren, Speicherung von Vitaminen, Bildung von Plasmaproteinen, Abbau von Fettsäuren, Harnstoffsynthese aus Ammoniak und Synthese von Cholesterol statt. **Galle** wird in der Leber produziert und in der **Gallenblase** gespeichert. Sie enthält Gallensäuren zur Fettemulgierung (s. Kap. 2.5.4.4) und ist durch **Bilirubin** (Zerfallsprodukt des Hämoglobins, s. Box 1.5) gelblich verfärbt.

Die **Bauchspeicheldrüse** (**Pankreas**) des Menschen ist eine ca. 15–20 cm lange Drüse, an der man Kopf, Körper und Schwanz unterscheidet. Der Kopf der Bauchspeicheldrüse liegt in der Höhlung der Duodenum-Schlinge. Der Pankreas ist nicht nur eine wichtige exokrine, sondern auch eine endokrine Drüse (s. Kap. 5.3.2.5). In der Bauchspeicheldrüse wird **Pankreassaft** produziert. Er enthält Bikarbonat-Ionen und verschiedene Enzyme (s. Kap. 2.5.4): **Proteasen**, **Trypsinogen** und **Chymotrypsinogen**, die erst im Darm in ihre aktiven Formen Trypsin und Chymotrypsin umgewandelt werden. Eine Umwandlung schon im Pankreas würde zur Selbstandauung und so zur Pankreasnekrose führen. Ferner weist der Pankreassaft Lipasen, Phosphatasen, Carbohydrasen (Amylase und Maltase) und Nukleasen auf.

Die Flächen des Lumens von **Leerdarm** (Jejunum) und **Krummdarm** (Ileum) werden durch **Falten**, **Zotten** (Villi), **Krypten** und **Mikrovilli** enorm vergrößert (Abb. 2.31). Hier erfolgt die weitere Aufschließung der Nahrungsstoffe, die Absorption von Spaltprodukten, Vitaminen und Mineralstoffen, der Wasserentzug und damit die Eindickung des Speisebreis (s. Kap. 2.5.4).

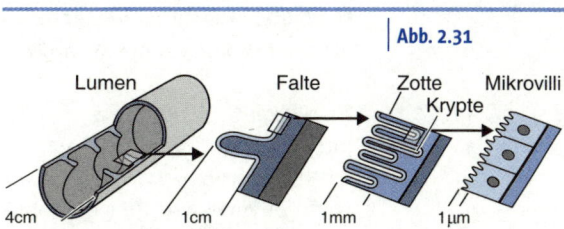

Abb. 2.31

Lumen   Falte   Zotte   Mikrovilli
Krypte

4cm   1cm   1mm   1μm

Vergrößerung der Resorptionsfläche des Darmepithels durch Falten, Villi (Zotten) und Krypten sowie Mikrovilli (Bürstensaum).

Der **Blinddarm** (**Caecum**) ist der blinde Anfangsteil des Dickdarms. Er befindet sich unterhalb der Einmündung vom Dünndarm in den Dickdarm. Blinddärme sind besonders bei Herbivoren vergrößert (Box 2.10), beim Menschen ist er reduziert (etwa 7 cm lang) und weist einen **Wurmfortsatz** auf (**Appendix vermiformis**).

Der **Dickdarm** (Intestinum crassum) gliedert sich in vier Abschnitte: aufsteigender (ascendens), transversaler (transversum), absteigender (descendens) und sigmoidaler (sigmoideum) **Kolon**. Hier findet die weitere Resorption von Wasser und Elektrolyten und von kurzkettigen Fettsäuren statt. Darmbakterien zersetzen Ballaststoffe und versorgen den Organismus mit Vitamin K.

Der **Mastdarm** (**Rektum**) ist der letzte, beim Menschen ca. 15 cm lange Darmabschnitt. Hier wird der Kot bis zur Ausscheidung (**Defäkation**) gespeichert. Der Kot (**Fäzes**, Exkremente, Stuhl) ist das Ausscheidungsprodukt des Darms. Er besteht aus unverdauten Nahrungsresten, Darmbakterien (um 40 % des Kotvolumens, besonders viel bei postgastrischen Zelluloseverdauern, Box 2.10), Wasser, sowie auch körpereigenen Substanzen (Gallenfarbstoffe, die die gelblich-bräunliche Farbe bedingen, Schleim, Verdauungsenzyme, Steroidhormone u.a.). Für den typischen Geruch ist vor allem Skatol (bakterielles Abbauprodukt des im Darm nicht resorbierten Tryptophans) verantwortlich.

Als **After** (**Anus**) bezeichnet man die mit Schließmuskeln ausgestattete kaudale Öffnung des Verdauungstraktes.

Verdauung und Resorption

Damit die mit der Nahrung aufgenommenen körperfremden Substanzen für Biosynthese und Energiegewinnung verwertet werden können, müssen sie zunächst in kleinere Moleküle zersetzt werden, die resorbiert, zu den Zellen transportiert und von diesen zur weiteren Verarbeitung aufgenommen werden können. Die **graduelle mechanische und chemische Zerkleinerung und Zersetzung der Nahrung** bezeichnet man als Verdauung.

Für die Verdauung wichtig ist auch die **Durchmischung und** der **Transport** des Bissens (**Bolus**) und des Speisebreis (**Chymus**). Dies geschieht dank der

Peristaltik, also durch wellenförmig fortschreitende Kontraktionen der glatten Muskulatur der Wand des Verdauungsrohrs.

2.5.4.1 | Enzyme

Ein wichtiger Bestandteil der Verdauung ist die **enzymatische Verdauung**, d.h. die hydrolytische Spaltung von hochmolekularen Verbindungen mit Hilfe von Enzymen. Enzyme sind **Proteine, die biochemische Reaktionen kata-**

Box 2.10

Zelluloseverdauung

Obwohl die meisten Tiere herbivor sind und ein großer Teil der pflanzlichen Biomasse als Zellulose vorkommt und obwohl Zellulose ein Glukose-Polysaccharid ist, **fehlt den Tieren** das Enzym **Zellulase**, um die Zellulose zu spalten. So sind diese Tiere auf symbiontische Mikroorganismen angewiesen. Alle klassischen **Lehrbuchbeispiele der Ausnahmen** von dieser Regel, wie die Bildung und Sekretion eigener Zellulasen bei einigen Mollusken, Regenwürmern sowie auch bei Silberfischchen wurden später **angezweifelt**. In den letzten Jahren wurden jedoch **Zellulase-kodierende Gene** bei einigen Nematoda, Termiten und Seescheiden **gefunden**. Die Existenz dieser Gene wird üblicherweise als Ergebnis einer Übertragung von Bakterien interpretiert. Phylogenetische Analysen der Gensequenzen deuten jedoch darauf hin, dass es sich möglicherweise um ursprüngliche tierische Gene handeln könnte.

Ungeachtet der Frage, ob einige Tiere autogene (selbst hergestellte) Zellulase besitzen oder nicht, nutzen herbivore Tiere die Hilfe von **endosymbiontischen Bakterien oder Flagellaten im Verdauungstrakt**. Einige **Termiten und Blattschneiderameisen** bauen **Pilzgärten** an. Die Pilze spalten dann die Zellulose und können zudem selbst gefressen und problemlos verdaut werden.

Bei Wiederkäuern, Kamelen, Kängurus, Blätteraffen und beim Hoatzin erfolgt die Spaltung der Zellulose **prägastrisch** (vor dem Magen) in einer Gärkammer, die aus dem kaudalen Abschnitt der Speiseröhre entsteht und Endosymbionten beherbergt. **Wiederkäuer** (Ruminantia) besitzen die höchstentwickelte Kammerung der Speiseröhre: sie haben einen **vierkammerigen »Magen«**: Pansen (Rumen), Netzmagen (Reticulum), Blättermagen (Omasus) und Labmagen (Abomasus) (Abb. 2.32, Abb. 2.33). Die ersten drei Abschnitte sind

Abb. 2.32

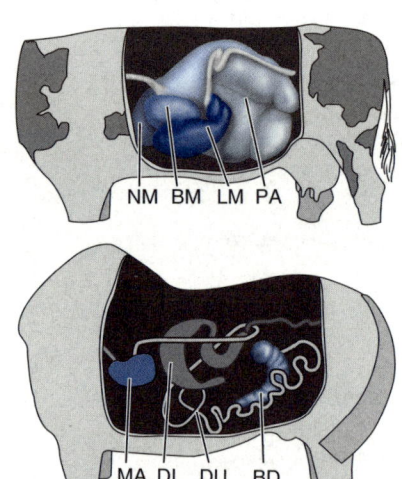

Lage und Größe des Magens und der »Gärkammern« beim Rind und beim Pferd. BD Blinddarm, **BM** Blättermagen, **DI** Dickdarm, **DU** Dünndarm, **LM** Labmagen, **MA** Magen, **NM** Netzmagen, **PA** Pansen.

lysieren, beschleunigen und ihren Ablauf **bei Körpertemperatur** ermöglichen. Sie können Reaktionen in beide Richtungen katalysieren. Da jedoch das Spaltungsprodukt durch eine Folgereaktion gleich wieder entfernt wird, läuft die Reaktion in einer Richtung ab. Die Namen der Enzyme – sie enden auf **-ase** – deuten auf ihre Funktion hin: So spalten z.B. Proteasen Proteine, Peptidasen Peptide, Amylasen Stärke und Lipasen Lipide. Sowohl Peptidbindungen zwischen Aminosäuren als auch

eigentlich Ausstülpungen der Speiseröhre. Der **Pansen** stellt die **Hauptgärkammer** dar. Im Netzmagen und Blättermagen wird der Speisebrei teilweise weiter mechanisch bearbeitet sowie Wasser und Ionen entzogen. Der **Labmagen** ist der **eigentliche Magen**. Die **Zellulose** wird von Mikroorganismen bis **zu kurzkettigen Fettsäuren** abgebaut. Diese werden vom Pansen resorbiert und den eigenen Körperzellen für den weiteren oxidativen Abbau verfügbar gemacht. Neben der Zelluloseverdauung wird im Pansen aus dem **Harnstoff**, der aus der Blutbahn über die Pansenwand hierhin gelangt, auch der Stickstoff mit Hilfe von Mikroorganismen für die eigene Proteinsynthese »**recycled**«. Der Speisebrei mit den mitgeschluckten Mikroorganismen wird dann im eigentlichen Magen und Dünndarm verdaut. Endosymbionten haben für den Wirt den Nachteil, dass sie auch andere Kohlenhydrate aus der Nahrung abbauen und Glukose verbrauchen, so dass nur ein glukosearmer Speisebrei im Darm ankommt. Um eine **Hypoglykämie** (wenig Zucker im Blut) zu vermeiden, müssen Wiederkäuer vermehrt Glukose in der Leber bilden.

Die zweite Spaltungsform erfolgt **postgastrisch** (hinter dem Magen): Bei einigen Tierarten wird die Zellulose mit Hilfe von Bakterien **im großen Blinddarm** (Caecum) gespalten: z.B. beim Pferd (Abb. 2.32, Abb. 2.33), bei Nagetieren (Abb. 2.30), bei Kaninchen und dem Koala. Bei der Gärung entstehende **kurzkettige Fettsäuren** können noch **im Dickdarm resorbiert** werden. Viele andere durch Verdauung der Mikroorganismen gebildete Wertstoffe gehen jedoch verloren. Die **geringere Effizienz** der postgastrischen Verdauung müssen diese Tiere **mit größeren Futtermengen kompensieren**. Bei manchen Nagetieren und Hasenartigen sowie bei Termiten kommt **Kotfressen** (Caecotrophie, Koprophagie) vor, um die Resorption von Spaltprodukten im Dünndarm zu ermöglichen. Die nicht verdauliche Zellulose gelangt beim Menschen in den Dickdarm und wird durch Bakterien noch teilweise abgebaut. Diese **Ballaststoffe** erhöhen das Stuhlvolumen und wirken stuhlregulierend gegen Darmverstopfung (Obstipation).

Abb. 2.33

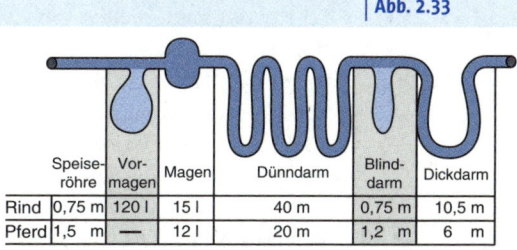

	Speise-röhre	Vor-magen	Magen	Dünndarm	Blind-darm	Dickdarm
Rind	0,75 m	120 l	15 l	40 m	0,75 m	10,5 m
Pferd	1,5 m	—	12 l	20 m	1,2 m	6 m

Länge bzw. Fassungskapazität der Einzelabschnitte des Verdauungstraktes beim Rind und beim Pferd.

Glykosidbindungen zwischen Monosacchariden oder Esterbindungen zwischen Glyceriden entstehen unter Abgabe von Wasser und können daher durch Aufnahme von Wasser wieder gespalten werden. Diese Reaktion wird deshalb als **hydrolytische Spaltung** bezeichnet.

Die enzymatische Verdauung findet sich in folgenden Formen:

▶ **intrazellulär** (s. Zellbiologie: Endozytose s. Box 1.1, Lysosome s. Kap. 1.1.3.2),

▶ **extrazellulär** (d.h. außerhalb der Zelle). Hier gibt es zwei Möglichkeiten: **extraintestinal** (außerhalb des Darms), d.h. die Verdauungsenzyme werden in die Beute injiziert (z.B. bei Spinnen, Stubenfliegen, Laufkäfern) und der angedaute Saft wird anschließend aufgesaugt. **Intraintestinal** (innerhalb des Darms), d.h. die Enzyme werden in das Lumen des Verdauungstraktes abgegeben, die entstandenen Spaltprodukte werden anschließend von den Zellen aufgenommen (resorbiert) und weiter intrazellulär verarbeitet. Enzyme wirken bei Wirbellosen im Mitteldarm bei einem bestimmten pH-Wert. Bei Vertebraten ist jedoch die Wirkung von Enzymen raumlich und zeitlich getrennt, wodurch in verschiedenen Abschnitten des Verdauungstraktes die Enzyme bei unterschiedlichem pH-Wert wirken.

2.5.4.2 | Verdauung und Resorption von Kohlenhydraten

Der Abbau von Kohlenhydraten beginnt durch die **Alphaamylase** (auch Ptyalin genannt) im Speichel des Mundes. Amylasen wirken nur im alkalischen pH-Bereich und werden im sauren Magenmilieu inaktiviert. Die weitere Aufspaltung in Disaccharide erfolgt durch die **pankreatische α-Amylase** im Dünndarm. Die Disaccharide werden wiederum durch die Disaccharidasen (Maltase, Saccharase, γ-Amylase, Laktase, Trehalase) **im Bürstensaum** des Dünndarmepithels weiter **zu Monosacchariden** aufgespalten (Glukose, Galaktose, Fruktose).

Im Dünndarm nicht verdaute sowie nicht resorbierte Kohlenhydrate werden **im Dickdarm durch anaerobe Bakterien** weiter abgebaut. Letzter Schritt des bakteriellen Abbaus von Kohlenhydraten ist die Fermentation. Dabei entstehen im Darmlumen kurzkettige Fettsäuren (Butyrat, Propionat, Azetat, Laktat) sowie die Gase CO_2, H_2, CH_4. Die Fettsäuren können vom Körper durch effektive Rückresorption aus dem Dickdarm energetisch noch weiter genutzt werden. Die Gasansammlung im Darm bezeichnet man als Meteorismus.

2.5.4.3 | Verdauung und Resorption von Proteinen

Mit der Nahrung aufgenommene Proteine werden im Magen durch **Magensäure** (Salzsäure, pH-Wert 2–4) denaturiert. Die enzymatische Spaltung beginnt schon im Magen durch **Pepsin** und wird durch **Enzyme der**

Bauchspeicheldrüse (**Chymotrypsin und Trypsin**) im Dünndarm fortgesetzt. Größere Proteinbruchstücke unterliegen der hydrolytischen Spaltung durch **Peptidhydrolasen** an der Darmschleimhautoberfläche. Die anfallenden freien Aminosäuren werden ähnlich wie Glukose über verschiedene **Aminosäuretransportsysteme** (z.B. aktiver Na^+-Cotransport) in die Darmepithelzellen aufgenommen. Kleine Peptide (bis zu 3 Aminosäuren) gelangen als intakte Moleküle über ein spezifisches Peptidtransportsystem in die Zelle und werden intrazellulär durch Peptidhydrolasen zu freien Aminosäuren aufgespalten. Kleinere Peptide werden besser als größere oder als freie Aminosäuren resorbiert.

Verdauung und Resorption von Fetten

| 2.5.4.4

Der Abbau von Fetten beginnt im Magen durch Triacylglycerollipasen. Der größte Teil der Spaltung erfolgt jedoch erst nach **Emulgierung** (Herstellung einer Emulsion) durch Gallensäuren im Zwölffingerdarm. Die Spaltung durch die Lipase der Bauchspeicheldrüse benötigt die so genannte **Mizellenbildung**. Normalerweise sind Fettspaltprodukte und Cholesterin im wässrigen Milieu des Darms nicht löslich und würden als Fetttröpfchen verbleiben. Gallensäuren helfen bei der so genannten mizellaren Löslichkeit der Fette.

In der mizellaren Form können die Fettspaltprodukte durch die Membran der Dünndarmzellen in das Zellinnere gelangen. Dort werden sie wieder zu Triglyceriden umgewandelt, um schließlich – mit einer Proteinhülle versehen – als emulsionsfähige Tröpfchen (**Chylomikronen**, Ø 70–100 nm) durch Exozytose die Zelle zu verlassen. Anschließend werden die Chylomikronen (zusammenfassend auch als **Chylus** bezeichnet) durch die Lymphe über den Ductus thoracicus in das Blut transportiert.

Kurzkettige Fettsäuren (bis 10 C) machen diesen Umweg nicht, denn sie können durch Diffusion oder Pinozytose in die Darmschleimhautzellen gelangen und von dort **direkt ins Blut** übergeben werden. Über die Leberpfortader erreichen sie dann sehr schnell die Leber.

Auch die **fettlöslichen Vitamine** (A, D, E, K) und das **Cholesterol** benötigen Gallensäuren zur Mizellenbildung, um resorbiert werden zu können.

Resorption von Wasser

| 2.5.4.5

Das mit der Nahrung und in Form von Getränken aufgenommene Wasser (beim erwachsenen Menschen im Durchschnitt 2 l/Tag) sowie das Wasser aus Sekreten (Speichel, Magen-, Pankreas-, Darmsaft und Galle, ca. 6 l/Tag) wird zum großen Teil aus dem Darm rückresorbiert. Bereits im oberen Dünndarm werden 2/3 des Wassers resorbiert. Nur ca. 1–1,5 l erreichen den Dickdarm und nur ca. 100 ml (d.h. ca. 1 % von der Wassermenge, die in den Darm eintritt) werden mit dem Stuhl ausgeschieden.

Box 2.11

Milchverdauung

Milch (s. Kap. 4.9.8.2), eine besondere Nahrungsquelle junger Säugetiere, bedarf auch besonderer Verdauungsenzyme. Das **Milchzucker** spaltende Enzym **Laktase** ist ein sehr empfindliches Enzym, weshalb nach Darminfektionen ein Laktasemangel entstehen kann. Während die Laktase bei Säuglingen in ausreichender Menge produziert wird, wird bei Säugetieren nach der Entwöhnung ihre Produktion eingestellt. Durch die Mutation eines Kontrollgens wird bei Menschen Laktase lebenslang produziert. Unter diesem Blickwinkel ist also der **Laktasemangel** bei vielen erwachsenen Menschen nicht als ein genetischer Defekt, sondern als ein normaler Zustand zu werten. Es gibt auf der Welt mehr Menschen mit einer Milchzuckerintoleranz als Menschen, die unproblematisch Milchzucker vertragen. Die entsprechende Mutation hat sich als eine Anpassung an die bequeme Nahrungsquelle erst bei Hirten in prähistorischen und historischen Zeiten ausgebreitet. Während bei Europäern ca. 30% der Menschen den genetisch bedingten Laktasemangel aufweisen, sind es in Afrika, Ost- und Südostasien, Australien und Ozeanien 70% der Menschen. Bei der Käseherstellung wird Laktose durch Bakterien fermentiert, folglich ist Käse auch für Menschen mit Laktasemangel verdaulich.

2.5.5 Regelung der Nahrungsaufnahme und Verdauung

Hunger ist ein unangenehmes Gefühl im Bereich der Magengegend, welches durch das Bedürfnis nach Nahrung hervorgerufen wird. Er löst den **Drang zur Nahrungsaufnahme** aus (Box 2.12).

2.5.5.1 Regelung der Nahrungsaufnahme

Zu den physiologisch messbaren Begleiterscheinungen des Hungers gehören auch rhythmische Kontraktionen des Magens (**Hunger-Kontraktionen**), die zu Magenknurren und Magenschmerzen führen können. Durch die Nahrungsaufnahme entsteht das Gefühl der **Sattheit**, das zum Beenden der weiteren Nahrungsaufnahme führt. Hunger und Sattheit werden **durch mechanische Reize** (Entspannung bzw. Dehnung der Magen- bzw. Darmwände) sowie **chemische Signale** (Konzentration an resorbierten Nährstoffen, z.B. Glukose-Spiegel im Blut) ausgelöst. **Hunger- und Sattheitszentren** befinden sich im **Hypothalamus**. Durch elektrische Reizung dieser Zentren kann eine vermehrte Nahrungsaufnahme bis zur **Hyperphagie** (Überfressen) bzw. zur **Aphagie**, wenn selbst nüchterne Tiere leckeres Essen ablehnen, ausgelöst werden. Die Hypothalamuszentren selbst besitzen **Glukose-Rezeptoren**, die den Glukosespiegel im Körper messen und dem Körper einen Nahrungsaufnahmebedarf signalisieren. Eine besondere appetit- und gewichtsregulierende Signalwirkung haben die kürzlich entdeckten **Hormone**: das »Hungerhormon« Ghrelin (1999 entdeckt) und die »Sättigungshormone« Leptin (1995) und PYY-3-36 (2002).

▶ **Ghrelin** ist ein Peptidhormon, das im Magen produziert wird. Es stimuliert die Sekretion von Wachstumshormonen, fördert den Appetit und führt zu einer gesteigerten Nahrungsaufnahme (Box 2.13).

▶ **Leptin** ist ein Peptidhormon, das in Fettzellen gebildet wird. Es hemmt die Nahrungsaufnahme (über die Hemmung der Produktion von Neuropeptid Y) und steigert den Energieverbrauch.

▶ **PYY-3-36** wird im distalen Dünndarm und proximalen Kolon produziert und wurde als Sättigungshormon bzw. Anti-Ghrelin-Hormon bezeichnet. PYY hemmt die Motilität des Dünndarms, wodurch über neuronale Verbindungen zum Hypothalamus das Sättigungsgefühl ausgelöst wird. 2004 wurden allerdings die früheren Berichte über die sättigungshemmende Wirkung dieses Hormons angezweifelt.

Regelung der Verdauung

2.5.5.2

Die Steuerung der Enzymsekretion und der Darmmotilität erfolgt über das vegetative Nervensystem: Der **Parasympathikus** wirkt hierbei **stimulierend**, der **Sympathikus hemmend** (s. Kap. 5.2.2). Diese beiden Systeme reagieren wiederum auf mechanische (Dehnung der Magen-Darm-Wände), chemische, sensorische und psychische Reize.

Box 2.12

Wenn der (kleine) Hunger kommt ...

Erfolgreiche Nahrungswahl, -suche, -erkennung und -aufnahme bestimmen maßgeblich die Fitness (s. Kap. 4.1) der Tiere. Die mit diesen Aspekten des Lebens zusammenhängenden Verhaltensweisen gehören auch zu den auffälligsten Aktivitäten der Tiere. Die Ethologie und Verhaltensökologie als Disziplinen widmen sehr viel Aufmerksamkeit der Beschreibung und Erklärung des Nahrungsverhaltens. Unter vielen Optimierungsmodellen, die zum zentralen Thema der Verhaltensökologie gehören, ist die **Theorie der optimierten Futtersuche** (OFT – optimal foraging theory), formuliert von MACARTHUR und PIANKA, das bekannteste Erklärungsprinzip dieses Verhaltens. (Die OFT besagt, dass die Selektion die Organismen bevorzugt, die bei der Nahrungssuche etc. optimale Entscheidungen treffen, um die Kosten zu minimieren und den Gewinn zu maximieren.) Alle diese verhaltensökologischen Untersuchungen, Beobachtungen etc. beginnen in etwa mit der Feststellung wie: »Wenn ein Tier hungrig ist ...«.

Box 2.13

Probleme mit dem Übergewicht

Zur Beurteilung des Körpergewichts des Menschen verwendet man den Körpermassenindex (**body mass index, BMI**), der durch die Formel BMI = M/L^2 bestimmt wird (M = Körpergewicht (kg), L = Körperlänge (m). Normalbereich: 20/25 kg/m^2). Liegen die Werte des BMI zwischen 26–30, so liegt **Übergewicht** vor, bei Werten >30 spricht man von **Obesität** bzw. **Adipositas** – Fettleibigkeit. Obesität wird als krankhaftes Übergewicht beurteilt und stellt einen Risikofaktor für Erkrankungen des Herz-Kreislaufsystems, Diabetes u.a. dar. In der Zwischenzeit gelten in Deutschland 2/3 der männlichen und die Hälfte der weiblichen Population als übergewichtig oder fettleibig, bei Kindern und Jugendlichen gelten 8 % als fettleibig.

Evolutionäres Erbe? Die Tendenz zum Übergewicht gehört möglicherweise zu unserem evolutionären Erbe: Der britische Endokrinologe STEPHEN BLOOM hat die Idee folgendermaßen zusammengefasst: Wir sind Maschinen, die konstruiert wurden, um die Zeiten der Hungersnot zu überleben. Während unserer Evolution gab es immer wieder sechs fette Jahre und Hunger im siebten Jahr. Nur die Menschen haben das siebte Jahr überlebt, die genug Speckreserven hatten.

Hunger- und Sättigungshormone und Obesität. Heimtückisch für alle, die ihr Gewicht reduzieren wollen, ist die Tatsache, dass der Ghrelin-Spiegel und damit auch der Appetit steigt, je mehr man abnimmt. Das Hormon zwingt somit den Körper, die Fettvorräte möglichst schnell wieder nachzufüllen. Dies ist dann die Ursache des bekannten **Jo-Jo-Effektes**. Interessanterweise ist der Spiegel des Sättigungshormons Leptin bei fettleibigen Menschen sogar höher als bei Schlanken. Fettleibige Menschen leiden unter einer Resistenz des Hypothalamus für Leptin-Signale.

Schlafmangel macht dick. Schlafmangel führt zu Störungen im Haushalt der Hormone, die Appetit und Essverhalten steuern. Eine 2004 publizierte Studie zeigt, dass es schon nach zwei Nächten ohne ausreichenden Schlaf zu einem Abfall von Leptin und zu einem Anstieg von Ghrelin kommt. Die Schlafgewohnheiten haben sich in den letzten Jahrzehnten stark verändert: Inzwischen schlafen die Menschen in Deutschland durchschnittlich nur noch 7,25 Stunden pro Tag. In den 1960er-Jahren lag das tägliche Schlafpensum noch bei achteinhalb Stunden. Dies wurde auch mit dem Anstieg des Obesitäts-Vorkommens in der Population in Zusammenhang gebracht.

Obesität als Infektionskrankheit? Schließlich haben in den Jahren 1997 und 2000 publizierte Studien berichtet, dass zumindest zu einem Teil für die Obesität bei Menschen und Tieren auch ein Adenovirus (Ad-36) verantwortlich sein könnte.

Tiere, die nie fettleibig werden. Einige Tiere, wie **Nackt- und Graumulle**, haben die Fähigkeit, genug Fett zu speichern, verloren. Auch wenn sie in Gefangenschaft nach Belieben gefüttert werden, werden sie nicht dick. Die verlorene physiologische Fähigkeit, Fett zu speichern, kompensieren sie in der Natur dadurch, dass sie Nahrungsvorräte bilden.

Sinnesreize, die mit der Nahrungsaufnahme zusammenhängen, führen zu reflektorisch ausgelöster Mund-, Bauchspeichel- und Magensaftsekretion – vgl. bedingte Reflexe, die vor allem durch den russischen Physiologen IWAN P. PAWLOW untersucht wurden. Diese so genannte psychische Speichelsekretion wird auch durch das Idiom »das Wasser im Mund zusammenlaufen« ausgedrückt. Der Mundspeichelfluss wird auch bei Mundbewegungen (durch mechanische Massage der Ohrspeicheldrüse) ausgelöst.

Durch verschiedene Reize werden **Hormone** wie Gastrin, Sekretin, Cholecystokinin und **GIP** (gastric inhibitory peptide) sowie viele weitere Peptide (z.B. Opioide, Neuropeptide, Neurotensin) produziert, die über Rückkopplungsmechanismen die Verdauungstätigkeit steuern. Der **Magen-Darm-Trakt ist das hormonreichste Organsystem – über 20 verschiedene** im Magen-Darm-Trakt produzierte **Hormone** oder hormonähnliche Substanzen wurden identifiziert (s. auch Kap. 2.5.5.1, 5.3.2.7).

Chemische Reize (etwa durch Proteinabbauprodukte) führen zur Synthese von **Gastrin** im Magen und dessen Abgabe ins Blut. Gastrin führt zur Steigerung der Salzsäure-Sekretion durch Belegzellen. Salzsäure regt die Synthese von Somatostatin an. Somatostatin wiederum hemmt die Gastrin-Produktion (**negative Rückkopplung**).

Auf ähnliche Weise regen Fette und Kohlenhydrate die Bildung von GIP im Dünndarm an. GIP hemmt die Sekretionstätigkeit und Motilität

Chemische Reize → ↑Gastrin → ↑HCL → ↑Somatostatin → ↓Gastrin

des Magens. Dadurch wird auch die Nachlieferung schwer verdaulicher Nahrung in den Dünndarm verzögert – und bleibt »länger im Magen liegen«.

Der **saure Nahrungsbrei im Duodenum induziert** die Sekretion von **Sekretin**. Durch Sekretin wird die Sekretion von enzymarmem, aber $NaHCO_3$-reichem Bauchspeichel angekurbelt. Weiterhin drosselt Sekretin die Magenmotilität und Magensekretion.

Die **Gallenproduktion** in der Leber unterliegt der Sympathikus/Parasympathikus-Kontrolle. Ein Entleeren der Gallenblase wird durch Cholecystokinin ausgelöst. Dies ist ein Peptidhormon, das in der Dünndarmschleimhaut produziert wird. Außer seiner Wirkung auf die Gallenblase stimuliert es auch die Sekretion von Pankreasenzymen.

2.6 | Exkretion

Exkretion (Ausscheidung) ist der Vorgang der **Entsorgung von** nicht mehr verwertbaren bzw. überschüssigen und häufig auch toxischen **stickstoffhaltigen Metaboliten** (Ammoniak, Harnstoff, Harnsäure) durch die **Exkretionsorgane** und deren **Elimination** (Entfernung) aus dem Körper. Somit ist die Exkretion die Fortsetzung der Sekretion von Stoffen und Flüssigkeiten aus den Zellen. Bei Säugetieren wird die Harnsäure in **Harn** (Urin) gelöst und durch **Diurese** (Urinieren) aus dem Körper eliminiert. Die Exkretion ist bei Säugetieren eng mit der Osmo- und Ionenregulation (s. Kap. 3.2.2, 3.2.3) gekoppelt, da Harnsäure in der wässrigen Phase auch osmotisch wirksam ist.

Im weiteren Sinne zählt zur Exkretion auch die **Defäkation** (Koten, Darm- bzw. Stuhlentleerung; s. Kap. 2.5.3.2), die **Exspiration** (Ausatmung von CO_2) sowie die **Transpiration** (Schwitzen).

2.6.1 | Exkretionsprodukte

Die wichtigsten Abbauprodukte des Protein- und Nukleinsäurestoffwechsels sind Ammoniak, Harnsäure, Harnstoff und Urin.

2.6.1.1 | Stickstoffhaltige Metabolite

▶ **Ammoniak** (**NH$_3$**) ist ein Gas, das als NH_4^+-Ion **wasserlöslich** ist. Es ist das einfachste Endprodukt des Stickstoff-Metabolismus. Allerdings ist es auch ein **Zellgift**, das nicht gespeichert werden kann und umgehend aus den Zellen und dem Körper über die Haut oder die Kiemen eliminiert werden muss. Als Abfallprodukt kommt NH_3 bei den so genannten **ammoniotelen** Wassertieren vor: dazu gehören die meisten aquatischen Invertebraten einschließlich der im Wasser lebenden Insektenlarven, Fische und Amphibienlarven. Auch Asseln, Schaben und Schnecken haben Mechanismen entwickelt, um Ammoniak über die Körperoberfläche abgeben zu können.

▶ **Harnstoff** (Urea) ist ein Kohlensäurediamid, wasserlöslich und osmotisch wirksam. Er ist weniger toxisch, kann im Körper gespeichert und nur in wässriger Form ausgeschieden werden, was daher einen zusätzlichen Wasserverbrauch erfordert. Als Exkretionsprodukt kommt Harnstoff bei den so genannten **ureotelen** Tieren vor: dazu gehören manche Landwirbeltiere einschließlich Säugetieren, Amphibien, Schildkröten und Knorpelfischen.

▶ **Harnsäure** (engl. uric acid) ist ein wasserunlösliches bzw. nur schlecht lösliches Trihydroxypurin, das bei der Ausscheidung auskristallisiert und als Paste eliminiert wird. Als Exkretionsprodukt kommt Harnsäure bei den so genannten **uricotelen** Tieren vor: dazu gehören viele Landtiere wie z.B. Insekten, Landschnecken, Reptilien und Vögel. Es handelt sich um ovipare Tiere, deren Eier an Land abgelegt werden und gegen Austrocknung durch eine feste Schale bzw. Wachs geschützt sind. Die Embryonen solcher Eier haben einen beschränkten Wasservorrat, und müssen auch die Exkretionsprodukte in einer ungiftigen, osmotisch unwirksamen Form speichern, wozu die Harnsäure gut geeignet ist. Harnsäure wird als Endprodukt des Purinstoffwechsels auch bei Primaten gebildet; in erhöhten Mengen, z.B. bei Gicht, wird sie auch im Gewebe und in den Gelenken abgelagert.

▶ **Andere Metaboliten**: Bei Wirbeltieren wird Stickstoff zum Teil als Kreatinin ausgeschieden, bei einigen Insekten als Allantoin, bei Spinnentieren als Guanin. Bei Fischen werden Guanin-Kristalle auch in Schuppen eingelagert. Sie verursachen den silbrigen Schimmer.

Harn (Urin)

Als Harn wird die Exkretionsflüssigkeit der Säugetiere bezeichnet. Neben Wasser und Harnstoff beinhaltet er noch Kreatinin, Aminosäuren und Proteine, Harnstoff, Glukose, diverse Ionen, überschüssige Vitamine, Hormone usw. Die typisch gelbliche Harnfarbe ist u.a. durch Urobilin verursacht (Box 1.5). Gesunder, frischer Harn ist leicht sauer, keimfrei und geruchlos. Erst durch bestimmte Nahrungsmittel entsteht der spezifische Harngeruch. Ausgeschiedener Urin wird schnell durch harnstoff-spaltende Bakterien kontaminiert; er wird alkalisch und stechend riechend.

2.6.1.2

Exkretion bei Wirbeltieren

2.6.2

Die Exkretion ist bei Wirbeltieren durch die paarigen Nieren gewährleistet. Die **Bau- und Funktionseinheiten der Niere sind Nephrone**. Nephrone sind mesodermaler Herkunft, ihre Anordnung und Funktion kannn jedoch von den Metanephridien (s. Kap. 2.6.3.1) abgeleitet werden. Bei Wirbeltieren entwickeln sich die Nieren in enger Nachbarschaft mit den Gonaden und deren Ausfuhrgängen. Dies wird besonders beim männlichen Geschlecht deutlich. Man spricht daher auch vom **Urogenitalsystem** (s. Kap. 4.6).

Ontogenese und Phylogenese der Exkretionsorgane

2.6.2.1

Während der Ontogenese entstehen aus einer segmental und paarig angeordneten Serie von mesodermalen Blöcken (**Nephrotomen**) entlang der Wirbelsäule, auf der dorsalen Wand der Bauchhöhle retroperitoneal (d.h. hinter dem Bauchfell) liegend, **mehrere Generationen von Nieren**:

▶ **Holonephros**. Er ist die ursprünglichste, doch gleichzeitig auch die komplexeste Form der Niere, die in frühen Entwicklungsstadien entsteht. Sie erstreckt sich vom Kopf aus nach hinten. Die Entwicklung beginnt im Kopfbereich, weitere Nierensegmente werden sukzessiv hinzugefügt. Jedes Segment enthält ein Nephron. Die Ausgänge der Nephrone verbinden sich zu einem gemeinsamen Ausgang, dem so genannten **Wolff-Gang**, der – entwicklungsbedingt – nach kaudal führt.

▶ **Pronephros** (Kopfniere). Der vordere Teil des Holonephros. Er beginnt sich sehr früh rückzubilden.

▶ **Opisthonephros** (Rumpfniere). Er bildet sich aus dem kaudalen Abschnitt des Holonephros. Dies ist die **Niere der Anamnia**. Die Segmentierung geht verloren, die Niere behält ihre gestreckte Form. Die Menge der Nephrone übersteigt vielfach die Zahl der ursprünglichen Segmente. Bei den Männchen entsteht aus dem vorderen Teil des Opisthonephros der Hoden; der Wolffsche Gang wird zum Samenleiter (s. Kap. 4.6.2). Ein Harnleiter entsteht sekundär.

▶ **Mesonephros** (Urniere). Sie ist die **Embryonalniere der Amnioten**. Sie entspricht etwa dem Opisthonephros der erwachsenen Nicht-Amnioten. Sie ist noch segmentiert und zunächst nur mit je einem Nephron pro Segment ausgestattet. Erst später vermehrt sich die Zahl der Nephrone.

▶ **Metanephros** (Nachniere). Die funktionelle **Niere der erwachsenen Amnioten**, die noch weiter kaudal aus dem Mesonephros entsteht und nicht segmentiert ist. Die Zahl der Nephrone ist riesig (beim Menschen gibt es etwa 1 Million Nephrone pro Niere).

2.6.2.2 | Aufbau des Nephrons

Das Nephron (Abb. 2.34) ist die funktionelle Einheit der Niere. Es beginnt mit einer kelchförmigen **Bowman-Kapsel**, ausgekleidet mit **Podozyten**. Das sind flache Zellen mit vielen Ausläufern und Fortsätzen, die »fußförmig« auf der Basalmembran sitzen. Die Zellen sind miteinander verzahnt, wobei zwischen ihnen feine Lücken entstehen und so ein Sieb gebildet wird. In der Bowman-Kapsel eingeschlossen ist ein Kapillaren-Knäuel, das **Glomerulus**. Die Kapillarschlingen werden von Podozyten überzogen. Die **efferente** (abführende) **Arteriole** ist etwas enger als die zuführende (afferente) Arteriole – eine Anordnung, die den Blutdruck im Glomerulus erhöht. Die Bowman-Kapsel mit dem eingelagerten Glomerulus

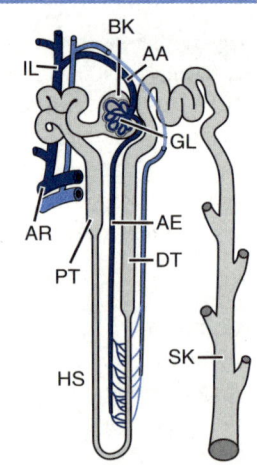

Abb. 2.34

Aufbau des Nephrons.
AA Afferente Arteriole, **AE** efferente Arteriole, **AR** Arteria und Vena arcuata, **BK** Bowman-Kapsel, **DT** distaler Tubulus, **GL** Glomerulus, **HS** Henle-Schleife, **IL** A. und V. interlobaris, **PT** proximaler Tubulus, **SK** Sammelkanal.

wird als **Malpighi-Körperchen** bzw. Nierenkörperchen bezeichnet (Abb. 2.35).

Die Bowman-Kapsel mündet (im »Stielbereich des Kelchs«) in das Nierenkanälchen, bestehend aus einem **proximalen Tubulus** (mit einem gewundenen und einem geraden Abschnitt), fortgesetzt als **Henle-Schleife** und weiter als **distaler Tubulus** (mit einem geraden und einem gewundenen Abschnitt).

Der Harn aus den Nierenkanälchen wird über das Sammelrohrsystem und die Harnwege abgeführt.

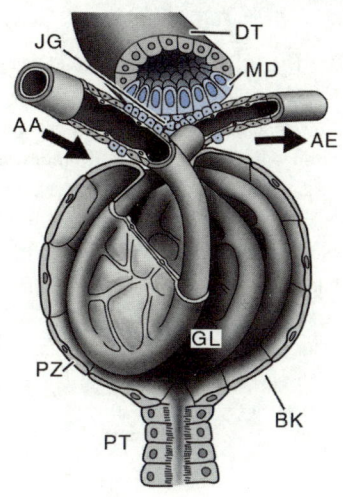

Abb. 2.35

Malpighi-Körperchen und juxtaglomerulärer Apparat. **AA** Afferente Arteriole, **AE** efferente Arteriole, **BK** Bowman-Kapsel, **DT** distaler Tubulus, **GL** Glomerulus, **JG** juxtaglomeruläre Zellen, **MD** Macula densa, **PZ** Podozyt, **PT** proximaler Tubulus (in Anlehnung an ČIHÁK, 1988).

Niere

2.6.2.3

Die Niere (Nephros, Ren; Abb. 2.36, Box 2.14) ist ein paariges Organ, welches beidseitig der Wirbelsäule auf der dorsalen Wand der Bauchhöhle liegt (retroperitoneal, d.h. hinter dem Bauchfell). Beim Menschen befindet sich die linke Niere in der Höhe des 11. Brustwirbels bis 3. Lendenwirbels, die rechte Niere ist von der Leber mehr kaudal gedrängt und liegt somit tiefer.

Die menschliche Niere wiegt ca. 150 g und ist ca. 11 cm lang, 5,5 cm breit und 4,5 cm dick. Sie ist »bohnenförmig« (Botaniker bezeichnen die Form von Bohnen als »nierenförmig«), mit der Konkavität nach medial gerichtet. In der Vertiefung, dem so genannten **Nierenhilum**, treten Gefäße und Harnleiter ein bzw. aus.

Die Niere ist eingeschlossen in einer Fett- und **Faserkapsel**. Am Sagittalschnitt durch die Niere lassen sich die oberflächliche 5–8 mm dicke Rinde und das darunter liegende Mark unterscheiden. Die **Rinde** (Cortex renalis) enthält hauptsächlich Malpighi-Körperchen und die gewundenen Abschnitte der proximalen und distalen Nierenkanälchen. An einigen

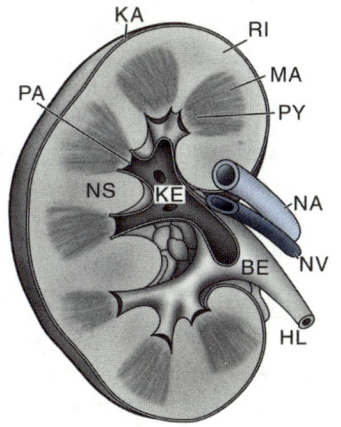

Abb. 2.36

Niere im Längsschnitt. **BE** Nierenbecken, **HL** Harnleiter, **KA** Nierenkapsel, **KE** Nierenkelch, **MA** Nierenmark, **NA** Nierenarterie, **NS** Nierensäule, **NV** Nierenvene, **PA** Papille, **RI** Nierenrinde, **PY** Nierenpyramide.

Box 2.14

Die Niere: ein multifunktionelles Organ

Die Niere produziert den Harn und ist somit das wichtigste **Exkretionsorgan**. Die Exkretionsfunktion ist eng mit der **Homöostase** (s. Kap. 3.2), nämlich der Osmo- und Ionenregulation (Wasser- und Elektrolythaushalt) sowie dem Säure-Basen-Gleichgewicht im Blut gekoppelt. Auch für das **Kalzium-Phosphat-Gleichgewicht** spielt die Niere eine wichtige Rolle, und zwar nicht nur im Zusammenhang mit der Exkretion, sondern auch durch die Synthese von Cholecalciferol und Calcitriol (s. Box 1.4). In der Niere wird zudem **Renin** produziert, ein Enzym, das Angiotensinogen zu Angiotensin umwandelt und dadurch den Blutdruck erhöht (s. Kap. 2.3.3.3). Das **Erythropoetin** schließlich ist ein in der Niere gebildetes Hormon, das die Bildung von Erythrozyten im Knochenmark beschleunigt (s. Kap. 1.2.6.4).

Stellen setzt sich die Rinde als **Nierensäulen** (Columnae renales) hilumwärts durch die Marksubstanz fort. Im **Mark** (Medulla renalis) verlaufen die gestreckten Abschnitte der Nierenkanälchen sowie die Henle-Schleifen. Das Mark ist in 15–20 konischen **Pyramiden** organisiert, deren Spitzen (**Nierenpapillen**, Papillae renales) zum Hilum gerichtet sind und in die **Kelche** (Calices) des trichterförmigen **Nierenbeckens** (Pelvis renalis) ragen. Die Pyramiden sind voneinander durch die Nierensäulen getrennt.

Der **Blutfluss durch die Nieren** ist sehr intensiv: Das gesamte Blut passiert die Nieren innerhalb von 4–5 Minuten! Anders ausgedrückt: Das Blut wird bis 350-mal täglich in den Nieren filtriert; beim Menschen mit einer Rate von 1,2 l pro Minute. Das zu filtrierende Blut, das zugleich die Niere mit O_2 und Nährstoffen versorgt, wird durch die **Nierenarterie** (A. renalis), die aus der Bauchaorta entspringt, zugeführt. Diese Arterie teilt sich in **Aa. interlobares**, die vom Hilum durch die Nierensäulen aufsteigen und **Aa. arcuatae**, die zwischen Rinde und Mark verlaufen, auf. Von diesen Arterien steigen strahlenförmig die **Aa. interlobulares** ab, die im Kortex **afferente Arteriolen** zum **Glomerulus** abgeben, wo das Blut filtriert wird. Erst die **efferenten Arteriolen** teilen sich zu den **Kapillaren für das Nierengewebe auf**. Von den Kapillaren wird das Blut über **Venolen** zu Venen geleitet (Vv. interlobulares → Vv. arcuatae → Vv. interlobares → V. renalis → V. cava caudalis).

2.6.2.4 | ## Harnbildung

Der Harn wird in den Nieren in zwei Stufen gebildet:

▶ Der **Primärharn** entsteht aus dem Blutplasma **im Nierenkörperchen** durch hydrostatische **Druckfiltration,** d.h. durch einen passiven physikalischen

Prozess. Der effektive Filtrationsdruck ist durch den hydrostatischen und den onkotischen Druck, die so genannten **Starling-Kräfte**, bestimmt (s. Kap. 2.3.2). Der hydrostatische Druck ist dadurch erhöht, dass die abführende Arteriole englumiger ist als die zuführende. Die Filtration erfolgt durch das Kapillarenendothel, die Basalmembran und umgebende Podozyten. Zellen und alle Stoffe mit einem Molekulargewicht >50 000 werden an diesem Filter zurückgehalten. Da die meisten Blutproteine ein höheres Molekulargewicht haben, ist der Primärharn somit eiweißarm. Der Primärharn enthält Wasser, alle Exkretstoffe, anorganische Ionen, Glukose, niedermolekulare Proteine, Polypeptide und Aminosäuren. Er tritt in die Bowman-Kapsel über und fließt dann in das Nierenkanälchen. Beim Menschen werden täglich ca. 180 l Primärharn gebildet.

▶ Der **Endharn** entsteht durch anschließende **Reabsorption** von H_2O, niedermolekularen Proteinen und verwertbaren Stoffen insbesondere im proximalen Tubulus. Reabsorption erfolgt durch Starling-Kräfte, Diffusion und aktiven Transport. **Natrium-Ionen** werden hier **aktiv** (d.h. unter Energieverbrauch) über die Natriumpumpe aufgenommen und auf der anderen Seite der Tubuluswand an die umgebende extrazelluläre (interstitielle) Flüssigkeit abgegeben. Es entsteht ein **osmotischer Gradient, dem Wasser und Cl^- passiv folgen**. **Glukose und Aminosäuren** werden ebenfalls **aktiv reabsorbiert**. In der dünnwandigen Henle-Schleife wird das restliche Wasser rückresorbiert. Tiere, die mit Wasser sparsam umgehen müssen, wie z.B. Wüstennagetiere, haben lange Henle-Schleifen; Fische und Amphibien dagegen keine. Die **Henle-Schleife stellt ein Gegenstrom-Austauschsystem dar**; dadurch bleibt der Gradient erhalten und die Effektivität der Diffusion ist groß (s. Abb. 2.34, Abb. 2.22). Der Mensch produziert ca. 1,5–2 l Endharn täglich. Der Harn des Menschen ist 5- bis 7-mal konzentrierter als das Blutplasma, bei Wüstennagetieren sogar 20- bis 25-mal.

Bei der Entstehung des Endharns spielt auch **Sekretion** – also ein aktiver Transport in Gegenrichtung zur Resorption, der zur Anreicherung des Harns führt – eine wichtige Rolle. So werden Stoffwechselprodukte (z.B. Harnsäure, Sulfate) und körperfremde Substanzen (z.B. Penicillin) aktiv in das Lumen der Nierenkanälchen ausgeschieden.

Regulation der Nephronfunktion

| 2.6.2.5

Die Nierentätigkeit wird stets dem aktuellen Bedarf und den Belastungen angepasst:

▶ die Filtrationsrate wird gesteigert oder gedrosselt,

▶ die Resorption wird modifiziert, um bestimmte Stoffe auszuscheiden oder zurückzuhalten,

▶ der Harn wird konzentriert oder verdünnt ausgeschieden, um den Wassergehalt des Körpers zu regulieren.

Die **Filtrationsrate** wird durch den **juxtaglomerulären Apparat** kontrolliert (s. Abb. 2.35). Seine Bestandteile sind:

▶ die **Macula densa**, eine Ansammlung von dicht angeordneten schmalen Zellen im distalen Tubulus im Kontakt zum Gefäßpol (d.h. sowohl zur afferenten wie auch zur efferenten Arteriole) des zugehörigen Glomerulus. Die Zellen messen den **NaCl-Gehalt** im distalen Tubulus. Bei niedrigem Gehalt werden die juxtaglomerulären Zellen aktiviert;

▶ die **juxtaglomerulären Zellen**, die sich in der Kontaktwand der efferenten Arteriole befinden. Sie **produzieren Renin**, wodurch das **Renin-Angiotensinogen-Angiotensin-System** aktiviert wird (s. Kap. 2.3.3.3). Angiotensin bewirkt die **Steigerung des hydrostatischen Drucks** durch die Verengung der abführenden Arteriolen.

Resorptionsrate: Angiotensin fördert auch Synthese und Freisetzung von **Aldosteron**, einem mineralokortikoides Hormon der Nebennierenrinde (s. Kap. 2.3.3.3). Aldosteron **stimuliert eine aktive NaCl-Rückresorption** in den gewundenen Abschnitten der Nierenkanälchen. Als Folge wird auch mehr Wasser im Körper zurückgehalten. Weiterhin fördert Aldosteron die Kalium-Ausscheidung aus dem Plasma. Hormone mit natriuretischen, vasodilatatorischen und Aldosteron-inhibierenden Eigenschaften gehören zur Gruppe der so genannten **natriuretischen Peptide**. Die seit langem vermutete **Beziehung zwischen dem Herzen und den Nieren** wurde Ende der 1970er-Jahre durch die Entdeckung des atrialen natriuretischen Peptids (**ANP**) aufgedeckt. Es ist ein Peptidhormon, das in Muskelzellen des linken Herzvorhofs produziert und in das Blut freigesetzt wird. Eine erhöhte NaCl-Konzentration und ein erhöhtes Blutvolumen fördern die Ausschüttung von ANP, das wiederum Gefäße erweitert, den arteriellen Blutdruck und das Herzschlagvolumen senkt, die **Rückresorption von NaCl hemmt** und damit seine Elimination sowie auch die Diurese steigert. Es sind noch weitere natriuretische Peptide im menschlichen Blutplasma beschrieben worden: das »brain natiuretic peptide« (BNP) und das »C-type natriuretic peptide« (CNP).

Harnkonzentrierung: Adiuretin (ADH, antidiuretisches Hormon, Vasopressin) ist ein Hormon des **Hypothalamus**, das in der **Neurohypophyse** gespeichert wird. Eine erhöhte Ausschüttung von ADH wird durch »Austrocknung« des Organismus (durch steigende Osmolarität des Blutplasmas, Verminderung des Volumens der extrazellulären Flüssigkeit) sowie auch durch emotionale Einflüsse ausgelöst (s. Kap. 4.12.2.2). Adiuretin erhöht den Blutdruck durch **periphere Vasokonstriktion**. Weiterhin erhöht es die **Wasserdurchlässigkeit des Sammelrohrs** durch Öffnung von weiteren Wasserkanälen (sog. Aquaporinen) und damit eine passive Wasser-Rückresorption. Alkohol hemmt die Freisetzung von ADH und steigert damit die Diurese.

Eliminierung des Harns

2.6.2.6

Sammelsystem der Niere: Etwa 5–10 Nierenkanälchen münden in eine **Sammelröhre**. Mehrere Sammelröhren vereinigen sich zu **Papillargängen**, die in die **Nierenkelche** münden. Die Nierenkelche wiederum münden in das **Nierenbecken**, das wie ein Trichter in den **Harnleiter** übergeht.

Harnableitende Wege: Der Harnleiter (**Ureter**) ist ein beim Menschen ca. 30 cm langer, 4 mm dicker muskulöser Schlauch, der den Harn vom Nierenbecken zur Harnblase führt. Die **Harnblase** (Vesica urinaria) ist ein unpaares muskulöses Hohlorgan mit einem Fassungsvermögen von bis zu 700 ml. Die **Harnröhre** (**Urethra**) ist eine unpaare schlauchförmige Ausmündung der Harnblase. Bei männlichen Säugetieren dient sie gleichzeitig als Samenweg, führt durch den Penis und ist entsprechend länger als bei Weibchen (bei der Frau ca. 4 cm, beim Mann ca. 24 cm lang).

Beginnend mit den Nierenkelchen sind die harnableitenden Wege mit **Übergangsepithel** ausgekleidet.

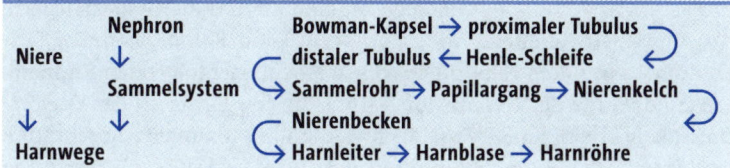

Exkretionsorgane der Wirbellosen

2.6.3

Bei wirbellosen Tieren unterscheidet man drei Grundtypen von Exkretionsorganen: Nephridien, Nierenorgane der Arthropoden und Malpighi-Gefäße.

Nephridien

2.6.3.1

Nephridien sind ektodermaler Herkunft und bilden die Exkretionsorgane einiger wirbelloser Tiere. Harn entsteht aus der Körperflüssigkeit durch so genannte **ziliäre Filtration**. Zwei Typen von Nephridien werden unterschieden (Abb. 2.37):

▶ **Protonephridien** sind im Körper blind endende, verzweigte und vernetzte Röhrchen (**Protonephridialkanäle**), die an jedem proximalen Ende durch eine **Geißelzelle** abgeschlossen sind. Es gibt zwei Typen von Geißelzellen: **Solenozyt** (mit einem Zilium) sowie **Reusengeißelzelle** (Cyrtocyt mit vielen Zilien, **Wimpernflamme**). Die Kanäle öffnen sich an der Körperoberfläche durch **Nephridioporen**. Durch Zilienschlag der terminalen Geißelzelle entsteht im Kanal ein **Unterdruck**. Die dünne, teilweise auch poröse

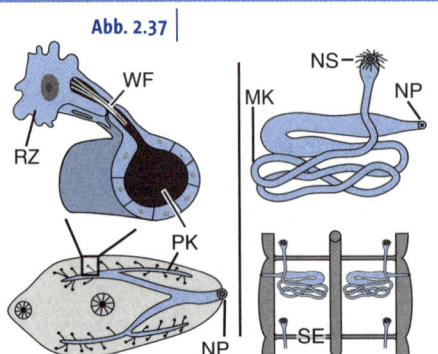

Abb. 2.37

Protonephridien eines Leberegels (**links**) und **Metanephridien**, dargestellt in einem Segment des Regenwurms (**rechts**).
MK Metanephridialkanal, **NP** Nephridioporus, **NS** Nephrostom, **PK** Protonephridialkanal, **RZ** Reusengeißelzelle, **SE** Septum, **WF** Wimpernflamme.

Wand des Kanals bildet den Filter, durch den die Körperflüssigkeit aus dem umgebenden Gewebe eingesaugt wird. Wasser und verwertbare Stoffe werden wieder rückresorbiert. Protonephridien findet man z.B. bei **Plathelminthen**; sie kommen auch bei einigen Anneliden und Mollusken vor. Ausscheidungsorgane von Lanzettfischchen, die so genannten Cyrtopodozyten, arbeiten nach dem gleichen Prinzip wie Protonephridien.

▶ **Metanephridien** sind segmental und paarig angeordnet. Der **Metanephridialkanal** ist an beiden Enden offen. Am proximalen Ende weitet sich der Kanal im Coelom zu einem Wimperntrichter, dem **Nephrostom**. Der Hauptanteil des aufgeknäuelten und in mehrere morphologisch und funktionell spezialisierte Abschnitte eingeteilten, jedoch unverzweigten Kanals, befindet sich zusammen mit dem Nephridioporus in einem nachfolgenden Segment. Der Zilienkranz des Nephrostoms sorgt für den Einstrom der Coelomflüssigkeit in den Kanal. Zusätzlich werden in proximalen Abschnitten des Kanals die Metaboliten in das Lumen sekretiert. In weiteren Abschnitten werden verwertbare Stoffe und Wasser rückresorbiert. Metanephridien kommen bei Anneliden und einigen Mollusken vor.

2.6.3.2 | Nierenorgane der Arthropoden

Bei Arthropoden befinden sich im Kopf die **Antennen-**, **Maxillar-** und **Labialdrüsen**, bei einigen Spinnentieren auch **Koxaldrüsen**. Diese Organe sind von Metanephridien abgeleitet worden. Sie beginnen mit einem stark verkleinerten Coelomraum, dem so genannten Sacculus, in den die Hämolymphe filtriert wird. Das Filtrat wird im folgenden Nephridialkanal durch Sekretion und Resorption weiter angereichert und konzentriert.

2.6.3.3 | Malpighi-Gefäße

Malpighi-Gefäße sind dünne Schläuche, die im Bereich vom Mitteldarm/Enddarm in den Verdauungstrakt münden. Sie kommen bei Insekten, Tausendfüßern und Spinnen vor. Die Metaboliten diffundieren oder werden aktiv aus der Hämolymphe in die Malpighi-Gefäße transportiert (sekretiert), dann in den Darm verbracht und mit Fäzes eliminiert. Die Reabsorption von Ionen, Wasser und verwertbaren Stoffen erfolgt im Enddarm.

1 Zur Gewinnung der Energie nutzen die Zellen hauptsächlich Glukose. Allerdings erhalten tierische Zellen nur minimale Mengen an freier Glukose. Glukose wird in Form von Glykogen gespeichert. Warum? Und warum speichern die Wüstentiere ihre Energievorräte eher in Form von Lipiden als in Form von Glykogen?

2 Welcher Stoff hat folgende Wirkung: Erhöhung des Blutdrucks, des Blutzuckerspiegels, der Herzfrequenz, Erweiterung der Bronchien?

3 Warum ist die Stoffwechselrate erwachsener Tiere üblicherweise niedriger als die ihrer Jungtiere?

4 Warum gibt es Respirationspigmente bei den Spinnen- und Krebstieren, nicht jedoch bei den (meisten) Insekten?

5 Warum sinkt der Blutdruck im geschlossenen Blutkreislaufsystem mit der Entfernung vom Herzen?

6 Warum ist Kohlenmonoxid für Säugetiere sehr giftig, nicht jedoch für Insekten?

7 Warum müssen im Wasser lebende Tiere ca. 30% der mit Hilfe der Atmung gewonnenen Energie wieder in die Atmung zurück investieren?

8 Bei welchen Tiergruppen gibt es eine unidirektionelle Ventilation der respiratorischen Oberflächen?

9 Wie kann man aufgrund der Anhäufung von Milchzuckerintoleranz die Geschichte eines Volkes/einer Völkergruppe rekonstruieren?

10 Wie würden Sie den Menschen anhand des Aufbaus seines Verdauungstraktes, seiner enzymatischen Ausstattung und seinem Bedarf an essentiellen Nährstoffen bezüglich seiner natürlichen Ernährungsweise charakterisieren/klassifizieren?

11 Cellulose ist ein Glukose-Polysaccharid. Trotzdem ist der im Darm von Wiederkäuern angelangte Speisebrei glukosearm. Wieso? Wie vermeiden Wiederkäuer Hypoglykämie? Warum ist Hypoglykämie gefährlich?

12 Leptin ist als Sättigungshormon bekannt. Warum ist jedoch die Behandlung von Obesität (aufgrund erhöhter Nahrungsaufnahme) mit Leptin nicht erfolgreich?

13 Was ist der Unterschied zwischen einem Malpighi-Körperchen und einem Malpighi-Gefäß?

14 Ammoniak ist das einfachste Endprodukt des Stickstoff-Metabolismus. Warum kommt es dann als Exkretionsprodukt nur bei einigen Tiergruppen (bei welchen?) vor?

15 Warum steigert Alkohol die Diurese (Harnausscheidung)?

16 Erläutern Sie kurz, warum Sportler, die vor einer Sportveranstaltung im Tiefland einen längeren Trainingsaufenthalt im Gebirge absolviert haben, bessere Leistungen erbringen.

17 Warum ist die Atmung der Fische weniger effizient als die der Säugetiere, obwohl Kiemen leistungsfähiger als Lungen sind?

18 Wie unterscheiden sich die Nieren einer Wüstenrennmaus von denen einer Hausmaus?

3 | Körperintegrität

Inhalt

Die Erhaltung der Körperintegrität ist die alltägliche Herausforderung für alle Tiere

Im Laufe der Evolution haben Tiere **verschiedene** aquatische und terrestrische **Lebensräume** besiedelt. Sie haben sich auch zum Leben in – aus menschlicher Sicht – extremen Lebensräumen angepasst: Wüsten, feucht-heiße Regenwälder, Hochgebirge, Tiefsee, Arktis, Boden sowie Körper anderer Organismen. Manche Tiere **wechseln** die **Lebensräume im Laufe ihrer Entwicklung**, wie z.B. Libellen oder Frösche, manche auch als erwachsene Individuen **im Laufe ihres Lebens** (viele Amphibien, Lachse, Aale, Zugvögel). Einige Tiere leben in einer konstanten Umwelt (Endoparasiten, Tiefseefische), für andere ändern sich die Lebensbedingungen **vorhersagbar** im Tages- oder Jahres-Rhythmus. Häufig kommen die Änderungen jedoch **unvorhersagbar**. Trotz der unterschiedlichen und veränderlichen Umweltbedingungen, denen die Tiere ausgesetzt sind, müssen sie das **innere Milieu** hinreichend **konstant halten**, denn die Variationsbreite der Bedingungen, unter denen die Körperzellen leben und ihre Funktionen ausüben können, ist sehr schmal. Tiere müssen sich nicht nur stets den Umweltbedingungen anpassen bzw. ihnen entgegensteuern, sie sind auch stets **durch andere Organismen bedroht**, die versuchen, an ihren Körpern zu parasitieren bzw. sie zu verzehren. Die Erhaltung der **Körperintegrität**, der Unversehrtheit (Box 3.1), wird damit zu einer alltäglichen Herausforderung für alle Tiere.

Die Aufrechterhaltung der Körperintegrität erfolgt an allen Organisations- und Funktionsebenen und betrifft insbesondere folgende Aspekte:
▶ Physikalische, chemische und biologische **Abgrenzung** des Organismus gegen die Umgebung – eine Voraussetzung, um ein konstantes inneres Milieu bilden zu können und die Organe zu schützen. Dies ist die Funktion des **Integuments**.
▶ Erhaltung eines konstanten inneren Milieus, die **Homöostase**, betrifft u.a. Thermoregulation und Osmoregulation.
▶ **Schutz vor Fressfeinden** durch Verstecken, Flucht oder Abwehr.

▶ Abwehr von Parasiten mit Hilfe des **Immunsystems**.

▶ **Regeneration und Reparation** der Schädigungen auf allen Ebenen, von der Reparation von DNA über die Regeneration von Geweben bis zu Schlaf und »Wellness«.

Integument | 3.1

Das **Integument** bildet die äußere Hülle, die Abdeckung des Körpers. Es besteht aus (von außen nach innen, Abb. 3.1):

▶ Hautanhangsgebilden,

▶ Haut,

▶ Unterhaut.

Die **Funktionen des Integuments** sind vielseitig und betreffen:

▶ Aufrechterhaltung der Körperintegrität in der gesamten Komplexität,

▶ Metabolismus,

▶ Sinneswahrnehmung der Außenwelt.

Box 3.1

Wenn man die Integrität abgibt, um integer zu bleiben

Das Wort **Integrität** steht für Makellosigkeit, Unverletzlichkeit, Unversehrtheit, Aufrechterhaltung des Bestandes. Obwohl das Wort einen großen Problembereich des Lebens sehr gut charakterisiert, wird der Begriff **im biologischen** und medizinischen **Kontext** (anders als im psychologischen, soziologischen und auch politischen Kontext) ziemlich selten benutzt. In bestimmten Fällen können einige Tiere ihre Körperintegrität stören, um einer Gefahr zu entkommen, also um unversehrt zu bleiben. Es handelt sich um die so genannte **Autotomie**, die Fähigkeit, bestimmte Körperteile bei Gefahr abzutrennen. Ein bekanntes Beispiel ist das Abwerfen des Schwanzes bei Eidechsen und Skinken. Weberknechte sowie lungenlose Salamander können Beine abwerfen, Waldmäuse können die Schwanzhaut abziehen, Seesterne Arme, Seegurken sogar den größten Teil der inneren Organe ausstoßen. Die verlorenen Körperteile regenerieren; das Regenerat ist meist jedoch im Vergleich zur ursprünglichen Struktur minderwertig und erkennbar. Autotomie kann das Leben retten, ist jedoch auch mit energetischen Kosten verbunden. Körperwachstum und Gametogenese ruhen während der Regeneration.

Medizinische Psychologie und Psychiatrie kennen eine psychologische Störung, die als **body identity integrity disorder** (BIID) bezeichnet wird, auch Apotemnophilia genannt. Die betroffenen Menschen haben den Drang zur Amputation eigener Körperglieder wie Beine oder Arme, um sich – paradoxerweise – integer, vollständig, zu fühlen.

Abb. 3.1

Schichtung des Integuments der Säugetiere. Dargestellt sind auch die Hauptkomponenten einzelner Schichten: Keratinozyten in der Epidermis und ihre typische Form im Stratum basale (**SB**), Str. spinosum (**SS**), Str. granulosum (**SG**) und Str. corneum (**SC**); Fibrozyten, elastische und Kollagenfasern in Dermis, Fettzellen und Kollagenfasern in Subkutis. **BM** Basalmembran.

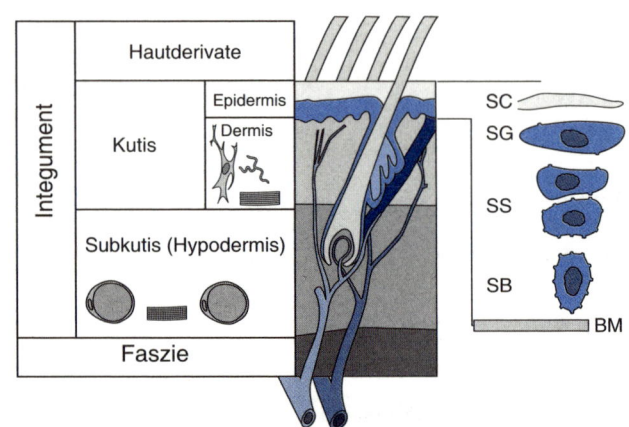

Allen Organismen ist gemeinsam, dass die oberste Schicht des Integuments von Epithelzellen ektodermaler Herkunft gebildet wird. Zum mechanischen und chemischen Schutz produzieren diese Zellen **faserartige Substanzen**, die polymerisieren und sich vernetzen. Bei Wirbeltieren handelt es sich um filamentartige Proteine (**Keratin**), die in den Zellen eingeschlossen bleiben. Die Zellen füllen sich mit diesen Substanzen und gehen dabei zugrunde. Die Haut von Wirbeltieren besteht aus mehreren Zellschichten. Die untersten Zellen teilen sich, die Tochterzellen wandern bzw. werden zur Oberfläche geschoben und als tote Hornschuppen abgeschilfert. Die Zellzwischenräume werden mit Kittsubstanzen ausgefüllt und das Körperinnere damit wasserdicht gegen die Oberfläche abgedichtet. Bei wirbellosen Tieren werden die Fasermoleküle nach außen abgegeben und es wird die Kutikula gebildet. Die Hautzellen sind hier in einer Schicht organisiert. Mit verschiedenen **Einlagerungen** können bei Tieren unterschiedliche Materialeigenschaften erzeugt werden.

3.1.1 | Aufbau des Integuments der Wirbeltiere

Die Abgrenzung der Körperoberfläche nach außen besteht bei Wirbeltieren aus mehreren Schichten.

3.1.1.1 | Haut und Unterhaut

Die Haut (**Kutis**, **Derma**) ist das größte Organ des Körpers, ihre Fläche beim Menschen beträgt ca. 1,7 (1,5–2) m^2 (s. Kap. 2.2.3.2). Die Hautdicke variiert je nach Tierart, Körpergröße, Körperregion und Alter. So ist die Haut z.B. an mechanisch belasteten Stellen oder an Nacken und Rücken dicker als am Bauch (Tab. 3.1) – Gefahr kommt ja meistens von hinten. Die Haut besteht aus **zwei Schichten**: **Epidermis** und **Dermis**, die durch die Basalmembran getrennt sind. Epidermis und Dermis sind durch Papillen und Leisten verzahnt.

Die **Epidermis** (**Oberhaut**) ist die oberflächliche, dünne Schicht, die das Tier nach außen abgrenzt (beim Menschen im Durchschnitt 0,3 mm dick: von 0,05 mm an den Augenlidern bis 1,5 mm an den Handflächen und Fußsohlen). Sie ist ektodermaler Herkunft und besteht aus **mehrschichtigem verhorntem Plattenepithel** mit freien Nervenendigungen, aber **keinen Blutkapillaren**. Am histologischen Schnitt durch die Epidermis kann man bis zu fünf **Schichten** unterscheiden, die je nach Tierart und Körperregion unterschiedlich deutlich entwickelt sind (s. Abb. 3.1). Diese Schichten entsprechen unterschiedlichen Altersstadien von **Keratinozyten**, den Hauptzellen der Epidermis. Keratinozyten entstehen durch Teilung von Mutterzellen in der Basalzellschicht. Sie wandern zur Hautoberfläche, wobei sie ihre Form verändern. Diese Wanderung dauert beim Menschen ca. zwei Wochen.

Die **Nebenzellen** der Epidermis sind Melanozyten, Merkel-Zellen, Langerhans-Zellen und Lymphozyten. **Melanozyten**, Pigmentzellen, stammen von der Neuralleiste ab. Es sind sternförmige Zellen, die sich in der Basalzellschicht, verteilt unter den Keratinozyten, befinden. Sie enthalten Melaninkörnchen (**Melanosomen**), in denen **Melanin** aus Tyrosin synthetisiert und gespeichert wird. Melanosomen werden über die Zellfortsätze an die benachbarten Keratinozyten abgegeben. Jeder Melanozyt versorgt (beim Menschen) ca. 35 Keratinozyten. Melanin ist ein wichtiges UV-Schutzmittel und wesentlich an der Ausprägung der Hautfarbe beteiligt (s. Box 3.2, Abb. 3.6). Seine oxydierte Form (Eumelanin) ist dunkelbraun bis schwarz, die reduzierte (Phaeomelanin) gelblich bis braun.

Langerhans-Zellen sind sternförmige Zellen, die aus Monozyten entstehen, welche vom Knochenmark in die Haut einwandern. Sie haben eine wichtige **Immunfunktion**: Sie sind zur Phagozytose befähigt und beteiligen sich bei der Antigenpräsentation an **Lymphozyten**. Sie spielen eine wesentliche Rolle bei der Entstehung der Kontaktallergien.

Merkel-Zellen sind mit Neuriten assoziiert und an der Wahrnehmung taktiler Reize beteiligt.

Die **Dermis** (**Lederhaut**) früher auch als **Corium** bezeichnet, ist ca. zehnfach dicker als die Epidermis. Es handelt sich um **faseriges Bindegewebe** mit einem typischen Aufbau (s. Kap.

Durchschnittliche Dicke (in mm) der Haut einiger Säugetiere	Tab. 3.1
Maus	0,6
Katze	1,5
Hund	2,7
Mensch	3,5 (0,3–4,0)
Schwein	2,2
Rind	6,0
Elefant	28

1.2.4.1). Hauptzellen sind die **Fibroblasten** bzw. -zyten, als Nebenzellen kommen die Zellen des Immunsystems vor. Weiter sind vorhanden: **Kollagen-** und **elastische Fasern**, **Blutgefäße** und **Nerven**. Die Zellen und Fasern sind in **zwei Schichten** angeordnet: Das oberflächliche, schmalere, zellreiche und gut durchblutete **Stratum papillare** und das faserreiche **Stratum reticulare**. Hier entspringen die Haar- bzw. Federfollikel und Schweißdrüsen, die die Haut durchziehen.

Die **Subkutis** (**Unterhaut**) wird im angloamerikanischen Schrifttum häufig als **Hypodermis** bezeichnet. Sie befindet sich unter der Haut und trennt diese von den darunter liegenden Geweben, wie z.B. Muskelfaszien oder Periost (und verbindet sie auch gleichzeitig locker mit diesen). Histologisch handelt es sich um weißes Fettgewebe in einem Fasergerüst, das durchzogen ist mit Nerven und Blutgefäßen. Die Dicke der Subkutis variiert stark je nach Tierart (sie ist kaum vorhanden bei Nacktmullen,

---

Box 3.2

Hautfarbe

Die Farbe der Haut und der Hautanhangsgebilde spielt eine wichtige Rolle bei der optischen Kommunikation, als Tarn- oder Warntracht, beim UV-Schutz sowie bei der Thermoregulation. Es handelt sich um ein wichtiges diagnostisches Merkmal, nach dem auch die Bestimmung vieler Tierarten erfolgt. Die Färbung kommt durch folgende Faktoren zustande:

▶ **Pigmente** werden in den Chromatophoren gebildet. Das am häufigsten vorkommende Pigment ist das in Melanophoren (Melanozyten) gebildete **Melanin** – das einzige Pigment der Säugetiere. Das Fehlen von Melanin führt zum **Albinismus**. **Lipochrome** sind gelbe bis rote Oxidationsprodukte von Carotinoiden. Sie kommen in Lipochromatophoren vor. Carotinoide werden von Pflanzen und Mikroorganismen synthetisiert und von den Tieren über die Nahrungskette aufgenommen. **Porphyrine** sind mit Hämoglobin und Gallenfarbstoffen verwandte Verbindungen, die z.B. für die rostbraune Färbung von Eulen und Greifvögeln verantwortlich sind. Einige Porphyrine bewirken leuchtend grüne oder rote Färbung (z.B. die grüne Farbe einiger tropischer Tauben oder die rote Kopf- und Halsregion des Truthahns).

▶ **Strukturfarben** werden **durch physikalische Effekte** erzeugt. So entsteht Weiß durch Totalreflexion, Schwarz durch Totalabsorption, Blau durch gestreute Reflexion in trüben Medien, schillernde Farben durch Interferenzerscheinungen an Guaninkristallen oder Federstrukturen.

▶ **Hämoglobin** bewirkt eine rote Färbung an den Stellen, an denen durch die unpigmentierte, dünne Epidermis, eine stark vaskularisierte Dermis durchscheinen kann (Lippenrot beim Menschen, Hahnenkamm).

mächtig dagegen bei Robben), Körperregion (fehlt an Penis und Augenlidern), Geschlecht (bei Frauen mächtiger an Gesäß und Brüsten, bei Männern eher am Bauch) und – natürlich – je nach Ernährungszustand.

Hautanhangsgebilde

3.1.1.2

Hautanhangsgebilde sind in der Haut verankerte und zumindest teilweise über die Hautoberfläche hinausgehende Derivate (Abkömmlinge) der Epidermis oder der Dermis (Abb. 3.2).

Epidermale Gebilde entwickeln sich durch **Verhornung (Keratinisierung)** aus **eingesenkten Epidermisstrukturen**, die zum Teil bis in die Unterhaut reichen. Folgende Gebilde werden unterschieden:

▶ **Hornschuppen** findet man auf der gesamten Hautoberfläche bei Reptilien, dem Lauf der Vögel sowie am Schwanz vieler Nagetiere und einiger Insektenfresser. Zwischen den Hornschuppen liegen weniger verhornte

▶ **Haftfarben** sind zumeist Eisenoxide, die sich von außen an das Integument anlagern bzw. in das Integument des Tieres aktiv eingetragen werden (z.B. die rostbraune Unterseite beim Bartgeier).

Diese Faktoren können auch in **Kombinationen** auftreten. So entsteht Grün durch Mischung von Blau (einer Strukturfarbe durch Reflexion an Guaninkristallen) und Gelb von Lipochromen.

Farbwechsel: Manche Fische, Froschlurche und Echsen können ihre Farbe schnell ändern. Unter Einfluss des Hormons **Melatonin** (s. Kap. 5.3.2.6) kommt es zur Konzentrierung von Melanosomen in der Nähe des Zellkerns und zur **Aufhellung der Haut** (Abb. 3.6). Das Hormon **Melanotropin** (s. Kap. 5.3.2.1) bewirkt dagegen die Dispersion von Melanosomen im Zytoplasma, so dass die **Haut dunkler** erscheint. Ähnlich, aber viel schneller kann der Farbwechsel durch das **vegetative Nervensystem** (s. Kap. 5.2.2.5) gesteuert werden. Ein solcher Farbwechsel ist in pigmentierten Hautanhangsgebilden, die in ihren distalen Abschnitten tot sind, nicht möglich. Melanozyten reagieren auch direkt auf Sonnenlicht – ein Phänomen, das beim Menschen allgemein als **Sonnenbräunung** bekannt ist. Sie verläuft in zwei Phasen:

1. **Sofortpigmentierung** durch UVA-Strahlung im Bereich um 340 nm. Sie beruht auf einer Oxidation und Polymerisation von Melanin.

2. **Spätpigmentierung** durch UVB-Strahlung, die auf einer Melanin-Neusynthese beruht und erst nach 24–48 Stunden sichtbar wird.

Ökologische Färbungsregel: Die **Gloger-Regel** besagt, dass die Melaninbildung bei Vögeln und Säugetieren vom Klima abhängig ist: In feuchtwarmen Gebieten sind die Tiere meist dunkler als in trockeneren und kälteren Gebieten. Die physiologische Interpretation dieser Regel und der Anpassungswert der Abhängigkeit sind jedoch unklar.

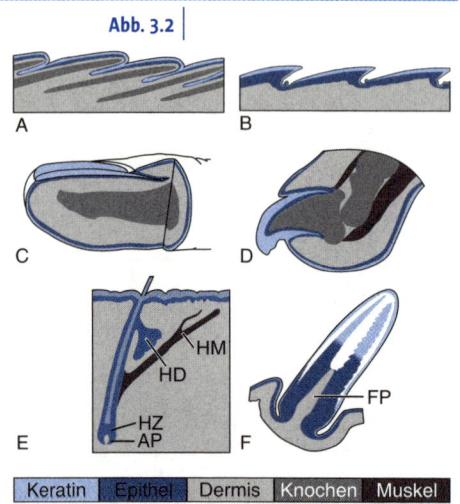

Abb. 3.2

A B C D

HM
HD

E HZ AP F FP

| Keratin | Epithel | Dermis | Knochen | Muskel |

Aufbau der Hautanhangsgebilde der Wirbeltiere.
A Fischschuppen, **B** Hornschuppen, **C** Nagel, **D** Kralle, **E** Haarfollikel,
F Anlage einer Vogelfeder. **FP** Federpapille, **HD** Haarbalgdrüse,
HM Haarbalgmuskel, **HP** Haarpapille, **HZ** Haarzwiebel.

Hautareale. Dank dieser Anordnung ist die Beweglichkeit nicht eingeschränkt. **Großflächige Verhornungen** findet man bei Schuppentieren, Krokodilen und Schildkröten.

▶ Die **Krallen** der Amnioten entstehen am Ende der Finger und Zehen aus einer Proliferationszone der eingestülpten Epidermis. Sie sind mit der Knochenhaut der Endphalanx (Endglied) verbunden. Bei den **Nägeln** der Primaten ist die Krallenplatte abgeflacht und nur auf die dorsale Seite der Endphalanx beschränkt. **Hufe** (bei Unpaarhufern) und **Klauen** (bei Paarhufern) sind modifizierte Krallen.

▶ **Haare** stellen eine Neubildung der Säugetiere dar. Sie entstehen durch Verhornung der sich intensiv teilenden Epidermiszellen im Bereich der so genannten **Haarzwiebel** am Grund des **Haarfollikels**. Der Haarfollikel entsteht durch eine Einstülpung der Epidermis in die Dermis. Diese Einstülpung verläuft schräg zur Hautoberfläche und wird von einer bindegewebigen Hülle, dem **Haarbalg**, umgeben. Mit jedem Haarfollikel ist eine **Haarbalgdrüse**, Talgdrüse, und ein **Haarbalgmuskel** (M. arrector pili, glatte Muskulatur) assoziiert. Die Haarzwiebel ist von der dermalen Haarpapille umgeben und wird von dieser mit Nährstoffen versorgt. Nach Größe und Gestalt lassen sich verschiedene **Haartypen** unterscheiden (Leithaare, Grannenhaare, Wollhaare, auch Velushaare genannt). Fetale Haare werden als Lanugo bezeichnet (Box 3.3). Tasthaare (Vibrissen, Sinushaare) der Säugetiere sind spezialisierte Haare (s. Kap. 5.1).

▶ Die **Schnäbel** der Vögel und Schildkröten sind stark verhornt.

▶ **Sonstige Hornbildungen** sind z.B. die Barten der Bartenwale oder die Nasenhörner der Nashörner.

Zu den **epidermal-dermalen Gebilden** gehören Federn, Hörner, Fischschuppen sowie Osteoderme.

▶ **Federn** sind Keratingebilde, die alle Vögel (und einige Dinosaurier) ausbilden. Im Gegensatz zu den Haaren ist neben der Epidermis auch die Dermis an der Entstehung der Federn beteiligt. Federn und Haare sind damit keine homologen Strukturen.

▶ Die **Hörner** der Rinder bestehen aus **Hornscheiden**, die die knöchernen Hornzapfen (Os cornu) überziehen. Diese Hornzapfen entstehen durch desmale Ossifikation und sind mit dem Stirnbein (sekundär) verwachsen. Hörner sind **nicht mit Geweihen der Hirsche zu verwechseln**, die zwar

Box 3.3

Haarwechsel

Haarfollikel werden schon während der vorgeburtlichen Entwicklung gebildet (beim Menschen um die 12. Woche). **Nach der Geburt entstehen keine neuen Follikel mehr.** Die Haarfollikel durchlaufen dann **Zyklen mit Haarwachstum und -ausfall**, die **hormonell ausgelöst und gesteuert** werden. So entsteht z.B. beim Menschen die Schambehaarung erst in der Pubertät unter dem Einfluss von Geschlechtshormonen, obwohl die Haarfollikel in der Schamgegend schon bei der Geburt angelegt sind. Haare haben eine **begrenzte Lebensdauer**; jedes einzelne Kopfhaar beim Menschen lebt z.B. ungefähr 6 Jahre und wächst ca. 12,5 cm pro Jahr. Wenn ein Haar abstirbt, wird es abgestoßen und durch ein neues Haar ersetzt. Der **Haarwechsel** kann kontinuierlich und nicht synchronisiert sein (wie beim Menschen und bei Säugetieren aus tropischen Regionen), oder synchronisiert; 1-mal oder 2-mal pro Jahr (bei Tieren, die saisonalen Klimaschwankungen unterliegen). Winter- und Sommer-Haarkleid unterscheiden sich in der Dichte und häufig auch in der Farbe (Rehwild, Hermelin, Schneehase). Ähnliches gilt auch für den **Federwechsel**, das so genannte **Mausern** der Vögel.

auch durch desmale Ossifikation entstehen, aber nicht mit Horn bedeckt sind. Außerdem werden Geweihe jährlich abgeworfen und anschließend erneuert.

▶ **Fischschuppen** weisen bei verschiedenen Fischen unterschiedliche Formen unterschiedlicher Herkunft auf. Plakoidschuppen der Knorpelfische, Cosmoidschuppen der Quastenflosser und Ganoidschuppen der Knochenhechte entstehen durch desmale Ossifikation in der Dermis (s. Kap. 1.2.5) und Überlagerung der feinen Knochenplatte mit Schmelz, der von Epidermiszellen produziert wird. Die Elasmoidschuppen moderner Knochenfische bestehen nur aus einer Knochenanlage und werden ohne Beteiligung der Epidermis gebildet.

▶ **Osteoderme** (auch Osteodermata genannt) sind Knochenplatten, die durch desmale Ossifikation in der Dermis bei Krokodilen und Schildkröten entstehen und unter den Hornplatten liegen. Bei Schildkröten bilden die Hornplatten und Osteoderme zusammen mit Elementen des Skeletts einen starren Panzer. Bei Gürteltieren sind Osteoderme mit Hornschuppen überdeckt.

Hautdrüsen

3.1.1.3

Die Hautdrüsen entstehen als Einstülpungen der Epidermis. Bei **Fischen** sind es meistens einzellige, intraepidermale **Schleimdrüsen**. Bei **Amphibien** kommen in der Haut kleinere merokrine **Schleimdrüsen** sowie auch, bei manchen Arten, größere holokrine **Giftdrüsen** (sog. Körnerdrüsen) vor. Die Haut der **Sauropsiden** ist **drüsenarm** und trocken. Die Drüsen sind an bestimmten Körperregionen konzentriert – bei **Vögeln** kommt nur eine paarige Hautdrüse vor – die **Bürzeldrüse** auf der Schwanzoberseite. Das ölige Sekret dieser Drüse wird mit dem Schnabel über das Federkleid verteilt. Es hält das Gefieder geschmeidig und wasserabstoßend.

Die Haut der **Säugetiere** ist dagegen sehr **drüsenreich**. Es werden folgende Drüsenarten unterschieden (s. Kap. 1.2.3.5):

▶ **Holokrine Talgdrüsen** (Haarbalgdrüsen) münden in Haarfollikeln und produzieren Talg (Sebum). Hierbei handelt es sich um Triglyzeride und Zellreste (holokrine Sekretion!), die durch Hautbakterien (Corynebakterien) gespalten werden; es entstehen freie Fettsäuren, die den keimfeindlichen, wasserabstoßenden Säureschutzmantel bilden. Die Sekretion unterliegt hormoneller Kontrolle.

▶ **Apokrine Hautdrüsen** sind die **Schweißdrüsen der Säugetiere**. Beim Menschen kommen sie nur in bestimmten Bereichen vor (Achselhöhle, Schamgegend) und werden auch als **Duftdrüsen** bezeichnet. Der Geruch entsteht durch bakterielle Zersetzung des fettigen Sekrets. Die Sekretion unterliegt teilweise hormoneller Kontrolle.

▶ **Merokrine Schweißdrüsen** stellen ein exklusives menschliches Merkmal dar. Sie sind sehr zahlreich (etwa 1 Mio.) auf der gesamten Körperoberfläche verteilt. Sie sekretieren wässrige Kochsalzlösung sowie andere Stoffe und dienen hauptsächlich der Thermoregulation.

3.1.2 | Aufbau des Integuments wirbelloser Tiere

Kleine marine wirbellose Tiere haben üblicherweise nur eine einschichtige Epidermis, die für Nährstoffe, Abfallprodukte und Gase durchlässig ist. Bei größeren Meeres-, Süßwasser- und Landwirbellosen produziert die Epidermis (hier auch **Hypodermis** genannt) Schleim (Mucus) bzw. eine Schutzhülle (**Kutikula**) die durch Mineralisierung weiter verfestigt werden kann.

3.1.2.1 | Integument der Arthropoda

Bei Arthropoden bedeckt die **Kutikula** den gesamten Körper sowie die Öffnungen des Atmungs-, Verdauungs- und Drüsensystems (Abb. 3.3). Die von den Epidermiszellen nach außen abgegebenen Substanzen lagern sich in eine homogene Matrix ein, polymerisieren und vernetzen sich, wodurch die Kutikula entsteht. Der wesentliche chemische Bestandteil der Kutikula, der über ihre Härte und Elastizität entscheidet, ist das **Chitin**, ein Polysaccharid (N-acetyl-Glukosamin), dessen kettenartig verknüpfte Moleküle in ein Protein-Gerüst eingelagert sind. Die Kutikula ist stabil, aber verformbar. Wird sie jedoch mit **Chinon,** das durch die Hautzellen gebildet und an die Kutikula abgegeben wird, durchtränkt, bilden die Chitinmoleküle miteinander ein Netz (sog. Chinongerbung) und **sklerotisieren** (verhärten) dadurch. Diese starren, festen Platten bleiben an den Segmentgrenzen durch nicht-gegerbte, verformbare Chitinelemente gegeneinander beweglich. Die Kutikula ist von zahlreichen Kanälen durchzogen, die an die Oberfläche Wachse abgeben, welche einen wasserabstoßenden Film bilden. Durch Einlagerung von Mineralsalzen (meist $CaCO_3$) kann ein mineralisierter Panzer (z.B. bei Krebstieren) entstehen.

Der Panzer, sklerotisiert wie mineralisiert, fungiert bei Arthropoden als **Exoskelett** (Außenskelett), an das von der Innenseite her Muskeln ansetzen. Weder die sklerotisierte Kutikula noch der Panzer können wachsen und werden während der **Häutung** (Ekdysis) abgestoßen.

| Abb. 3.3

Aufbau des Integuments eines Insekts. BM Basalmembran, **DK** Drüsenkanal, **DZ** Drüsenzelle, **EN** Endokutikula, **EP** Epikutikula, **EX** Exokutikula, **EZ** Epidermiszelle, **MF** Muskelfaser, **PK** Porenkanal.

Muschelschalen und Schneckengehäuse

| 3.1.2.2

Ähnlich wie bei Arthropoden bildet auch bei Muscheln und Schnecken eine einzelne Lage von Epidermiszellen polymerisierende und vernetzbare Substanzen (hier **Glykoproteine**), die nach außen abgegeben und (hier) durch **Conchiolin** gegerbt werden (Abb. 3.4). Die Kutikula erlangt so eine hohe Festigkeit und Wasserundurchlässigkeit. Unter der Conchiolin-Schicht befindet sich die **Prismenschicht**, eine dicke Lage mineralisierter Lamellen, die vor allem aus $CaCO_3$ bestehen.

Im Gegensatz zum Panzer der Arthropoden wird diese dünne, oberflächliche Schicht zwar permanent, aber nur in einem schmalen Randbereich gebildet. Die dicke, mineralisierte Schicht entsteht durch Kristallisation. Ein mit Flüssigkeit gefüllter Spaltraum trennt im zentralen Bereich Hautzellen von den mineralisierten Schichten. Die Hautzellen produzieren verschiedene Eiweiße und organische Säuren, die sie zusammen mit Kalzium- und Karbonationen in diesen Spaltraum abgeben. Aus dieser Lösung kristallisiert $CaCO_3$ in Form von Aragonit oder Calcit – entweder in Säulen senkrecht zur Oberfläche oder parallel dazu. Die Kristallform (Lamellen, Säulen, Blattformen) wird von der organischen Matrix, die die einzelnen Elemente umgibt und als Kristallisationskeim dient, bestimmt. Die innerste Minerallage ist bei vielen Muscheln in oberflächenparallelen Kristallen organisiert, die dadurch

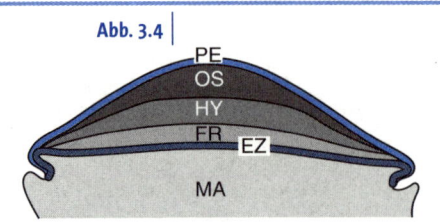

Abb. 3.4

Aufbau einer Muschelschale. **EZ** Epidermiszellen, **FR** Flüssigkeitsraum, **HY** Hypostrakum (= Perlmuttschicht), **MA** Mantel, **OS** Ostrakum (= Prismenschicht), **PE** Periostrakum (= Conchiolinschicht).

eine sehr glatte Oberfläche aufweisen (**Perlmutt**). Eine derartige Schale ist nur in den Randzonen und an Muskelansatzstellen mit dem Tierkörper fest verbunden. Sie kann durch Salzanlagerung in den Randzonen permanent vergrößert werden und von innen her verdicken.

Schalen sind vor allem Schutzeinrichtungen. Sie können allerdings auch als Skelettelemente für ansetzende Muskeln bei der Fortbewegung dienen. Grabende Muscheln können ihre Schale auch bei dieser Bewegung gezielt einsetzen.

3.1.3 | Funktionen des Integuments

Die vielseitigen Funktionen der Haut kann man in fünf Kategorien einteilen: Schutzfunktion, Austauschfunktion, Reizaufnahme, Signalfunktion und trophische Funktion. Auf die einzelnen Funktionen wird teilweise noch in anderen Kapiteln eingegangen.

3.1.3.1 | Schutzfunktion

▶ **Mechanischer Schutz**. Dank der elastischen Fasern und Kollagenfasern der Lederhaut ist die Haut elastisch und verformbar, gleichzeitig jedoch auch zugfest. Ein Fettpolster in der Unterhaut bietet einen Schutz gegen Stoßeinwirkungen. Einen zusätzlichen Schutz vor mechanischen Einwirkungen bieten Hautanhangsgebilde, Schleim, Kutikula, Hautpanzer, Schale und Gehäuse.

▶ **Schutz vor Austrocknung**. Bei landlebenden Tieren schützt die Hornschicht bzw. Kutikula den Organismus vor Wasserverlust. Für den Menschen schätzt man für eine Oberfläche ohne Epidermis eine Wasserverdunstung von 20 l pro Tag. Deshalb ist bei flächigen Hautschädigungen (z.B. Verbrennungen) eine erhöhte Flüssigkeitsaufnahme nötig.

▶ **Schutz vor UV-Strahlung**. Das durch die Haut absorbierte UV-Licht verursacht photochemische Reaktionen, die zur Bildung von freien Radikalen führen; diese bauen dann die Molekülstrukturen der Polymere ab oder vernetzen sie und führen u.a. zu DNA-Schäden. Die Haut reflektiert den großen Teil der Lichtstrahlung durch Hautanhangsgebilde und Hornschicht. Das UV-Licht wird an diesen Oberflächen-Strukturen, aber auch an der Hautoberfläche durch Urocaninsäure im Schweiß absorbiert. Melanin »schluckt« Strahlung bis 400 nm und vermag so die Zellkerne der Keratinozyten, die es umgibt, sowie auch das darunterliegende Gewebe zu schützen.

▶ **Schutz vor chemischer Einwirkung**. Die Kutikula, die Hornschicht, sowie der von den Talgdrüsen produzierte Fettfilm verhindern zum Teil das Eindringen chemischer Agenzien.

▶ **Schutz vor Krankheitserregern**. Die Hautoberfläche reagiert dank der Talg-Fettsäuren sauer (beim Menschen: pH-Wert 5,7). Dieser so genannte Säureschutzmantel stellt ein feindliches Milieu für viele Keime dar. Die trockene Hornschicht der Sauropsiden bietet ebenfalls ein keimunfreundliches Milieu; toxische Hautsekrete mancher Amphibien wirken bakterizid. Langerhans-Zellen der Epidermis und verschiedene Immunzellen der Dermis stellen eine wirksame Barriere für Keime dar.

▶ **Schutz vor Prädatoren**. Tiere werden effektiv durch ein dickes Integument (Hornschicht, Lederhaut) und seine Derivate (Schuppen, Panzer, Kutikula, Schale usw.) vor Fressfeinden geschützt. Bei manchen Tieren bildet die Haut Stacheln und Dornen. Die Hautdrüsen können schleimige, bittere, giftige oder stinkende Stoffe produzieren, die Fressfeinde abschrecken.

| Abb. 3.5

Beispiele des aposematischen gelb-schwarzen Farbmusters. **A** Wespe, **B** Sunda-Dornauge (*Pangio semicinctus*), **C** Feuersalamander, **D** gebräuchliches Warnzeichen »Warnung vor giftigen Stoffen« (W03) gemäß der Unfallverhütungsvorschrift, **E** Gebänderter Krait (*Bungarus fasciatus*).

| Abb. 3.6

Farbmusterwechsel durch Dispersion oder Konzentrierung der Melanosomen in der Zelle.

Farbmuster ermöglichen vielen Tieren eine effektive Tarnung oder Warnung. Manche Tiere (insbesondere Insekten, Fische und Frösche) zeigen durch ihre Tarntracht und Hautstrukturen eine große Ähnlichkeit mit Unterlagen bzw. unterschiedlichen Gegenständen (Pflanzenblatt, Zweig usw.). Man bezeichnet diese Eigenschaft als **Mimese**. Manche giftigen oder unschmackhaften Tiere signalisieren diese Eigenschaften vorbeugend ihren potenziellen Fressfeinden durch auffällige, so genannte **aposematische** Farben und Farbmuster (bekannte Beispiele sind schwarzgelbe Streifen oder Flecken bei Wespen, Unken oder Feuersalamandern, oder Augenmuster mancher Falter, Abb. 3.5 u. Abb. 3.6). Manche Tierarten, die diese Eigenschaften per se nicht besitzen, haben im Laufe der Evolution die Imitation des Aussehens von Trägern echter Warntrachten perfektioniert. Man bezeichnet diese täuschende Signalnachahmung als **Bates-Mimikry**.

Auch weitere optische Signale (z.B. die optische Vergrößerung des Körpers durch Haar- bzw. Federsträuben) oder akustische Signale mittels Hautanhangsgebilden (z.B. Rasseln mit Schwanzhautringen bei Klapperschlangen oder mit Stacheln bei Stachelschweinen) können zur Abschreckung eingesetzt werden.

3.1.3.2 Austauschfunktionen

▶ **Thermoregulation**. Die Haut spielt eine wichtige Rolle bei der Regulierung der Körpertemperatur: Temperaturmessung, Wärmeaufnahme und Wärmeabgabe werden von ihr geleistet. Wichtige Faktoren sind hierbei die Größe der Hautoberfläche, Hautfarbe (licht- und wärmeabsorbierende oder -reflektierende Farben), Hautanhangsgebilde (Haar- bzw. Federkleid), Dicke und Verteilung der Unterhaut-Fettschicht sowie die Dichte des Kapillarnetzes und der Schweißdrüsen. Auf diese Funktion wird näher in Kapitel 3.2.4 eingegangen.

▶ **Ionen- und Osmoregulation**. Abgabe von Mineralien (insbesondere Kochsalz) und Wasser erfolgt bei manchen aquatischen Wirbellosen und Amphibien über die gesamte Hautoberfläche, bei Säugetieren über Schweißdrüsen, bei einigen Sauropsiden über spezialisierte Salzdrüsen. Bei Tieren mit dünner Haut kann auch die Wasseraufnahme über die Haut erfolgen.

▶ **Exkretion**. Die Exkretion von Ammoniak kann bei aquatischen Wirbellosen über die gesamte Haut erfolgen. In die Haut können auch einige Metaboliten eingelagert werden (z.B. Guanin in Fischschuppen, s. Kap. 2.6.1.1).

▶ **Gasaustausch**. Siehe hierzu Kap. 2.4.2.2.

▶ **Nährstoffaufnahme**. Nährstoffaufnahme bei Absorbierern erfolgt über die Hautoberfläche (s. Kap. 2.5.2).

3.1.3.3 Reizaufnahme

Die Haut stellt den größten Sinnesapparat der Tiere dar. Sie besitzt zahlreiche Sensoren (Messfühler) für äußerst verschiedene Umweltparameter: Kälte- und Wärmesensoren, Vibrations- und Drucksensoren, Chemosensoren wie etwa Geschmacksknospen, Schmerzrezeptoren u.a. Auf diese Sinnesfähigkeiten wird näher im Kap. 5.1 eingegangen.

3.1.3.4 Signalfunktion

Haut und Hautderivate spielen eine wichtige und vielseitige Rolle in der intra- und interspezifischen Kommunikation. Auf verschiedene Art und Weise (z.B. durch ein optisches Muster, einen Farbwechsel oder die von

Hautdrüsen produzierten Duftstoffe und Pheromone) entstehen Signale, die der Erkennung der Art, des Geschlechts, des Alters, des Individuums sowie Stimmung und Absichten dienen (s. Kap. 4.10.1). Siehe auch Schutz vor Prädatoren.

Trophische und sonstige Funktionen | 3.1.3.5

Die Haut erfüllt bei manchen Tieren auch eine trophische Funktion, also auf das Ernähren bezogen. Ein Beispiel hierfür ist die Milchproduktion durch modifizierte Hautdrüsen, die Milchdrüsen (s. Kap. 4.9.8). Einige räuberische Tierarten ahmen durch Hautanhangsgebilde (z.B. durch wurmförmige Körperfortsätze) die Nahrungstiere ihrer Beute nach und locken sie dadurch in ihre Nähe (z.B. Anglerfische): **Peckham-Mimikry**. Die Hauttaschen einiger Frösche sowie der Beutel der Beuteltiere (s. Kap. 4.9.3) dienen der Inkubation der Jungtiere. In der Dermis wird bei UV-Bestrahlung Cholecalciferol (Vitamin D3) aus cholesterolartigen Provitaminen synthetisiert.

Homöostase | 3.2

▶ Die **Homöostase** (Homoiostase) bezeichnet die Fähigkeit eines offenen Systems, sich selbst durch **Rückkopplung** innerhalb bestimmter Grenzen im Zustand eines dynamischen Gleichgewichts zu halten (Box 3.4). Der Begriff wurde 1932 von WALTER B. CANNON eingeführt. Das Konzept spielt eine wichtige Rolle nicht nur in der Physiologie, sondern auch in der Kybernetik. Die physiologische Homöostase ist die **Erhaltung eines kon-**

Box 3.4

Rückkopplung

Rückkopplung (**feedback**) bezeichnet ein allgemeines Regelungsprinzip. In einem rückgekoppelten System (**Regelkreis**) beeinflusst das Ausgangssignal (Produkt) das Eingangssignal (Auslöser, der die Herstellung des Produkts in Gang setzt).

Man unterscheidet positive und negative Rückkopplung.

Negative Rückkopplung ist die Reaktion eines Regelkreises, in der das System der Änderung entgegenwirkt (z.B. die Regelung des Blutdrucks s. Kap. 2.3.3.3 oder des Hormonspiegels durch das Hypothalamus-Hypophyse-System, s. Kap. 5.3.2.1).

Positive Rückkopplung verstärkt die Antwort und hat damit einen destabilisierenden Effekt bzw. führt zur Herstellung eines neuen, anderen Gleichgewichts (z.B. die Entstehung eines Aktionspotentials s. Kap. 1.2.7.2 oder Blutgerinnung s. Kap. 1.2.6.3).

stanten inneren Milieus, das für die Lebenserhaltung und Funktion der Zellen und Organe eines Organismus notwendig ist. Der Begriff »Milieu intérieur« wurde 1865 von CLAUDE BERNARD eingeführt.

Die markantesten Beispiele der Homöostase betreffen:

▶ Säure-Base-Regulation,
▶ Osmoregulation,
▶ Ionenregulation,
▶ Thermoregulation.

In Bezug auf einen beliebigen Parameter (z.B. Temperatur, Salzkonzentration) können Tiere in Konformer oder Regulierer eingeteilt werden. Bei **Konformern** wird das innere Milieu weitgehend den aktuellen Umweltbedingungen angepasst. Diese Tiere werden z.B. als **poikilotherm** (wechselwarm) bzw. poikilosmotisch bezeichnet. **Regulierer** halten die Parameter des inneren Milieus dagegen in etwa auf einem konstanten Wert, unabhängig von den Umweltbedingungen. Sie werden daher auch **homoiotherme** (gleichwarme) bzw. homoiosmotische Tiere genannt. Ökologisch betrachtet, werden Organismen, die nur einen engen Bereich sich ändernder Umweltbedingungen tolerieren können, also ökologisch spezialisiert sind, als **stenök** bzw. stenotherm und stenohalin bezeichnet. Tiere, die nicht an mehr oder minder stabile Umweltverhältnisse gebunden sind und wechselnde Bedingungen daher gut vertragen, nennt man **euryök** bzw. eurytherm und euryhalin.

3.2.1 Säure-Base-Gleichgewicht

Durch Stoffwechselvorgänge werden stets Protonen (H^+) und Anionen (CO_2 als HCO_3^-) freigesetzt (s. Kap. 2.1.3). Sie gehen in die extrazelluläre Flüssigkeit und ins Blut über und werden schließlich über die Lungen und Nieren eliminiert. Säuren und Basen sind in den Körperflüssigkeiten in einem Gleichgewicht, wobei der pH-Wert durch **Puffersysteme** stabilisiert wird. Eines der wichtigsten Puffersysteme ist der **Bicarbonatpuffer**, eine Pufferlösung aus Bicarbonat (HCO_3^-) und Kohlensäure (H_2CO_3). Der Bicarbonatpuffer ist ein offenes Puffersystem – er kann dissoziierte H^+ und OH^- abfangen, wobei es anfallende saure Valenzen mit dem Urin (oder als CO_2 durch Exspiration) eliminiert. Der **pH-Wert** beträgt bei Säugetieren im arteriellen Blut **7,4** und schwankt nur geringfügig (± 0,02). Das Blut sehr verschiedener Tiere zeigt sehr ähnliche pH-Werte, jedoch kann die pH-Wert-Regulation unterschiedliche Wege nehmen. Störungen des Gleichgewichts führen zu Azidose oder Alkalose und sind lebensbedrohlich.

Azidose (Abfall des pH-Wertes unter 7,36) entsteht durch einen Anstieg von CO_2 im Blut (z.B. als Folge von Hyperkapnie, Lungenerkrankungen,

Behinderung der Ventilation) oder durch Bicarbonatverluste (z.B. als Folge starker Durchfälle). Der Organismus kompensiert die Azidose z.B. durch Hyperventilation (Hecheln), die zur Abgabe von CO_2 führt.

Alkalose (Anstieg des pH-Wertes über 7,44) entsteht z.B. bei übermäßiger Zufuhr von Bicarbonat oder durch Hyperventilation wegen Sauerstoffmangels (z.B. in Höhenlagen). Ihr kann durch Hypoventilation entgegengewirkt werden.

Osmoregulation

Zwei anfänglich unterschiedlich konzentrierte Lösungen sind durch eine semipermeable (halbdurchlässige) Membran getrennt, die nur das Lösungsmittel passieren kann. Wasser ist ein Lösungsmittel für viele Stoffe einschließlich Ionen. Die Gesamtkonzentration von Elektrolyten in der Lösung bedingt ihre **Osmolarität** (ihren osmotischen Wert). Wasser strömt osmotisch von der niedrigen zur hohen Lösungskonzentration. Da die Zellmembranen semipermeabel und für Wasser in beide Richtungen durchlässig sind, muss die Osmolarität des äußeren und des inneren Milieus der Zelle im Gleichgewicht sein (**isoosmotische** Verhältnisse). Bei **hyperosmotischen** Verhältnissen (bezogen auf das Außenmilieu) strömt Wasser aus der Zelle und die Zelle schrumpft, bei **hypoosmotischen** Bedingungen strömt Wasser ein und die Zelle schwillt an (Abb. 3.7).

Aufgrund der marinen Herkunft des Lebens und der langen Evolution im Meer haben sich die Zellen an dieses salzhaltige Milieu angepasst. Die **Osmolarität der Körperflüssigkeiten** (Blut und extrazelluläre Flüssigkeit) ist **etwas niedriger als die des Meerwassers**, jedoch **höher als die des Süßwassers**. Innerhalb des Körpers befinden sich extra- und intrazelluläre Flüssigkeit (trotz verschiedener Ionen-Zusammensetzung s. Kap. 3.2.3) in isoosmotischem Verhältnis. Tiere müssen allerdings den osmotischen Wert der extrazellulären Körperflüssigkeit stets regulieren und dem der intrazellulären anpassen. Dies geschieht über die Kontrolle des Wasser- und Salzhaushalts. Säugetiere bestehen zu 75 % aus Wasser; ein Verlust von 10 % Wasser ist für die meisten Säugetiere lebensbedrohlich, gehen 15–20 % verloren, wirkt das fatal.

Je nachdem, ob die Tiere den osmotischen Wert konstant halten müssen oder sich anpassen können, unterscheiden wir:
▶ **Osmokonformer** (poikilosmotische Organismen). Die meisten wirbellosen Meerestiere besitzen Körperflüssigkeiten, die mit Meerwasser isoosmotisch sind, wobei ihre Zellen jedoch einen relativ niedrigen Salzgehalt aufweisen. Sie vermeiden osmotisches Schrumpfen mit Hilfe von intrazellulären organischen Osmolyten. Dies sind z.B. neutrale freie Aminosäuren (Glycin oder Taurin) oder kleinere Mengen von Methylaminen.

3.2.2

Definition

Osmose ist die Form der Diffusion (Bewegung einer Substanz zum Ort ihrer niedrigeren Konzentration), bei der sich nur das Lösungsmittel und nicht der gelöste Stoff bewegen kann.

Abb. 3.7 |

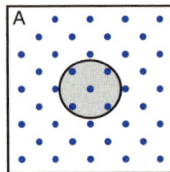

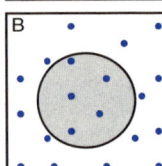

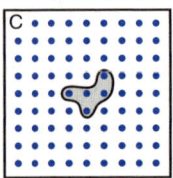

Wirkung der Osmolarität einer Zelle. **A** Die Zelle befindet sich in einem isoosmotischen Medium. **B** Die Zelle schwillt in einem hypoosmotischen Medium an. **C** Die Zelle schrumpft in einem hyperosmotischen Medium.

Die Konzentration dieser Osmolyte ändert sich mit der Salinität des Wassers. Der geringe Salz- und hohe Glycin-Gehalt erklärt auch, weshalb das Fleisch von Muscheln nicht salzig, sondern leicht süßlich schmeckt.

► **Osmoregulierer** (homöosmotische Organismen). Sie halten die Osmolarität ihrer Körperflüssigkeiten konstant, also von der Osmolarität des Außenmediums abweichend. Man kann unterscheiden (Abb. 3.8): **Hyperosmotische Osmoregulierer**, die wie z.B. **Süßwasserfische** in einem hypoosmotischen Milieu leben und die Osmolarität ihrer Körperflüssigkeiten hoch halten müssen. Sie müssen daher stets Wasser aus dem Körper abgeben – über verdünnten Urin – und trinken nicht. Zusätzliche Salze nehmen sie aus der Umgebung auf, z.B. durch aktive Resorption über die Kiemen. **Hypoosmotische Osmoregulierer**, die in einem hyperosmotischen Milieu leben (Meerwasser oder Land) und dem Entzug von Wasser, und damit der Dehydratation und Schrumpfung, entgegensteuern müssen. **Meeresknochenfische** trinken viel, produzieren wenig und konzentrierten Harn und eliminieren Ionen aktiv über die Kiemen. **Knorpelfische** erhalten eine hohe Konzentration von osmotisch wirksamem Harnstoff im Blut aufrecht. **Landtiere** vermeiden Wasserverlust durch ein undurchlässiges Integument, nehmen zusätzliches Wasser durch Trinken auf oder gewinnen es aus der Nahrung bzw. als Oxidationswasser (d.h. metabolisch: 1 g Glukose ergibt 0,6 g H_2O, noch mehr kann aus Fett gewonnen werden). Zudem reduzieren sie die Wasserabgabe und erhöhen im Gegenzug die Salzausscheidung, z.B. durch konzentrierten Harn, Schweiß oder etwa bei Meeresreptilien und -vögeln durch spezielle Salzdrüsen).

Ökologisch kann man unterscheiden:

► **Euryhaline Organismen**, gute Osmoregulierer, die in Medien mit unterschiedlicher Salzkonzentration und damit unterschiedlicher Osmolarität leben können (z.B. Strandzone, Brackwasser, Meer- **und** Süßwasser, im Wasser **und** an Land).

► **Stenohaline Organismen**, die nur in Medien mit bestimmter und stabiler Salzkonzentration leben können.

Abb. 3.8 |

Hyperosmotische (links) und **hypoosmotische (rechts) Osmoregulierer**. Süßwasserfische (links) trinken nicht, resorbieren Salze über die Kiemen und geben viel verdünnten Urin ab. Meeresfische (rechts) trinken viel, produzieren wenig, dafür aber hochkonzentrierten Harn und eliminieren Ionen aktiv über ihre Kiemen.

Box 3.5

Physiologische Lösung aus dem Leitungswasser

Zur **Aufbewahrung von isolierten Organen** bzw. zur **Infusion** (Einbringen von Flüssig-keiten in den Körper) oder **Perfusion** (Durchspülung der Organe) in der klinischen Praxis und biomedizinischen Forschung benutzt man **physiologische Kochsalzlösung** oder so genannte **Ringerlösung**, die beide isoosmotisch mit den Körperflüssigkeiten sind. Die Ringerlösung enthält außer NaCl auch KCl und $CaCl_2$ und weitere anorganische Salze in einem bestimmten Mischungsverhältnis.

Um 1880 experimentierte RINGER mit isolierten Froschherzen in physiologischer Koch-salzlösung. Einmal bemerkte er, dass die Froschherzen länger als normal überlebt hatten. Er forschte nach den Ursachen und stellte fest, dass sein Assistent aus Bequemlichkeit für die Herstellung der Lösung Leitungswasser statt destilliertes Wasser genommen hatte. Durch weitere Analysen und Experimente fand RINGER heraus, dass Spuren von Kalzium und Kalium die Eigenschaften der physiologischen Lösung verbessern und zur Verlänge-rung der Überlebensdauer und Funktionalität der isolierten Organe beitragen. Er hat spä-ter die Mischungsverhältnisse anorganischer Salze weiter perfektioniert und standardi-siert. Seine Lösung gehört heute zur Standardausstattung physiologischer und histologi-scher Labors. Diese Lösung dient als künstliche Kreislaufflüssigkeit, um ein isoliertes Organ für eine längere Zeit lebensfähig zu erhalten.

Ionenregulation

3.2.3

Auch wenn der osmotische Wert (bei gleichen Gesamtkonzentrationen) gleich ist, so ist die **Ionen-Verteilung intra- und extrazellulär unterschiedlich**. Dies ist u.a. wichtig für die Membranfunktion sowie die Erregungsfähig-keit von Nerven- und Muskelzellen (Box 3.5).

▶ **Extrazelluläre** Flüssigkeit **ähnelt** in ihrer Zusammensetzung der des **Meerwassers**: Der Gehalt an Na^+- und Cl^--Ionen ist relativ hoch, der an K^+-Ionen relativ niedrig.

▶ **Intrazellulär** gelten umgekehrte Verhältnisse: Der Gehalt an K^+-Ionen wird hoch, der an Na^+- und Cl^--Ionen niedrig gehalten.

Das Erhalten der **Zusammensetzung der extrazellulären Flüssigkeit** erfor-dert **Kochsalz-Zufuhr**. Dies ist kein Problem für Meerestiere und für Karni-voren, die genug NaCl mit der Nahrung erhalten. Süßwassertiere absor-bieren Salz aktiv über Kiemen, Darm und Haut; Herbivoren müssen zusätzliche Kochsalzquellen finden.

3.2.4 | Thermoregulation

Die Regulation der Körpertemperatur ist für alle Tierarten aus verschiedenen Gründen essentiell.

3.2.4.1 | Wärme und Temperatur

Wärme im physikalischen Sinne ist über eine Systemgrenze hinweg transportierte **thermische Energie**, d.h. die Energie, die in der ungeordneten Bewegung der Atome oder Moleküle eines Stoffes gespeichert ist. Beim absoluten Nullpunkt (Tab. 3.2) kommt jede Molekularbewegung zum Stillstand, je wärmer ein Körper wird, desto größer ist die kinetische Energie der Teilchen (bzw. je größer diese Energie ist, desto wärmer ist der Körper).

Der Begriff **Temperatur** diente ursprünglich der quantitativen Erfassung der Empfindungen »kalt« und »heiß«. Unser Sinnes- und Nervensystem kann Temperaturunterschiede nur subjektiv und nur in einem bestimmten (physiologischen) Bereich erfassen. Bei tieferen oder höheren Temperaturen kommt es zunächst zu Falschmeldungen (paradoxe Kälteempfindung bei heißen Kontakten) und darüber hinaus zu physikalischen Schädigungen der Zellen und Geweben. Die Temperatur wird als **Eigenschaft** eines Körpers definiert, dem die Begriffe »**kalt**« und »**heiß**« zugeordnet werden.

Tab. 3.2	Ausgewählte Temperaturwerte im Vergleich
2 000 000 °C	Korona der Sonne
6 000 °C	Oberfläche der Sonne
950 °C	Gasherdflamme
800 °C	Streichholzflamme
230 °C	Bügeleisen (Einstellung: Leinen)
100 °C	Siedepunkt von Wasser
81 °C	Körperhöchsttemperatur des Pompeji-Wurms
54 °C	Höchste auf der Erde im Schatten gemessene Lufttemperatur
40–41 °C	Körpertemperatur der Vögel
36–39 °C	Körpertemperatur plazentaler Säugetiere (z.B. Primaten ca. 37 °C, Katzenartige 39 °C)
35–36 °C	Körpertemperatur der Beuteltiere
0 °C	Wasser gefriert
−78,5 °C	Trockeneis (gefrorenes CO_2)
−89 °C	Tiefste auf der Erde im Windschatten gemessene Lufttemperatur
−195,8 °C	Siedepunkt von Stickstoff
−273,15 °C	Tiefste mögliche Temperatur (absoluter Nullpunkt)

Die **Temperatur** kann auch als die physikalische Eigenschaft betrachtet werden, die den Transfer von Wärmeenergie zwischen zwei Systemen regelt. Haben zwei sich in Kontakt befindliche Körper unterschiedliche Temperaturen, wird Energie **vom wärmeren Körper zum kälteren** solange übertragen, bis **Temperaturgleichheit** herrscht.

Es gibt vier Möglichkeiten der **Wärmeübertragung**: Konduktion, Konvektion, Radiation und Evaporation (Abb. 3.9).

► **Konduktion** (Wärmeleitung) bedeutet eine Energieübertragung durch Kontakt zwischen zwei Medien (z.B. Fuß und Boden, Haut und Luft), wobei die kinetische Energie der Moleküle sich durch Stöße direkt fortpflanzt. Die Effektivität und Geschwindigkeit der Konduk-

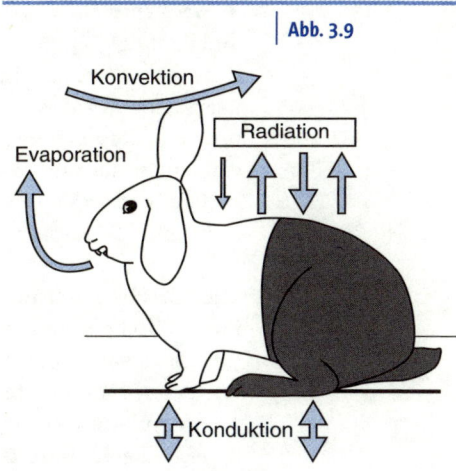

| Abb. 3.9

Mechanismen der Wärmeübertragung.

tion ist vom Temperaturunterschied und von der Größe der Kontaktfläche sowie von der Dichte des Materials, über das der Wärmeaustausch erfolgt, abhängig. Dichte Materialien haben eine hohe Wärme-Leitfähigkeit. Haar- und Federkleid haben eine geringere Dichte und damit auch eine geringere Leitfähigkeit. Die Wärmeleitfähigkeit des Wassers ist 50- bis 100-mal größer als die der Luft; daher erwärmen sich Objekte im Wasserbad schneller als an der Luft und kühlen auch schneller ab.

► **Konvektion** (Wärmeströmung) bedeutet Wärmeübertragung durch das bewegende Medium, insbesondere in Luft oder Wasser. Hierbei kommt es zur Mischung von unterschiedlich warmen Komponenten (wie bei der Vorbereitung eines Bades in der Badewanne). Für die Effektivität der Konvektion sind der Temperaturunterschied zwischen beiden Medien, die Oberflächen-Größe, die Gestalt und die strukturellen Eigenschaften (Textur) des dem strömenden Medium exponierten Körpers sowie die Geschwindigkeit der Strömung wichtig.

► **Radiation** (Wärmestrahlung) ist eine elektromagnetische Strahlung, die alle Körper, die wärmer als der absolute Nullpunkt sind, abgeben. Mit zunehmender Temperatur des Körpers steigt die Intensität und Frequenz der Strahlung. Im Allgemeinen liegt das Emissionsmaximum bei physiologischen Temperaturen im Infrarotbereich. Die Wärmestrahlung eines Körpers ist unabhängig von der umgebenden Temperatur. Beim **Auftreffen von Wärmestrahlung auf einen Körper** kann die Strahlung teilweise **durchgelassen**, **reflektiert** oder **absorbiert** werden. Die Haare der Eisbären fungieren z.B. wie klare optische Fasern, die die Sonnenstrahlung zur schwarzen Haut übertragen, wo die Wärmeenergie absorbiert wird.

▶ **Evaporation** (Verdunstung) bedeutet Wärmeverlust (Verdunstungskühlung) auf der Oberfläche der Flüssigkeit, die ihre Moleküle als Gas verliert. Beim Verdunsten geht die Flüssigkeit in den gasförmigen Zustand über, ohne dass sie vorher zum Sieden gebracht wurde. Hierbei lösen nur besonders energiegeladene Teilchen die Verbindung zu anderen und werden gasförmig. Die weniger energiegeladenen Teilchen bleiben zurück, so dass sich die Oberfläche abkühlt. Das Schwitzen (Transpiration) kühlt die Haut durch Evaporation ab.

3.2.4.2 | Thermische Toleranz

Biochemische Reaktionen laufen nur bei bestimmten Temperaturen ab und meist wird von den Zellen (bzw. Organen bzw. Organismen/Tieren) nur ein bestimmter Temperaturbereich toleriert. Das Temperaturoptimum wird als **Thermoneutralzone** (s. auch Kap. 3.2.4.4) bezeichnet. Der Bereich dieser Zone ist artspezifisch und spiegelt die Evolutionsgeschichte der jeweiligen Art wieder. Beim (nackten) Menschen liegt die Thermoneutralzone bei 28–33 °C.

Die Absolutwerte der über die Thermoneutralzone hinaus noch tolerierten Körpertemperaturen, bei denen enzymatische Reaktionen verlaufen können, sind bei unterschiedlichen Arten und bei unterschiedlichen Populationen verschieden. Je nachdem, ob die Tiere nur einen schmalen Temperaturbereich oder aber einen breiten Bereich tolerieren, werden sie als **stenotherm** oder **eurytherm** bezeichnet.

Das **thermische Minimum**, bis zu dem die notwendigen enzymatischen Reaktionen verlaufen können, ist durch den Gefrierpunkt der Körperflüssigkeiten bestimmt. Beim Einfrieren von Körperflüssigkeit kommt es zur Bildung von Eiskristallen, die die Zellmembranen zerstören. Der Gefrierpunkt der Körperflüssigkeit liegt, aufgrund der in ihr enthaltenen Salze bei −0,5 °C bis −1,0 °C, also unter dem Gefrierpunkt des Wassers. Einige Insekten, Amphibien und Fische haben **Gefrierschutz-Substanzen** (»Antifrostmittel«, z.B. Glycerol, Glukose, Glykopeptide und Glykoproteine) entwickelt und können mit ihrer Hilfe den Gefrierpunkt der Körperflüssigkeit weiter herabsetzen. Einige dieser Stoffe ermöglichen eine Unterkühlung der Körperflüssigkeit ohne Eisbildung, das so genannte »**Supercooling**«. Im Allgemeinen gilt jedoch, dass auch kältetolerante und an Kälte angepasste (sog. **psychrophile**) Organismen die Temperatur der Körperflüssigkeiten durch thermoregulatorische Maßnahmen über dem Gefrierpunkt halten müssen.

Das **thermische Maximum** ist durch die Temperatur bedingt, bei der die Proteine denaturieren, bzw. deaktiviert werden. Bei Säugetieren und Vögeln liegt das thermische Maximum nur wenig über ihrer normalen Körpertemperatur (s. Tab. 3.2). Manche Reptilien sind etwas hitzetole-

Box 3.6

Hitzetoleranter Pompeji-Wurm

Der Rekord in der Hitzetoleranz gehört dem Pompeji-Wurm (*Alvinella pompejana*), einer erst 1980 beschriebenen Polychaeten-Art, die in der Nähe von kochend heißen Unterwasserquellen, so genannten »black smokern«, in der Nähe der Galapagos Inseln in 2600 m Tiefe lebt.

Das »black smoker«-Ökosystem wurde erst 1979 durch amerikanische und französische Forscher entdeckt. Es stellt eine bis dahin unbekannte einzigartige Lebewelt dar, die u.a. aus Archaeen, Bakterien, Polychaeten, Krabben und Muscheln besteht. Da ähnliche Faunengemeinschaften auch aus der fossilen Überlieferung bekannt sind, wird von einigen Autoren vermutet, dass sich das Leben an hydrothermalen Quellen entwickelt haben könnte.

Der Pompeji-Wurm lebt direkt am Rand der »black smoker« Kamine, wo das Wasser 350 °C heiß ist. Es kommt jedoch zu einer schnellen Abkühlung, da das Wasser in der Umgebung lediglich 2 °C kalt ist. Nichtsdestoweniger herrschen in den Röhrchen dieses Wurmes Temperaturen von bis zu 81 ºC. Der Wurm lebt im Bereich eines starken thermischen Gradienten (von 60 °C). Die chemischen und physikalischen Bedingungen können als Extrem für die meisten Eukaryonten bezeichnet werden: hohe Salz- und Sulfidkonzentration, wenig Sauerstoff, hoher Druck. Die biochemischen und physiologischen Anpassungen, die es diesem Borstenwurm ermöglichen, unter solchen extremen Bedingungen zu überleben, die von keinem anderen Eukaryonten toleriert werden, sind noch weitgehend unbekannt. Wie 1998 in der Zeitschrift NATURE berichtet wurde, ist der Wurm wahrscheinlich durch symbiontische thermophile Bakterien geschützt, die auf seinem Rücken eine bis 1 cm dicke Schicht bilden und ihm wahrscheinlich auch hitzeresistente Proteine liefern.

ranter; bei den meisten Fischen und Amphibien ist das Hitzelimit bereits bei 30–35 °C erreicht. Dies wird insbesondere durch die niedere Löslichkeit von Sauerstoff bei höheren Temperaturen verursacht, die eine effiziente Atmung verhindert. Für viele arktische Fische liegt das Limit schon bei 6 °C. Organismen, die an sehr warme Bedingungen angepasst sind, werden als **thermophil** bezeichnet. Besonders thermophil und hitzetolerant für Temperaturen bis um 50 °C sind einige Wüstenechsen und Wüstenameisen sowie einige Fische. Der Pompeji-Wurm (Polychaeta) lebt in der Tiefsee in der Nähe von hydrothermalen Quellen bei Temperaturen von bis zu 81 °C (Box 3.6).

Phylogenetisch bedingte Unterschiede in der thermischen Toleranz spiegeln sich in der **geographischen Verbreitung** wieder. So sind (und waren in der Erdgeschichte) die Primaten nur in Warmgebieten verbreitet. Die einzigen Ausnahmen stellen die japanischen Rotgesichtsmakaken mit dickem Fell dar sowie der Mensch, der das subtropische Mikroklima durch Bekleidung und Behausung selbst herstellen kann. Organismen können sich an veränderte Umweltbedingungen (z.B. jahreszeitlich bedingte Temperaturschwankungen oder bei der Besiedlung neuer Habitate) relativ schnell anpassen. Diese physiologische Anpassung wird als **Akklimatisierung** bezeichnet. Eine Akklimatisierung auf Kälte erfolgt z.B. durch Erhöhung der Metabolismusrate, Verdichtung des Haar- bzw. Federkleides, Verdickung der Unterhautfettschicht oder Verhaltensänderungen. Dabei werden auch die »Sollwerte« der Regelzentren im Hypothalamus »auf neue Werte umgestellt« (s. Kap. 3.2.4.4). Während die Akklimatisierung selbst durch die Umweltänderungen ausgelöst wird, ist die **Disposition** für eine entsprechende Reaktion genetisch bedingt und stellt damit eine evolutionäre Anpassung, **Adaptation**, dar. Thermische Toleranz ändert sich bei manchen Arten auch mit den Jahreszeiten, wobei die Änderung durch die Photoperiode ausgelöst wird. So liegt z.B. das thermische Maximum für den Zwergwels im Sommer bei 36 °C, im Winter bei 28 °C.

3.2.4.3 | Poikilothermie

Poikilotherme (wechselwarme) Tiere tolerieren einen breiteren Körpertemperaturbereich; ihre Körpertemperatur passt sich der Außentemperatur an. Diese Tiere werden daher auch als **ektotherm** bzw. **Thermokonformer** bezeichnet. Mit steigender Temperatur steigt (bis zum bestimmten Optimumbereich) die Metabolismusrate und damit auch die Aktivität. Zu dieser Gruppe gehören alle Tiere bis auf die Säugetiere und Vögel.

Eine gewisse Thermoregulation ist auch bei poikilothermen Tieren möglich. Sie erfolgt insbesondere durch ein **thermoregulatorisches Verhalten**: tagesperiodische Wanderung und Aufenthalt an Orten mit günstigerer Temperatur, etwa in anderen Wasserschichten, oder durch Sonnenbaden oder Abkühlen im Schatten. Manche Sozialinsekten (Hymenopteren und Termiten) können in ihren Nestern eine konstante Temperatur durch ihre räumliche Ausrichtung und Architektur erzielen. Bei Honigbienen kennt man eine soziale Thermoregulation der Nester (Bienenstöcke). Sie erfolgt durch kollektives, synchrones »Fächeln« mit den Flügeln (Abkühlen) oder durch »Muskelzittern«, synchrone Kontraktionen der Flügelmuskel (Erwärmen).

Einige Insekten und Echsen können die Effektivität der Absorption oder Reflektion des Sonnenlichts und damit die Wärmeeinstrahlung durch **Farbänderung** steuern. Miesmuscheln kommen in zwei Farbvarianten vor – mit blauen und hellbraunen Streifen; die blauen Morphen können mehr Wärme absorbieren als die hellbraunen.

Homoiothermie

| 3.2.4.4

Homiotherme (gleichwarme) Tiere halten ihre Körpertemperatur unabhängig von der umgebenden Temperatur in einem schmalen Bereich konstant und werden daher auch als **endotherm** bzw. **Thermoregulierer** bezeichnet. Zu den homoiothermen Tieren zählen die Säugetiere und Vögel, und zählten wahrscheinlich auch die Dinosaurier. Thermoregulation (Wärmeproduktion oder Wärmeabgabe) ist mit energetischen Kosten verbunden. Minimale Kosten, d.h. die niedrigste Metabolismusrate, werden in der **Thermoneutralzone** erreicht – die Zone, in der sich das Tier thermisch »am wohlsten« fühlt.

Die Thermoregulation in der Thermoneutralzone erfolgt passiv physikalisch und damit ohne metabolische Energiekosten durch eine **veränderte Körperhaltung.** So wird eine Verringerung oder Vergrößerung der Oberfläche, über die die Wärmeabgabe erfolgt, bewirkt (z.B. durch Zusammenrollen oder Strecken der Körperteile).

Auch bei Thermoregulierern spielen das **thermoregulatorische Verhalten,** die **soziale Thermoregulation** (Kuscheln führt zur Vergrößerung des wärmespeichernden Volumens bei Verringerung der Oberfläche), das Errichten schützender **Bauten,** der **Aufenthalt** an thermisch optimalen Orten usw. eine wichtige Rolle (Abb. 3.10).

Der Mechanismus der **metabolischen Thermoregulation** ist analog zum **Thermostat-Prinzip.** Der Regelkreis besteht aus:

▶ **Messfühler: Thermosensoren** an der Körperoberfläche und im Körperinnern messen die Umgebungs- und die Körpertemperatur und leiten die Temperatursignale an die Regelglieder im ZNS weiter.

▶ **Regelglieder**: Die essentielle Schaltstelle für die Temperaturregelung ist der vordere und hintere **Hypothalamus** (Regio praeoptica/Area hypothalamica), dessen Neurone auf einen bestimmten Sollwert eingestellt sind. Werden diese Neurone experimentell ausgeschaltet, wandeln sich homoiotherme Tiere in poikilotherme.

▶ **Kontroll-Display**: Eine bewusste **Temperaturwahrnehmung** erfolgt im sensomotorischen Kortex.

▶ **Effektoren**: Die **Wärmeproduktion** erfolgt durch thermoregulatorisches Verhalten, Muskelzittern, biochemische Prozesse in der Leber oder Abbau von braunem Fettgewebe. Hierbei wird die Energie nicht in ATP gebun-

| **Abb. 3.10**

Federsträuben als thermoregulatorischer Mechanismus. Je stärker die Außentemperatur sinkt, desto mehr rundet die Amsel ihre Gestalt durch Federsträuben ab. Dadurch nimmt die zwischen den Federn gehaltene, isolierende Luftschicht zu (nach VESELOVSKÝ, 2001).

Box 3.7

Fieber

Fieber bedeutet eine Erhöhung der Körpertemperatur (beim Menschen über 38 °C) aufgrund der **Verstellung des Sollwerts** im Hypothalamus-Temperaturregulationszentrum. Die Verstellung des Sollwerts wird durch **Pyrogene** ausgelöst. Dies sind Lipopolysaccharid-Protein-Lipid-Komplexe, die aus Viren, Bakterien und Pilzen stammen (sog. exogene Pyrogene) oder Proteine, die von Leukozyten produziert werden (sog. endogene Pyrogene, z.B. Interleukine). Interleukine bewirken die Freisetzung von Gewebshormonen, Prostaglandinen und weiteren wichtigen Pyrogenen. Pyrogene verändern den Stoffwechsel von Zellen im Thermoregulationszentrum des Hypothalamus und verstellen den Sollwert für die Regulation der Körpertemperatur nach oben. In anderen Worten, sie geben ihm ein falsches Signal (»Temperatur zu niedrig«), worauf der Hypothalamus eine **Kaskade von thermoregulatorischen Gegenmaßnahmen** auslöst, wie Muskelzittern, Vasokonstriktion, Haarsträubung, Verhaltensänderung. Wenn dann die Körpertemperatur tatsächlich steigt, reagiert der Hypothalamus wieder mit Kommandos zu entsprechenden Gegenmaßnahmen, wie Schwitzen, Vasodilatation und Verhaltensänderung. Das Fieber kann die Bekämpfung einer Infektion unterstützen, z.B. durch Beschleunigung mancher biochemischer Reaktionen. Eines der bekanntesten antipyretischen Mittel ist die **Acetylsalicylsäure** (ASS). Sie wurde 1897 von FELIX HOFFMANN bei den Farbenwerken BAYER zum erstenmal synthetisiert und unter dem Produktnamen ASPIRIN® auf den Markt gebracht. Erst 1971 enthüllte Sir JOHN R. VANE, ein britischer Pharmakologe, die genaue Wirkweise von ASS. Er fand heraus, dass die Substanz die Freisetzung von als Pyrogene wirkenden Prostaglandinen hemmt. Für diese Entdeckung bekam er 1982 den Nobelpreis für Physiologie oder Medizin. Das Fieber ist von einer **Hyperthermie** (Überhitzung) aufgrund erhöhter Wärmezufuhr oder -entwicklung bzw. verringerter Wärmeabgabe zu unterscheiden. Bei einer Hyperthermie wird der Sollwert im Hypothalamus nicht verstellt. **Ektotherme Tiere**, wie Fische und Echsen, suchen bei Erkrankungen wärmere Orte auf, wodurch sie eine Hyperthermie einleiten.

den, sondern direkt als Wärme frei. Durch Vasokonstriktion im Hautbereich und Haar- bzw. Federsträuben wird die Wärmeabgabe reduziert. Die **Wärmeabgabe** erfolgt durch thermoregulatorisches Verhalten, durch Vasodilatation im Hautbereich, Schwitzen und Hyperventilation.

3.2.4.5 | Heterothermie

Die Heterothermie stellt einen Übergang zwischen Poikilothermie und Homoiothermie dar und wird durch eine zeitlich oder räumlich begrenzte Endothermie oder einen breiteren Bereich tolerierter Körpertemperaturen charakterisiert.

Über eine kurze Zeit und auf bestimmte Körperregionen begrenzt können auch einige nicht homoiotherme Tiere metabolisch Wärme erzeugen. Man bezeichnet diese Fähigkeit als **regionale metabolische Endothermie**. So können Bienen und Hummeln den Thorax durch Muskelzittern erwärmen. Dabei wird in der »Wespentaille« durch das Gegenstromprinzip kontrolliert, ob Wärme ins Abdomen abfließt oder im Thorax gehalten wird. Auch einige große Fische (Thunfisch, Schwertfisch, Haie) können in bestimmten Körperteilen eine bis zu 19 °C höhere Körpertemperatur als die umgebende Wassertemperatur erzeugen und aufrechterhalten. Wärmeproduktion wurde auch bei brütenden Pythons beschrieben.

Jungtiere von Vögeln und Säugern können bis zu einem bestimmten Alter ihre Körpertemperatur nicht effektiv regulieren und sollten als poikilo- bzw. heterotherm bezeichnet werden. Unter den Säugetieren sind Nackt- und Graumulle poikilo- bzw. heterotherm.

Einige Tiere wechseln periodisch zwischen Endothermie und Ektothermie, wobei sie im ektothermen Zustand inaktiv sind, ihren Stoffwechsel drosseln und dadurch Energie sparen. Der primäre Grund für den physiologischen Wechsel liegt dabei nicht in der Temperatur-Änderung, sondern in der **Knappheit an Energie-Ressourcen** (bzw. auch Wasser), um die Körpertemperatur effektiv regulieren zu können. Man unterscheidet folgende Formen der periodischen Inaktivität:

▶ **Tagestorpor**, auch Diurnation genannt, ein Zustand stark herabgesetzter Stoffwechselaktivität (die Metabolismusrate sinkt auf 1–3 % des Normalwertes, die Körpertemperatur nahezu auf Umgebungstemperatur). Der Tagestorpor kommt bei kleinen homoiothermen Tieren (Kolibris, Kleinsäuger) vor und unterliegt deren tagesperiodischem Rhythmus.

▶ **Hibernation**, Winterschlaf, und **Aestivation**, Sommerschlaf, sind Torpor-ähnliche Zustände, die allerdings länger andauern und einem jahresperiodischen Rhythmus unterliegen.

Immunität | 3.3

Immunität (Geschütztsein) bezeichnet die Fähigkeit eines Organismus, gegenüber den biologischen, chemischen und physikalischen schädigenden Wirkungen, den so genannten **Noxen**, geschützt zu sein. Im engeren biomedizinischen Sinne versteht man unter Immunität insbesondere die Widerstandsfähigkeit gegenüber Parasiten und Toxinen. Biologische Agenzien, die eine Krankheit verursachen, werden auch als **Pathogene** bezeichnet (Box 3.8). Immunität wird durch das **Immunsystem** (Abwehrsystem) gewährleistet. Körperfremde Stoffe, die vom Immunsystem als

Box 3.8

Gefahren für die Gesundheit

▶ Als **Parasit** wird ein Organismus bezeichnet, der ausschließlich (**obligat**) oder gelegentlich (**fakultativ**) **auf Kosten** anderer Organismen (**Wirte**) lebt. Man unterscheidet so genannte **Mikroparasiten** (Keime: Viren, Bakterien, Pilze) und **Makroparasiten** (Protozoen, Plathelminthen, Nematoden, Arthropoden). Parasiten leben entweder an der Körperoberfläche, als so genannte **Ektoparasiten**, oder intra- oder extrazellular in Geweben, als **Endoparasiten**.

▶ **Toxine** sind **Gifte biologischer Herkunft**. Sie werden von Mikroorganismen, Pflanzen oder Tieren produziert. Bei bakteriellen Toxinen unterscheidet man Exotoxine, die von lebenden Bakterien nach außen sezerniert werden und Endotoxine, die erst nach dem Absterben von Bakterien freigesetzt werden. Toxine können sowohl eine unterschiedliche chemische Zusammensetzung als auch unterschiedliche Wirkungsweisen besitzen. Im Englischen unterscheidet man zwischen »venom«, einem Toxin, das in den Körper aus einer spezialisierten Drüse injiziert wird (venomous snake, venomous spider) und »poison«, einem Toxin, das in vielen kleinen Drüsen produziert oder in Geweben gespeichert wird und durch eine Resorption über die Schleimhäute in den Körper des Opfers gelangt (poisonous plant, poisonous frog).

▶ **Gift** ist ein Stoff, der über die Stoffwechselvorgänge (meistens Interaktion mit Enzymen oder Rezeptoren) dem Organismus Schaden zufügt. PARACELSUS (1493–1541) definiert Gift nach der Dosis: »**Alles ist Gift, nichts ist ohne Gift, alleine die Dosis macht das Gift**«.

▶ **Krankheit** wird definiert als Störung der Lebensvorgänge in Organen oder im gesamten Organismus mit der Folge von subjektiv empfundenen bzw. objektiv feststellbaren körperlichen, geistigen und seelischen Veränderungen.

▶ **Infektion** bezeichnet die Übertragung (Kontagion), das Anhaften (Tenazion) und das Eindringen (Invasion) von Parasiten in den Wirtsorganismus sowie deren Vermehrung im Wirt.

fremd erkannt werden, und eine Reaktion, die **Immunantwort**, auslösen, werden als **Antigene** (**Ag**) bezeichnet. Ein Antigen verfügt an der Molekularoberfläche seiner Oberflächenstrukturen über mehrere Bindungsstellen (Epitope) an die sich die Paratope (spezifische Rezeptoren von T-Lymphozyten oder komplementäre Antikörper) binden.

Alle Organismen sind potentielle Wirte, die durch andere Organismen (Parasiten) gefährdet werden und alle können sich gegen diese Parasiten wehren. Am besten ist das Immunsystem der Säugetiere erforscht, das hier auch näher vorgestellt wird, stellvertretend für andere Wirbeltiere.

Immunsystem der Säugetiere

| 3.3.1

Das Immunsystem **schützt** den Organismus vor **infektiösen Erregern** und einigen Toxinen. Eine weitere wichtige Funktion besteht in der **Entsorgung von körpereigenen abgestorbenen, abnormalen und entarteten Zellen**. Das Immunsystem ist sehr komplex und umfasst eine Vielzahl spezialisierter interagierender Zellen. Man unterscheidet das angeborene und das erworbene Immunsystem, wobei es jedoch einen fließenden Übergang und eine interaktive Zusammenarbeit zwischen den beiden Systemen gibt (Abb. 3.11, Box 3.9).

Angeborenes Immunsystem

| 3.3.1.1

Das angeborene Immunsystem reagiert auf Antigene und entartete Zellen **unspezifisch**, seine Komponenten können alle Antigene gleichermaßen bekämpfen. Die wichtigsten Komponenten des angeborenen Immunsystems sind das Lysozym, das Komplement, Phagozyten, natürliche Killerzellen und Interferone. Das angeborene Immunsystem bestimmt die **Resistenz** eines Organismus.

▶ **Lysozym** ist ein Enzym, das bakterielle Peptidoglykane hydrolisiert. Es wird hauptsächlich von neutrophilen Granulozyten produziert und kommt in Körperflüssigkeiten vor (insbesondere in Blutplasma, Darmflüssigkeit, Tränenflüssigkeit, Nasensekret). Es wurde 1922 von A. FLEMING entdeckt und wird auch als »körpereigenes Antibiotikum« bezeichnet.

▶ **Komplement**, auch als Komplementsystem bezeichnet. Das System hat die Aufgabe, die Funktion der Antikörper zu ergänzen. Die Bezeichnung kann somit für eine Gruppe von Serumproteinen (sog. Komplementfaktoren) gelten, die beim Kontakt mit eingedrungenen Antigenen nacheinander zu hochspezifischen Proteasen aktiviert werden und die fremden Zellen enzymatisch auflösen (lysieren). Das Komplement aktiviert die Phagozyten und lockt sie an. Die Faktoren des Komplementsystems (besonders C3b) erleichtern durch ihre Anlagerung an körperfremde Substanzen, (**Opsonisierung**) die Phagozytose; sie »machen die Antigene den Phagozyten schmackhafter«. Das Komplement beteiligt sich zudem an der Auslösung des Entzündungsprozesses (Box 3.10, Abb. 3.12).

| Abb. 3.11

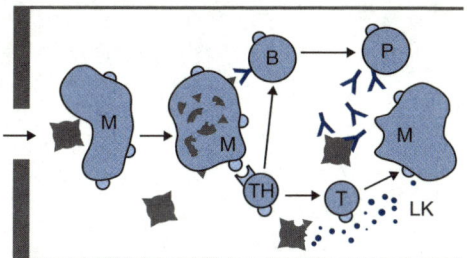

Schematische Darstellung der zellulären Interaktionen bei der Immunantwort. Die durch eine Eintrittspforte eingedrungenen Keime (Antigene, grau dargestellt) werden von Phagozyten (**M**) abgefangen, verarbeitet und den T-Helferzellen (**TH**) präsentiert, die wiederum T-Lymphozyten (**T**) und B-Zellen (**B**) aktivieren. **P** Plasmazellen, **LK** Lymphokine; Antikörper sind als blaue Y-förmige Strukturen, »Selbst«-Peptide als Halbkreise an der Zelloberfläche dargestellt.

Box 3.9

Immunologie in Forschung und Klinik

Die Erkenntnisse der Immunologie finden breite Anwendung in der Grundlagenforschung und in der klinischen Praxis. Hier zwei Beispiele:

Die **Immunhistologie** (Immunzytologie, Immunzytochemie, Immunhistochemie) gehört zu den empfindlichsten histochemischen Methoden. Sie beruht auf der Darstellung (Visualisierung) antigener Strukturen auf oder in den Zellen und Geweben mit Hilfe von Antikörper-Farbkomplexen, welche an die Antigene (**Ag**) binden. Bei dieser Methode wird zunächst der Antikörper (**Ak**) hergestellt. Hierfür wird einem Tier (üblicherweise einem Kaninchen oder einer Ziege) ein Protein, welches später in einem Gewebe nachgewiesen werden soll, injiziert. Die B-Lymphozyten des Tiers werden dadurch zur Differenzierung in spezifische Plasmazellen angeregt, welche die spezifischen Ak gegen dieses Protein bilden. Auf diese Weise bekommt man allerdings Mischungen von verschiedenen Ak (sog. **polyklonale Ak**) die an verschiedene Epitope eines Antigens binden. Antikörper, die nur an ein Epitop binden (sog. **monoklonale Ak**) werden üblicherweise mit Hilfe von Milzlymphozyten von Mäusen in einer Zellkultur hergestellt. Für die Entwicklung dieser Methode zur Produktion monoklonaler Antikörper wurde 1984 der Nobelpreis an KÖHLER und MILSTEIN vergeben. Die Antikörper werden schließlich mit Farbstoffen (z.B. Fluorochromen) oder Enzymen (z.B. Peroxidase) markiert, die die Bindungseigenschaften des Ak nicht stören und später im histologischen Präparat mit »gängigen« Methoden nachweisbar sind. Das untersuchte Gewebe wird in einer Lösung mit den Antikörpern inkubiert. Dabei entstehen spezifische Ag-Ak-Komplexe, so dass die Stellen, an denen das Ag (z.B. das gesuchte Protein) vorkommt, durch die Markierung sichtbar werden. Man kann auch indirekt einen Ak mit Hilfe eines sekundären Ak (Ak gegen den primären Ak) nachweisen.

Als **Immunisierung** (Impfung) wird die künstliche Herbeiführung der Immunität gegen ein Antigen bezeichnet. Man unterscheidet:

▶ **aktive** Immunisierung mit einer **Vakzine**. Hierbei wird ein Organismus mit getöteten oder abgeschwächten Erregern oder deren Bruchstücken konfrontiert. Diese können sich nicht mehr selbst vermehren und somit keine Erkrankung auslösen. Dem Immunsystem wird ermöglicht, den Erreger ohne Gefahr kennen zu lernen und eigene Ak zu produzieren. Im Falle eines späteren Kontakts mit dem Erreger kann es dann schnell und effizient reagieren,

▶ **passive** Immunisierung mit einem **Serum**. Sie beruht auf der Tatsache, dass Ak, die von einem Immunsystem gegen ein Ag hergestellt wurden, auch in einem anderen Körper gegen dieses Ag wirksam sind. Man kann also fertige (auch von einem Tier durch aktive Immunisierung hergestellte) Ak zu einer schnellen Behandlung von Infektionskrankheiten oder Vergiftung verabreichen (z.B. beim Schlangenbiss).

Box 3.10

Entzündung

Eine Entzündung kann durch **physikalische**, **chemische** und **biologische Noxen** ausgelöst werden (Druck, Reibung, Fremdkörper, Verbrennung, Erfrierung, UV-Strahlung, Säuren
oder Basen, Parasiten, Nekrose). Die Schädigung des
Gewebes führt zur Ausschüttung von Prostaglandinen
und gleichzeitig auch zur **Schädigung von Mastzellen**,
die **Histamin** freisetzen. Histamin bewirkt eine **Vasodilatation** (Symptome Rötung, Wärme). Die erweiterten
Gefäße führen zu einem erhöhten Austritt von Plasma
und einer Ansammlung von Flüssigkeit im Gewebe
(**Schwellung**). Durch den entstehenden Druck und die
direkte Wirkung von Histamin werden **freie Nervenendigungen gereizt** und es entsteht **Juckreiz** bis
Schmerz.

Eine Entzündung fördert die Bildung und **Anlockung
von Granulozyten** und löst weitere **Reaktionen des
Immunsystems** aus. Sie führt zu einer lokalen Erwärmung bis zum Fieber und gibt dem Organismus Warn-
signale und Informationen über das Problem. **Histamin**
ist auch ein **Bestandteil von einigen Toxinen** (Brenn-
nessel, Bienengift); deshalb entstehen bei einer Brenn-
nesselverbrennung oder einem Bienenstich Entzün-
dungssymptome.

Abb. 3.12

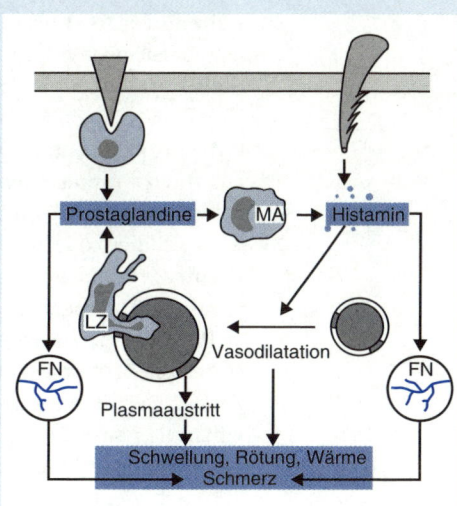

Entstehung einer Entzündung. **FN** freie Nervenendigungen,
LZ Leukozyt (Granulozyt), **Ma** Mastzelle.

▶ **Phagozyten** (Fresszellen) sind die zur Phagozytose von Mikroorganismen, Fremdkörpern und Zelltrümmern befähigten Zellen (s. Box 1.1; s.
Kap. 1.2.6.1). Sie lassen sich nach ihrer Funktion in vier Gruppen unterteilen. **Monozyten** reifen im Knochenmark, zirkulieren 1–2 Tage (beim
Menschen) in der Blutbahn (sie werden auch als Blutmakrophagen
bezeichnet), wandern schließlich in das Bindegewebe und differenzieren dort zu Makrophagen. **Makrophagen** sind sessil bzw. nur langsam
beweglich. Sie sind langlebig. Makrophagen synthetisieren verschiedene
Enzyme, darunter Kollagenase, Elastase und Hyaluronidase und lysosomale Proteasen. Mit Hilfe der letzteren werden phagozytierte Mikroorganismen getötet. Weiterhin sekretieren sie Interleukine und Prostaglandine (s. Box 3.7). Sie synthetisieren Proteine, die die entarteten Zellen abtöten, wie z.B. den Tumor-Nekrose-Faktor (TNF). Makrophagen stehen auch am Anfang der spezifischen Immunantwort. **Dendritische Zellen**

kommen relativ selten sowohl in der Epidermis vor (dort werden sie als **Langerhans-Zellen** bezeichnet) als auch in den Schleimhäuten, die häufig in Kontakt mit Antigenen kommen (z.B. Luftwege, Magen, Darm). Dendritische Zellen sind durch dendritenartige Fortsätze und Ausläufer charakterisiert. In letzter Zeit wurde man auf diesen Typ von Phagozyten besonders aufmerksam, denn Forschungen ergaben, dass sie als Reservoir von HIV im Körper fungieren und eine wichtige Rolle bei der Entstehung von bestimmten Allergien und Autoimmunkrankheiten spielen. **Granulozyten** (s. Kap. 1.2.6.1) sind sehr mobil und stehen am Infektionsort rasch und in großer Zahl zur Verfügung. Ihre Lebensdauer aber ist kurz (1–3 Tage). Sie phagozytieren Mikroorganismen und auch virusinfizierte oder entartete Zellen; Eiter besteht demnach hauptsächlich aus toten Granulozyten. Deren »chemische Waffen« entstammen dem oxidativen Metabolismus: Sauerstoffmetaboliten wie Wasserstoffperoxid (H_2O_2), Superoxid-Anion (O_2^-) oder Hydroxylradikale ($\cdot OH$). Eosinophile Granulozyten bewirken auch die spezifische Abwehr von Makro-Endoparasiten (Helminthen).

▶ **Natürliche Killerzellen** (NK-Zellen) gehören zu den Lymphozyten. Sie zerstören die körpereigenen entarteten oder von Mikroparasiten befallenen Zellen. Die Erkennung »kranker« und »gesunder« Zellen hängt von einem fein ausbalancierten Gleichgewicht zwischen inhibierenden und aktivierenden Signalen ab, mit welchen sich alle Zellen präsentieren (d.h. sich identifizieren, vorstellen). Sowohl der Verlust von inhibierenden, als auch die vermehrte Präsenz aktivierender Signale kann den Angriff von NK-Zellen auslösen.

▶ **Interferone** sind Proteine, welche von vielen Körperzellen (also nicht nur Immunzellen) insbesondere bei einer Virus-Infektion produziert und freigesetzt werden. Interferone stimulieren andere, nicht infizierte Zellen zur Bildung von Enzymen, die die virale mRNA spalten können. Die Viren können sich dann in anderen Wirtszellen nicht vermehren. Interferone »interferieren« also mit der Virus-Vermehrung.

3.3.1.2 Erworbenes Immunsystem

Manche Erreger wie Streptokokken und Staphylokokken können sich gegen die Phagozytose wehren oder sie schlüpfen sehr schnell ins Innere der Zellen (z.B. Tuberkulose-Bakterien). Die Phagozytose ist unwirksam gegen Viren und kann meistens auch nicht Schritt halten mit der Vermehrungsrate von Mikroorganismen. In diesen Fällen übernimmt das erworbene Immunsystem die Abwehr. Die **spezifische** (**adaptive**) **Immunantwort** des erworbenen Abwehrsystems wird durch Lymphozyten und Antikörper vermittelt. Das spezifische Immunsystem arbeitet eng mit dem unspezifischen System zusammen und setzt dessen Aktivität fort,

Box 3.11

MHC

An den Zelloberflächen befinden sich spezifische Strukturen, mit denen sich die Zellen gegenüber dem Immunsystem als »körpereigene« identifizieren. GEORGE D. SNELL, der sie entdeckt hat, nannte sie Histokompatibilitäts-Antigene (Gewebeverträglichkeitsantigene), weil sie für die Aufnahme oder das Abstoßen von transplantierten Geweben entscheidend sind. Weiterhin zeigte er, dass die Bildung dieser Antigene durch Gene kodiert ist, die sich auf einem Chromosom in einem bestimmten Bereich befinden. Dieser Bereich wurde **m**ajor **h**istocompatibility gene **c**omplex (MHC) genannt. Bei der Hausmaus wurden bisher 80 solcher MHC-Gene entdeckt.

Der MHC spielt bei der Erkennung zwischen »eigen« und »fremd« eine wichtige Rolle. Diese ist nicht nur für die Abwehr von Parasiten entscheidend, sondern auch für die Erkennung von entarteten Zellen. Solche entartete Zellen zeigen oft einen veränderten MHC, was dazu führen kann, dass die Zellen nicht mehr als »eigen« erkannt werden. Entartete Zellen können sich durch eine MHC-Veränderung aber auch tarnen. So fehlen beispielsweise manchen Tumorzellen MHC-Klasse-I-Moleküle, welche für die Präsentation eines bestimmten tumorassoziierten Peptids verantwortlich sind. Das Immunsystem ist dann nicht in der Lage, die entarteten Zellen als solche zu erkennen und zu eliminieren.

bzw. baut darauf auf. Wenn ein Organismus eine Infektion durch ein bestimmtes Pathogen übersteht, sorgt das erworbene Immunsystem dafür, dass er gegen dieses Pathogen immun ist – der Organismus erwirbt eine »spezifische« Immunität. Wird das erworbene Immunsystem dann bei einem erneuten Eindringen des Pathogens aktiviert, können Abwehrreaktionen verstärkt ablaufen (**immunologisches Gedächtnis**).

Das Bindeglied zwischen der unspezifischen und der spezifischen Immunantwort besteht in der **Präsentierung** von Antigenen durch Makrophagen gegenüber den Lymphozyten. Makrophagen sammeln alle Arten von »Müll« (tote Zellen und Eindringlinge). Die aufgenommenen Zellen werden lysiert, wobei die Proteine in Peptide gespalten und Proben dieser Peptide an die Peptidbindungsstelle des **MHC**-Moleküls (Box 3.11) gebunden werden. Das MHC-Molekül wird über den Golgi-Komplex an die Zelloberfläche transportiert und durchdringt die Membran. Dort wird das Antigen-Peptid den T-Lymphozyten präsentiert. Nur so können diese erkennen, welche Substanzen sich im Körper bewegen bzw. ob die Zelle infiziert ist oder nicht.

Das Erkennen erfolgt mit Hilfe von Rezeptoren, die den T-Zellen das Andocken an passende Gegen-Moleküle (Antigene) nach dem Schlüssel-Schloss-Prinzip ermöglichen.

Folgende Zellgruppen sind am erworbenen Immunsystem beteiligt:

▶ **T-Lymphozyten, T-Zellen** (T steht für thymusabgeleitet), entstehen im Knochenmark. In der perinatalen Periode (Zeitraum um die Geburt) wandern sie in den Thymus (s. Kap. 3.3.1.3), wo sie körpereigene Eiweiße (genauer: eigene MHC-Moleküle) mit so genannten »Selbst«-Peptiden aus dem eigenen Körper kennen lernen. Die gegen »Selbst« reagierenden T-Zellen werden eliminiert, die T-Zellen, die fremde Peptide erkennen, werden positiv selektioniert.

Die T-Zellen gelangen später ins Lymph- und Gefäßsystem und kreisen dort. Sie werden mobilisiert, wenn ihnen Antigene durch das MHC-Membran-gebundene-System präsentiert werden. Man spricht daher auch von der **zellvermittelten Immunität**.

Es gibt zwei unterschiedliche Typen von T-Zellen. Die **Killerzellen** erkennen schädliche Peptide, welche mit MHC-Molekülen verbunden sind und an der Oberfläche von infizierten Körperzellen präsentiert werden. Dockt eine Killerzelle mit passendem Rezeptor an eine infizierte Körperzelle an, werden von ihr zytotoxische Substanzen ausgeschüttet, welche die infizierte Zelle absterben lassen. **T-Gedächtniszellen** regulieren die Immunantwort. Man unterscheidet **Helferzellen** und **Suppressorzellen**. Sie aktivieren oder unterdrücken die Killerzellen, B-Zellen sowie auch Phagozyten. Die Gedächtniszellen selbst müssen jedoch aktiviert werden. Ihre Aktivierung erfolgt durch den Kontakt mit einem Phagozyt, welcher Antigene präsentiert. Aktivierte Zellen beginnen sich zu teilen und Lymphokine, wie z.B. Interleukine (Kommunikationsproteine, die auf andere Immunzellen wirken) zu produzieren.

▶ **B-Lymphozyten, B-Zellen** (B- steht für Bursa- bzw. für bone-marrow-derived, s. Kap. 3.3.1.3) entstehen in der fetalen Leber sowie später im Knochenmark und werden vor allem im lymphatischen Gewebe im Darm geprägt (»ausgebildet«). Durch ein Antigen, welches zu ihrem Rezeptor passt, werden sie stimuliert. Um jedoch vollkommen aktiviert zu werden, brauchen sie zusätzlich Signale von T-Helferzellen. Im voll aktivierten Zustand beginnen sie schließlich sich zu teilen und in zwei Zelltypen zu differenzieren: in Plasmazellen und in B-Gedächtnis-Zellen. **Plasmazellen (Plasmozyten)** produzieren **Antikörper (Ak)**, die in das Blutplasma abgegeben werden und hier zirkulieren (daher spricht man von **humoraler Immunität**). Antikörper sind große Proteinmoleküle (Glykoproteine), die zur Gruppe

Abb. 3.13

Struktur eines Immunglobulin-Antikörpers.
A Antigen, **KH** Kohlenhydratkomponente.

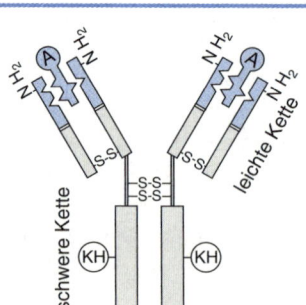

der **Immunglobuline (Ig)** gehören. Je nach Struktur und Eigenschaften werden Immunglobuline in fünf große Gruppen eingeteilt, die als IgA, IgD, IgE, IgG und IgM bezeichnet werden. Die Immunglobuline machen bis zu 20 % des Proteingehalts im Plasma aus. Am häufigsten ist IgG. IgE kommt vermehrt bei Allergien und bei Infektionen mit Helminthen vor. Antikörper besitzen eine Y-förmige Struktur (Abb. 3.13), die aus vier Bausteinen besteht: zwei äußere, schwere Ketten und zwei innenliegende, leichte Ketten. Diese Ketten bestehen wiederum aus vielen kleinen Bausteinen. Durch die Kombination der Bausteine ist es möglich, mehr als 100 Millionen verschiedener Antikörper zu bilden und entsprechende Antigene zu erkennen. Antikörper heften sich an Eindringlinge, markieren, opsonisieren oder neutralisieren sie, schwächen sie oder töten sie sogar, so dass sie von Phagozyten erkannt und verschlungen werden können. Jeder Antikörper reagiert spezifisch mit seinem Zielmolekül (Antigen). **B-Gedächtnis-Zellen** fungieren analog zu den T-Gedächtnis-Zellen: Es sind langlebige, ruhende Zellen, die für das so genannte immunologische Gedächtnis verantwortlich sind. Sie ermöglichen bei erneuten Antigenkontakt eine schnelle Immunantwort.

Das lymphatische System

| 3.3.1.3

Als lymphatisches System werden Gewebeansammlungen und Organe bezeichnet, die am Immunsystem beteiligt sind (Abb. 3.14). Man unterscheidet **primäre (zentrale) lymphatische Organe**, in denen Immunzellen gebildet (Leuko- und Lymphozytopoese) und geprägt werden (Knochenmark, Thymus, Bursa Fabricii), und **sekundäre (periphere) lymphatische Organe**, in denen Immunzellen ruhen und reagieren. Hierzu gehören Milz, Tonsillen, Lymphknoten und -knötchen. Aus mikroskopisch-anatomischer Sicht handelt es sich um reichlich vaskularisierte, häufig in einer **Faserbindegewebe-Kapsel** eingeschlossene **lymphoretikuläre Organe**: Ein retikuläres Gewebe-Gerüst beherbergt Immunzellen, vor allem Lymphozyten. Zum lymphatischen System gehört ein eigenes Drainagesystem (**Lymphgefäße**). Darin zirkuliert das überschüssig ausgetretene Blutplasma (Lymphe), wird durch eingeschaltete Lymphknoten filtriert und ins Blut zurückgeführt. Größere Lymphkapillaren wie der **Ductus thoracicus** (Sammelkanal für die gesamte untere und die linke obere Körperhälfte) bzw. der **Ductus lymphaticus** (Sammelkanal für die rechte obere Körperhälfte) münden in den linken bzw. rechten Venenwinkel (Zusammenfluss von V. subclavia und V. jugularis).

▶ Das **Knochenmark** befindet sich in der Markhöhle zwischen den Bälkchen der Spongiosa. Im Gerüst von retikulärem Gewebe und Kollagenfasern befinden sich die Blutstammzellen. Im Laufe des Lebens wird das Knochenmark allmählich durch Fettgewebe verdrängt und bleibt nur in

Abb. 3.14

Lymphatische Organe.
CC Cisterna chyli, **DI** Dick-darm, **DL** Ductus lymphati-cus, **DT** Ductus thoracicus, **DU** Dünndarm, **KM** Kno-chenmark, **LK** Lymphkno-ten, **MI** Milz, **TH** Thymus, **TO** Tonsillen.

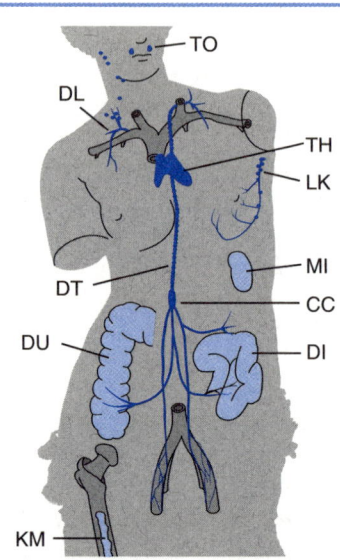

einigen Knochen erhalten (Wirbel-körper, Rippen, Brustbein, Hand- und Fußwurzelknochen, platte Schädelknochen und Darmbein-kamm). Im Knochenmark findet die Blutbildung (Hämatopoese, s. Kap. 1.2.6.4) und die Ausbildung der B-Lymphozyten statt.

▶ Der **Thymus** (Brustdrüse, kulina-risch als Bries bezeichnet) liegt hinter dem Brustbein, ventral vom Herzen. Er ist ein Organ der Jung-tiere, das frühkindlich wächst, und nur bis zur Pubertät seine Größe beibehält (beim Menschen ca. 35 g). Dann bildet er sich zu-rück und wird teilweise von Fett ersetzt (s. Kap. 1.3.7.1). Aus der Kapsel verlaufen Trennwände nach innen, die das Organ in Läppchen gliedern. Im retikulären Gerüst sind T-Lymphozyten angesiedelt – sie machen bis zu 90 % der Gesamtmasse des Thymus aus, wo sie auch geprägt werden.

▶ Die **Milz** (lat. lien, gr. Splén; die Gemütsverstimmung, der sprichwört-liche »Spleen«, wurde ursprünglich der Erkrankung der Milz zugeschrie-ben) liegt im kranialen linken Quadranten des Bauchs, dorsal vom Magen, in der Zwechfellwölbung. Es ist ein dunkelrotes, ovales, bei man-chen Tieren längliches, streifenförmiges Organ, beim Menschen ca. 150 g schwer. Die Milz spielt eine wichtige Rolle sowohl als lymphatisches wie auch als ein in den Blutkreislauf eingeschaltetes Organ. Im Schnitt kann man die **rote Pulpa**, die aus dem vaskularisierten retikulären Gewebe besteht, und die **weiße Pulpa** (Milzknötchen), die eine Ansammlung von Lymphozyten darstellt, unterscheiden. In der roten Pulpa werden die alten, beschädigten und veränderten Erythrozyten durch Phagozyten entsorgt. Die Milz spielt insbesondere bei tauchenden Säugetieren (Rob-ben, Wale) eine wichtige Rolle als Blut-Speicherorgan. In der fetalen Milz werden zudem Erythrozyten und Granulozyten gebildet. Die weiße Pulpa ist der Ort, wo B- und T-Lymphozyten entstehen, hier ruhen auch die Gedächtniszellen. Die Milz ist eine wichtige Filtrationsstation für das Blut, in der Phagozyten besonders aktiv sind.

▶ **Tonsillen** (**Mandeln**) stellen eine Ansammlung von lymphatischem Gewebe im Bereich des Nasen-Rachen-Raums dar. Von hier infiltrieren die Lymphozyten auch die umgebenden Schleimhäute. Tonsillen kontrollieren die Keime und Toxine in Nahrung und eingeatmeter Luft. Sie sind die ersten lymphatischen Organe eines (Tier-)Kindes, die mit Mikroben usw. konfrontiert werden.

▶ **Lymphknoten** (Nodi lymphoidei) sind linsenförmige, beim Menschen 1–30 mm große Strukturen, die in einer bindegewebigen Kapsel eingeschlossen sind. Sie befinden sich an typischen Orten im lockeren Bindegewebe und im Fettgewebe, häufig in Gruppen. Am Querschnitt kann man Rinde und Mark unterscheiden. In der Rinde befinden sich Lymphfollikel, Ansammlungen von Lymphozyten. Das Mark wird von lockerem Retikulargewebe gebildet, in dem die Blutgefäßstämme verlaufen.

Box 3.12

Toleranz

In der Ausbildungsphase der Lymphozyten (beim Menschen bis etwa zum 6.–8. Lebensmonat) ist das Immunsystem noch nicht reif. Während dieser Zeit lernt es, den eigenen Körper bzw. das eigene Gewebe sozusagen als »Familienmitglied« zu erkennen. So entsteht die so genannte **Selbsttoleranz**, die Nichtreaktivität gegenüber den eigenen Zellen. Solange diese Phase anhält, kann das Kind keine Antikörper bilden, wird aber durch die im Blut zirkulierenden Immunglobuline (Ig) aus der Plazenta (IgG) oder der Muttermilch (IgA) geschützt. Wird das Immunsystem zu diesem Zeitpunkt mit fremdem Gewebe (z.B. einem Transplantat) konfrontiert, »adoptiert« es dieses und betrachtet es in der Folge als das eigene. Es entsteht eine **erworbene Immuntoleranz** gegen gegebene Antigene. Nach Abschluss der Lymphozytenprägung würde in vergleichbarer Situation eine Abstoßungsreaktion erfolgen.

Für die Entdeckung des Prinzips der erworbenen Immuntoleranz erhielten BURNET und MEDAWAR 1960 den **Nobelpreis** für Physiologie oder Medizin. MEDAWAR publizierte die entscheidenden Experimente 1953 in NATURE. Gleichzeitig hatte MILAN HASEK in Prag dieselbe Entdeckung veröffentlicht. Trotzdem wurde seine Forschung vom Nobelpreiskomitee nicht honoriert. Dafür gab es wahrscheinlich zwei Gründe: Erstens hatte HASEK die Arbeit in einer tschechoslowakischen Fachzeitschrift und auf tschechisch veröffentlicht. Zweitens hatte er seine Ergebnisse unter dem Einfluss einer damals in der sozialistischen Tschechoslowakei herrschenden biologischen Variante der stalinistischen Ideologie interpretiert, dem Lysenkoismus (nach T. LYSENKO, einem Protegé Stalins, der die Genetik ablehnte und die Rolle der Umwelt für Entwicklung und Evolution überbetonte). HASEK war selbst noch ideologisch geprägt und seine Entdeckung war auch nicht völlig im Bereich der Immunologie angesiedelt. Später sah er seinen Fehler ein. MEDAWAR wiederum berichtete in seiner Festansprache ausführlich über HASEK's Verdienste. Die beiden Männer wurden Freunde und haben sich mit mehreren genialen Entdeckungen und Konzepten einen festen Platz in der Geschichte der Immunologie gesichert.

Box 3.13

Schwachstellen des Immunsystems

Wie in jedem komplexen und komplizierten System sind auch im Immunsystem verschiedene Fehler und Fehlentwicklungen bis hin zum Versagen möglich:

▶ das Immunsystem kann auf bestimmte – an sich harmlose – Antigene übertrieben reagieren; es entstehen **Allergien**;

▶ der strengen Selektion können Lymphozyten entgehen, die dann auf den eigenen Körper ansprechen und somit eigenes Gewebe angreifen. So entstehen **Autoimmunkrankheiten**. Bei Diabetes Typ I zum Beispiel richtet sich das Immunsystem gegen die Alpha-Langerhans-Zellen in der Bauchspeicheldrüse, wodurch die Insulinproduktion gehemmt wird. Multiple Sklerose entsteht, wenn die Immunzellen die Myelinscheiden des ZNS angreifen;

▶ **Viren können sich** durch eine Lipidschicht **tarnen**, so dass sie vom Immunsystem unerkannt bleiben. Auch am Anfang jeder **Krebserkrankung** steht das **Versagen des Erkennungsmechanismus**.

Lymphknoten sind in die Lymphgefäße eingeschaltet und fungieren dort als »Filterstationen« für die Lymphe. Hier findet die Phagozytose von Antigenen statt sowie die Antigen-Präsentierung, Aktivierung von Immunzellen, Proliferation und Differenzierung von B-Lymphozyten (Box 3.12) und die Produktion von Antikörpern durch Plasmazellen.

▶ **Lymphknötchen** (Folliculi lymphoidei) sind kleine (Mensch: Ø <1 mm) nicht eingekapselte lymphoretikuläre Knötchen in den Schleimhäuten vieler Organe, insbesondere im Darmtrakt, in den oberen Luftwegen und in den Harnwegen. Es sind kleine kompakte Gebilde, sie unterliegen Veränderungen. Sie beinhalten vor allem B-Lymphozyten. Auffällig sind die Ansammlungen von Lymphknötchen in der Schleimhaut des Krummdarms, die Peyer-Plaques bzw. Peyer-Haufen.

▶ Die **Bursa Fabricii** ist das primäre lymphatische Organ der Vögel, das sich aus dem Enddarm ausstülpt und dorsal von der Kloake liegt. Nach dem Erreichen der Geschlechtsreife bildet sie sich zurück. Hier werden B-Lymphozyten gebildet und nach der Differenzierung Plasmazellen geprägt. Säugetiere haben keine Bursa, bei ihnen geschehen die Vorgänge in der fetalen Leber und im Knochenmark.

Schwachstellen des Immunsystems sind in Box 3.13 dargestellt.

3.3.2 | Immunsystem wirbelloser Tiere

Im Allgemeinen sind Meerestiere dank der desinfizierenden Wirkung des Meerwassers weniger gefährdet als z.B. Bodentiere. Viele Bodentiere können sich jedoch wirksam gegen das Eindringen von Parasiten durch eine Schleimschicht oder eine Kutikula schützen. Darüber hinaus haben diese Tiere weitere Abwehrmechanismen entwickelt, um ihre Integrität zu bewahren (Box 3.14). Es ist bekannt, dass bereits die Schwämme Transplantate von anderen Individuen abstoßen, während sie Transplantate aus Schwesterindividuen der eigenen Kolonie aufnehmen. Allerdings haben Schwämme kein Immungedächtnis, das sie befähigen würde, beim wiederholten Kontakt mit einem Transplantat dieses schneller abstoßen zu können. Die Fähigkeit beweist, dass sie Mechanismen entwickelt haben, um »Eigen« und »Fremd« erkennen zu können.

Bei Insekten unterscheidet man zwei Formen der Immunität: **humorale** und **zelluläre Immunität**. Beide Formen sind komplementär. Das Immunsystem der Insekten unterscheidet sich von dem der Wirbeltiere in zwei Aspekten: Insekten haben keine Lymphozyten und bilden keine Immunglobuline – also keine spezifischen Antikörper – aus.

Humorale Immunität:

▶ **Lysozym** ist ein Enzym, das in der Hämolymphe von Insekten vorhanden ist und nach einer bakteriellen Infektion schnell wirkt. Es hydrolisiert glykosidische Bindungen des Peptidoglykans, eines Zellwandmakromoleküls.

▶ **Cecropine** wurden 1981 aus der Hämolymphe des nordamerikanischen Nachtpfauenauges *Hyalophora cecropia* isoliert; inzwischen wurden sie auch bei anderen Insektenarten und sogar bei einigen Fischen und im Darm des Schweins identifiziert. Es handelt sich um eine Gruppe von Peptiden von je 31–39 Aminosäuren. Cecropine sind antibakterielle Peptide und werden als »Insektenantibiotika« bezeichnet. Sie lysieren bakterielle Membranen und inhibieren die Prolinsynthese. Sie sind derzeit im Zentrum des Forschungsinteresses, insbesondere nachdem 2003 berichtet wurde, dass Bakterien nicht fähig sind, gegen Cecropin A eine Resistenz zu entwickeln. Sie sind gegen sehr viele Bakterien wirksam, doch nicht gegen alle (z.B. nicht gegen *Bacillus thuringiensis*).

▶ **Attacine** sind antibakterielle Proteine (180 Aminosäuren), die ebenfalls von *H. cecropia* und anderen Faltern isoliert wurden. Sie haben eine ähnliche Wirkung wie die Cecropine. **Royalisin** ist ein antibakterielles Peptid der Honigbiene; **weitere antibakterielle Peptide,** die von Insekten bekannt sind, sind z.B. Defensin, Diptericin und Andropin von Dipteren.

▶ **Lektine** sind Glykoproteine, die vor allem von Pflanzen bekannt sind. Sie wirken wahrscheinlich ähnlich wie das Komplement der Säugetiere, sie agglutinieren (verklumpen) und opsonisieren die Antigene und induzieren eine Koagulation um die Antigene: Dieser Vorgang verläuft ähnlich dem Mechanismus der Blutgerinnung – auch unter Beteiligung von einem dem Fibrinogen verwandten Protein. Das »Gerinnsel« wird dann

Box 3.14

Wirbellose und Immunmedizin

Die Mechanismen und die Immunfähigkeiten sind bei wirbellosen Tieren weit weniger untersucht als bei Wirbeltieren und insbesondere bei Säugetieren. Es soll jedoch hier daran erinnert werden, dass ILYA MECHNIKOW (Nobelpreis 1908) die **Phagozytose bei Seesternlarven** entdeckt und eingehend erforscht hat.

Das Immunsystem ist unter den Wirbellosen am besten bei Insekten untersucht worden. Das Interesse der Forscher an der Immunität der Insekten ist dabei auch ökonomisch motiviert. Insekten sind wichtige Vektoren vieler Parasiten des Menschen; es gibt Konzepte der Bekämpfung von Insektenschädlingen mit Parasiten und schließlich leiden auch nützliche und wirtschaftlich wichtige Insekten wie Honigbienen unter bestimmten Infektionskrankheiten. So mag es nicht überraschen, dass auch LOUIS PASTEUR, dessen Forschungen häufig praktisch orientiert waren, intensiv die **Erkrankungen des Seidenspinners** erforschte.

Dass die zoologische Erforschung der Wirbellosen eine praktische Bedeutung auch für die klinische Praxis haben kann, mag auch der einfache und höchstempfindliche diagnostische **Endotoxin-LAL-Test** dokumentieren. 1950 entdeckte BANG im Labor für Meeresbiologie in Woods Hole in US-Bundesstaat Massachusetts, dass gramnegative Bakterien die **Koagulation von Blut des Pfeilschwanzkrebses** (Limulus polyphemus) verursachen. 1885 beschrieb HOWELL die Koagulation von Limulus-Blut, darauf hin wurde ein diagnostisches Verfahren entwickelt, das heute als LAL (Limulus Amöbozyten-Lysat)-Test bekannt ist. LAL ist ein Extrakt von Blutzellen (Amöbozyten) des Limulus. Bei Vorhandensein von Endotoxinen im menschlichen Blut werden LAL Faktoren in einer proteolytischen Kaskade aktiviert, die zu einer Spaltung eines in Pyrochrome-LAL vorhandenen farblosen, künstlichen Peptidsubstrats führen; die Lösung verfärbt sich.

durch Phagozytose entfernt. Ähnlich wirkt auch das wichtige Enzym Phenyloxidase.

▶ **Hemolin** ist ein Protein mit einer Immunglobulin-ähnlichen Struktur. Hemolin bindet an die Oberfläche von Bakterien.

Zelluläre Mechanismen:

▶ **Hämozyten** sind in der Hämolymphe zirkulierende Zellen. Es wurden viele Typen von Hämozyten beschrieben (z.B. Plasmatozyten, Granulozyten, Spherulozyten), jedoch scheiterte bislang jeder Versuch, eine allgemein akzeptierte Terminologie und Klassifikation von Hämozyten einzuführen. Hämozyten phagozytieren bzw. verkleben oder kapseln die Eindringlinge ein.

1 Für welche der zwei Tierklassen – Amphibia oder Reptilia – stellt Meerwasser eine wirksamere Barriere bei der Ausbreitung und Besiedlung der ozeanischen Inseln dar und warum?

2 Welche Aussage ist richtig? Erläutern Sie Ihre Antwort: a) Um den Wasserbedarf zu decken, müsste ein Schiffbrüchiger, der kein Süßwasser hat, viel mehr Meerwasser (als sonst Süßwasser) trinken, b) Homöosmotische Organismen können nur in einem konstanten osmotischen Milieu leben, c) In einer Nervenzelle wird intrazellulär eine hohe Konzentration von Kalium-, extrazellulär eine hohe Konzentration von Natrium-Ionen aufrecht erhalten, d) Eine Zelle, die sich in hyperosmotischer Lösung befindet, schwillt an, weil Elektrolyte und folglich auch Wasser einströmen.

3 Welche Möglichkeiten zur Körperabkühlung hat ein grabender (und dadurch Wärme produzierender) Maulwurf in seinem Gang, in dem eine hohe Luftfeuchtigkeit herrscht, die Bodentemperatur 20 °C beträgt und keine Luftströmung vorhanden ist?

4 Welche Aussage ist richtig? Erläutern Sie Ihre Antwort. a) Als Reaktion auf die Kälte steigert ein ektothermes Tier die Stoffwechselrate, b) Als Reaktion auf die Kälte steigert ein endothermes Tier die Stoffwechselrate, c) Als Reaktion auf die Kälte senkt ein homoiothermes Tier die Stoffwechselrate, d) In der Thermoneutralzone ist die Stoffwechselrate am höchsten, e) Um die Körpertemperatur konstant zu halten, wird während der Hibernation braunes Fettgewebe abgebaut, f) Während des Torpors wird die Lunge nicht ventiliert, es findet lediglich Zellatmung statt.

5 Welche Eigenschaften und Funktionen des Integuments können den Tieren helfen, ihren Prädatoren zu entkommen?

6 Nennen Sie Beispiele für a) Mimese, b) Bates-Mimikry, c) Peckham-Mimikry.

7 Welche Strukturen sind sich im Aufbau und in der Herkunft ähnlicher, bzw. wo liegen die Unterschiede? a) Zahn der Säugetiere und Fischschuppe bzw. Vogelkralle? b) Haar der Säugetiere und Vogelfeder bzw. Eidechsenschuppe? c) Panzer eines Gürteltiers und Panzer der Schildkröte bzw. Panzer eines Flusskrebses

8 Jährlich kommt ein neuer Grippeimpfstoff auf den Markt. Warum gibt es bis jetzt keine Impfung gegen Malaria und AIDS? Welche Form (Serum oder Vakzine) könnte so eine Impfung haben? Wo liegen die Probleme der Herstellung bzw. Anwendung solcher Impfstoffe?

9 Vergleichen Sie AIDS, Allergie, Autoimmunkrankheiten und Immuntoleranz aus dem Gesichtspunkt der immunologischen Mechanismen.

10 Welche Aussage ist richtig? a) Monoklonale Antikörper werden von Gedächtniszellklonen produziert, b) Makrophagen entstehen im Knochenmark aus Megakaryozyten, c) T-Helferzellen lysieren Fremdzellen, d) Pyrogene sind baktericide Stoffe (Proteine), die bei einigen Insekten gebildet werden, e) Makrophagen und Hämatozyten zählen zu den Zellen des unspezifischen Immunsystems der Wirbeltiere.

11 Was ist der Wirkungsmechanismus des neurotoxischen Gifts einer Kobra und des hämolytischen Gifts einer Kreuzotter?

4 | Fortpflanzung

Inhalt

Vermehrung kann einfach oder mehrfach erfolgen und geschlechtlich oder ungeschlechtlich sein

Eine wichtige **Eigenschaft des Lebens** ist die Fähigkeit, sich selbst zu vermehren. Die Vermehrung spielt sich auf verschiedenen Organisationsebenen ab: So vermehrt sich DNA durch **Replikation**, eine Zelle durch **Zellteilung** und ein Organismus durch **Reproduktion**, also Fortpflanzung (Erzeugung von Nachkommen). Sich fortzupflanzen und eigene Gene – genauer Allele – an die nächste Generation weiterzugeben, ist das ultimative Ziel aller Lebewesen, dem alle anderen Funktionen dienen (z.B. Energie und Nährstoffe zu gewinnen, umzuwandeln und zu sparen, zu wachsen und sich zu entwickeln, Homöostase zu erhalten. Tatsächlich gibt es für viele Organismen, darunter auch viele Tiere, kein Leben nach dem Sex und der Fortpflanzung. Diese Tiere reproduzieren sich nur einmal in ihrem Leben und sterben dann (z.B. Neunaugen, pazifischer Lachs, weibliche Kraken, männliche Fangheuschrecken und Breitfußmäuse). Man bezeichnet sie als **semelpare** Organismen. **Iteropare** Organismen dagegen sind solche, die sich mehrfach fortpflanzen können. Aber auch sie beginnen zu altern, nachdem sie das fortpflanzungsfähige Alter erreicht haben. Auch für iteropare Organismen gilt die Regel, dass sie nur so lange leben, wie sie reproduktiv aktiv sind. Die Tatsache, dass Frauen noch lange nach Erreichen der Menopause, also nach dem Erlöschen der reproduktiven Funktion, ein aktives Leben führen können, stellt eine Ausnahme im Tierreich dar.

4.1 | Fortpflanzung aus evolutionärer Sicht

Sehr häufig findet man in der verhaltensökologischen und evolutionsbiologischen Fachsprache den Begriff der **Fitness** – ein Maß für den Erfolg einzelner Individuen. Gemeint ist hiermit der Fortpflanzungserfolg, genauer: die Zahl der sich fortpflanzenden Nachkommen. Fitness ist direkt von der **Fertilität** und **Fekundität** abhängig (Box 4.1). Sie beschreibt den relativen Beitrag eines Individuums zum Genpool der nächsten

Generationen und stellt damit ein entscheidendes Maß für die Selektion dar.

Selektion wird häufig als »Kampf ums Dasein« oder »Überleben der Stärksten« dargestellt – und missverstanden. Dabei »kämpfen« die Organismen nicht um das eigentliche Überleben, sondern um die Chance zur Fortpflanzung. Sich nicht fortzupflanzen ist aus evolutionärer Sicht dasselbe, wie vorzeitig zu sterben: wer keine Nachkommen hinterlässt, hat – so gesehen – nie existiert. Ein Reh flieht vor dem Luchs, um zu überleben und sich fortzupflanzen. Rehe sind u.a. deshalb reproduktiv unterschiedlich erfolgreich, weil sie unterschiedlich erfolgreich vor den Luchsen fliehen. Auch die Luchse reproduzieren sich unterschiedlich erfolgreich, weil sie unterschiedlich erfolgreich Rehe jagen.

Neben der Frage, **warum** etwas geschieht, ist es ebenso von Interesse zu fragen, **wie** es geschieht. Die physiologische oder ontogenetische Erklärung wird als **proximat(iv)** (nah, unmittelbar), die evolutionäre als **ultimat(iv)** (endlich) bezeichnet. Nach den soziobiologischen Vorstellungen sind wir zum Erfüllen von proximaten Aufgaben von »egoistischen Genen« (genauer: Allelen) programmiert, die dem Erreichen von ultimaten Zielen dienen (Box 4.2).

Die Fortpflanzung ist von Vorteil für die Allele, denn nur so können sie überleben, während kein Individuum durch die Fortpflanzung – wie aktiv sie auch immer sein mag – seinen Untergang verhindern kann.

Box 4.1

Fertilität, Fekundität und Fitness

Die Begriffe Fekundität und Fertilität werden häufig als Synonyme verwendet. Der Begriff **Fertilität** wird verstärkt im physiologischen und medizinischen Sinne als Bezeichnung für die **potentielle physiologische Fruchtbarkeit** benutzt. Die **Fekundität** ist dagegen eher ein populationsökologischer Begriff, der die **tatsächliche, realisierte Fruchtbarkeit** eines Individuums beschreibt. Die Fekundität (Zahl der Nachkommen pro Individuum) ist durch die durchschnittliche Wurfgröße (Gelegegröße) und Zahl der Geburten (Gelege) bestimmt. Die Geburtenzahl hängt wiederum von der Dauer des reproduktiven Lebens der Mutter und der Entwicklungsdauer der Jungtiere ab. Im Gegensatz zur Fekundität, die das weitere Schicksal der geborenen bzw. geschlüpften Nachkommen nicht weiter berücksichtigt, wird die **Fitness** (auch als **Eignung** bezeichnet) an der Zahl der Nachkommen gemessen, die ihrerseits wieder zur Fortpflanzung gelangen. Fitness ist ein **relatives Maß**: Hierbei wird der Fortpflanzungserfolg eines Individuums bzw. eines Genotyps am Fortpflanzungserfolg anderer Artgenossen gemessen.

Box 4.2

Was ist Soziobiologie?

Die **Soziobiologie** ist die systematische Erforschung der biologischen Grundlagen jeglicher Formen des Sozialverhaltens bei allen Arten von sozialen Organismen. Da im Prinzip alle sich sexuell fortpflanzenden Tiere Elemente sozialen Verhaltens zeigen (s. Kap. 4.10), steht das Fortpflanzungsverhalten im Vordergrund des Interesses dieser Disziplin. Im Gegensatz zur klassischen Ethologie, die die Einzelheiten des individuellen Verhaltens bzw. den Zusammenhang zwischen auslösenden Reizen und den sich anschließenden physiologischen Vorgängen zu klären versucht, ist die Soziobiologie mehr an den Fragen nach dem adaptiven Wert von Verhaltensweisen interessiert. Sie wird daher häufig als ein Zweig der Evolutionsbiologie betrachtet. Das Konzept und der Begriff der Soziobiologie wurden 1975 von E.O. WILSON in seinem revolutionären Buch »Sociobiology: The New Synthesis« geprägt (s. auch Seite 8).

E.O. WILSON, amerikanischer Biologe, Professor an der Harvard University, ist bekannt als Ameisenforscher, Soziobiologe und Ökologe. Er ist auch durch seine Ideen und Beiträge auf dem Gebiet der Biodiversitätsforschung weltberühmt geworden. Das Nachrichtenmagazin TIME zählte ihn 1996 zu den 25 einflussreichsten Personen der USA.

Die Soziobiologie vertritt die Ansicht, dass sich die **Selektion auf der Ebene der Gene** und nicht der Individuen abspielt. Dieses Thema wurde 1976 von dem britischen Evolutionsbiologen R. DAWKINS in seinem Buch »The Selfish Gene« (»**Das egoistische Gen**«) brillant erläutert und popularisiert.

Damit sich die Individuen fortpflanzen, müssen sie davon auch etwas haben. So findet der Mensch (aber nicht nur er) Gefallen am Sex und an der Fürsorge und Verpflegung von kleinen, niedlichen, hilflosen Lebewesen.

Nicht alle Tätigkeiten steuern verlässlich zum ultimativen Ziel – dem Überleben eigener Allele – bei. Manche Mitmenschen realisieren ihr Behagen anders, als von den Allelen »vorgesehen« – zum Beispiel adoptieren sie Waisen. Dabei handeln sie genau nach den proximaten Befehlen ihrer Allele – ohne jedoch damit den Allelen zum Überleben zu verhelfen. **Adoption** ist schließlich auch von vielen Tieren bekannt. Sogar zwischenartliche Adoptionen sind nicht selten – so adoptiert der Mensch häufig ein Kätzchen oder einen Welpen. Dokumentiert sind sogar Fälle, in denen eine Löwin eine junge Antilope annahm. Wir sollten in diesen Phänomenen nicht unbedingt einen versteckten adaptiven Wert suchen. Vielmehr geht es hier um entgleiste Manifestationen proximater Mechanismen, deren evolutive Kontrollfunktion unter speziellen Umständen versagt. Evolutiv bedeutsam ist, dass dies nur sporadisch geschieht – die meisten Löwinnen fressen junge Antilopen, und die meisten Menschen sorgen sich nur um die eigenen Kinder.

Fortpflanzung aus genetischer Sicht | 4.2

Asexuelle Fortpflanzung | 4.2.1

Asexuelle (ungeschlechtliche, **vegetative**, Abb. 4.1) Fortpflanzung beruht ausschließlich auf **mitotischen Teilungen der somatischen Zellen eines Elternindividuums.** Die Nachkommenschaft ist **genetisch identisch** mit dem Elternorganismus. Diese Art der Fortpflanzung ist bei Tieren (im Gegensatz zu Pflanzen) eher selten und die meisten Tiere, die sich asexuell fortpflanzen, können sich alternativ auch sexuell reproduzieren (s. Kap. 4.2.4). Asexuelle Fortpflanzung ist bei niederen Tieren mit totipotenten Zellen möglich, und sie geschieht durch:

▶ **Teilung** (Fragmentierung). Hierbei teilt sich ein Individuum **spontan** in zwei oder mehrere Teile, die zu vollständigen neuen Individuen heranwachsen (z.B. Plathelminthen, Seesterne).

▶ **Regeneration**. Hierbei wachsen abgetrennte bzw. verlorene Körperteile aus kleinen Teilen nach (z.B. Süßwasserpolypen, Plathelminthen, Polychaeten; s. Kap. 1.3.7.5).

▶ **Knospung**. Hierbei wachsen aus dem Körper der Elterntiere neue Individuen, die sich dann abschnüren und trennen, oder auch mit dem Elterntier verbunden bleiben und sich an einer Koloniebildung beteiligen (z.B. Korallen, Schwämme). Die knospenartige Querteilung von Polypen der Scheibenquallen, die zur Bildung von Medusen führt, wird als **Strobilation** bezeichnet. Bei einigen sesshaften Tieren werden Knospen eingekapselt und dienen der passiven Verbreitung oder als Dauerstadien, die ungünstige Umweltbedingungen überbrücken (z.B. **Gemmulae** bei Schwämmen oder **Statoblasten** bei Moostierchen).

▶ **Polyembryonie**. Es ist eine in die frühen Entwicklungsstadien verlegte vegetative Teilung des Keimes. Sie führt zur Entstehung von eineiigen Zwillingen (Mehrlingen) und kann – mehr oder weniger

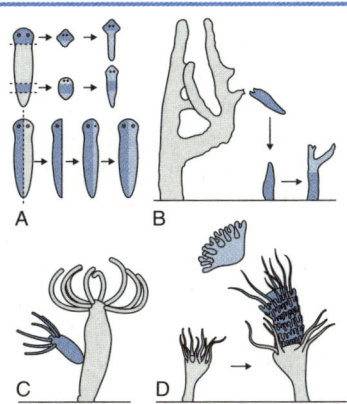

Abb. 4.1

Asexuelle Fortpflanzung. **A** Regeneration aus experimentell abgetrennten Teilen bei Plathelminthen, **B** Fragmentierung (Regeneration aus abgebrochenen Teilen) bei Schwämmen, **C** Knospen bei Polypen, **D** Strobilation bei Polypen.

häufig – bei verschiedenen Tieren auftreten. Bei der Fortpflanzung der Gürteltiere ist Polyembryonie die Regel.

▶ **Klonieren**. Das heute viel diskutierte Klonieren der Säugetiere fällt auch in die Kategorie der vegetativen Fortpflanzung (s. Kap. 4.13.3). Auch hier entsteht ein neues Individuum durch mitotische Teilung einer somatischen Zelle eines Elterntieres und ist somit mit dem Elterntier (sprich: dem Spender des Kerns) genetisch identisch.

Die **Vorteile** der asexuellen Fortpflanzung sind offensichtlich:
▶ geringe Zeitdauer der Vermehrung,
▶ keine Probleme mit der Partnersuche,
▶ der bewährte »Plan« wird weitergegeben.

Nachteile im Vergleich mit der sexuellen Fortpflanzung sind:
▶ Akkumulation genetischer Defekte,
▶ genetische Homogenität und Verlust der Anpassungsfähigkeit. Weil die Tochterorganismen dieselbe Genkombination wie das Muttertier besitzen und alle genetisch identisch sind, können sie bei einer Veränderung der Umweltbedingungen oder einer Infektion massenhaft vernichtet werden.

4.2.2 | Sexuelle Fortpflanzung

Die sexuelle (geschlechtliche), genauer **bisexuelle** Fortpflanzung beruht auf der Existenz zweier Typen von Keimzellen (**Gameten**): Ei(zelle) und Spermium, die bei der Befruchtung verschmelzen. Man bezeichnet dies als **Anisogametie**. Als Ovum (Ei) wird in der Regel eine relativ große und unbewegliche Zelle bezeichnet, das sie produzierende Geschlecht wird zum »**Weibchen**« erklärt. Spermien sind üblicherweise kleine, bewegliche Gameten, die von »**Männchen**« produziert werden. Die Gameten entstehen im Prozess der **Gametogenese** (Keimzellenbildung), Oogenese bei Weibchen bzw. Spermatogenese bei Männchen, in (meist paarigen) **Gonaden** (Keimdrüsen): Ovarien (Eierstöcke) bei Weibchen bzw. Testes (Hoden) bei Männchen. Voraussetzung für die sexuelle Fortpflanzung ist der **meiotische Kernphasenwechsel** während der Gametenbildung: Der diploide Chromosomensatz der Ausgangszelle wird halbiert, wodurch haploide Gameten entstehen. Durch Verschmelzung von zwei haploiden Gameten (**Befruchtung**) entsteht eine diploide Somazelle, die **Zygote**.

4.2.2.1 | Vorteile der sexuellen Fortpflanzung

Beginnend mit CHARLES DARWIN, haben sich viele bedeutende Evolutionsbiologen mit der Frage auseinandergesetzt, wo die genetischen und ökologischen Vorteile der sexuellen Fortpflanzung liegen, die ihre Kosten (s. unten) und die Schnelligkeit der asexuellen Fortpflanzung ausgleichen könnten. Es gibt zahlreiche Erklärungen, die nicht unbedingt alternativ sind. Ein Problem von vielen dieser Modelle ist, dass sie die Vorteile für Populationen, jedoch nicht für Individuen bzw. für deren Allele identifizieren, d.h. für die Ebenen, wo die Selektion ansetzen kann. Die sexuelle Fortpflanzung stellt eine Art Mischung von Allelen, eine **Amphimixis** (Box 4.3), dar und ermöglicht damit den **Austausch genetischer Information** und führt zur **Erhöhung der genetischen Variabilität** (es entstehen neue, einmalige Kombinationen der von den Eltern geerbten Allele). Dank dieser Tatsache können sich sexuelle Arten schneller an die veränderliche Umwelt anpassen bzw. können natürliche Ressourcen effektiver nutzen. Populär ist die Betrachtung der Sexualität als eine **adaptive Strategie im Kampf gegen Parasiten** (s. Box 3.8). In einem ständigen **Wettrüsten** zwischen Parasiten und ihren Wirten haben die Parasiten den Vorteil der wesentlich kürzeren Generationszeiten, schnelleren Vermehrung und damit auch schnelleren Fixierung von – für sie vorteilhaften – Mutationen. Die Adaptationen gegen Parasiten veralten somit schnell. Die Impfstoffe gegen das Grippe-Virus müssen z.B. jedes Jahr neu entwickelt bzw. optimiert werden. Dank der Sexualität ihrer Wirte sind die

---

Box 4.3

Sonderfälle der Amphimixis

In einigen Fällen weicht der genetische Austausch bei der sexuellen Fortpflanzung vom gewöhnlichen Schema ab.

Bei der **Hybridogenese** bleiben bei einer Hybridart bei der Meiose beide Elterngenome getrennt. Der väterliche Chromosomensatz wird während der Oogenese eliminiert und alle Eizellen enthalten nur das mütterliche Genom. Hybridogenese ist von einigen Fischen und Amphibien bekannt. Ein (seit 1967) bekanntes Beispiel der Hybridogenese stellen europäische Wasserfrösche dar (Abb. 4.2).

Das Auftreten vielfacher Chromosomensätze (**Polyploidie**) ist – anders als bei Pflanzen – unter Tieren selten. Sie kommt nahezu ausschließlich bei den sich unisexuell fortpflanzenden Tieren vor. Während alle bisexuellen Arten der Rennechsen diploid (2n) sind, wurden unter den parthenogenetischen Arten auch triploide (3n) Formen beschrieben. Offensichtlich entstanden diese Formen durch eine Kreuzung von diploiden parthenogenetischen Weibchen mit den Männchen einer bisexuellen Art. Meist ist jedoch unbekannt, ob die Polyploidie der Unisexualität vorausging oder umgekehrt, oder ob beide Phänomene parallel und abhängig voneinander entstanden sind. Die einzige Säugetierart, von der angenommen wird, dass in ihrer Evolution Polyploidisierung eine Rolle spielte und dass es sich eigentlich um einen Tetraploid handelt, ist die Rote Viscacha-Ratte (*Tympanoctomys barrerae*) – ein Nagetier aus dem argentinischen Pampas.

Parasiten jedoch in jeder neuen Generation, ja in jedem anderen Wirtsindividuum, mit einer anderen Umwelt konfrontiert, die die Gefährlichkeit ihrer Waffen herabsetzen kann. Dank der Sexualität können – durch Kombination aus alten – neue »Technologien« gegen Parasiten entwickelt werden.

Nach einer anderen Vorstellung dient die Sexualität der **Elimination von »schlechten« rezessiven Genen**. Homozygote Träger solche rezessiven Gene sterben und mit ihnen auch die Gene.

4.2.2.2 | Nachteile der sexuellen Fortpflanzung

Nachteile der sexuellen Fortpflanzung umfassen die scheinbar »**unökonomische« Verteilung der Geschlechter** sowie auch die Kosten der Partnersuche. Bei den meisten Tieren werden genauso viele Männchen wie Weibchen produziert, wobei jedoch üblicherweise die Oogenese langsamer und weniger ausgiebig ist als die Spermatogenese. Daher sind die Weibchen für die Fortpflanzung das limitierende Geschlecht: Ein Männchen kann viele Weibchen erfolgreich befruchten, ein Weibchen dagegen kann nur von einem Männchen erfolgreich befruchtet werden. Scheinbar wird in der Natur viel Energie verschwendet, um mehr Männchen als notwendig zu produzieren. Partnersuche kostet viel Zeit und Energie und ist mit der Gefährdung durch Räuber sowie auch mit der Gefahr der Ansteckung durch Krankheitserreger verbunden (denken wir an Gonorrhöe, Syphilis, Hepatitis B, AIDS).

4.2.3 | Unisexuelle Fortpflanzung

In diese Kategorie der eingeschlechtlichen Fortpflanzung fallen Parthenogenese und Gynogenese (Abb. 4.2). Dieser Fortpflanzungstyp stellt eine sekundär reduzierte Form der sexuellen Fortpflanzung dar, die genetisch einer asexuellen Fortpflanzung ähnelt. Auch hier findet **kein Austausch genetischen Materials** statt. Auch hier pflanzt sich nur ein Elternteil, das Muttertier, fort. Allerdings werden für diese Form der Fortpflanzung **Keimzellen** eingeschaltet. Ein Individuum entsteht aus einem unbefruchteten haploiden oder diploiden Ei. Bei der Fortpflanzung aus diploiden Eizellen (hierbei wird der Chromosomensatz noch vor der Meiose verdoppelt) entstehen mit der Mutter und untereinander genetisch identische Nachkommen (Klone). Eine unisexuelle Fortpflanzung kann bei einigen Tieren auch experimentell induziert werden.

▶ **Parthenogenese (Jungfernzeugung).** Hierbei entsteht der Embryo aus einem unbefruchteten Ei, so dass das männliche Geschlecht bei der Fortpflanzung keine Rolle spielt (z.B. Rädertierchen, Wasserflöhe, Blattläuse, Hymenopteren, einige Milben, Fische, Amphibien, Eidechsen).

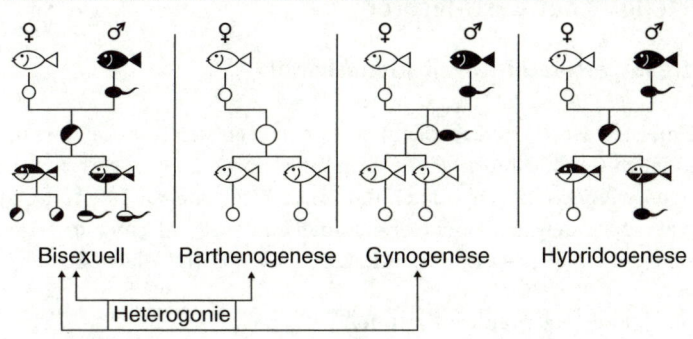

Bisexuell Parthenogenese Gynogenese Hybridogenese

Heterogonie

Abb. 4.2

Schematische Darstellung der **genetischen Aspekte** der bisexuellen und unisexuellen Fortpflanzung.

▶ **Gynogenese**. Sie stellt einen Sonderfall der Parthenogenese dar. Die Männchen sind nicht nur für die Stimulierung und Auslösung der Ovulation erforderlich. Damit die Furchung gestartet wird, muss das diploide Ei durch ein Spermium aktiviert werden. Dabei werden die väterlichen Chromosomen allerdings nicht übergeben (z.B. einige Fische und Schwanzlurche).

Wechsel von Fortpflanzungstypen

4.2.4

Die drei genannten Typen der Fortpflanzung können periodisch oder sporadisch (häufig in Abhängigkeit von den äußeren Bedingungen) alternieren und die aufeinander folgenden Generationen können sich in unterschiedlicher Weise vermehren (**Generationswechsel**).

▶ **Metagenese**. Sie bezeichnet den **Wechsel zwischen** der **asexuellen und bisexuellen** Fortpflanzung (z.B. Nesseltiere, manche Bandwürmer und Manteltiere). So kommt es zum Beispiel bei Quallen zum Wechsel zwischen dem Stadium der sich vegetativ durch Strobilation vermehrenden, sesshaften Polypen und dem Stadium der sich sexuell fortpflanzenden, frei lebenden Medusen.

▶ **Heterogonie**. Sie bezeichnet den **Generationswechsel zwischen unisexueller und bisexueller** Fortpflanzung (z.B. Blattläuse, Wasserflöhe). Die unisexuelle Fortpflanzung geschieht in der Regel unter günstigen, konstanten und vorhersagbaren Umweltbedingungen, die bisexuelle dagegen in Zeiten von Umweltveränderungen. Bei Blattläusen ist ein Generationswechsel häufig auch gleichzeitig mit dem Wechsel der Wirtspflanze verknüpft.

Bei Hymenopteren und einigen Milben kommen unisexuelle und bisexuelle Fortpflanzung **gleichzeitig nebeneinander** vor: Aus unbefruchteten Eiern entstehen haploide Männchen (Drohnen), aus befruchteten Eiern diploide Weibchen (Arbeiterinnen; s. Kap. 4.5.1).

4.3 | Verteilung der Geschlechter

4.3.1 | Getrenntgeschlechtlichkeit (Gonochorie)

Die meisten Tiere sind **Gonochoristen**. Sie pflanzen sich bisexuell fort und die beiden Geschlechter, Männchen und Weibchen, leben getrennt. Bei einigen wenigen Tieren jedoch, die unter Bedingungen leben, die die Partnersuche deutlich erschweren, leben beide Geschlechter in engem sozialem oder körperlichem Kontakt (Box 4.4, Abb. 4.3, Abb. 4.4).

4.3.2 | Zwittrigkeit (Hermaphroditismus)

Hermaphroditismus bedeutet das Auftreten von getrennten weiblichen und männlichen Geschlechtsorganen im selben Individuum nebeneinander (simultan) oder nacheinander (sukzedan). Hermaphroditismus ist nicht mit Pseudohermaphroditismus oder Intersexualität zu verwechseln (s. Kap. 4.6.4). Zwei Typen der Zwittrigkeit werden unterschieden:
▶ **Simultan-Hermaphroditen.** Sie besitzen gleichzeitig getrennte funktionierende männliche und weibliche Organe. Selbstbefruchtung ist prinzipiell möglich, wird jedoch häufig dadurch verhindert, dass beide Gametentypen zu unterschiedlichen Zeitpunkten reifen oder für den Eisprung die Stimulation durch ein anderes Individuum notwendig ist, z.B. Plathelminthen, Anneliden, Weinbergschnecken, einige Fische.
▶ **Sukzessiv-(sukzedan-)Hermaphroditen.** Hierbei tritt ein Individuum zu jedem Zeitpunkt nur als ein bestimmtes Geschlecht auf; im Laufe seines Lebens findet jedoch eine **Geschlechtsumwandlung** statt. Ein Individuum beginnt sein reproduktives Leben entweder als Weibchen und wird später zum Männchen (**Protogynie**), oder beginnt umgekehrt als Männchen und wird zum Weibchen (**Prot(er)andrie**), z.B. einige Bandwürmer, einige Fische, bekannt insbesondere von Korallenfischen.

4.3.3 | Geschlechterverhältnis

Das Geschlechterverhältnis (**sex ratio**, das Verhältnis zwischen der Anzahl der Männchen und der Weibchen) bei der Befruchtung, das so genannte **primäre Geschlechterverhältnis**, sowie auch das **sekundäre Geschlechterverhältnis** beim Schlüpfen oder bei der Geburt beträgt bei den meisten Tieren 1:1 (oder 0,5 bzw. 50 % – hierbei wird der Anteil von Männchen pro 100 angegeben). Das **tertiäre Geschlechterverhältnis** (unter Adulten) wie auch das **effektive Geschlechterverhältnis** (unter den reproduktiv aktiven Mitgliedern der Population) kann dagegen in Raum und Zeit vom Gleichgewicht stark abweichen.

Unausgeglichenes Geschlechterverhältnis

4.3.3.1

Die Problematik der Abweichungen von der Norm beschäftigt die Evolutionsbiologen seit Darwin. Ein Geschlechterverhältnis von 1:1, das die meisten Tierpopulationen charakterisiert, stellt eine **evolutionär stabile Strategie** (ESS) dar. Wenn in einer Population mutante Weibchen auftreten und überwiegen würden, die fast nur Töchter zeugen, würden die Männchen bald zur Seltenheit. Jedes Männchen könnte sich nun reproduzieren, und es wäre vorteilhaft, Söhne zu zeugen. Jedes mutante Weibchen, das nur Söhne zeugt, würde seine Fitness steigern. Nach einer bestimmten Zeit würde sich folglich in unserer hypothetischen Population das Geschlechterverhältnis wieder umkehren.

Es gibt viele Berichte, die zeigen, dass bei manchen Tierarten auch das sekundäre Geschlechterverhältnis in Raum und Zeit von 1:1 abwei-

---

Box 4.4

Unzertrennliche zwergenhafte Männchen

Bei einigen Endoparasiten sowie auch bei Tiefsee-Anglerfischen ist das Männchen zwergenhaft und lebt dauerhaft in engem körperlichem Kontakt mit dem Weibchen, in oder auf welchem es parasitiert. Extremfälle stellen beispielsweise *Bonellia viridis* (ein marines Bodentier aus dem Stamm Echiurida) oder *Sacculina carcini* (ein in Zehnfußkrebsen endoparasitisch lebender Wurzelkrebs, Rhizocephala) sowie auch *Enteroxenus* (ein bei Seegurken parasitierender Mollusk) dar, bei denen das Männchen im Weibchen lebt. *Enteroxenus* wurde sogar lange Zeit für einen Hermaphroditen gehalten, bis man entdeckt hat, dass die angeblichen Hoden eigentlich ein degeneriertes Männchen sind. Beim Pärchenegel, *Schistosoma haematobium*, dagegen lebt das schmalere Weibchen in einer Bauchfalte des Männchens.

Abb. 4.4

Abb. 4.3

Zwergmännchen (oben) und **Weibchen** der Spinne *Argiope lobata* (Foto: Marcus Schmitt).

Tiefsee-Anglerfisch (*Haplophryne mollis*): Zwergmännchen (Pfeil) fest verbunden mit dem Weibchen (nach einem Foto von P. David, Planet Earth Pictures).

chen kann. Manche Studien erlauben die Annahme, dass bei einigen Tierarten die Eltern (meist die Mütter) fähig sind, das Geschlechterverhältnis der Nachkommen zu manipulieren (Box 4.5).

4.3.3.2 | **Manipulation des Geschlechterverhältnisses**
Die physiologischen Mechanismen für die beobachtete Variation des

---

Box 4.5

Abweichende sex ratios

Immer wieder werden bei Tierpopulationen unausgeglichene Geschlechtsverhältnisse festgestellt. Verschiedene theoretische Modelle versuchen dies zu erklären und fragen nach dem Anpassungswert des Phänomens. Am bekanntesten ist die Hypothese von TRIVERS und WILLARD (1973), nach der der prozentuale Anteil der Söhne im Wurf mit der physischen Kondition der Mutter positiv korreliert sein sollte. Die Männchen müssen um ihren Reproduktionserfolg stärker konkurrieren als die Weibchen; sie sind zumindest bei den Säugetieren in der Regel auch größer als die Weibchen und verlangen eine **höhere mütterliche Investition**. Es ist anzunehmen, dass die Söhne von kräftigeren Müttern »besser auf das Leben vorbereitet sind« und ihren Müttern mehr Enkelkinder schenken. Dagegen werden sich wahrscheinlich die Töchter unabhängig von der Höhe der mütterlichen Investition fortpflanzen können. Daher wäre es für eine Mutter, die über weniger Ressourcen verfügt, sinnvoller, Töchter zu produzieren – soweit die Hypothese.
Tatsächlich bestätigen einige Analysen und Untersuchungen (z.B. bei Beutelratten, Rothirschen, Zebras) die Hypothese. Die Ergebnisse der experimentellen Überprüfung der Hypothese waren jedoch inkonsistent. Während einige zumindest tendenziell die TRIVERS-WILLARD-Hypothese bestätigen, zeigen andere keine oder sogar eine gegenläufige Tendenz. So wurde festgestellt, dass gut gefütterte Mäuse mehr Söhne zeugen, wohingegen gut ernährte Ziegen und Schafe mehr Töchter gebären.
Es wurden zahlreiche andere Faktoren getestet, wie z.B. das Alter der Mutter (die Wahrscheinlichkeit, einen Sohn zu gebären, steigt bei der Hirschkuh mit dem Alter, sinkt jedoch angeblich bei der Frau) oder der Zeitpunkt der Empfängnis (in den USA scheinen mehr Jungen im Februar und im Juni als in den übrigen Monaten geboren zu werden, während es in Deutschland die Monate April und Mai sind). Die Liste von Faktoren, welche mit dem ungleichen Geschlechtsverhältnis bei verschiedenen Tierarten korreliert wurden, könnte noch weiter fortgesetzt werden. Leider sind die Ergebnisse dieser Studien meist nicht reproduzierbar und können nicht verallgemeinert werden. Lediglich die **intrauterine Position der Mutter** (s. Kap. 4.6.4) scheint das Geschlechterverhältnis ihrer Nachkommen konsistent zu beeinflussen. Die Mütter, die sich selbst neben eigenen Brüdern in der Gebärmutter entwickelt haben und dadurch maskulinisiert wurden, zeugen überdurchschnittlich viele Söhne.

Geschlechterverhältnisses sind weitgehend unbekannt. Diskutiert werden unterschiedliche Motilität und Sterblichkeit von X- und Y-Chromosom-tragenden Spermien, Unterschiede in der Sterblichkeitsrate von männlichen gegenüber weiblichen Blastozysten sowie der Zusammenhang zwischen der geschlechtspezifischen Entwicklungsrate der Blastozysten, ihrer Sterblichkeit und dem physiologischen Bereitsein der Gebärmutter zur Einnistung. Der Zeitpunkt der Begattung bezogen auf den Zeitpunkt der Ovulation bzw. Befruchtung könnte die beiden Geschlechter unterschiedlich fördern. Es werden mehr Söhne gezeugt, wenn die Besamung kurz vor der Ovulation stattfindet, als wenn sie zum Zeitpunkt der Ovulation stattfindet. Häufige Paarungen, wie sie bei Weibchen in guter Kondition bzw. bei Weibchen mit höherem Dominanzstatus anzunehmen sind, könnten so die Chancen für die Befruchtung mit einer Y-Chromosom-tragenden Spermie bzw. die Einnistungschancen für die kurzlebigeren männlichen Blastozysten erhöhen (s. Box 4.5).

Fortpflanzung aus entwicklungsbiologischer Sicht | 4.4

Für die bisexuelle Fortpflanzung ist es per Definition notwendig, dass sich die beiden gegengeschlechtlichen Gameten treffen und vereinigen.

Befruchtung | 4.4.1

Die Begegnung und das Verschmelzen der Gameten wird als Befruchtung (**Fertilisation**) bezeichnet. Der Begriff Befruchtung fasst drei Prozesse zusammen:

▶ das **Zusammentreffen beider Gameten** entweder im Wasser (**äußere Befruchtung**) oder im Körper (**innere Befruchtung**),
▶ die **Vereinigung beider Gameten** (**Gametogamie**),
▶ die **Verschmelzung der Zellkerne** (sog. Vorkerne) von beiden Gameten und Bildung einer Zygote mit einem Zygotenkern (**Karyogamie**).

Äußere Befruchtung | 4.4.1.1

Die äußere (externe) Befruchtung gilt als ursprünglich. Sie kommt bei den meisten aquatisch lebenden Tieren vor. Hierbei werden die Keimzellen in das Wasser freigesetzt und die Spermien finden die Eier entweder per Zufall durch **Drift** oder werden durch chemische Lockstoffe an die Eier geführt (**Chemotaxis**). Bei der äußeren Befruchtung sind die Gameten durch Umweltbedingungen und Prädatoren gefährdet. Die Gefahr kann reduziert werden, indem die Abgabe von Spermien und Eiern durch verschiedene Individuen in der Umgebung durch Zeitgeber und/oder Pheromone (bei Korallen und Polychaeten) und/oder das Paarungsverhalten (bei Fischen und Amphibien) synchronisiert wird. Einige Wassertiere produzieren so genannte **Spermatozeugmata**, das sind Klumpen von Spermien, die entweder, wie eine Spermatophore, der inneren Befruchtung dienen oder sich später im Wasser verteilen. Bei einigen marinen Gastropoden verbinden sich die Spermienklumpen mit einem abnormalen, chromosomal-defizienten Riesenspermium und werden von diesem transportiert.

4.4.1.2 | Innere Befruchtung

Bei der inneren (internen) Befruchtung werden die Eizellen innerhalb des weiblichen Fortpflanzungstraktes befruchtet. Diese Art der Befruchtung ist zwar für die Gameten mit weniger, für die Eltern jedoch mit mehr Risiko verbunden. Die innere Befruchtung verlangt ein Paarungsverhalten (s. Kap. 4.10.2). Bei einigen Tieren, z.B. bei manchen Plathelminthen, Anneliden, Mollusken, Insekten, lebendgebärenden Fischen und Amphibien, allen Reptilien, Vögeln und Säugetieren werden die Spermien während der **Kopulation** (Kohabitation, Begattung, Koitus) in den weiblichen Fortpflanzungstrakt übertragen. Während der Kopulation kommt es zur **Intromission** (Einführung) des männlichen Kopulationsorgans in die Genitalöffnung des Weibchens oder es kommt zu einem engen Kontakt der Kloaken (»Kloakenkuss«). Durch die männliche Ejakulation kommt es zur **Insemination** (Besamung), dem Einbringen des Samens in den weiblichen Genitaltrakt.

Eine innere Befruchtung ist auch ohne Kopulation möglich. Abgesehen von der künstlichen Insemination (s. Kap. 4.13.3) ist dies der Fall bei Skorpionen, manchen Insekten und manchen Schwanzlurchen. Hierbei werden Spermien in einen einfachen Klumpen (Spermatozeugmata) oder in eine von einer Membran umhüllten **Spermatophore** verpackt und auf das Substrat abgesetzt. Dort werden sie vom Weibchen mit den Kloakenlippen bzw. mit der Genitalöffnung eingesammelt. In anderen Fällen wird die Spermatophore vom Männchen mittels Mundwerkzeugen oder Extremitäten in die weibliche Geschlechtstasche übergeben. Einige Blutegel setzen die Spermatophoren auf dem Rücken der Partner ab: in diesem Fall enthält die Spermatophore Enzyme, die die Haut auflösen; da das Samenpaket im Wasser schrumpft, wird sein Inhalt unter Druck ins Coelom injiziert und gelangt so zu den Eierstöcken. Auch bei Plathelminthen werden die Spermien auf die Epidermis abgegeben bzw. in den Körper des Partners injiziert.

Gametogamie

| 4.4.1.3

Erst außerhalb des männlichen Genitaltraktes werden die Spermien befruchtungsfähig: Es kommt zur so genannten **Kapazitation**, der Verschmelzung der Plasmamembran des Spermienkopfes mit der Membran des Akrosoms (zur Morphologie der Spermien s. Kap. 4.8.1) unter Freisetzung von proteolytischen Enzymen (z.B. Akrosin), die das Eindringen der Spermien in das Ei (die sog. **Imprägnation**) ermöglichen. Bei einigen Fischen (Teleostei) und Insekten müssen Spermien innerhalb kurzer Zeit einen speziellen Kanal in der Eiwand, die so genannte **Mikropyle**, finden, um zur Membran des Eis durchdringen zu können (Spermien von Fischen sind im Wasser ca. 2 Min. beweglich).

Vor der eigentlichen **Gametogamie** muss das Spermium zunächst die Corona radiata und die Zona pellucida des Eis (s. Kap. 4.9.1) durchdringen, was mehrere Minuten in Anspruch nimmt. Danach kommt es zur Vereinigung der Zellmembranen beider Gameten. Hierdurch wird das Ei aktiviert, die Stoffwechselrate steigt, und die Meiose wird vollendet; anderenfalls geht die Eizelle innerhalb von 12–24 Stunden zugrunde. Der Spermienkopf wird zum Vorkern umgewandelt. Die Mitochondrien des Spermiums degradieren; in die nächste Generation werden also nur die Mitochondrien der Mutter übertragen. Die Anbindung des Spermiums an das Ei und die Freisetzung der Akrosom-Enzyme (**Akrosom-Reaktion**) führen zum Anstieg der intrazellulären Konzentration von Kalzium-Ionen (beim Seeigel zur Depolarisation der Eiplasmamembran). Dieser bewirkt sofort einen **Block gegen Polyspermie** (Befruchtung einer Eizelle durch mehrere Spermien, was zur Polyploidie führen würde). Kalzium-Ionen lösen die Freisetzung von Kortikalgranula und die proteolytische Modifikation von einigen zonalen Proteinen aus, wodurch die Spermienrezeptoren inaktiviert werden. Der folgende »langsame Block« wird durch die Verhärtung der Zona pellucida bewirkt. Nach etwa einem Tag (beim Menschen) kommt es zur Verschmelzung (**Karyogamie**, **Konjugation**) des männlichen und des weiblichen haploiden Vorkerns zu einem diploiden Kern und damit zur Entstehung einer entwicklungsfähigen **Zygote**.

Fortpflanzungsart

| 4.4.2

Unter der Fortpflanzungsart (Fortpflanzungs- bzw. Entwicklungsmodus) wird die Art des Austragens bzw. der Entwicklung der Frucht verstanden. Man unterscheidet Oviparie, Ovoviviparie und Viviparie. Bei einigen Tierarten können die Fortpflanzungsarten, abhängig von den Umweltbedingungen, alternieren (Box 4.6).

Box 4.6

Vielfalt und Flexibilität der Fortpflanzungsarten

Bei einigen wenigen Tierarten (bei einigen Fischen, beim Grottenolm, einigen Fröschen, Echsen, darunter auch die Waldeidechse) ist der Entwicklungsmodus nicht genetisch fixiert. Diese Tiere sind in Abhängigkeit von der vorherrschenden Außentemperatur entweder ovipar (meist bei wärmeren Temperaturen) oder ovovivipar (bei kälteren Temperaturen). Beim Fransenflügler *Elaphrothrips tuberculatus* (Insecta: Thysanoptera) sind die Weibchen fakultativ (ovo)vivipar und produzieren auf diesem Weg Männchen, während die weiblichen Nachkommen ovipar produziert werden.

Lebendgebärende Knorpelfische sind

▶ lecitotroph (z.B. *Squalus*),

▶ oophag bzw. intrauterine Kannibalen, die sich von schwächeren Geschwistern ernähren (z.B. *Carcharias taurus*),

▶ histophag (z.B. manche Rochen, die mit den äußeren Kiemen die »Uterusmilch« aus den Uteruszotten absorbieren) oder

▶ plazentotroph (etwa 10% der Arten, z.B. *Rhizoprionodon*).

Es gibt nur einen nachgewiesenen Fall der **Patrotrophie** (der embryonalen Ernährung durch den Vater) unter den Tieren: Beim chilenischen Darwin-Nasenfrosch (*Rhinoderma darwini*) brütet das Männchen die Larven in der Schallblase aus, wobei sich die Larven von Geweben oder Gewebssekreten des Vaters ernähren.

4.4.2.1 │ **Oviparie**

Bei diesem Entwicklungstyp schlüpfen die Jungen aus Eiern, die von der Mutter abgelegt wurden. Die Eiablage (**Oviposition**) kann vor der Befruchtung (Ovuliparie; in der Regel bei äußerer Befruchtung) oder während früher Stadien der Embryonalentwicklung (Zygoparie; oft bei interner Befruchtung) stattfinden. Der größte Teil der Entwicklung findet im Ei außerhalb des mütterlichen Körpers statt. Der Embryo bezieht seine Nahrung vom Dotter. Auch wenn den Embryonen keine zusätzliche Nahrung zugeführt werden kann, bekommen sie häufig von den Eltern eine weitere Unterstützung durch Schützen, Bewachen, Wärmen usw. (**Brüten**). Das Brüten findet häufig im speziell gebauten Nest, bei einigen Fischen im Mund oder in der Kiemenhöhle, bei einigen Fröschen in spezialisierten Hautfalten und bei dem australischen Frosch *Rheobatrachus silus* sogar im Magen statt.

Ovoviviparie

4.4.2.2

Bei diesem Fortpflanzungstyp bietet die Mutter in ihrem Körper eine **Brutkammer** für die sich in den Eiern befindlichen Embryonen. Sie stellt ihnen zwar keine zusätzliche Nahrung zur Verfügung, sorgt aber durch die Wahl geeigneter Aufenthaltsorte für eine verbesserte Wärmeversorgung. Die Jungtiere schlüpfen im Eileiter aus den Eiern (z.B. einige Insekten, Haie, Fische, Amphibien und Reptilien).

Viviparie

4.4.2.3

Bei der Viviparie werden Jungtieren geboren, die während der Embryonalentwicklung im Mutterleib (meist über die Plazenta) ernährt werden. Lebendgebärend sind alle Säugetiere (mit Ausnahme der oviparen Kloakentiere), sowie einige wenige Skinke, Amphibien, Haie und Knochenfische.

Art der embryonalen Ernährung

4.4.2.4

Man unterscheidet je nach der Art der Ernährung der Embryonen und Föten mehrere Ernährungstypen (Abb. 4.5).

▶ **Lecitotrophie**: Ernährung durch Dotter, wie es bei oviparen und ovoviviparen Tieren der Fall ist

▶ **Matrotrophie**: Ernährung der Embryonen durch die Mutter. Hier unterscheidet man drei Arten. **Placentotrophie**: Ernährung durch die Plazenta (s. Kap. 4.9.4). **Histophagie (Trophophagie)**: Ernährung durch die Schleimhäute bzw. Sekrete, die von der Mutter zur Verfügung gestellt werden und die der Embryo durch spezialisierte Kiemenfortsätze oder durch den Mund aufnimmt wie bei den meisten viviparen Schleichenlurchen. **Oophagie:** Ernährung durch unbefruchtete Eier der Mutter wie beim Alpensalamander.

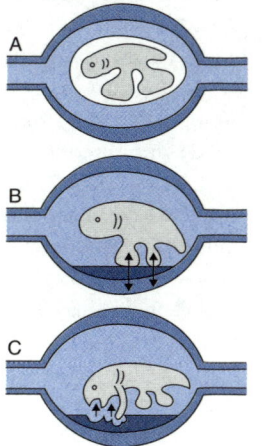

Abb. 4.5

Schematische Darstellung der **A Lecitotrophie**, **B Placentotrophie**, **C Histophagie**.

Geschlechtsbestimmung

4.5

Während des Prozesses der Geschlechtsbestimmung (engl. **sex determination**) wird das **primäre (gonadale) Geschlecht** fixiert, der **Gonadentyp** wird also festgelegt. Bei allen Tieren gibt es zahlreiche Gene, die das Geschlecht primär bestimmen (determinieren). Diese Gene werden wiederum durch Kontrollgene gesteuert (aktiviert oder inhibiert). Beruht die Geschlechtsbestimmung auf der Segregation von geschlechtsbestimmenden Genen, so spricht man von genotypischer Geschlechtsbestimmung. Wenn die Kontrollgene von bestimmten Umweltfaktoren aktiviert oder inhibiert werden, spricht man von phänotypischer (umweltbedingter) Geschlechtsbestimmung.

4.5.1 | Genotypische Geschlechtsbestimmung

Das Geschlecht kann durch ein oder mehrere Gene determiniert werden.

4.5.1.1 | Monogene Geschlechtsbestimmung

Im einfachsten Fall (z.B. bei einigen Stechmücken) wird das Geschlecht monogen, also durch ein Kontrollgen bestimmt. Die Weibchen sind homozygot für das rezessive geschlechtsbestimmende Allel (mm), die Männchen sind heterozygot (Mm). Die Paarung Mm × mm gewährleistet ein ausgewogenes Geschlechterverhältnis zwischen Männchen und Weibchen von 1:1.

Auch der **haplo-diploide Mechanismus**, der das Geschlecht bei Hymenopteren sowie bei Blattläusen und einigen Milben bestimmt, scheint auf einem Polymorphismus eines einzelnen Kontrollgens zu beruhen. 2003 wurde der zuständige csd-Locus (complementary sex-determining) bei Honigbienen identifiziert. Die **Weibchen**, die aus befruchteten Eiern entstehen und diploid sind, besitzen stets zwei verschiedene Allele (A_1A_2) des geschlechtsbestimmenden Gens (sie sind **heterozygot**), während die **Männchen**, die parthenogenetisch aus unbefruchteten Eiern entstehen und haploid sind, nur ein Allel (A_1 oder A_2) tragen (sie sind **hemizygot**). Bei einigen Käfern (wie Kaffeebohnenbohrern, Fam. Scolytidae) sind beide Geschlechter diploid, doch bei den Männchen ist ein Chromosomensatz inaktiviert – man spricht von einer **funktionellen Haploidie**.

4.5.1.2 | Chromosomale Geschlechtsbestimmung

Die chromosomale Geschlechtsbestimmung beruht auf der Konfiguration des Karyotyps der Zygote. Im diploiden Chromosomen-Satz befinden sich neben den Autosomen-Paaren (AA) zwei **Geschlechtschromosomen** (Sex-Chromosomen, Heterochromosomen).

Beim »**Säugetier-Typ**« – hierzu gehören z.B. Säugetiere, einige Krokodile, Schildkröten, Fische, die meisten Froschlurche und Fliegen – ist das **Weibchen homogametisch** – d.h. es besitzt ein Paar von identischen Sex-Chromosomen, die als **XX** bezeichnet werden, und produziert nur einen Typ von Gameten, die je ein X-Chromosom tragen. Die **Männchen** dagegen sind **heterogametisch**, ihr Karyotyp enthält zwei ungleiche Sex-Chromosomen, **XY**, und bei der Meiose entstehen zwei Typen von Gameten, die entweder das X- oder das Y-Chromosom tragen. Man bezeichnet dieses Geschlechtschromosomensystem als AAXX/AAXY (kurz **XX/XY**).

Beim »**Vogel-Typ**« – hierzu gehören z.B. Vögel, Schwanzlurche, Krallen-frösche und einige Schmetterlinge – ist das **Weibchen heterogametisch** (XY) und das **Männchen homogametisch** (XX). Statt der Bezeichnung XY/XX wird für den Vogel-Typ üblicherweise die Schreibweise **ZW/ZZ** verwendet, wodurch zum Ausdruck kommt, dass die chromosomalen Geschlechts-bestimmungssysteme von Vögeln und Säugern nicht homolog sind.

Obwohl **bei den Fischen** das XX/XY System vorherrscht, sind bei man-chen Fischen Geschlechtschromosomen von Autosomen nicht zu unter-scheiden. Bei einigen beeinflussen offenbar auch autosomale Gene das Geschlecht; bei anderen wie dem Schwertfisch (*Xiphophorus maculatus*) gibt es 3 weibliche Genotypen (WY, WX und XX) und zwei männliche Genotypen (XY und YY). Bei einigen Tieren kann die Situation noch kom-plizierter sein als geschildert.

Bei Säugetieren wird das **Y-Chromosom** vom Vater an seine Söhne weitervererbt und enthält die genetische Information für die männliche Entwicklung des Embryos. Es trägt das Gen, welches das männliche Geschlecht bestimmt, das so genannte **SRY-Gen** («sex determining region Y gene"). Beim Menschen wird es als *SRY*, bei anderen Säugetieren als *Sry* definiert (s. Box 1.17). Vor der Sequenzierung und Beschreibung des Gens im Jahr 1990 wurde das vermutete Gen als **TDF** (testis determining factor) bezeichnet. Fehlt diese Information, entsteht ein weiblicher Phä-notyp.

Beim Menschen befindet sich *SRY* auf einem differenzierten Y-Chro-mosom. Fehlt das Y-Chromosom (X0), entsteht ein weiblicher Phänotyp (beim Menschen als **Turner-Syndrom** bezeichnet). Wenn das X-Chromosom vervielfacht vorliegt und auch das Y-Chromosom vorhanden ist (XXY, XXXY oder sogar XXXXY (**Klinefelter-Syndrom**), entsteht ein männlicher Phänotyp. Das X-Chromosom bei den Säugetieren trägt viele lebens-wichtige Gene, daher ist eine Y0 Kombination nicht lebensfähig.

Während das X-Chromosom üblicherweise groß ist, ist das **Y-Chromo-som meist klein** und trägt nur wenige Gene. Dies wird durch den Evolu-tionskampf zwischen dem weiblichen und männlichen Chromosom erklärt. Da die Y-Chromosomen bei Säugetieren in der Minderheit sind (in einer Population mit einem ausgeglichenen Geschlechterverhältnis ist das Verhältnis von Geschlechtschromosomen 3X : 1Y), sind die Y-Chromosomen die Verlierer, die sich verstecken müssen. Sie geben ihre Gene (bis auf *Sry*) allmählich ab und werden stets kleiner, bis sie verloren gehen und das *Sry* ein neues Autosom besetzt, das dann zum Y-Chro-mosom wird, und das Versteckspiel erneut beginnt. Man kann diese hypothetischen Stadien des Evolutionskampfes bei einigen Tieren als Momentaufnahmen beobachten.

Beim Medakafisch (*Oryzias latipes*), einem in Japan heimischen und intensiv erforschten Süßwasserfisch, sind dagegen X- und Y-Chromosomen morphologisch nicht voneinander zu unterscheiden und, abgesehen von dem Geschlechtsbestimmungslocus auf dem Y-Chromosom, auch genetisch identisch ausgestattet. Daraus wird geschlossen, dass X- und Y-Chromosomen aus einem Autosomenpaar hervorgegangen sind, und sich im Laufe der Evolution weiter voneinander differenziert haben. Das Y-Chromosom vom Medakafisch stellt damit eine rezente evolutionäre Neuigkeit dar. 2002 haben japanische Forscher beim Medakafisch ein als *Dmy* bezeichnetes Gen entdeckt, das während der Differenzierung der geschlechtlichen Zugehörigkeit aktiv ist. *DMY* stellt den erstmaligen Befund eines geschlechtsbestimmenden Gens bei einem Nichtsäuger-Wirbeltier dar.

Bei einigen rezenten Tieren (Schlauchwurm *Caenorhabditis*, manche Insekten) ging das Y-Chromosom verloren und das vorhandene Geschlechtschromosomensystem wird als **XX/X0** bezeichnet. Das heißt, XX ist ein Weibchen (bei *Caenorhabditis* ein Hermaphrodit), X0 ein Männchen.

Box 4.7

Blumige Sprache der Soziobiologie und Molekulargenetik

Soziobiologen haben die Gesellschaft und einen Teil der wissenschaftlichen Gemeinschaft nicht nur mit ihren Ideen, sondern auch mit der Sprache, die sie in die Fachliteratur eingeführt haben, schockiert. In der Zwischenzeit wurden manche, früher als unzulässig geltende **Anthropomorphismen** (Vermenschlichungen) zum Bestandteil der soziobiologischen Fachsprache. So benutzt man die Begriffe wie Betrug, Damenwahl, Dieb, Helfer, Königin, Mafia, Mord, Pirat, Sklave, Treue, Untreue, Vergewaltigung usw. auch bei der Beschreibung von Verhaltensweisen und Verhaltensstrategien von Tieren. Auch haben einige der wichtigen evolutionsbiologischen Konzepte und Hypothesen seltsame Namen wie das »Egoistische Gen«, »Green Beard«, »Red Queen« oder »tit for tat«. Man spricht z.B. auch vom »Krieg der Geschlechter«. Eine ähnlich Metaphern-reiche Sprache ist inzwischen auch für die molekulargenetische und zytologische Literatur typisch – so spricht man von Killerzellen, Killerspermien, Henkern, Serienmördern und vom Selbstmord der Zellen. Die seltsamen Namen einiger Gene (*Krüppel, even-skipped*, usw.) sind den Leserinnen und Lesern schon im ersten Kapitel begegnet.

Phänotypische (umweltbedingte) Geschlechtsbestimmung | 4.5.2

Hierbei werden die Kontrollgene durch exogene Faktoren ein- bzw. ausgeschaltet. Solche Faktoren sind z.B. Temperatur, Salinität, pH-Wert, Licht, Nahrung oder soziale Umwelt (vermittelt durch Pheromone und Hormone). Diese Art der Geschlechtsbestimmung wurde bei Rädertieren, Nematoden, Polychaeten, Echiuriden, Krebstieren, einigen Knochenfischen, Schildkröten, Eidechsen und Krokodilen beschrieben (Box 4.8). Dabei kann bei manchen Arten unter Umständen sowohl genotypische wie auch phänotypische Geschlechtsbestimmung auftreten. So wird z.B. beim Ährenfisch (*Menidia menidia*) in einem Teil des geographischen Verbreitungsgebietes das Geschlecht chromosomal bestimmt, während in anderen Gebieten die Temperatur während der Entwicklung eine entscheidende Rolle spielt. Weiterhin lassen sich innerhalb einer Familie Arten finden, deren Geschlecht genotypisch determiniert wird, während es bei ihren Verwandten phänotypisch bestimmt wird (dies ist der Fall bei Schildkröten, Krokodilen und einigen Eidechsen).

Die **Temperatur**, bei der die Eier inkubiert werden, ist ein wichtiger äußerer Faktor. Entscheidend wirkt sich die Temperatur in einem bestimmten Zeitfenster aus; in der Regel im mittleren Drittel der Inkubation, wenn sich die Gonaden entwickeln. Der Mechanismus der Wirkung kann am ehesten durch die Temperatur-Empfindlichkeit von Promotoren der Kontrollgene erklärt werden. Der Wechsel von einem Geschlecht zum anderen geschieht oft im Bereich von 3–4 °C. Dabei fördern höhere Temperaturen üblicherweise die Entstehung des größeren der beiden Geschlechter (Männchen bei Krokodilen, Weibchen bei Schildkröten). Für diese Temperaturunterschiede sind oft die Zeit der Eiablage sowie auch Standortbedingungen im Nestbereich verantwortlich. Da die Homoiothermie die Geschlechtsbestimmung von der Außentemperatur weitgehend befreit hat, haben die Homoiothermen einen anderen Mechanismus der Geschlechtbestimmung entwickeln müssen.

Pheromone und Hormone spielen bei der Geschlechtsbestimmung bei manchen Tieren eine wichtige Rolle. Beim Igelwurm *Bonellia viridis* (s. Box 4.4) entwickeln sich die Larven normalerweise zu Weibchen. Landet jedoch eine Larve auf einem Weibchen (genauer auf dessen Rüssel), wird sie zum Männchen: Der Rüssel des Weibchens scheidet ein Pheromon aus, welches die Differenzierung der Larven zum Männchen bewirkt. Pheromone bzw. Hormone sind auch direkt für die Geschlechtsumwandlung bei einigen Korallenfischen verantwortlich (s. Kap. 4.6.4).

Ein Sonderfall der Geschlechtsbestimmung durch den **Fortpflanzungsmodus** beim Fransenflügler (Thysanoptera) wurde in Box 4.6 erwähnt.

4.6 | Geschlechtsdifferenzierung

Nachdem der Gonadentyp festgelegt wurde, bilden sich die entsprechenden Geschlechtsorgane und Geschlechtsmerkmale aus.

Als **Geschlechtsorgane** oder Fortpflanzungsorgane bezeichnet man diejenigen Organe, die der Bildung, Aufbewahrung und Weiterleitung der Keimzellen sowie der Kopulation (einschließlich Besamung und Befruchtung) und bei weiblichen Organen auch der Fruchtpflege bis zur Geburt dienen. Man unterscheidet bei den Geschlechtsorganen die **Gonaden** (Keimdrüsen) und das innere und äußere **Genitale**. Entwicklungsgeschichtlich besteht ein enger Zusammenhang mit den Exkretionsorganen, daher die Bezeichnung **urogenitales System**.

Als **sekundäre Geschlechtsmerkmale** bezeichnet man alle anderen – also außerhalb der Geschlechtsorgane liegenden – morphologischen, physiologischen und ethologischen Charakteristika, die das unterschiedliche Erscheinungsbild von Männchen und Weibchen prägen (**Geschlechtsdimorphismus**, Box 4.9).

Box 4.8

Temperaturbedingte Geschlechtsbestimmung bei Reptilien

Beim **Mississippi-Alligator** führt eine höhere Inkubationstemperatur (>34 °C) zu Männchen, eine niedrigere Temperatur (<30 °C) zu Weibchen. Dazwischen liegende Temperaturen ergeben Individuen beider Geschlechter. Bei der europäischen **Sumpfschildkröte** entwickeln sich bei >29,5 °C Weibchen, bei <27 °C entstehen Männchen. Bei manchen anderen Arten entstehen Weibchen bei tieferen und höheren Temperaturen, während Zwischentemperaturen zu Männchen führen (z.B. entwickeln sich bei der amerikanischen **Schnappschildkröte** bei 22–28 °C Männchen, Temperaturen <20 °C und >30 °C fördern die Entstehung von Weibchen).

Man kann spekulieren, ob die plötzliche Abkühlung nach dem Einschlag des Asteroiden vor 65 Millionen Jahren auch zur Verschiebung des Geschlechterverhältnisses bei den Nachkommen der Überlebenden und dadurch zum **Aussterben** vieler Tierarten (darunter auch Dinosauriern) indirekt beitragen konnte. Es ist auch möglich, dass der relativ plötzliche Anstieg der Temperatur um 4 °C, der infolge des Treibhauseffekts in den nächsten Jahrzehnten erwartet wird, dazu führt, dass bei manchen Reptilien- oder Fischarten weniger Weibchen (bzw. Männchen) produziert werden.

Die Tatsache, dass die Geschlechtsbestimmung bei Schildkröten temperaturabhängig ist, sollte auch bei den **Artenschutzprogrammen** berücksichtigt werden, wenn die gesammelten Eier unter gleichen konstanten Bedingungen künstlich erbrütet werden. Diese Art der künstlichen Zucht führt bei vielen Arten dazu, dass nur ein Geschlecht produziert wird.

Box 4.9

Geschlechtsunterschiede

Treten Männchen und Weibchen in zwei morphologisch unterschiedlichen Formen auf, bilden sie also voneinander abweichende Geschlechtsmerkmale aus, dann liegt **Sexual-dimorphismus** vor. Als primäre Geschlechtsmerkmale werden die Fortpflanzungsorgane bezeichnet. Sekundär sind alle zusätzlichen Unterschiede, die **unter dem Einfluss von Sexualhormonen** ausgebildet werden; darunter fallen Färbung und Zeichnung, Körpergröße und -gestalt, Körperanhänge, Lautäußerungen usw.

Unterschiede in der **Körpergröße** können in beide Richtungen ausgeprägt werden. Dort, wo der Selektionsdruck auf die Maximierung der Fruchtbarkeit der Weibchen wirkt, sind diese größer (Beispiele sind Spinnen, die Königin bei eusozialen Insekten, einige Fische, Kröten, Schildkröten, Greifvögel, der Nacktmull sowie »zwergenhafte Männchen« bei einigen Wirbellosen und Anglerfischen, s. Box 4.4). Bei harembildenden Arten (z.B. manchen Säugetieren, Hühnervögeln, einigen Fischen) hat der Kampf um die Weibchen zur allmählichen Entwicklung immer stärkerer/größerer Männchen geführt. Unterschiede in der **Färbung** der Geschlechter gibt es vor allem bei Vögeln und Fischen, wobei das männliche Geschlecht üblicherweise auffälliger gefärbt ist. Manchmal ist die geschlechtsspezifische Färbung auf die Fortpflanzungszeit beschränkt (Prachtkleid). Männchen polygyner Arten bilden mitunter auch verschiedene **Körperanhänge** aus, die bei Rivalenkämpfen (z.B. Geweihe oder lange, kräftige Hörner bei vielen Huftieren, ausladende Oberkiefer bei Hirschkäfern, Chitindornen bei manchen Blatthornkäfern) oder zum Imponieren und Anlocken der Weibchen (Pfauenrad, riesige Schere der Winkerkrabben) eingesetzt werden. Der Geschlechtsdimorphismus ist nicht nur auf optische Merkmale beschränkt. Beide Geschlechter können sich auch in **Lautäußerungen** unterscheiden, wobei gewöhnlich die Männchen laut und vokal, die Weibchen dagegen leise und unauffällig sind (wie beim Gesang der Grillen, Frösche, Singvögel, dem Röhren der Hirsche). Unauffällig für den Menschen, aber für Tiere um so wichtiger, können auch **Geruchsunterschiede** sein. Sie vermitteln auch Informationen über die Paarungsbereitschaft (s. Kap. 4.10).

Die **Geschlechtsdifferenzierung** umfasst die Umsetzung der primären, von den Gonaden ausgehenden Signale in die sekundären geschlechtsspezifischen Merkmale (d.h. die Festlegung aller geschlechtsspezifischen Gewebe und Organe außer den Gonaden). In diesem Prozess differenzieren sich neben den Gonaden auch die Genitalorgane und die sekundären Geschlechtsmerkmale. Der Geschlechtsdimorphismus wird also etabliert.

4.6.1 | Gonaden (Keimdrüsen)

Die Gonaden bei Säugetieren sind paarig angelegt. Die **Gonadenanlage** entsteht aus dem bindegewebigen Gerüst, dem **Gonadenstroma**, das von den Urkeimzellen besiedelt wird. Das Gonadenstroma selbst bildet sich aus dem Mesonephros (s. Kap. 2.6.2.1) und aus Coelomepithel. Die **Urkeimzellen** sind auf die ursprünglichen Polzellen zurückzuführen, die aus dem Bereich des Dottersacks entlang der Nabelschnur und des Darms schon während sehr früher embryonaler Stadien (beim Menschen ca. 6.–8. Schwangerschaftswoche) in die Gonadenanlage einwandern. Zu Anfang sind die Gonadenanlagen identisch, also geschlechtlich undifferenziert und **bipotentiell** (d.h. fähig, sich entweder in die weibliche oder in die männliche Richtung weiter zu entwickeln). Die **Rinde** der Gonadenanlage kann sich später **zum Ovarium** – und die dort liegenden Urkeimzellen zu Oogonien–, das **Mark zum Testis** – und die sich dort befindenden Urkeimzellen zu Spermatogonien – entwickeln. Ob in der weiteren Entwicklung die Rinde oder das Mark der Gonadenanlage gefördert wird, entscheiden zunächst genetische und später hormonale Faktoren.

Das Vorhandensein von **Y-Chromosom und *Sry*-Gen** sowie die Expression des *Sry*-Gens führen bei Säugetieren in den Gonaden zur Entwicklung von **Sertoli-Zellen** und **Leydig-Zellen** aus den mesodermalen Epithelzellen des Gonadenstromas. Diese Zellen beginnen Hormone zu produzieren, die die weitere Entwicklung von Geschlechtsorganen in die männliche Entwicklungsrichtung steuern; dies geschieht bereits ohne weitere Aktivität des *Sry*-Gens. Leydig-Zellen produzieren männliche Hormone, so genannte **Androgene** (Testosteron und 5α-Dihydrotestosteron); Sertoli-Zellen produzieren das **Anti-Müller-Hormon** (**AMH**). Aus den Gonaden bilden sich schließlich die Hoden (beim Menschen in der 6.–10. Entwicklungswoche). **Fehlt das Y-Chromosom** oder wird das *Sry*-Gen nicht exprimiert, fehlt auch die Aktivierung durch männliche Hormone; es entstehen später die **Eierstöcke** (beim Menschen ca. in der 13. Woche).

4.6.2 | Inneres Genitale

Die bipotentielle Anlage des inneren Genitale wird bei Wirbeltieren durch zwei paarige Ausführgänge gebildet. Als erstes entstehen die **Wolff-Gänge**, ausführende Gänge (primäre Harnleiter) der embryonalen Niere (Mesonephros) (s. Kap. 2.6.2.1). Lateral von ihnen entstehen die **Müller-Gänge** (beim Menschen in der 6. Woche, Abb. 4.6). Sie sind an ihrem proximalen Ende offen. Die beiden paarigen Gänge münden in den **urogenitalen Sinus**. Die Präsenz oder Absenz männlicher Hormone beeinflusst die weitere Entwicklung der Gänge. Testosteron fördert die weite-

re Entwicklung und Differenzierung der Wolff-Gänge; AMH
hemmt die weitere Entwicklung
und Differenzierung der Müller-
Gänge. Aus den Wolff-Gängen entstehen die Nebenhoden, die
Samenleiter und die Bläschendrüsen. Bei der weiblichen Genital-Dif-
ferenzierung entstehen aus den
Müller-Gängen die Eileiter, die
Gebärmutter und das obere Drittel
der Vagina. Entsprechend seiner
Herkunft aus paarigen Gängen
zeigt das innere Genitale ursprünglich im gesamten Verlauf
auch eine paarige Ausbildung –

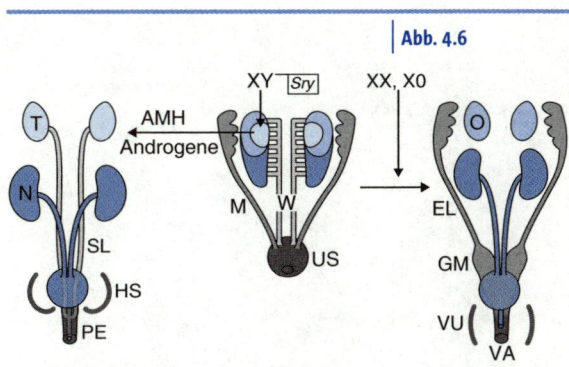

| **Abb. 4.6**

Geschlechtsdifferenzierung bei Säugetieren. Ausgangssituation (in der Mitte):
M Müller-Gang, **US** Urogenitalsinus, **W** Wolff-Gang. Männchen (**links**): **HS** Hoden-
sack, **N** Niere, **PE** Penis, **SL** Samenleiter, **T** Hoden. Weibchen (**rechts**): **EL** Eileiter,
GM Gebärmutter, **O** Ovar, **VA** Vagina, **VU** Vulva, **AMH** Anti-Müller-Hormon.

allerdings mit Tendenz zur Verschmelzung der distalen Teile. So findet
sich bei den plazentalen Säugetieren eine unpaare Vagina und eine
unpaare bis paarige Gebärmutter. Ebenfalls gemäß seiner Herkunft öffnet sich der weibliche Genitaltrakt an seinem proximalen Anfang frei in
die Bauchhöhle (s. Abb. 4.7, Abb. 4.8).

Äußeres Genitale

| 4.6.3

Wie die Anlagen der Gonaden und des inneren Genitales, so verhält sich
auch die Anlage des äußeren Genitales zunächst indifferent und bipotentiell. Sie wird von einem Genitalhügel auf dem kranialen Ende der
Kloake, sowie von den Falten seitlich der Kloake ausdifferenziert. Die
Kloake ist der gemeinsame Ausführungsgang für die Produkte des Ver-
dauungssystems, des Nierensystems und des Fortpflanzungssystems.
Diese ursprüngliche Anordnung bleibt auch bei den meisten adulten

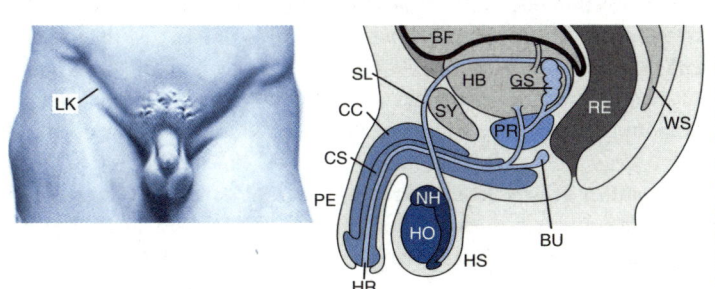

| **Abb. 4.7**

Fortpflanzungsorgane des Mannes.
BF Bauchfell, **BU** Bulbourethrale
Drüsen, **CC** Corpus cavernosum,
CS Corpus spongiosum, **GS** Bläschen-
drüse, **HB** Harnblase, **HO** Hoden,
HR Harnröhre, **HS** Hodensack,
LK Verlauf des Leistenkanals,
NH Nebenhoden, **PE** Penis, **PR** Pros-
tata, **RE** Rektum, **SL** Samenleiter,
SY Symphyse, **WS** Wirbelsäule.

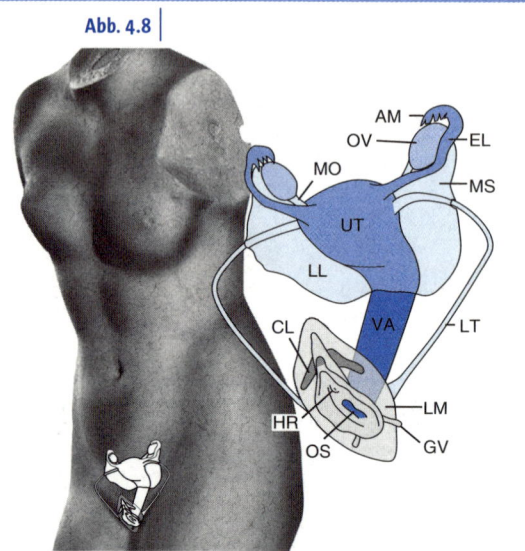

Abb. 4.8

Fortpflanzungsorgane der Frau. AM Ampulla mit Fimbrien, **CL** Klitoris, **EL** Eileiter, **GV** Vestibulare Drüsen, **HR** Harnröhre, **LL** Ligamentum latum, **LM** große Schamlippen, **LT** Ligamentum teres, **MO** Mesovarium, **MS** Mesosalpinx, **OS** Vaginale Öffnung, **OV** Ovar, **UT** Uterus, **VA** Vagina.

Wirbeltieren erhalten. Bei den lebendgebärenden Säugetieren sowie bei Knochenfischen ist der After vollständig von den Urogenitalausgängen abgetrennt. Unter dem Einfluss von Androgenen der embryonalen bzw. fetalen Hoden bildet sich aus dem Genitalhügel der Penis; in Abwesenheit von Androgenen bildet sich die Klitoris. Aus den seitlichen Falten entsteht bei Männchen einiger Säugetierarten der Hodensack, in der Abwesenheit männlicher Hormone bei Weibchen sein Homologon, die Labien und die Vulva. Die männliche Urethra durchdringt den Penis und fungiert als Harnsamenröhre. Als ein Auswuchs der Urethra entsteht die Prostata (Abb. 4.7). Bei den Weibchen der meisten Säugetiere münden die Harnund Genitalgänge getrennt in einen gemeinsamen Vestibulum vaginae (Abb. 4.8).

4.6.4 | Geschlechtsumkehr

Unter Umständen kann es zu einer **Geschlechtsumkehr (sex reversal)** kommen, so dass der **Genotyp** (das chromosomale Geschlecht) und der **Phänotyp** (die Ausprägung der Geschlechtsorgane) **im Widerspruch stehen**. Da die phänotypische geschlechtsspezifische Differenzierung der Geschlechtsorgane hormonell gesteuert wird, ist es verständlich, dass Abweichungen von Dosis und/oder Zeit der **hormonellen Wirkung** die Geschlechtsdifferenzierung in unterschiedlichem Maße bis hin zur vollständigen Geschlechtsumkehr beeinflussen können. Auf diese Art und Weise kann die Geschlechtsumkehr experimentell induziert werden; sie kann jedoch auch spontan als eine Fehlbildung im Entwicklungsprogramm auftreten.

Eine **vollständige Geschlechtsumkehr** führt zur Bildung von funktionellen Gonaden des anderen Geschlechts. Durch **experimentelle Hormonbehandlung** (konkret: Zugabe des weiblichen Hormons Östradiol ins Wasser) wurde schon in den 1930er-Jahren gezeigt, dass männliche XY-Embryonen des Medakafisches (s. Kap. 4.5.1.3) zu fertilen Weibchen werden. In der Zwischenzeit wurde diese Möglichkeit auch bei manchen anderen Fischarten sowie bei einigen Amphibien (z.B. Krallenfrosch) nachgewiesen. Seit den 1990er-Jahren mehren sich Berichte über die Beeinträchtigung der Geschlechtsdifferenzierung bei verschiedenen Tieren durch **körperfremde Substanzen mit östrogener Wirkung**, darunter auch Pestizide wie DDT (Box 4.10).

Es wurden auch weitere Faktoren erkannt, die zur Geschlechtsumkehr führen können, wie z.B. Bruttemperatur oder bestimmte Parasiten.

Eine **unvollständige Geschlechtsumkehr** betrifft nur, unterschiedlich abgestuft, das Genitale und sekundäre Geschlechtsmerkmale. **Pseudohermaphroditismus** bezeichnet eine unvollständige Geschlechtsumkehr: das Vorhandensein der Gonaden des einen und des Genitales und der sekundären Geschlechtsmerkmale des anderen Geschlechts. Dabei stimmt das chromosomale mit dem gonadalen Geschlecht überein. Weiblicher Pseudohermaphroditismus (XX, Ovarien) mit einem männlichen äußeren Phänotyp entsteht, wenn der Embryo hoher Androgeneinwirkung ausgesetzt wurde. Beim männlichen Pseudohermaphroditismus (XY, Testes) sind äußeres Genitale und sekundäre Geschlechtsmerkmale weiblich; die Hoden »verstecken« sich in der Bauchhöhle, in Labien oder im Leistenkanal. Dies kann passieren, wenn z.B. die Rezeptoren für Androgene fehlen (**AIS, androgen insensitivity syndrome**). Die Hoden unterdrücken die Entwicklung der Müller-Gänge, so dass Eileiter und Gebärmutter fehlen

---

Box 4.10

Verweiblichung durch Pestizide

Seit den 1990er-Jahren sind **Xenoöstrogene** im Gespräch, körperfremde Substanzen, welche eine Affinität zum Östrogenrezeptor haben und dadurch eine östrogene Wirkung auf Organismen ausüben und ihren Hormonhaushalt stören. Große Mengen dieser Substanzen gelangen über Kläranlagen oder durch das Auswaschen aus belasteten Böden in Gewässer und beeinträchtigen die dort lebenden Organismen und über die Nahrungskette auch ihre Prädatoren. Zu den endokrin wirksamen Umweltchemikalien zählen beispielsweise chlorierte Kohlenwasserstoffe (DDT) oder polyzyklische aromatische Kohlenwasserstoffe (z.B. aus fossilen Brennstoffen) sowie die in hohen Mengen produzierten Industriechemikalien für die Herstellung von Kunststoffen und nicht-ionischen Tensiden. Weitere bekannte Xenoöstrogene sind z.B. Bisphenol A, Alkylphenole und Alkylphenolethoxylate. Der 1994 bis 1996 beschriebene Rückgang der Alligatorpopulationen im Lake Apopka in Florida aufgrund der Verweiblichung der männlichen Alligatoren trat nach Belastung dieses Gewässers mit östrogen-wirkenden Pestiziden ein.

Box 4.11

»Fluch der Garcias« und ähnliche Phänomene

Das AIS hat eine genetische Komponente und tritt oft in bestimmten Familien gehäuft auf. In einer Region in Mexiko, wo die betroffenen Mädchen durch ihre Schönheit auffallen, doch keine Kinder haben können, bezeichnet man das Syndrom als den »Fluch der Garcias«. Es wurde außerdem von einem Typ des Pseudohermaphroditismus berichtet, der in einem Dorf in der Dominikanischen Republik, in einem Klan auf Papua Neu-Guinea sowie sporadisch auch in anderen Populationen vorkommt. Hier sind das chromosomale Geschlecht (XY), Gonaden und innere Genitalien männlich, bei der Geburt liegen aber die Hoden abdominal, so dass die Labien wie das Skrotum und der Penis wie die Klitoris aussehen. Die Kinder werden als Mädchen betrachtet. Erst in der Pubertät kommt es zur »protogynischen Geschlechtsumwandlung«: Der Penis wächst, die Hoden wandern abwärts, männliche Merkmale treten auf. Diese Entwicklungsstörung ist mit einer reduzierten Aktivität der Enzyme verbunden, die Testosteron in Dihydrotestosteron konvertieren.

und die Vagina blind endet; das männliche Genitale dagegen wird nicht ausgebildet, weil die Zielgewebe auf männliche Geschlechtshormone nicht reagieren. Da Androgene auch bei Frauen normalerweise in gewissen kleineren Mengen produziert werden und normale Frauen auch Androgen-Rezeptoren haben, männliche Pseudohermaphroditen mit AIS jedoch nicht, sehen die betroffenen Individuen »superweiblich« aus. In der Tat wurde von Fällen berichtet, bei denen bekannte Fotomodels, attraktive Stewardessen usw. als männliche Pseudohermaphroditen diagnostiziert wurden (Box 4.11).

Bei den Säugetieren sind die Embryonen der Wirkung von Geschlechtshormonen ausgesetzt. Diese werden produziert: vom Embryo selbst, von den benachbarten Geschwisterembryonen (Hormone können die Amnionflüssigkeit und die Embryonalhüllen durchdringen) sowie von der Mutter. Die weiblichen und männlichen Hormone beeinflussen die Entwicklung der phänotypischen geschlechtsspezifischen Charakteristika des einzelnen Individuums. So wurde bei Säuge-

Abb. 4.9

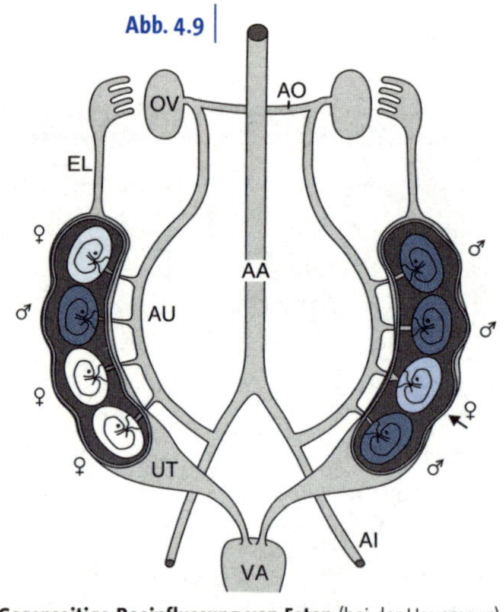

Gegenseitige Beeinflussung von Feten (bei der Hausmaus) durch die intrauterine Position. AA Aorta abdominalis (Bauchaorta), AI Arteria inguinalis, AO Arteria ovarica, AU Arteria uterina, EL Eileiter, OV Ovar, UT Uterus, VA Vagina. Der Pfeil zeigt auf ein Weibchen, das durch seine Position zwischen zwei männlichen Geschwistern maskulinisiert wird.

tieren mit größeren Würfen (Maus, Ratte, Rennmaus, Schwein) das **Phänomen der intrauterinen Position** (IUP) beschrieben: ein Weibchen, das sich in der Gebärmutter neben einem Bruder – oder sogar zwischen zwei Brüdern – befindet, wird einem höheren Testosteronspiegel ausgesetzt und dadurch in manchen Eigenschaften und Merkmalen maskulinisiert (vermännlicht, Abb. 4.9).

Einen Extremfall stellt das so genannte **Freemartin-Syndrom** dar, das zunächst beim Hausrind beschrieben wurde, jedoch auch von Schafen, Ziegen und Pferden bekannt ist. Das Syndrom betrifft Weibchen, die als Schwester eines Zwillingsbruders geboren wurden. Die Embryonen der Kalbszwillinge teilen die gleiche Blutversorgung miteinander. Durch die Sertoli-Zellen des Männchens produziertes AMH beeinflusst damit auch die Entwicklung des Weibchens und führt zur Rückbildung der Müller-Gänge. Die Kuh hat normale Eierstöcke, ihr fehlen aber Eileiter und Gebärmutter, die Vagina endet blind. Das Stierkalb ist normal.

Bei einigen Säugetieren wie Maulwurf, Klammeraffe und einigen Nagetierarten wird die **Maskulinisierung des weiblichen äußeren Genitales** zur Norm. Am auffälligsten ist dieses Phänomen bei Tüpfelhyänen (Abb. 4.10).

Auch **Stresshormone** (s. Box 5.5), denen trächtige Maus- oder Rattenweibchen ausgesetzt werden, können manche phänotypischen Merkmale von Nachkommen beeinflussen: Der Stress der Mutter feminisiert die Söhne, maskulinisiert die Töchter und mindert ihre Fruchtbarkeit.

Bei **Intersexualität** liegt eine gemischte Ausbildung der Gonaden vor, die so genannte **Ovotestes** (sing. Ovotestis). Der männliche Teil der Gonaden weist zwar Leydig- und Sertoli-Zellen aus, es werden jedoch keine Spermien produziert. Selbstbefruchtung ist daher nicht möglich. Der Anteil des Hodengewebes liegt meist unter 10 %, kann jedoch auch über 50 % der Gonade ausmachen. Bei einem höheren Anteil wird die ovariale Funktion zurückgedrängt. Dann entwickeln sich auch Nebenhoden, und der proximale Teil der Müller-Gänge (Eileiter und Gebärmutter) wird rückgebildet, so dass die Vagina blind endet. Häufig tritt ein Ovotestis nur auf einer Körperseite auf. Es können weitere morphologische, funktionelle

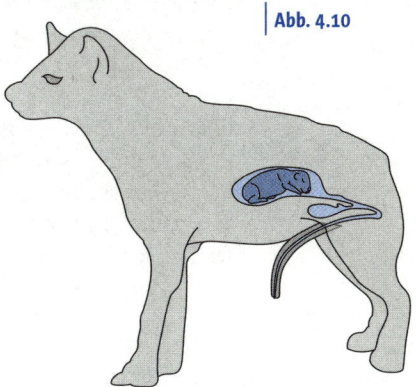

| Abb. 4.10

Lage und Größenproportionen der Geburtswege bei einem Hyänenweibchen. Bei Tüpfelhyänen ähneln die äußeren Genitalien der Weibchen durch Größe und Form so sehr den männlichen Genitalien, dass die Unterscheidung beider Geschlechter sehr schwierig ist. Die Vulva entwickelt sich zu einem mit Fett- und Bindegewebe gefüllten Sack, der wie ein Hodensack aussieht. Weibliche Tüpfelhyänen besitzen keine Vagina; der Urogenitalkanal führt durch die hypertrophierte Klitoris, die durch Größe, Gestalt und Erektilität einem Penis ähnelt. Das Weibchen uriniert, kopuliert und entbindet durch diesen Kanal (also durch die Klitoris). Die inneren Genitalien und Gonaden sind normal ausgebildet (nach FRANK, Trends in Ecology and Evolution, 1997).

und verhaltensmäßige Änderungen hinzutreten. Genetisch und phäno-typisch handelt es sich meist um Weibchen. Intersexualität kommt natürlicherweise beim Maulwurf und manchen Nagetieren vor, ist aber auch bei manchen Haustieren, Primaten und auch beim Menschen beschrieben worden. Auf der Inselgruppe der Neuen Hebriden wurden für die Fruchtbarkeitsrituale gezielt Intersexschweine gezüchtet. Inter-sexualität kann z.B. entstehen, wenn das *Sry*-Gen während der Sperma-togenese auf das X-Chromosom transloziert wird.

4.7 | Sexuelle Orientierung

Die Geschlechtsdifferenzierung betrifft nicht nur die Geschlechtsorgane und sekundären Geschlechtsmerkmale, sondern auch Gehirn und Ver-halten. Abgesehen von Geschlechtsunterschieden nach dem Motto »Warum Männer lügen und Frauen weinen«, die zu einem anderen Kapi-tel gehören, soll hier das Phänomen der sexuellen Orientierung genannt werden. Man spricht von **Heterosexualität**, wenn sich ein Individuum in seiner Ausrichtung zum anderen Geschlecht hingezogen fühlt. **Homose-xualität** bedeutet ein auf gleichgeschlechtliche Partner gerichtetes Sexu-alverhalten. **Bisexualität** im psychologischen Sinne des Wortes liegt vor, wenn eine sexuelle Anziehung durch beide Geschlechter ausgelöst wird.

Bisexualität bzw. Homosexualität sind nicht rein menschliche Attri-bute. Bei manchen soziallebenden Tieren ist Sex ein Mittel, um bestimmte soziale Vorteile zu erreichen. Am auffälligsten zeigen dies Zwergschimpansen, die Bonobos, die mit gleich- oder andersgeschlecht-lichem Sex soziale Probleme lösen oder auch nur ihre Langweile vertrei-ben. Auffälliges homosexuelles Verhalten wurde für etwa 450 Tierarten wissenschaftlich dokumentiert, darunter Delphine, Giraffen, Dickhorn-schafe, Pinguine und sogar Kraken. Bei Fruchtfliegen schließlich wurde sogar das »Gen für Homosexualität« identifiziert.

4.8 | Männliche Fortpflanzungsorgane

Zu den männlichen Fortpflanzungsorganen gehören die Hoden, die äußeren und inneren Genitalien sowie die akzessorischen Drüsen.

4.8.1 | Hoden und Spermatogenese

Im Folgenden werden die männlichen Geschlechtsorgane von Menschen und Tieren getrennt behandelt.

Hoden des Mannes

4.8.1.1

Hoden (**Testis**, Plural Testes) sind paarige, pflaumengroße und -förmige Organe (ca. 4,5 × 3 × 2,5 cm, Gewicht je ca. 23,5 g). Sie befinden sich im Hodensack (s. Kap. 4.8.4, Abb. 4.11). Der Hoden liegt eingeschlossen in einer äußeren, aus dem Bauchfell entstehenden Hülle, der **Tunica vaginalis**, und einer inneren, derben Bindegewebshülle aus straffen kollagenen Faserschichten, der **Tunica albuginea**. Aus der inneren Hülle verlaufen nach innen kollagenfaserige Wände, die das Innere des Hodens in 250–400 **Hodenläppchen** gliedern. In jedem Läppchen befinden sich 2–4 eng gewundene **Hodenkanälchen** (Samenkanälchen). Jedes Kanälchen hat, gestreckt, eine Länge von 2 m und ist U-förmig gebogen. Die Schleife liegt außen, unter die Hodenhülle. Die geraden Enden der Kanälchen laufen an der dorso-kranialen Seite des Hodens zusammen und vereinigen sich zu einem Geflecht, dem **Hodennetz**, das von 10–15 miteinander kommunizierenden Kanälchen, den **Ductuli efferentes** gebildet wird.

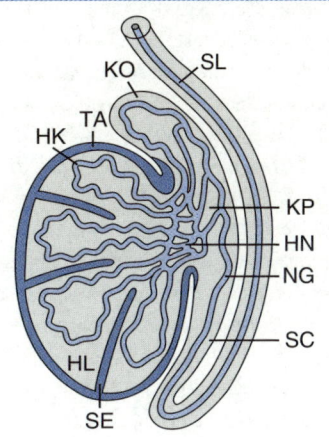

Abb. 4.11

Hoden und Nebenhoden (Sagittalschnitt). **HK** Hodenkanälchen, **HL** Hodenlappen, **HN** Hodennetz, **KO** Kopf des Nebenhodens, **KP** Körper des Nebenhodens, **NG** Nebenhodengang, **SC** Schwanz des Nebenhodens, **SE** Septum, **SL** Samenleiter, **TA** Tunica albuginea.

Zwischen den Hodenkanälchen befindet sich das **interstitielle Hodengewebe**, das etwa 25 % des Hodenvolumens bildet. Das interstitielle Gewebe ist locker und enthält Gefäße, lymphatische Kapillaren, Nerven und die Hormone produzierenden **Leydig-Zellen**. Die **Hodenkanälchen** haben kollagenfaserhaltige Wände und sind mit Keimepithel (Samenepithel) ausgekleidet. Das Keimepithel enthält zwei Zellpopulationen: Keimzellen und Sertoli-Zellen (zu **Keimzellen** s. Kap. 4.8.1.3). **Sertoli-Zellen** sind mit breiter Basis auf der Basalmembran aufsitzende, in das Lumen der Hodenkanälchen ragende Zellen mit vielen Ausbuchtungen, in denen verschiedene Stadien der Keimzellen liegen. Sertoli-Zellen dienen der Unterstützung und Ernährung der Keimzellen. Während der embryonalen Entwicklung produzieren sie das Anti-Müller-Hormon.

Hoden der Tiere

4.8.1.2

Der **Bau der Hoden** bei Tieren ist ziemlich einheitlich, obwohl unter den Wirbeltieren die Hoden von Amphibien und Fischen einige Abweichungen vom allgemeinen Bauplan aufweisen. Die Hoden der meisten Wirbellosen sind einfach strukturiert und bestehen aus einigen wenigen

Box 4.12

Hodengröße und Paarungssystem

Männchen polygamer Arten (s. Kap. 4.11.2) besitzen relativ größere Hoden als ihre monogamen oder polygynen Verwandten. Die Männchen, die sich mit promisken Weibchen
paaren, übertragen den Kampf um den Fortpflanzungserfolg auf die Spermien im weiblichen Genitaltrakt. Um sich durchsetzen zu können, müssen sie – so die Hypothese –
mehr Spermien produzieren, was wiederum einen Selektionsdruck in Richtung Entstehung größerer Hoden ausübt. (Das Volumen der Hodenkanälchen beträgt bei den Tieren
ca. 70 % des Gesamtvolumens der Hoden.)

So beträgt die relative Hodengröße beim polygynen, harem-bildenden Gorilla-Mann ca.
0,02 % des Körpergewichts, beim promisken Schimpansen 0,3 %, während Orang-Utan
und Mann mit ca. 0,05 % Zwischenwerte ausweisen. Bei einigen polygamen Kleinsäugern kann die relative Hodengröße wesentlich mehr betragen: z.B. 5 % beim Honig-Beutler (*Tarsipes rostratus*) und 8 % bei der Rennmaus (*Tatera afta*).

Deutlich ist der Zusammenhang zwischen der Hodengröße und dem Paarungssystem
auch bei Vögeln. So beträgt die relative Hodengröße beim polygamen Seggenrohrsänger
(*Acrocephalus paludicola*) 4,1 %, beim monogamen Schilfrohrsänger (*Acrocephalus schoe-
nobaenus*) dagegen nur 1,4 % des Körpergewichts.

Hodenkanälchen, die in einer bindegewebigen Kapsel eingeschlossen
sind (Abb. 4.12).

Die **Hodengröße** ist arttypisch. Bei Säugetieren und Vögeln hängt die
relative Hodengröße – zumindest beim Vergleich von taxonomisch nah
verwandten Arten oder Gattungen – auch mit dem Paarungssystem
zusammen (Box 4.12). Die Hoden der meisten Tiere sind paarig angelegt; üblicherweise ist ein Hoden (beim Mann sowie bei Vögeln der
linke Hoden) größer. Tiere, die sich saisonal fortpflanzen, weisen
große **saisonale Änderungen** in Größe und Funktion der Hoden
auf. Bei Vögeln (sowie Amphibien und Fischen), die sich saisonal fortpflanzen, wachsen die Hoden in der Fortpflanzungsaison stark und
vergrößern ihr Volumen und ihre Masse bis auf das 500fache.

Die **Lage der Hoden** ist durch die Stammesgeschichte beeinflusst

Abb. 4.12

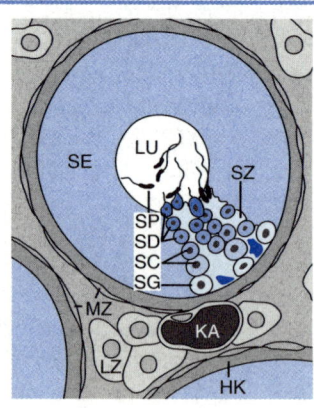

Hodenkanälchen mit dem umgebenden interstitiel-
len Gewebe (Querschnitt). **HK** Hodenkanälchen,
LU Lumen, **KA** Kapillare, **LZ** Leydig-Zelle, **MZ** Myo-
epithelzellen, **SC** Sperma-tozyten, **SD** Spermatiden,
SE Samenepithel, **SG** Sper-matogonie, **SP** Spermie,
SZ Sertoli-Zelle.

und wechselt auch saisonal. Bei allen Nicht-Säugetieren und bei manchen Säugetieren (z.B. Kloakentiere, Insectivora, Elefanten, Wale, Robben, subterrane Nagetiere) liegen die Hoden in der Bauchhöhle (**abdominal**). Bei Elefanten und Walen befinden sich die Hoden in der Nähe der Nieren, im Rumpf verborgen. Bei anderen Säugetieren liegen die Hoden, wie beim Mann, **skrotal** im Hodensack außerhalb der Bauchhöhle. Bei manchen Säugetieren wandern die Hoden durch den Leistenkanal nur während der Fortpflanzungssaison in den Hodensack hinunter (z.B. Fledermäuse, manche Nagetiere, einige Raubtiere und einige Huftiere).

Spermatogenese

4.8.1.3

Die Spermatogenese findet in den Hodenkanälchen statt (Abb. 4.13). Die sich entwickelnden Zellen sind dabei in große Nähr- und Stützzellen, die **Sertoli-Zellen**, gebettet. Durch wiederholte mitotische Teilungen von Stammzellen gehen die **Spermatogonien** hervor. Danach vollzieht sich eine Ruhepause bis zur Pubertät (s. Kap. 1.3.6), in der unter Einfluss von Hormonen (s. Kap. 4.12) die Spermatogenese gestartet wird.

Die Spermatogenese verläuft in drei Phasen (die Angaben zu ihrer jeweiligen Dauer beziehen sich auf die Spermatogenese beim Mann).

▶ **Proliferation** (27 Tage): Die Spermatogonien durchlaufen viermal die Mitose; so entstehen aus einer Spermatogonie 16 **primäre Spermatozyten**.

▶ **Meiose** (24 Tage, Abb. 4.14, Box 4.13): Zunächst gehen aus der Meiose I (Leptotene, Zygotene, Pachytene) **sekundäre Spermatozyten** (32 aus einer ursprünglichen Spermatogonie) und nach Abschluss der Meiose II **Spermatiden** hervor (insgesamt 64).

▶ **Differenzierung** (**Spermiogenese**, 23 Tage): Hierbei findet keine Teilung mehr statt, sondern vielmehr eine Ausdifferenzierung der Spermatiden zu **Spermien** (Spermatozoen).

Der ganze Vorgang dauert beim Mann 74 Tage. Es werden 6×10^6 Spermien pro g Hodengewebe pro Tag produziert (das Gewebe beider Hoden wiegt um 41 g). Anders ausgedrückt: Ein Mann produziert etwa 250×10^6 Spermien täglich. In verschiedenen Teilen der Hodenkanälchen befinden sich Klone von Gameten in unterschiedlichen Entwicklungsstadien.

Die **Spermatogenese bei Tieren** hat einen ähnlichen Ablauf wie oben für den Mann beschrieben. Tat-

Abb. 4.13

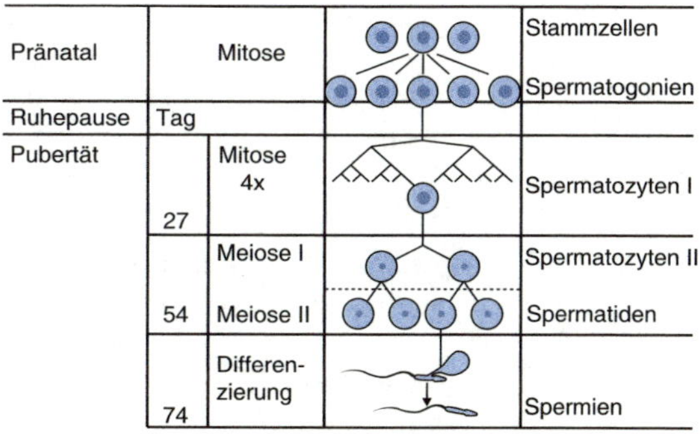

Pränatal	Mitose		Stammzellen
			Spermatogonien
Ruhepause	Tag		
Pubertät	Mitose 4x		Spermatozyten I
27			
	Meiose I		Spermatozyten II
54	Meiose II		Spermatiden
	Differen- zierung		Spermien
74			

Spermatogenese beim Mann.

Box 4.13

Meiose

Abb. 4.14

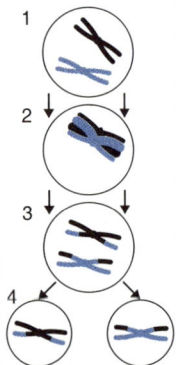

Die Meiose, auch Reduktions- bzw. Reifeteilung genannt, ist der Vorgang, bei dem sich ausschließlich die Keimzellen teilen. Bei der Teilung kommt es zur **Halbierung des diploiden Chromosomensatzes auf einen haploiden Satz**. Durch die Verschmelzung zweier haploider Gameten entsteht dann wieder eine diploide Zelle, die Zygote. Die Meiose ist somit die Voraussetzung jeder sexuellen Fortpflanzung, denn ohne sie würde jede nachfolgende Befruchtung zur Verdopplung des Chromosomensatzes führen. Die Meiose ist auch die Grundlage der Entstehung der genetischen Variabilität und Amphimixis.

Die Meiose verläuft in **zwei Schritten**: Meiose I und Meiose II, die man wiederum jeweils in **Phasen** (Pro-, Meta, Ana-, Telophase), analog zur Mitose einteilen kann. Aus genetischer Sicht ist die **Prophase** der ersten meiotischen Teilung besonders wichtig und auch dementsprechend **komplex**. Sie wird in **5 Stadien** eingeteilt, die als Leptotän, Zygotän, Pachytän, Diplotän und Diakinesis bezeichnet werden. Die wichtigsten Ereignisse der einzelnen Schritte sind im Folgenden zusammengefasst (Abb. 4.14).

▶ **Meiose I**: Paarung der homologen Chromosomen. Durch Bruch und Wiedervereinigung, das so genannte **crossing-over**, findet ein Austausch homologer, gleich langer Abschnitte zwischen den homologen Chromosomen statt. Trennung der gepaarten Chromosomen mit nun ausgetauschten Abschnitten. Es entstehen zwei haploide Zellen.

▶ **Meiose II**: Längsspaltung der Chromosomen und Trennung der Chromatiden. Aus jeder Zelle entstehen je zwei Zellen; der haploide Chromosomensatz wird nicht weiter reduziert. Das Ergebnis der Meiose sind vier haploide Tochterzellen aus je einer diploiden Mutterzelle.

Meiose I. Schematische Darstellung am Beispiel eines einzelnen homologen Chromosomenpaars. **1–2** Prophase (Chromosomenpaarung und Crossing-over), **3** Metaphase – Anaphase, **4** Telophase.

sächlich wurden die ersten Beschreibungen der Spermatogenese am Insekten-Modell gemacht. Die Dauer der Spermatogenese ist artspezifisch, bei ektothermen Tieren auch temperaturabhängig. Bei Vögeln, die eine höhere Körpertemperatur haben als Säugetiere (s. Kap. 3.2.4.4), ist die Spermatogenese mit ca. 2 Wochen wesentlich kürzer als bei Säugetieren, dabei auch viel ausgiebiger: Beispielsweise produziert ein Hahn 2000×10^6 Spermien pro Tag.

Bei manchen Insekten ist die Spermatogenese schon im letzten Larvenstadium oder, bei vollständiger Verwandlung (Holometabolie), in der Pupa abgeschlossen. Hoden fehlen dann bei den Adulten (Imagines), das Sperma wird in Samenbläschen gespeichert.

4.8.1.4 Spermium

Das Spermium besteht aus Kopf und Schwanz (Abb. 4.15). Der Spermium-**Kopf** (beim Mann ca. 3 µm lang) enthält das Akrosom und den

Zellkern. Das **Akrosom** sitzt wie eine Kappe auf dem Zellkern. Es ist ein vom Golgi-Komplex abgeleitetes Bläschen, das die Rezeptoren für die Initialreaktion mit der Zona pellucida der Eizelle sowie die Enzyme zum Durchdringen der Eihülle enthält. Der **Zellkern** ist haploid und enthält kompakte, inaktive DNA und Protamine an Stelle von Histonen. Der Spermium-**Schwanz** (beim Mann ca. 60 µm lang) besteht aus Hals, Mittelstück und Achsenfaden (der Geißel). Der **Hals** enthält zwei senkrecht aufeinander stehenden Zentriolen, wobei das eine die Geißel bildet, das andere bei der Befruchtung in die Eizelle eingebracht wird. Das **Mittelstück** enthält Mitochondrien, die spiralförmig in 10–14 Windungen angeordnet sind und der Energiegewinnung für die Geißelbewegung dienen. Der **Achsenfaden**, Axonema, ist das zentrale, aus Mikrotubuli (ein zentrales und neun umgebende Paare) bestehendes Gebilde und ähnelt in seiner Struktur einer **Geißel**.

Obwohl der Bau der Spermien bei Tieren ähnlich ist, unterscheiden sich die Spermien einzelner Arten in Größe und Gestalt und teilweise auch im Aufbau, so dass sie manchmal auch zu taxonomischen und artdiagnostischen Zwecken hinzugezogen werden (Box 4.14, Abb. 4.16). Die Spermien gewisser Termiten und Nematoden sind geißellos und bewegen sich amöboid.

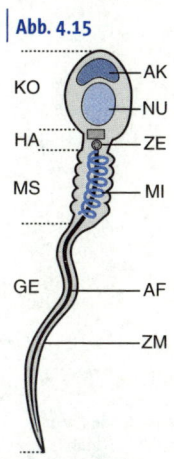

Abb. 4.15

KO — AK
— NU
HA — ZE
MS — MI

GE — AF

— ZM

Spermium. AF Achsenfaden, **AK** Akrosom, **GE** Geißel, **HA** Hals, **KO** Kopf, **MI** Mitochondrium, **MS** Mittelstück, **NU** Nukleus, **ZE** Zentriole, **ZM** Zellmembran.

Inneres Genitale

4.8.2

Nebenhoden

4.8.2.1

Der Nebenhoden (**Epididymis**) des Mannes sitzt als Halbmond auf der dorso-kranialen Seite des Hodens. Er ist von der Tunica vaginalis umhüllt. Den **Kopf** bilden die Ductuli efferentes testis (s. Hoden), die in einen 4–5 m langen stark gewundenen **Nebenhodengang** führen, der **Körper** und **Schwanz** des Nebenhodens bildet. In den Nebenhoden werden die Spermien gespeichert. Kommt es nicht zur Ejakulation, sterben sie nach 10–14 Tagen und werden resorbiert. Der Nebenhodengang geht über in den Samenleiter.

Die Nebenhoden sind bei den Säugetieren relativ einheitlich gebaut. Die Nebenhoden anderer Wirbeltiere sind kleiner (oder fehlen sogar, wie beispielsweise bei den Knochenfischen) und unterliegen einem saisonalen Umbau. Häufig haben die Nebenhoden eine wichtige Sekretionsfunktion.

Samenleiter

4.8.2.2

Der Samenleiter (**Ductus deferens**) des Mannes ist ein muskulärer Kanal (glatte Muskulatur in drei Schichten angeordnet) mit einem Durchmesser von 2–3 mm und einer Länge von 50–60 cm. Er ist mit einem mehr-

Box 4.14

Vielfältige Spermien

Die längsten Spermien unter den **Säugetieren** (360 μm) sind beim Honig-Beutler (*Tarsipes rostratus*) beschrieben worden.

Bei **Vögeln** sind zwei Spermien-Typen bekannt: einfache (»klassische«) Spermien, die bei den meisten Vogelordnungen auftreten und die so genannten »Spiral-Spermien« mit einem spiraligen Akrosom, die sich durch Rotation um ihre eigene Achse fortbewegen, diese kommen ausschließlich bei Singvögeln vor. Spermien von Vögeln sind ziemlich lang: 50–300 μm.

Abb. 4.16

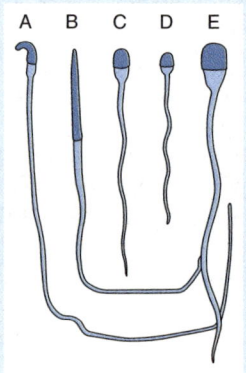

Spermien von diversen Arten. **A** Laborratte, **B** Haushuhn, **C** Pferd, **D** Mensch, **E** Hausrind (nach einer Abbildung der Oklahoma State University, 1997 unter http://www.ansi.okstate.edu/course/3443/study/Notes/sperm/morph.htm).

Die Spermien bei **Knorpel- und Knochenfischen** (bis auf Teleostei) besitzen ein Akrosom. Die Beweglichkeit der Spermien im Fortpflanzungstrakt der Männchen wird durch den osmotischen Druck und/oder durch eine hohe K$^+$-Konzentration herabgesetzt. Frei im Wasser sind die Spermien bis zu 2 Minuten beweglich.

Die Spermien der **Insekten** haben kein Mittelstück und ihr Mitochondrialapparat ist um den langen Spermienschwanz gewickelt. Der Kopf der Samenzellen ist meist länger und dünner als jener der Wirbeltierspermien. Insektenspermien sind in der Regel viel länger als bei anderen Tieren, so übertreffen sie etwa bei einigen Laubheuschrecken die Körperlänge der Männchen!

reihigen Flimmerepithel ausgekleidet. Er zieht sich im **Samenstrang** von den Nebenhoden aus kranial und ventral durch den **Leistenkanal**, verläuft weiter zur dorsalen Fläche der Harnblase, steigt, den Harnleiter überkreuzend, zum Blasengrund ab, erweitert sich dort zur Ampulle und mündet schließlich unter Aufnahme des Ductus excretorius der Bläschendrüsen als **Ductus ejaculatorius** innerhalb der Prostata in die ca. 24 cm lange **Harnröhre (Urethra)**.

Der **Samenleiter der Tetrapoden** ist einheitlich gebaut. Bei Vögeln, Reptilien und Amphibien öffnet er sich in die Kloake. Im Bereich der Kloake bilden sich Ausbuchtungen (Receptacula seminis), wo Spermien aufbewahrt werden. Bei **Fischen** sind die Samenleiter vielfältig gebaut. Sie unterliegen häufig saisonalen Veränderungen. Die Samenleiter bei Fischen dienen zugleich der Speicherung von Spermien; sie sekretieren K$^+$-Ionen, welche die Spermien immobilisieren. Bei einigen Fischen werden im Samenleiter auch Androgene gebildet.

Akzessorische Drüsen | 4.8.3

Akzessorische männliche Drüsen, Bläschendrüsen, Prostata und Cowper-Drüsen, bilden die Samenflüssigkeit (Sperma, Ejakulat). Sie sind bei unterschiedlichen Tieren unterschiedlich entwickelt. Sie fehlen bei den Vögeln, Krokodilen und Schildkröten.

Bläschendrüse | 4.8.3.1

Die Bläschendrüse (**Glandula vesicularis**) des Mannes ist eine paarige, blindsackförmige 3–5 cm lange, 1–2 cm dicke Ausstülpung, kraniolateral der Prostata, zwischen Blasengrund und Rektum gelegen. Sie mündet über den Ductus excretorius in den Samenleiter. Früher wurden Bläschendrüsen für den Ort der Spermienspeicherung gehalten (daher auch die Bezeichnung Samenbläschen). Hier werden 60 % des Sperma-Volumens produziert. Das klare, visköse Sekret ist alkalisch, reich an Fruktose, Ascorbinsäure, Aminosäuren und Prostaglandinen.

Prostata | 4.8.3.2

Die Prostata (**Vorsteherdrüse**) des Mannes ist ein unpaariges, kastaniengroßes muskulo-glanduläres Organ unter der Harnblase. Sie ist rektal ertastbar. Die Prostata umgibt den Anfang der Harnröhre, in die sie auch mündet. Sie produziert ein dünnflüssiges, milchiges Sekret (30–40 % des Ejakulats) mit alkalischem pH-Wert, welches das saure Milieu in der Harnröhre und der Vagina neutralisiert und bewegungsauslösend auf die Spermien wirkt (Box 4.15). Es enthält Phosphatasen und Spermin, ein Polyamin mit charakteristischem Geruch, das eine struktur-stabilisierende Wirkung auf die DNA hat.

Bulbourethrale Drüsen | 4.8.3.3

Bulbourethrale Drüsen (**Cowper-Drüsen**) sind kleine, paarig angelegte Drüsen, die im Bereich der Peniswurzel (Bulbus) in die Urethra münden und ein klares, schleimiges Sekret produzieren. Dieses Sekret erscheint als Vorbote der Ejakulation (der erigierte Penis drückt auf die Drüsen) und kann auch einige Spermien enthalten – was zur »Unverlässigkeit« des Coitus interruptus beiträgt.

Äußeres Genitale | 4.8.4

Hodensack | 4.8.4.1

Der Hodensack (**Skrotum**) ist ein Hautsack an der Basis des Penis, der als ein paariges Organ entsteht, worauf noch eine Hautnaht in der Mittellinie und eine mediale Trennwand hinweist. Die Haut ist dunkler pig-

Box 4.15

Sperma und Ejakulation

Das **Sperma** (Ejakulat, Samenflüssigkeit) bei **Säugetieren** besteht zu 95–97 % aus Sekreten der Bläschendrüsen (60–70 %), der Prostata (30–40 %), der Nebenhoden und bulbourethralen Drüsen. Die Spermien machen nur etwa 3–5 % des Gesamtvolumens aus. Bei der **Spermauntersuchung** wird das durch Masturbation gewonnene Ejakulat (beim Mann nach 3- bis 5-tägiger sexueller Abstinenz) hinsichtlich der folgenden Kriterien bewertet: Volumen (Normalwert beim Mann: 2–6 ml), Spermiendichte (>20 Mio./ml), Spermienbeweglichkeit (> 50 % beweglich), pH-Wert (7–7,8), Farbe, Konsistenz, Geruch.

Bei den **Vögeln** wird die Samenflüssigkeit in Hoden, Nebenhoden, Samenleiter und Receptaculum produziert. Bei der Ejakulation wird dem Samen eine transparente Flüssigkeit aus lymphatischen Falten in der Kloake beigemischt, welche die Beweglichkeit der Spermien auslöst. Da die spezialisierten akzessorischen Drüsen fehlen, ist das Volumen des Ejakulats klein, weist jedoch eine hohe Konzentration an Spermien auf.

Die **Ejakulation** (der Samenerguss) bedeutet das Ausspritzen der Seminalflüssigkeit aus der Harnröhre beim Orgasmus. Der Samenerguss ist jedoch kein Synonym für den **Orgasmus** (Höhepunkt und Befriedigung sexueller Erregung), der auch die extragenitale Antwort und subjektives libidinöses Empfinden einbezieht. Die Ejakulation verläuft in zwei Phasen: Emission und Expulsion. Die **Emission** (Aussendung) meint die Sekretion der Seminalflüssigkeit insbesondere aus Bläschendrüsen und Prostata. Während dieser Phase kontrahiert auch der Samenleiter; Blasenhals und äußerer Sphinkter der Harnröhre werden geschlossen. Die **Expulsion** (Austreibung) wird mittels der rhythmischen Kontraktion der glatten Muskulatur der Harnröhre und der quergestreiften Muskeln des Beckenbodens erreicht. Die Ejakulation ist das Ergebnis einer koordinierten Aktion der parasympathischen (Stimulation der Drüsensekretion), sympathischen (Kontraktion der glatten Muskulatur), adrenergen (synchrone Aktivierung der Beckenbodenmuskeln) sowie hormonellen (Oxytocin) Steuerung. Bei der Ejakulation handelt es sich um einen Spinalreflex, der exzitatorisch von verschiedenen Hirnstrukturen (MPOA, PVN des Hypothalamus, Mandelkern, PAG des Mittelhirns) gesteuert wird (s. Kap. 5.2.2). Der Ejakulationsreflex wird serotoninerg gehemmt. Die genauen neuronalen und sensorischen Mechanismen, die die Ejakulation auslösen, sind jedoch noch unbekannt.

mentiert und die Unterhautschicht fehlt. Unter der Lederhaut liegt eine Schicht glatter Muskulatur (**Tunica dartos**), die auf die Außentemperatur durch Kontraktion oder Relaxation reagiert. Tiefere Schichten des Hodensacks bestehen aus quergestreifter Muskulatur und Muskelfaszien und sind Abkömmlinge der vorderen Bauchwand.

Über den evolutiven Grund zur Entstehung des Hodensacks kann nur spekuliert werden (Box 4.16). Es ist bemerkenswert, dass bei Beuteltieren der Hodensack vor (d.h. kranial von) dem Penis liegt und aus demselben morphogenetischen Feld wie der Beutel (Marsupium) des Weibchens entsteht.

Penis

| 4.8.4.2

Das sichtbare, frei bewegliche »Anhängsel« (**Phallus**, männliches Glied), das als Penis bezeichnet wird, ist eigentlich nur eins seiner Teile, nämlich der Körper. Die Wurzel des Penis ist im Damm (**Perineum**: Raum zwischen After und äußerem Genitale) eingebettet und am unteren Ast des Schambeines befestigt. Der Penis besteht aus drei zylindrischen, parallel verlaufenden erektilen Strukturen, den **Schwellkörpern**. Das sind die paarigen **Corpora cavernosa** und das unpaarige **Corpus spongiosum**, die durch eine bindegewebige Scheide umhüllt sind. Das Corpus spongiosum verläuft unter und zwischen den beiden Corpora cavernosa und umschließt die Harnröhre. Proximal ist das Corpus spongiosum zum **Bulbus penis** (Peniszwiebel) verdickt, distal erweitert es sich zur Eichel (**Glans penis**), die als Kappe beide Corpora cavernosa von vorne bedeckt. Am proximalen Ende setzen an den Schwellkörpern die **Muskeln des Beckenbodens** an:

Box 4.16

Funktion und Bedeutung des Hodensacks

Die **Temperatur** im Hodensack ist 2–6 °C niedriger als in der Bauchhöhle. Die Tunica dartos hat eine Temperatur-regulierende Funktion: Wenn es kalt ist, zieht sie die Hoden zur Bauchhöhle hin und umgekehrt. Es ist bekannt, dass höhere Temperaturen zu Abnormalitäten in der Morphologie und Funktion der Hodenzellen führen und eine verminderte Fruchtbarkeit zur Folge haben können. Der Zusammenhang zwischen nicht herabgesenkten Hoden (tritt bei etwa 3% der neugeborenen Jungen auf) und Unfruchtbarkeit des Mannes ist seit 150 Jahren bekannt. Daher wird ein so genannter Hodenhochstand noch in den ersten zwei Lebensjahren hormonell oder operativ korrigiert. Aufgrund dieser medizinischen Erkenntnisse wird die thermoregulatorische Funktion des Skrotums häufig auch als Ursache für seine Entstehung angenommen. Doch die Säugetiere und die Vögel mit abdominalen Hoden beweisen, dass die Spermatogenese prinzipiell auch bei höheren Temperaturen möglich ist. Die Einstellung der optimalen Temperatur für die Spermatogenese ist daher erst sekundär und an die jeweilige artspezifische Lage der Hoden angepasst.

Weil das Skrotum bei springenden und schnell laufenden Säugetieren vorkommt, wird angenommen, dass diese **Bewegungsweise** die Verlagerung der Hoden nach außen erzwingt – der erhöhte Druck der Eingeweide auf die abdominalen Hoden beim Aufsprung könnte zur Ejakulation führen.

Abb. 4.17

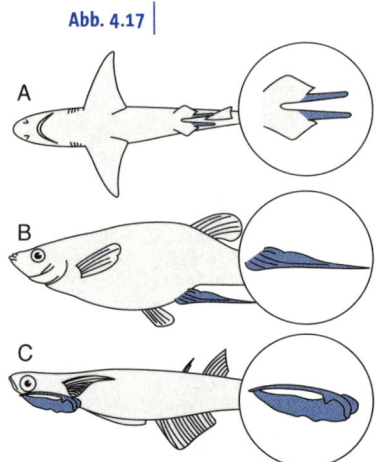

Bei Fischen mit innerer Befruchtung werden bei den Männchen die Flossen zu Kopulationsorganen modifiziert. So entsteht aus der Analflosse ein **Gonopodium** (bei Guppies, Poeciliidae), aus den Bauchflossen ein **Priapium** (bei Zwergährenfischen, Phallostethidae) oder ein **Mixipterygium** (bei Haien). **A** Mixipterygium, **B** Gonopodium, **C** Priapium.

Abb. 4.18

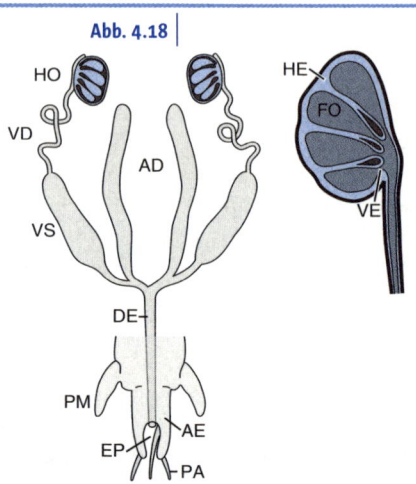

Männliche Geschlechtsorgane von **Insekten** (**links**). **AD** Anhangsdrüsen, **DE** Ductus ejaculatorius, **HO** Hoden, **VD** Samenleiter (Vas deferens), **VS** Samenbläschen (Vesicula seminalis). Penis besteht aus: **AE** Aedoeagus, **EP** Endophallus, **PA** Paraphyse, **PM** Paramere. Längsschnitt durch einen Hoden (**rechts**). **FO** Hodenfollikel, **HE** Hodenepithel, **VE** Vas efferens (nach SNODGRASS, 1935 und WESTHEIDE und RIEGER, 1996).

M. bulbospongiosus und M. ischiocavernosus. Die Schwellkörper bestehen aus einem Schwammwerk weiter Bluträume, deren Wände aus elastischen Fasern und glatter Muskulatur gebaut sind. Die Penishaut ist dünn, unbehaart, ohne Unterhautschicht. Der Penis hat eine reiche Blutversorgung durch 3–4 Arterien-Paaren und zwei Venen. Inerviert wird er vom Nervus pudendus aus dem Plexus sacralis sowie auch sympathisch und parasympathisch.

Der nichterigierte Penis ist bei den meisten Säugetieren völlig oder teilweise in einer Hautscheide (sog. **Vorhaut**, Präputium) verborgen. Bei manchen Säugetieren (z.B. Rodentia, Chiroptera, Carnivora) befindet sich in der Peniseichel, oberhalb der Harnröhre, eine verkalkte Struktur, der **Penisknochen** (Os penis, baculum).

Die männlichen Kopulationsorgane der Nichtsäugetiere sind sehr vielfältig und entstehen durch Modifikation der Kloake sowie der Extremitäten (Abb. 4.17, Abb. 4.18).

4.8.4.3 | Erektion

Die Erektion, also Versteifung und Aufrichtung des Penis, ist eine Bedingung für die erfolgreiche **Intromission** und damit die **Kopulation** (s. Kap. 4.4.1.2). Sie ist die parasympathisch gesteuerte Reaktion der Schwellkör-

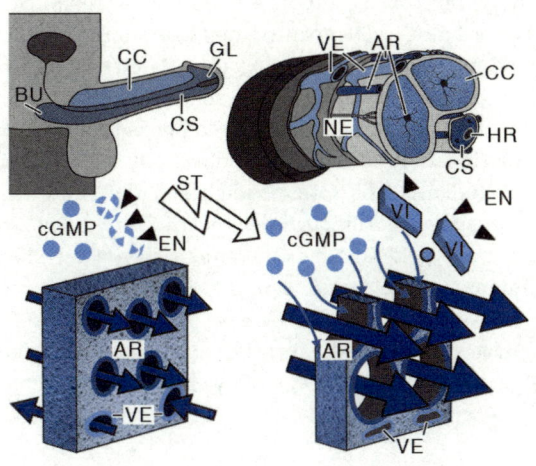

Mechanismus der Erektion. Die Erschlaffung der glatten Muskulatur der Penisschwellkörper wird wie folgt ausgelöst: Die Transmitterkette bei der Erektion ist: NO → GTP → cGMP. Nach der Ejakulation lässt die parasympathische Stimulation nach, das Enzym Phosphodiesterase-Typ 5 (PDE-5) fängt an, cGMP abzubauen, die glatten Muskeln kontrahieren, Venen öffnen sich, das Blut fließt ab. Bei Erektionsstörungen (bis hin zu Impotenz) wird cGMP durch PDE-5 zu schnell abgebaut, so dass es nicht zur (vollständigen) Erektion kommt oder diese schnell abklingt. Sildenafil, ein Wirkstoff von Viagra® (bzw. Tadalfil von Cialis® oder Vardenafil von Levitra®), hemmen PDE-5, so dass der Penis aufgerichtet bleibt. **BU** Bulbus penis, **CC** Corpus cavernosum, **CS** Corpus spongiosum, **EN** PDE-5 (schwarze Dreiecke), **GL** Glans penis, **HR** Harnröhre, **ST** Stimulus, **VE** Venen, **AR** Arterien, **NE** Nerv, **VI** Wirkstoff Sildenafil (in Anlehnung an TIME, 1998 und diverse Quellen).

per auf psychische (erotische) Reize via limbisches System (s. Kap. 5.2.2) und/oder auf die taktile Stimulation der Geschlechtsorgane. Infolge dieser Stimulation **erschlafft die glatte Muskulatur** der Schwellkörper, wodurch sich die Arterien und Bluträume erweitern, der Blutfluss steigt und die **Bluträume sich mit Blut füllen**. Durch die Anschwellung werden die Venen abgedrückt und somit der Blutabfluss gedrosselt. Folglich werden auch die Arterien verengt, die Bluträume bleiben gefüllt, das Blut wird gefangen gehalten (»trapping phenomen«) (Abb. 4.19). Zusätzliches Ersteifen entsteht durch die Kontraktion des Musculus ischiocavernosus.

Weibliche Fortpflanzungsorgane | 4.9

Im Folgenden werden die Fortpflanzungsorgane der Frau sowie der Tiere getrennt beschrieben.

Ovarium und Oogenese | 4.9.1

Ovarium der Frau | 4.9.1.1

Das **Ovarium** (Plur. Ovaria), auch **Ovar** bzw. **Eierstock** genannt, ist ein paariges Organ, das der Produktion der weiblichen Gameten sowie der Sekretion von Steroidhormonen (Östrogene, Progesteron und Androstenedion) dient. Es ist pflaumengroß (ca. 4 × 2 × 1 cm, ca. 8 g schwer), nach der Menopause (s. Kap. 1.3.6, Kap. 4.9.5) wird es deutlich kleiner. Bei erwachsenen Frauen ist das Ovarium in Folge der Ovulationen höckerig vernarbt.

Die Ovarien befinden sich im oberen Teil der Beckenhöhle, kranial und dorsal, rechts und links vom Uterus, auf der Rückseite des breiten Uterusbandes und sind unterhalb der Eileiter zwischen dem Uterus und der seitlichen Beckenwand in einer Bauchfellduplikatur (**Mesovarium**) aufgehängt. Im Mesovarium verlaufen Blutgefäße und Nerven.

Bei einem Schnitt durch das Ovarium sind die bindegewebige Hülle (**Tunica albuginea**), die periphere Rindenschicht und das zentrale Mark zu unterscheiden. In der Rindenschicht (**Cortex ovarii**) liegen die Primordialfollikel zwischen dicht gelagerten Bindegewebszellen. Größere Follikel aus fortgeschritteneren Entwicklungsstadien breiten sich von der Oberfläche auch nach innen aus. Die Marksubstanz (**Medulla ovarii**) ist aus lockerem Bindegewebe aufgebaut, in das viele Nerven und Blutgefäße eingelagert sind. Im **Hilum ovarii** (Ort des Eintritts der Nerven und Blutgefäße) lassen sich so genannte Hilus-Zellen nachweisen, die morphologisch mit den Leydig-Zellen der Hoden übereinstimmen.

4.9.1.2 Ovarium der Tiere

Bei den meisten **Säugetieren** sind die Ovarien einheitlich gebaut. Beim Schnabeltier, einigen Fledermäusen und den meisten **Vögeln** entwickelt sich nur das linke Ovarium, während das rechte zurückgebildet wird. Auch bei Knorpelfischen ist oft nur eines der beiden Ovarien im Adultstadium funktionell. Das Ovarium der **Amphibien** ist ein gefalteter Sack mit Oozyten, dessen Größe und Aufbau saisonal stark variiert.

Bei den **Knochenfischen** kann das unpaar vorliegende Ovarium bis zu 50 % des gesamten Körpergewichtes einnehmen, wobei die Marksubstanz fehlt. Es gibt zwei Typen von Fisch-Ovarien: das **Gymnovarium**, bei dem die Eier, wie bei den sonstigen Vertebraten, in das Coelom ovulieren, wo sie vom Eileiter abgefangen und zur Kloake transportiert werden, und das **Cystovarium** mit einem Hohlraum und einer verlängerten Kapsel, die mit dem Eileiter verbunden ist (z B. bei Lachsen, Aalen). Bei ovoviviparen Fischen kann die Gravidität in dem Lumen des Cystovariums oder im Follikel erfolgen. Die Ovarien dienen dementsprechend nicht nur der Eierproduktion sondern ebenso als Brutkammer.

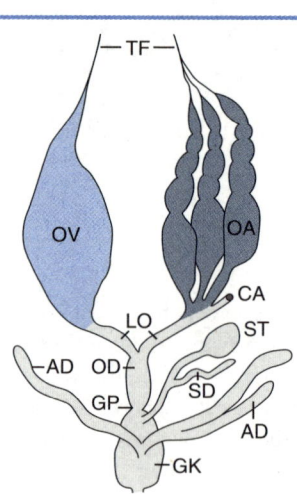

Abb. 4.20

Weibliche Geschlechtsorgane von Insekten. Links sind einzelne Ovariolen dargestellt. **AD** Anhangsdrüse, **CA** Calyx, **GK** Genitalkammer, **GP** Gonopore, **LO** Lateraler Eileiter, **OA** Ovariole, **OD** gemeinsamer Eileiter (Ovidukt), **OV** Ovar, **SD** Spermatheka-Drüse, **ST** Spermatheka, **TF** Terminalfilament (nach SNODGRASS, 1935 und HUEBNER, 1998).

Die paarigen Ovarien der Insekten bestehen aus ca. zehn (ein bis 1000) tubulären Ovariolen (Abb. 4.20).

Oogenese und Follikelgenese bei der Frau

4.9.1.3

Die Eizellen (Oozyten) sind im Ovarium in so genannte Follikeln eingekapselt. Die Entwicklung der Eizellen (**Oogenese**) und das Wachstum und Reifen der Follikel (**Follikelgenese**) verlaufen in gegenseitiger Abhängigkeit.

Die Oogenese beginnt, ähnlich wie die Spermatogenese, in der 4. Woche des vorgeburtlichen Lebens. Die **Urkeimzellen** wandern nun in die Gonadenanlagen ein. Bereits während dieser Wanderung beginnen sich die Urkeimzellen durch aufeinanderfolgende mitotische Teilungen zu vermehren und es entstehen **Oogonien**. Im 5. Entwicklungsmonat wird die maximale Anzahl von Keimzellen im Ovarium erreicht (ca. 7 Millionen Oogonien). Dann beginnen die Eizellen abzusterben, so dass jedes der beiden Ovarien eines neugeborenen Mädchens einen Vorrat von etwa 500 000 Eizellen hat. Bis zum Eintritt in die Pubertät bleiben insgesamt (also in beiden Ovarien) »nur« noch ca. 400 000 Eizellen erhalten, wovon lediglich etwa 400–500 zur Ovulation gelangen. Da sämtliche Eizellen in die Meiose eintreten, können sie später nicht mehr in die Mitose zurückkehren und ihre Gesamtzahl kann sich daher nur noch weiter verringern. Es gibt also eine hohe Selektion für die Qualität. Dies ist auch wichtig, denn eine in der Meiose so lange (bis zur Menopause) arretierte, sich nicht teilende Zelle kann verschiedenen Mutagenen ausgesetzt sein, ohne dass etwaige Schädigungen der DNA repariert werden können.

Etwa vier Wochen vor der Geburt beginnt die erste Meiose, aus der **primäre Oozyten** (Ø ca. 30 µm) hervorgehen. Durch Anlagerung von Follikelzellen um die primäre Oozyte entstehen **Primordialfollikel** (Ø ca. 50 µm), die durch ein einschichtiges Plattenepithel gekennzeichnet sind. Die angelagerten Follikelzellen produzieren MIS (»meiosis inhibiting substance«), wodurch die Meiose im Diplotän-Stadium der Prophase I arretiert wird. Dieses Ruhestadium, in dem die Chromosomen gepaart vorliegen, kann bis zu 40 Jahre lang

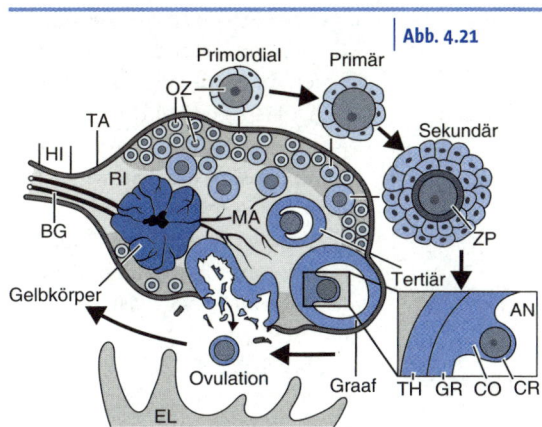

Abb. 4.21

Ovar der Säugetiere (links). BG Blutgefäße, **EL** Eileiter, **HI** Hilum, **MA** Mark, **OZ** Oozyten, **RI** Rinde, **TA** Tunica albuginea. **Follikelgenese (rechts). AN** Antrum, **CO** Cumulus oophorus, **CR** Corona radiata, **GR** Granulosa, **TH** Theka, **ZP** Zona pellucida.

andauern. Meistens wird jedoch die Fortsetzung der Meiose schon während der Pubertät durch das Luteinisierende-Hormon (LH) gefördert. In diesem Fall aber wird die Oozyte erneut – nun im Stadium der ersten Metaphase – arretiert. Erst kurz vor der Ovulation beendet die Eizelle die Meiose I. Die sich direkt anschließende Meiose II wird in der Metaphase II arretiert. Der Block wird erst bei der Befruchtung aufgelöst. Das Follikelstimulierende-Hormon (FSH), das während der Pubertät produziert wird, steuert die weitere Follikelentwicklung – es entsteht ein **Primärfollikel**, dessen Kennzeichen ein einschichtiges isoprismatisches Epithel ist.

Ein weiteres Stadium wird durch den 2- bis 3-schichtigen **Sekundärfollikel** repräsentiert. Die Eizelle (Ø ca. 70 μm) bildet eine aus Glykoproteinen bestehende Hülle, die so genannte Glashaut (**Zona pellucida**).

Die mehrschichtige Wand der darauf folgenden **Tertiärfollikel** ist in eine äußere Schale, **Theka**, und eine innere Epithelschicht, **Granulosa**, differenziert. Granulosa-Zellen bilden (als einzige Zellen im weiblichen Körper) FSH-Rezeptoren. Theka-Zellen produzieren Androgene, die in der Granulosa und den inneren Theka-Zellen zu Östrogenen umgewandelt werden (chemisch: aromatisiert). Charakteristisch für den Tertiärfollikel ist die flüssigkeitsgefüllte Follikelhöhle (**Antrum**), wo exzentrisch in einer Zellansammlung des umgebenden Follikelepithels, am so genannten Eihügel (**Cumulus oophorus**), die Oozyte (Ø bis 150 μm) liegt. Sie ist von der Zona pellucida (15–18 μm dick) und einer Epithelzellschicht, dem so genannten Strahlenkranz (**Corona radiata**), umgeben.

In jedem **Ovarialzyklus** (s. Kap. 4.9.5) (alternativ im linken oder rechten Ovar) erreicht gewöhnlich nur ein Follikel, nämlich derjenige, der die meisten FSH-Rezeptoren besitzt (**der führende Follikel**), das Tertiärstadium. Alle übrigen Sekundärfollikel gehen zugrunde.

Der führende Follikel, auch als Reife- bzw. **Graaf-Follikel** bezeichnet, wächst bis zu einem Durchmesser von 16–24 mm weiter. Die Größenzunahme des Follikels erfolgt meist durch Ansammlung der Flüssigkeit und Expansion des Anthrums, bis er zerplatzt, so dass es zum Eisprung (**Ovulation**) kommt. Nach dem Eisprung füllt sich der geplatzte Follikel mit Blut (es entsteht ein Blutergusskörper, Corpus haemorrhagicum), wonach aus den Resten des Follikelepithels der Gelbkörper (**Corpus luteum**) gebildet wird. Hierbei kommt es zur **Luteinisierung** (Ansammlung von Lutein, ein Carotinoid) in den Follikelzellen. Bleibt eine Befruchtung aus, wird der Gelbkörper »aufgelöst« (**Luteolyse**) und mit Fibroblasten durchsetzt (Corpus albicans), bis er mit der umgebenden Eierstocksubstanz verschmilzt. Kommt es zur Befruchtung und zur Schwangerschaft, wird der Gelbkörper durch das Plazenta-Hormon Choriongonadotropin aufrechterhalten, bis seine Funktion (Sekretion von Progesteron) von der Plazenta übernommen wird.

Die Follikelgenese wird durch eine **koordinierte Aktion von vielen Hormonen** (FSH, LH, Inhibin, MIS, Estradiol) und von lokalen (im Follikel produzierten) Wachstumsfaktoren (z.B. GDF-9) **gesteuert** (s. Kap. 4.12). Für eine normale Oogenese und Follikelgenese ist auch die Exprimierung von spezifischen **Genen beider X-Chromosomen von Bedeutung**. Das Fehlen eines X-Chromosoms (Turner-Syndrom) hat zwar keinen Einfluss auf die frühe Migration und Teilung von Keimzellen, es führt jedoch zu einer massiven Degeneration von Oogonien bereits bei der Geburt.

Oogenese und Follikelgenese bei Tieren

| 4.9.1.4

Bei **Säugetieren** kommen dieselben Follikeltypen, wie oben bei der Frau beschrieben, vor. Tertiäre Follikel bei Kaninchen haben einen unvollständigen, bei Tanreks keinen Hohlraum. Bei **polytoken** Arten (mit mehreren Jungen im Wurf) entwickeln sich mehrere Follikel gleichzeitig. Bei **monotoken** Arten (ein Jungtier pro Wurf) entwickelt sich bis zur Ovulation nur ein Follikel. Der Gelbkörper ist bei den meisten Arten rötlich und an der Ovaroberfläche gut sichtbar. Der Gelbkörper des Blauwals misst im Durchmesser bis zu 18 cm und wiegt 4 kg.

Bei **Vögeln, Krokodilen und Schildkröten** reift jede Saison eine bestimmte »Kohorte« von Primordialfollikeln heran. Die wachsenden Follikel sind nach Größe und Zeit für die Ovulation gereiht. Sie ragen aus dem Ovarium heraus, mit dem sie durch einen Stiel, der Blutgefäße und Nerven führt, verbunden sind. Die Zahl der großen Follikel entspricht der Zahl der Eier im Gelege. Typisch ist die Ansammlung von **Dotter**. Die Dottersynthese (**Vitellogenese**) findet in der Leber unter Wirkung von Östrogen statt. Ein Dottervorläufer wird in das Blut freigesetzt, dank spezifischer Rezeptoren in den Follikeln abgefangen und während der letzten Tage vor der Ovulation in der Eizelle gespeichert. Der Kern und die Organellen bilden eine Keimscheibe an der Oberfläche der Eizelle. Nach der Ovulation wird der Follikel zurückgebildet, jedoch nicht wie bei Säugetieren reorganisiert. Statt Progesteron produziert er Prostaglandin, Oxytocin und Relaxin – Hormone, die den Gelege-Zeitpunkt steuern.

Im Unterschied zu Säugetieren, bei denen weniger als 1 % der Oogonien bis zur Ovulation heranreifen, erreichen bei **Amphibien** (abhängig von den Ernährungsbedingungen) 50–95 % aller Follikel die Ovulation. Die Follikel reifen synchron (bei einheimischen, sich saisonal fortpflanzenden Amphibien) oder asynchron (bei tropischen, sich asaisonal fortpflanzenden Arten). Obwohl die Oozyten bei den meisten Amphibien nur einen Zellkern besitzen, gibt es auch bemerkenswerte Ausnahmen: So haben die Oozyten beim Beutelfrosch (*Flectonotus pygmaeus*) bis zu 2 000 Kerne. Kurz vor der Ovulation verschwinden nahezu alle Kerne – nur ein einziger bleibt übrig.

Bei **Fischen** kann das Ei Bruchteile von Millimetern bis zu einigen Zentimetern im Durchmesser messen. Das Ei des Quastenflossers (*Latimeria chalumnae*) hat einen Durchmesser von 9 cm und wiegt 300 g. Der Follikel weist einen ähnlichen Aufbau wie bei anderen Wirbeltieren auf. Bei Teleostei befindet sich in der Eihülle eine **Mikropyle** (s. Kap. 4.4.1.3).

Bei **Insekten** befinden sich die Oogonien am Apex der Ovariole. Während ihrer Reifung wandern die Oogonien zur Öffnung der Ovariole, wobei sie von Follikelzellen umhüllt werden. Dotterproteine werden im Ovarium durch Follikelzellen oder durch Fettkörper gebildet. Die Eischale besitzt, ähnlich wie bei einigen Fischen, eine bis mehrere Mikropyle.

4.9.1.5 | Ovulation bei Säugetieren

Als Ovulation oder **Eisprung** bezeichnet man die Ausstoßung einer reifen Eizelle aus dem Graaf-Follikel nach dem Follikelsprung. Kurz vor der Ovulation ragt der Graaf-Follikel deutlich über die Oberfläche des Ovariums hinaus und die Follikelwand befindet sich direkt unter der Tunica albuginea. Die Ovulation wird hormonell ausgelöst. Der reife präovulatorische Follikel produziert hohe Östrogenmengen, worauf das zyklische Sexualzentrum im Hypothalamus mit einer vermehrten Sekretion von Gonadotropin-Releasing-Hormon (GnRH) reagiert (s. Kap. 4.12). Die Folge ist eine zunehmende LH-Produktion durch die Adenohypophyse. Der LH-Peak ist primär für die Ovulationsauslösung verantwortlich. Das LH führt auch zur Luteinisierung der Follikelzellen, die dann Progesteron produzieren, das wiederum an der Terminierung der Ovulation mitwirkt. Des Weiteren führt LH zur vermehrten Sekretion von Prostaglandinen, die eine enzymatische Andauung der Follikelwand auslösen.

Die Zellen des Eihügels weichen zu Beginn der Ovulation auseinander, die Eizelle wird aus ihrer Umgebung gelöst und verlässt, weiterhin vom Strahlenkranz umgeben, den Eihügel. Die Wand des Follikels reißt ein und die Follikelflüssigkeit tritt relativ langsam und gewöhnlich einige Minuten anhaltend in die Bauchhöhle aus. Die ovulierte Eizelle wird als **Ei** (**Ovum**) bezeichnet. Das Ei, das vom Strahlenkranz umhüllt ist, wird von den Fimbrien des Eileiters (s. Kap. 4.9.2.1) aufgefangen. Nach der Ovulation kollabiert die Follikelwand und der Follikel entwickelt sich zum Gelbkörper.

Ovulationen, die durch zyklische (periodische) endogen gesteuerte Veränderungen im Hormonspiegel ausgelöst werden, bezeichnet man als **spontane Ovulationen**. Eine durch Kopulation **provozierte (induzierte) Ovulation** kommt bei Frauen seltener vor. Sie kommt jedoch als Regel bei Kaninchen, Katze, Kamel und Marderartigen vor. Kommt es zum Eisprung mehrerer Eizellen während eines Zyklus, spricht man von **Superovulation**. Bei der Befruchtung von mehreren Eiern entstehen mehreiige Mehrlinge. Dies ist von einer Polyembryonie (s. Kap. 4.2.1), bei der eineiige Mehrlinge entstehen, zu unterscheiden. Superovulation ist normal bei polytoken Arten. Superovulation bei Menschen kommt häufig als Folge einer hormonellen Behandlung vor. Als **Superfecundatio** wird die Befruchtung mehrerer Eizellen durch Spermien aus verschiedenen Begattungen bezeichnet. **Superfetatio** bedeutet die Befruchtung von Eizellen aus zwei verschiedenen Zyklen. Die so gezeugten Mehrlinge sind unterschiedlich alt und daher bei der Geburt auch unterschiedlich reif.

Ovulation bei Vögeln

4.9.1.6

Eier der Vögel ovulieren durch einen Spalt (Stigma) im Follikel. Üblicherweise (zumindest bei kleineren Vögeln) wird pro Tag ein Ei reif, das ovuliert und abgelegt wird, bis die **Gelegegröße** erreicht ist. Dies ist offensichtlich eine Anpassung, um Körpergewicht für den Flug zu reduzieren. Die Gelegegröße (Zahl der gelegten Eier) ist durch die Spezies, Alter, Photoperiode und Nahrungsverfügbarkeit bestimmt. So kann die Gelegegröße ein Ei (Pinguin, Mauersegler, Großtauben, Papageitaucher) bis über 15 Eier betragen. Bei manchen Vogelarten ist das Gelege festgelegt – d.h. die Zahl der ovulierten Eier ändert sich nicht, auch wenn das Gelege zerstört wurde (z.B. Ringelgans); bei anderen ist es nicht festgelegt – wenn also das Gelege zerstört wird, legen die Vögel weitere Eier (z.B. Stockente). Der physiologische Mechanismus, mit dem nach dem Erreichen der artspezifischen Gelegegröße weitere Ovulationen gehemmt werden, ist nicht bekannt. Zumindest zum Teil spielen taktile sowie thermische Stimulation eine Rolle, die zu erhöhter Prolaktinsekretion und dadurch zur Hemmung der Gonadotropine führt.

Die Eiablage (**Oviposition**) bei Vögeln wird von Hormonen aus den ovulierten Follikeln kontrolliert. Die Tageszeit der Ovulation und der Oviposition ist artspezifisch. Manche Entenvögel legen in der Nacht, manche Singvögel in den Frühstunden, Tauben und Fasane nachmittags bzw. abends. Manche Hühnervögel legen die Eier in einem Intervall, das länger als 24 Stunden (24–28 h) ist, wodurch sich die Tageszeit der Eiablage an hintereinander folgenden Tagen verschiebt.

Ovulation bei sonstigen Tieren

4.9.1.7

Die Ovulation bei **Amphibien** wird durch Progesteron ausgelöst. Sie ähnelt einer Entzündung. Eine reife Oozyte wird aus dem Follikel regelrecht herausgepresst und in die Bauchhöhle freigesetzt. Dies passiert Stunden bis Tage vor der Paarung, während oder auch einige Monate nach der Paarung. Ovipare Arten haben in der Regel mehr und kleinere Eier (100 bis ein paar Tausend, Ø 1–2 mm) als ovovivipare Arten (Ø bis 10 mm).

Bei **Knochenfischen** erfolgt die Ovulation durch eine Öffnung im Follikel unter Einfluss von proteolytischen Enzymen. Durch den anwachsenden Druck und durch kontraktile Elemente im Follikel wird das Ei herausgepresst. Fische haben, verglichen mit anderen Wirbeltieren, eine enorme Fekundität. Während jedes Ovarialzyklus können sie ein paar Tausend bis zu Millionen von Eiern produzieren. Bei Fischen mit elterlicher Vorsorge sind die Zahlen erheblich kleiner. Bei semelparen Fischarten und Neunaugen, die nur einmal in ihrem Leben laichen, reifen und ovulieren alle Oozyten synchron. Bei iteroparen Fischarten entwickeln sich die Oozyten entweder synchron in Kohorten (bei Fischen mit kurzer Laichsaison, wie Forelle, Stichling) oder asynchron, d.h. im Ovarium sind alle Entwicklungsstadien nebeneinander vorhanden. Dies ist der Fall bei Fischen mit langer Laichsaison, wie bei der Goldkarausche, oder mit kontinuierlicher Fortpflanzung, wie bei manchen tropischen oder Tiefsee-Fischen, die unter konstanten Bedingungen leben.

Eine Voraussetzung für die Ovulation bei **Insekten** ist, dass ein Weibchen ihre Spermatheca mit Spermien gefüllt und Eier gebildet hat. Die Ovulation wird dann hormonell, die Eiablage zusätzlich auch neuronal gesteuert.

4.9.2 | Inneres Genitale

4.9.2.1 | Eileiter

Der Eileiter (**Tuba uterina, Oviductus**, Salpinx, Tuba Fallopii) bei **Säugetieren** ist einheitlich gebaut. Er ist eine (bei der Frau ca. 15 cm lange) Röhre, die von der Gebärmutter in die unmittelbare Nähe des Eierstocks führt und dem Eitransport dient. Er besteht aus vier Teilen:
- ▶ **Pars uterina**: engster Abschnitt, verläuft durch die Gebärmutterwand,
- ▶ **Isthmus**: der gerade enge Abschnitt,
- ▶ **Ampulla**: der erweiterte Teil,
- ▶ **Infundibulum**: der trichterförmige Teil mit einem Kranz von tentakelartigen **Fimbrien**.

Der Eileiter ist in einer Bauchfellduplikatur, dem **Mesosalpinx**, aufgehängt. Die Muskelwand (glatte Muskulatur) gliedert sich in zwei Schichten, von denen die äußere longitudinal und die innere zirkular verläuft. Das Lumen des Eileiters ist mit einem drüsenreichen einschichtigen zylindrischen Flimmerepithel ausgekleidet.

Der (meistens unpaare) Eileiter der **Vögel** (Abb. 4.22) unterteilt sich in folgende Segmente, in welchen das Ei nur jeweils eine bestimmte Zeit verbringt (die unten angegebenen Zeiten gelten für das Haushuhn):
- ▶ **Infundibulum**: dient dem Abfangen des ovulierten Eis, der Speicherung der Spermien und als Ort der Befruchtung. Das Ei verbringt hier

15–30 Min. und wird weiter transportiert, ob befruchtet oder unbefruchtet,

▶ **Magnum**: der längste Teil des Eileiters. Hier werden, unter Einfluss von Estrogen, die Proteine des Eiweißes, insbesondere Ovalbumin, synthetisiert. Durch mechanische Stimulation (im Experiment auch durch andere durch den Eileiter wandernde Objekte) wird die Sekretion dieser Proteine und ihre Deponierung am Ei (am Objekt) ausgelöst. Das Ei verbringt hier 2–3 Stunden,

▶ **Isthmus**: hier wird das Ei innerhalb von 75 Minuten mit inneren und äußeren Eihäuten umhüllt,

▶ **Uterus** (»**Schalendrüse**«): ein Abschnitt des Eileiters, in dem zum Eiweiß Wasser und Salze zugegeben werden und das Ei »abgerundet« wird. Weiterhin wird die äußere Haut kalzifiziert und pigmentiert. Das fertige Ei verbringt hier 20 Stunden,

▶ **Uterovaginaler Abschnitt**: der Hauptort für die Speicherung der Spermien, die kontinuierlich zum Infundibulum wandern. Die Spermien bleiben mehrere Tage fruchtbar (1–2 Wochen beim Haushuhn, 1,5 Monate beim Truthuhn),

▶ **Vagina**: der letzte, in die Kloake mündende Abschnitt.

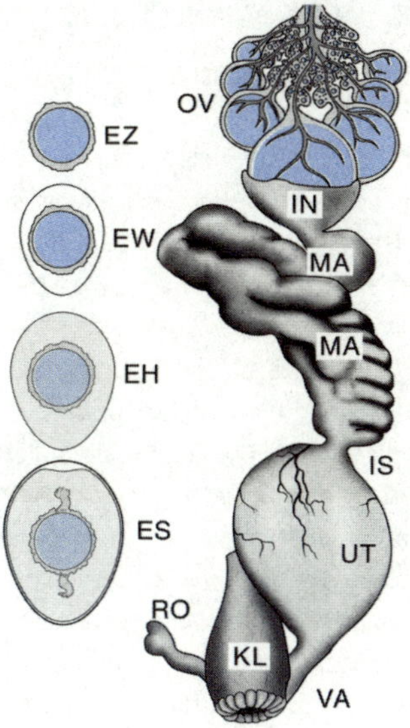

Abb. 4.22

Eileiter der Vögel und Eibildung. EH Bildung der Eihäute, **ES** Eischale, **EW** Eiweiß, **EZ** dotterreiche Eizelle, **IN** Infundibulum, **IS** Isthmus, **KL** Kloaka, **MA** Magnum, **OV** Ovar, **RO** rechter rudimentärer Eileiter, **UT** Uterus, **VA** Vagina (in Anlehnung an KOMÁREK et al., 1982, KRESAN et al., 1979).

Uterus

4.9.2.2

Der Uterus (**Gebärmutter**, Abb. 4.8) ist ein muskuläres Hohlorgan, das bei allen Säugetieren histologisch ähnlich aufgebaut ist, morphologisch jedoch unterschiedlich gestaltet sein kann (Box 4.17, Abb. 4.23). Bei den Nicht-Säugetieren wird als Uterus ein Teil des Eileiters bezeichnet. Im Folgenden wird der **Uterus bei der Frau** beschrieben. Er ist ein birnenförmiges (mit der Verengung nach kaudal gerichtetes) Hohlorgan zwischen der Harnblase und dem Rektum. Der Uterus knickt gegen die Achse der Vagina in einem rechten Winkel nach ventral ab. Der nicht-schwangere Uterus ist etwa 7,5 × 5 × 2,5 cm groß. Anatomisch und funktionell unterscheiden sich: der Uteruskörper (**Corpus uteri**) mit der Kuppel (**Fundus uteri**), das Verbindungsstück (**Isthmus uteri**) und der Uterushals (**Cervix uteri**). Der Uterushals enthält vor allem Kollagen- und elastische Fasern und weniger Muskulatur. Das im Frontalschnitt dreieckige Lumen (**Cavum uteri**)

Box 4.17

Vielfältiger Uterus

Der Uterus entsteht als ein Teil der paarig angelegten Müller-Gänge. Entsprechend dem Grad der Fusion beider Gänge unterscheidet man drei Typen des Säugetier-Uterus:

▶ **Uterus duplex**: Beide Uteri sind vollständig getrennt und münden jeweils mit einem eigenen Muttermund in die Vagina (z.B. bei Marsupialia, Lagomorpha, Antilopen, einigen Rodentia und einigen Chiroptera).

▶ **Uterus bicornis**: Beide Uteri verschmelzen erst im distalen Teil zu einem Körper, der mit einem Muttermund in die Vagina mündet. Der längere, getrennte paarige Teil des Uterus wird als Horn (Cornu uteri) bezeichnet. Diese Form des Uterus kommt bei den meisten Säugetierordnungen vor. Bei polytoken Tieren kommt es häufig zu einer **Migration der Embryonen** zwischen den Uterus-Hörnern wie etwa bei einigen afrikanischen Antilopen und bei einigen Fledermäusen. Hier nisten sich die Embryonen immer im rechten Horn, beim Kamel immer nur im linken Horn ein, obwohl die Eier von beiden Ovarien (Antilopen, Kamel) oder nur vom linken Ovarium (Fledermäuse) freigesetzt werden. Der Mechanismus und die Funktion dieser Verteilung sind unbekannt.

▶ **Uterus simplex**: Er stellt eine vollständige Verschmelzung der beiden Müller-Gänge dar. Es ist ein unpaares, symmetrisch angelegtes Organ mit großem Körper, ohne Hörner (z.B. bei den eigentlichen Affen, einigen Fledermäusen).

Durch mangelhaftes Aneinanderlegen bzw. unvollständige Verschmelzung der Gänge kann es beim Menschen zu **Uterusfehlbildungen** kommen, die dem Uterus duplex bzw. Uterus bicornis anderer Säugetiere ähneln.

Eine andere **Klassifikation** erfolgt **nach den Veränderungen des Endometriums** während der Gravidität (s. auch Kap. 4.9.5):

Abb. 4.23

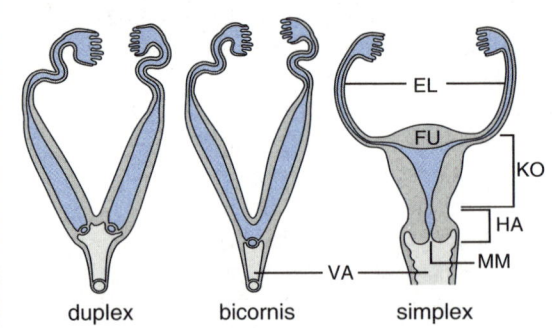

▶ **Uterus deciduatus**: Aus der Lamina functionalis entsteht die Decidua; nach der Geburt löst sich mit der Plazenta ein großer Teil des Endometriums ab (z.B. bei den eigentlichen Affen, Rodentia, Lagomorpha, Chiroptera).

▶ **Uterus adeciduatus**: Die Veränderung des Endometriums während der Schwangerschaft und nach der Geburt bleibt minimal (z.B. bei Artiodactyla, Perissodactyla, Cetacea).

Es gibt jedoch auch Übergangstypen, bestimmte Säugetierordnungen können auch beide Typen vertreten.

Grundtypen des Uterus. EL Eileiter, **FU** Fundus, **KO** Körper, **HA** Hals, **MM** Muttermund, **VA** Vagina.

kommuniziert über die Eileiter mit der Bauchhöhle und mündet über den Uterushalskanal und den **Muttermund** (Ostium uteri) in die Vagina.

Der Uterus ist an den seitlichen Beckenwänden durch das **Ligamentum latum** uteri, eine Bauchfellduplikatur, befestigt und nach ventral durch das **Lig. teres** uteri, das durch den Leistenkanal in das Bindegewebe der großen Schamlippen verläuft.

Die Wand des Uteruskörpers gliedert sich in drei Schichten: in den äußeren Bauchfellüberzug (**Perimetrium**), die dicke Muskelschicht (**Myometrium**), in der die Bündel glatter Muskelzellen in drei unscharf abgrenzbaren Lagen in unterschiedlichen Richtungen verlaufen, und die innere Schleimhautschicht (**Endometrium**). Das Endometrium besteht aus einer ca. 0,5 mm dicken Grundschicht (**Lamina basalis**) – faserarmes, zell- und gefäßreiches Bindegewebe, das zahlreiche Drüsen beherbergt – und aus der **Lamina functionalis**, die aus den selben Elementen wie die Grundschicht besteht und ein einschichtiges, vorwiegend prismatisches Epithel trägt. Diese Schicht unterliegt dem zyklischen Umbau (s. Kap. 4.9.5). Nach Eintreten einer Schwangerschaft entwickelt sich die Lamina functionalis durch Hyperplasie, Hypertrophie, Differenzierung und Vaskularisierung weiter und wird als **Decidua** bezeichnet. Dezidualzellen werden endokrinologisch aktiv.

Funktionen des Uterus

| 4.9.2.3

Bei oviparen Tieren (Vögel u.a.) wird als Uterus der Teil des Eileiters bezeichnet, in dem die Eischale gebildet wird. Im engeren Sinne soll dieser Begriff jedoch dem Organ vorbehalten bleiben, das als Brut- und Ernährungskammer dient. Dies betrifft alle viviparen wie auch ovoviviparen Tiere. Die Funktionen des Uterus schließen **Transport und Speicherung der Spermien** ein. Obwohl die Spermien beweglich sind, tragen die Kontraktionen des Myometriums zu ihrer Beförderung wesentlich bei. Bei manchen Tierarten werden Spermien Stunden bis Tage (bei Vespertilionidae bis mehrere Monate) in spezialisierten Schleimhautkrypten gelagert. Häufiger werden jedoch die in Krypten »gefangenen« Spermien durch Leukozyten und Makrophagen phagozytiert, so dass im Endometrium eine zahlenmäßige Reduktion und **Selektion der Spermien** stattfindet. Der Uterus spielt weiterhin eine Rolle bei der Erkennung, Verteilung und **Aufnahme der Embryonen**. Der Embryo tritt in den Uterus im Stadium der Morula oder einer frühen Blastozyste ein. Zur **Embryotrophie** (Ernährung der Frucht) siehe Plazenta (Kap. 4.9.4); zur **Expulsion** (Herauspressen) der Frucht und der Plazenta siehe Geburt (Kap. 4.9.7). Es ist bemerkenswert, dass während der Wehen die Uterusmuskulatur die größte Muskelkraft unter allen Muskeln des menschlichen Körpers ausüben kann.

Weiterhin hat der Uterus (insbesondere die Dezidua) eine **endokrine Funktion** und beteiligt sich durch sein Feedback-Verhältnis zum Ovarium bei den verschiedenen Tierarten in unterschiedlichem Maße an der Steuerung der Ovarialzyklizität (s. Kap. 4.9.5), insbesondere an der Erhaltung des Gelbkörpers.

Der **Cervix uteri** beherbergt viele schleimproduzierende Zellen. Während der Gravidität verdichtet sich der Schleim; es entsteht ein gelatinöser Pfropfen. Bei Nagetieren bildet sich dieser Verschluss auch nach jeder Paarung und wird innerhalb von ein paar Stunden ausgestoßen – ein Kennzeichen, dass eine Kopulation stattgefunden hat.

4.9.2.4 | Vagina

Die Vagina, Scheide, der Frau ist ein ca. 10 cm langer, ventro-dorsal abgeplatteter, dünnwandiger Schlauch, der vom Vestibulum zum Uterushals zieht. Sie ist dehnbar, kann erweitert werden oder sich zusammenziehen. Normalerweise liegen die Wände eng aneinander. Die inneren Scheidenwände weisen Querleisten, -falten und -wülste (sog. **Rugae**) auf. Die Vaginalwand besteht aus einer äußeren, längsverlaufenden und einer inneren, zirkulär verlaufenden Schicht glatter Muskulatur. Die darunterliegende, dünne bindegewebige Schicht enthält viele elastische Fasern, Blutgefäße und Lymphknoten. Der Vaginalkanal ist mit einem mehrschichtigen nicht verhornenden, ca. 150–200 μm dicken Plattenepithel ausgekleidet. Das Epithel unterliegt zyklischen Veränderungen (s. Kap. 4.9.5).

Die Vagina ist ein Begattungsorgan, sie dient der Aufnahme des Spermas und dem Abfluss des Menstrualblutes sowie auch als Geburtskanal.

Der proximale Teil der Vagina entsteht durch Zusammenlegung der beiden Müller-Gänge. Entsprechend (und ähnlich wie im Falle des Uterus) kann selten als Fehlbildung eine geteilte Vagina, **Vagina duplex** vorkommen, die für Beuteltiere den Normalfall darstellt. Für die Geburt wird bei Beuteltieren ein mittlerer, pseudovaginaler Geburtskanal gebildet. Der spezieller Fall der fehlenden Vagina bei der Tüpfelhyäne wurde in Abb. 4.10 beschrieben.

4.9.3 | Äußeres Genitale

Das äußere Genitale besteht aus denjenigen Teilen, die sich aus den Kloakenfalten differenzieren, und die außerhalb des kleinen Beckens liegen. Entwicklungsbiologisch gehört hierzu auch der äußere Teil der Vagina, der hier aus anatomischen Gründen separat behandelt wird.

Zum weiblichen äußeren Genitale, das auch als **Vulva** bezeichnet wird, gehören bei der Frau:

▶ **Schamberg** (Mons pubis): Er ist von einem Fettpolster auf der vorderen Fläche der Schambein-Symphyse unterlegt. In der Pubertät entsteht hier eine Schambehaarung mit einer querverlaufenden Haarbegrenzung.

▶ **Große Schamlippen** (Labien, Labia majora pudendi): Zwei rundliche, mit Fett und elastischen Fasern unterlegte, muskelfreie und drüsenreiche Hautfalten. Sie entsprechen dem Hodensack des Mannes.

▶ **Kleine Schamlippen** (Labia minora pudendi): Zwei rötliche unbehaarte, drüsenreiche Falten, die erst unter den gespreizten großen Labien sichtbar werden. Sie sind von Bindegewebe und glatten Muskeln unterlegt und mit mehrschichtigem Epithel überzogen.

▶ **Klitoris** (Kitzler): Sie ist das weibliche erektile Organ am kranialen Ende der kleinen Labien. Sie besteht aus zwei seitlich unter den kleinen Labien verlaufenden Crura clitoridis (entsprechen den Corpora cavernosa penis), die kranial zum Corpus clitoridis verschmelzen und mit der Klitoriseichel (Glans clitoridis) (die üblicherweise als Klitoris bezeichnet wird, jedoch nur ein Teil davon ist) nach außen hin enden. Die Klitoris ist reichlich innerviert (die Innervationsdichte ist größer als die der Peniseichel). Unter Einfluss von Androgenen kann es zu ihrer Vergrößerung kommen.

▶ **Schwellkörper** (Bulbi vestibuli): Paarige, ein venöses Geflecht enthaltende Strukturen an der Basis der kleinen Labien; sie entsprechen dem unpaaren Corpus spongiosum penis.

▶ **Scheidenvorhof** (Vestibulum vaginae): Er wird seitlich durch die kleinen Labien begrenzt. Er entspricht dem Sinus urogenitalis des Embryos. Im adulten Zustand beherbergt bzw. umschließt das Vestibulum sechs **Öffnungen** (Ostien): Der **Scheideneingang** versteckt sich hinter den Labien. Bei einer Jungfrau (Virgo) ist die Vaginalöffnung durch ein »Jungfernhäutchen« (**Hymen**), eine Schleimhautfalte, deren Breite, Dicke, Dehnbarkeit und Durchblutung individuell variieren können, verengt. Die **äußere Harnröhrenöffnung** befindet sich zwischen der Klitoris und der Vaginalöffnung etwa 1 cm unter der Schambeinsymphyse. Die Ausgänge der zwei großen paarigen Vorhofsdrüsen: Die **Bartholin-Drüsen** sind paarige Drüsen von etwa 1 cm Durchmesser, die kaudo-lateral in die Vaginalöffnung münden und den Cowper-Drüsen beim Mann entsprechen. Die Ausgänge der **Skene-Drüsen** befinden sich seitlich der Harnröhrenöffnung, weshalb man sie auch als paraurethrale Drüsen bezeichnet. Von einigen Autoren werden die Skene-Drüsen mit der Prostata homologisiert. Das äußere Genitale wird insbesondere vom **Nervus pudendus** aus den sakralen Spinalnerven innerviert.

    Variationen bei Säugetieren. Bei Nagetieren fehlt das Vestibulum: Harnröhre und Vagina öffnen sich an der Körperoberfläche weit voneinander getrennt. Der Beutel (**Marsupium**) der Beuteltiere wird nur bei Weibchen gebildet, und zwar aus dem selben morphogenetischen Feld wie der Hodensack. Die Frage, ob der Beutel und der Hodensack homologe Organe sind, ist jedoch noch nicht klar beantwortet. Einige Beuteltiere (z.B. amerikanische Beutelratten, Familie Didelphidae) besitzen überhaupt keinen Beutel.

4.9.4 | Plazenta

Die Plazenta ist ein scheibenförmiges Organ (Mensch: ca. 20 × 2,5 cm groß und ca. 500 g schwer), unterteilt in 15–20 Felder (Kotyledonen). Sie entsteht aus dem fetalen Teil und dem mütterlichen Teil. Der **fetale Teil** entsteht aus der Chorionplatte und der Allantois (daher allantochoriale Plazenta, s. Kap. 1.3.4), der **mütterliche Teil** aus der modifizierten Uterusschleimhaut. Die beiden Teile verbinden sich mittels zahlreichen, verästelten **Chorionzotten**, die tief in den mütterlichen Teil einwachsen. Der Raum zwischen den Zotten (Villi), der intervillöse Raum, ist vom mütterlichen Blut durchströmt (Abb. 4.24).

Die Plazenta kann als das größte fetale Organ betrachtet werden; es ist mit dem Fetus mit der **Nabelschnur** verbunden. Mittels der Plazenta »parasitiert« das Baby an der Mutter. Die Plazenta hat im Wesentlichen **Versorgungsfunktion** (Ernährung, Austausch von Stoffwechselprodukten und Gasen zwischen mütterlichem und fetalem Blut). Dabei wirkt die Plazenta als eine Schranke (**Plazentalbarriere**) für Zellen und großmolekulare Teilchen. Die Plazenta ist auch ein wichtiges **endokrines Organ**, wo u.a. Choriongonadotropin, Östrogene und Progesteron gebildet werden.

Die Plazenta wird ein paar Minuten nach der Geburt der Frucht ausgestoßen (Nachgeburt). Dabei zerreißt die Nabelschnur, oder sie wird von der Mutter durchgebissen. Die Plazenta wird üblicherweise von der Mutter gefressen (auch bei den Herbivoren): so bekommt die Mutter einen Teil der investierten Nährstoffe zurück, und die Milchproduktion wird stimuliert. Gleichzeitig hält die Mutter so den Nestbereich sauber bzw. verhindert sie damit auch, dass eventuelle Prädatoren die Plazenta und das Jungtier wittern. Die durch die ausgestoßene Plazenta verursachte Wunde heilt durch Vernarbung. Die Plazentalnarben sind noch lange nach der Geburt sichtbar, daher kann bei der Autopsie die Größe des letzten Wurfes bestimmt werden.

Abb. 4.24

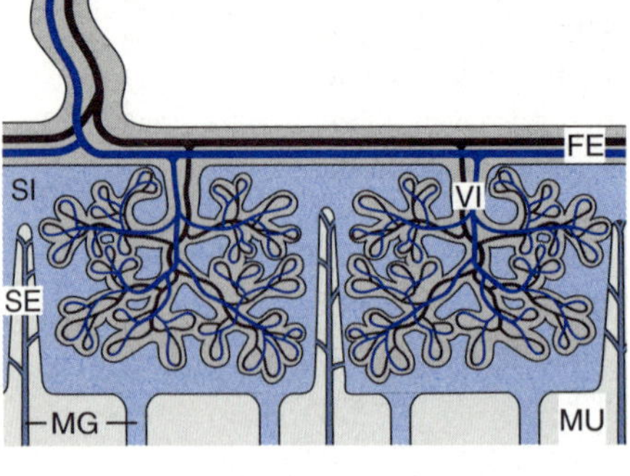

Aufbau der Plazenta. FE fetaler Teil, **MG** mütterliche Gefäße, **MU** mütterlicher Teil, **NS** Nabelschnur, **SE** Septum, **SI** Blutsinus, **VI** Villus (Zotte) (nach ROKYTA und ŠTASTNÝ 2000).

Weiblicher Zyklus

4.9.5

Unter dem weiblichen Zyklus versteht man zyklische, hormon-bedingte Veränderungen im Ovarium (Follikelreifung, Ovulation und Bildung des Gelbkörpers), den **Ovarialzyklus**, und die damit zusammenhängenden Veränderungen in der Hormonproduktion (Östrogene, Progesteron), sowie die dadurch ausgelösten Veränderungen im Gesamtorganismus und speziell im Genitaltrakt. Diese Zyklizität (periodische Wiederholung) ist endogen und exogen bedingt und äußert sich auch in Veränderungen des Verhaltens, der Paarungs- und Fortpflanzungsbereitschaft. Bei Primaten ist das auffälligste Zeichen die monatliche Regelblutung (Menses, Menstruation) – daher spricht man auch vom **Menstruationszyklus**.

Menstruationszyklus der Frau

4.9.5.1

Der Ovarialzyklus unterliegt direkt der Kontrolle durch gonadotrope Hormone aus der Adenohypohyse (s. Kap. 4.12). Die FSH-Konzentration im Plasma fällt vom Höchstwert zur Zeit der Menstruation konstant ab, unterbrochen von einem Anstieg in der Zyklusmitte. Die LH-Konzentration ist weitgehend konstant, zeigt aber einen ausgeprägten Gipfel ebenfalls in der Zyklusmitte. Für die Steuerung des Ovarialzyklus ist vor allem das Konzentrations-Verhältnis zwischen den beiden Hormonen (FSH : LH) entscheidend. Die durchschnittliche Dauer des Zyklus ist 28 Tage und umfasst vier Phasen (Abb. 4.25):

▶ **Menstruation** (1.–4. Tag). Der erste Tag der Menstruation wird konventionell als erster Tag des Zyklus bezeichnet. Die FSH-Konzentration überwiegt, der Gelbkörper degeneriert und neue Follikel beginnen zu reifen, wodurch der Progesteronspiegel schon sehr niedrig, der Östrogenspiegel noch niedriger ist. Das Endometrium ist unter diesen Bedingungen nicht stimuliert und kollabiert. Es kommt zum Abstoßen der abgestorbenen Lamina functionalis (**Desquamationsphase**) und zur Blutung aus beschädigten Arteriolen (Menstruationsblutung). Das Menstrualblut wird durch die Citofibrinokinase, ein Enzym, das aus dem veränderten Endometrium in den Uterushohlraum freigesetzt wird, defibriniert, das im Uterushohlraum koagulierte Blut wird dadurch flüssig.

▶ **Postmenstrum** (5.–12. Tag). Die Konzentrationen der beiden Gonadotropinen sind vergleichbar: einige Follikel beginnen zu reifen und ein bis mehrere Follikel erreichen das tertiäre Stadium (**Follikelreifungsphase**). Folglich steigt die Östrogenproduktion. Östrogen bewirkt Regeneration und Wachstum des Endometriums (**Regenerations-** bzw. **Proliferationsphase**).

▶ **Intermenstrum** (12.–17. Tag). Der Spiegel beider Gonadotropine steigt plötzlich, die Konzentration von LH ist jedoch viel höher als die von FSH. Der Peak der Konzentration bei beiden Gonadotropinen sowie auch von

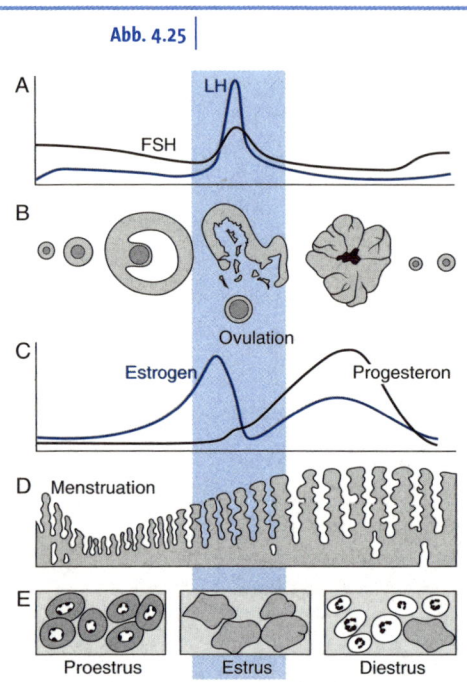

Abb. 4.25

Ovarialzyklus (A, B, C) und Veränderungen der Uterusschleimhaut **(D)** im Laufe des Menstruationszyklus der Frau. **E** Typischer Befund im Vaginalabstrich bei Nagetieren: Kernhaltige Epithelzellen im Proestrus, kernlose Epithelzellen im Estrus und Granulozyten im Diestrus.

Östrogen wird um den 14. Tag erreicht – es kommt zur **Ovulation**. Vor und nach der Ovulation wird das Wachstum des Endometriums fortgesetzt, es entstehen tiefe, verzweigte Krypten (Drüsen), wo sich Zellsekrete (vor allem Schleimstoffe, Glykoproteine, Glykosaminglycane) ansammeln. Die Durchblutung wird verstärkt (**Sekretionsphase**). Die apikale plasmatische Membran und der Glykokalyx und damit auch die Epithelstruktur verändern sich qualitativ. Der Uterus wird zur Aufnahme der Blastozyste vorbereitet. Nach der Ovulation fällt die Östrogen-Konzentration ab, der Progesteronspiegel fängt an zu steigen und der Gelbkörper beginnt sich zu bilden.

▶ **Prämenstrum** (18.–28. Tag). Die Bildung des funktionalen Gelbkörpers (**Lutealphase**) wird durch einen erneuten, leichteren Anstieg von Östrogen und v. a. durch eine hohe Konzentration von Progesteron vermittelt. Die in dieser Phase erreichten hohen Spiegel von Östrogen und Progesteron im Blut hemmen die Freisetzung des Gonadotropin-Releasing-Hormons. Bei ausbleibender Befruchtung bricht die luteale Hormonsynthese zusammen. Im Endometrium kommt es durch Flüssigkeitsverlust, Degeneration und Auflösung der strukturellen Bestandteile zur Rückbildung der Lamina funktionalis (**Regressionsphase**) Durchblutungsstörungen führen zum Absterben von Gewebeteilen (**ischemische Phase**).

Der Zeitpunkt des ersten Auftretens der Menstruation wird als **Menarche** bezeichnet. Die Menarche findet in der Regel in der Pubertät statt, der Zeitpunkt ist jedoch von ethnischen, klimatischen und konstitutionellen Faktoren abhängig – in Mitteleuropa stellt sich heute die Menarche im Durchschnitt mit 13–14 Jahren ein (s. Kap. 1.3.6.3). Der Zeitpunkt der letzten Menstruation, meist zwischen dem 48. und 52. Lebensjahr, wird als **Menopause** bezeichnet (s. Kap. 1.3.6). Die Zeit um die Menopause, die durch das Erlöschen der zyklischen Ovarialfunktion und die Abnahme der Östrogene charakterisiert ist, wodurch verschiedene vegetative Störungen ausgelöst werden können, wird als Wechseljahre, **Klimakterium**, bezeichnet.

Zyklische, hormonbedingte Veränderungen betreffen auch das **Vaginalepithel**.

Ovarialzyklen und Saisonalität der Fortpflanzung | 4.9.5.2

Der endogene jahresperiodische (circannuale) Rhythmus der Fortpflanzung bei vielen Tieren wird durch äußere Reize wie Temperatur, Nahrungs- und Wasserverfügbarkeit, Anwesenheit von Männchen, v. a. jedoch durch die Tageslänge (**Photoperiode**) synchronisiert und modifiziert.

Die weiblichen Zyklen variieren bei **Säugetieren** stark in Länge und Häufigkeit. Die Zeitspanne von einem zum nächsten **Estrus** (Östrus) wird als **Estrus-Zyklus** bezeichnet. Der Estrus ist die Periode der sexuellen Rezeptivität des Weibchens, charakterisiert durch einen hohen Follikelöstrogenspiegel und zeitlich korreliert mit der Ovulationsperiode (Kap. 4.12.4.2). Säugetiere, die nur einen Zyklus pro Jahr ausweisen, werden als **monoestrisch** (z.B. manche Raubtiere), diejenigen mit mehreren Zyklen als **polyestrisch** bezeichnet (z.B. Nagetiere, Spitzmäuse).

Die meisten, wenn nicht alle **Vögel** sind photoperiodisch. Eine sich verlängernde (beim Kaiserpinguin sich verkürzende) Photoperiode stimuliert die Produktion der GnRH im Hypothalamus und dadurch das Wachstum des Ovars und die Follikelgenese.

Die meisten **Amphibien** (einschließlich tropischer Arten) weisen einen jahresperiodischen Fortpflanzungszyklus auf, der sich auch in Änderungen der Größe und histologischen Struktur von Ovarium und Eileiter widerspiegelt. Tropische Arten in nicht-saisonalen Regionen mit unvorhersagbarem Klima (z.B. Halbwüsten) sind opportunistisch und paaren sich immer dann, wenn die Bedingungen plötzlich günstig werden – die Gonaden können dann sehr rasch reifen.

Die Zykluslänge bei **Fischen** dauert ein paar Tage bis mehrere Jahre. Die endogene Komponente der Zyklizität wurde bis jetzt nur bei einigen wenigen Arten untersucht und nachgewiesen (z.B. Regenbogenforelle, Stichling). Exogene Faktoren umfassen Photoperiode, Außentemperatur, pH-Wert, Salinität, Nahrungsangebot und soziale Interaktionen. So leitet die Photoperiode den Ovarialzyklus ein, und die Temperatur beeinflusst dessen spätere Stadien. Bei tropischen Fischen kann auch ein für die Regenzeit charakteristischer höherer Wasserspiegel und eine niedrigere Leitfähigkeit (Ionenkonzentration) den Ovarialzyklus anregen. Die Photoperiode kann unterschiedlich wirken: So wird die Bachforelle, die im Herbst und Frühwinter laicht, durch eine kürzer werdende Photoperiode stimuliert; die Groppe dagegen, die mit der Bachforelle sympatrisch lebt, durch eine länger werdende.

Schwangerschaft/Gravidität | 4.9.6

Befruchtung und Aufnahme der Blastozyste durch die Gebärmutter wird zusammengefasst als **Empfängnis (Konzeption)** bezeichnet. Sie markiert den

Box 4.18

Tragzeit und Laktationsdauer

Eine kurze Tragzeit ist üblicherweise mit einer langen Laktation kombiniert, wie etwa bei der Beutelratte (Opossum) mit einer Tragzeit von 13 Tagen werden die Jungtiere 3,5 Monate gesäugt. Die vergleichbar große Katze trägt zwei Monate und säugt ihre Jungen bis zu zwei Monate. Die relative (auf die Masse der Mutter bezogene) **Entwicklungsdauer** bis zum Erreichen eines vergleichbaren Entwicklungsstadiums (z.B. Augenöffnung) ist ein **phylogenetisch bedingtes Merkmal**, wobei eine relativ längere Entwicklungsdauer als ein phylogenetisch ursprüngliches Merkmal zu bewerten ist (Abb. 4.26).

Die Wurfgröße bei den Säugetieren ist artspezifisch und variiert von 1 bis zu ca. 25 Neugeborenen z.B. beim Opossum oder dem Nacktmull. Eine relativ kurze Tragzeit oder ein großer Wurf führen üblicherweise zur Geburt von unreifen Jungtieren (sog. **Nesthocker**; z.B. Hausmaus, Abb. 4.27); eine lange Tragzeit oder ein kleiner Wurf führen zur Geburt von reifen, zu einem hohen Grad selbständigen Neugeborenen, so genannte **Nestflüchter** (z.B. Meerschweinchen, Abb. 4.27). Die relative Masse des Wurfes hängt eng mit der Tragzeit zusammen. Bei Beuteltieren beträgt sie weniger als 0,1%, (beim Rotkänguru 0,003%), beim Menschen ca. 5%, beim Meerschweinchen 60%, beim Nacktmull bis zu 100% der Körpermasse der nichtschwangeren Mutter (s. auch Kap. 1.3.6.1). Im Allgemeinen beansprucht die Laktation die Mutter energetisch stärker als die Gravidität.

Abb. 4.27

Beispiele für **Nesthocker** (**A** Papagei, **B** Maus) und **Nestflüchter** (**C** Huhn, **D** Antilope).

Abb. 4.26

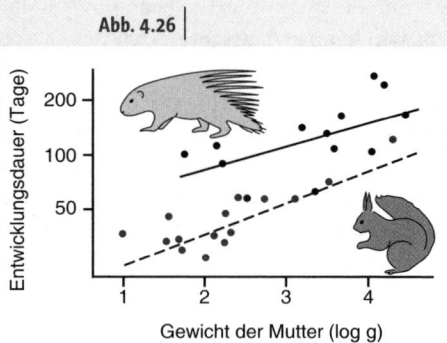

Abhängigkeit der Entwicklungsdauer (von der Empfängnis bis zur Augenöffnung) **von der Körpermasse der nicht-trächtigen Weibchen**, illustriert am Beispiel der Nagetiere. Einzelne Punkte stellen Mittelwerte für einzelne Gattungen dar. Man sieht, dass Stachelschweinverwandte (Unterordnung Hystricognatha, schwarze Punkte – darunter auch Meerschweinchen, Chinchillas, Grau- und Nacktmulle) eine längere Entwicklungsdauer haben als sonstige Nagetiere (Eichhörnchenverwandte, Unterordnung Sciurognatha; nach BURDA, 1989).

Anfang der Schwangerschaft, die mit der Geburt endet. Die **Schwanger-schaftsdauer** (**Tragzeit**, Gestation) beträgt **bei der Frau** im Durchschnitt 38 Wochen (bzw. 40 Wochen vom ersten Tag der letzten Menstruation an, Box 4.18). Eine vorzeitige Beendigung der Schwangerschaft nach weniger als 24 Wochen durch Ausstoßung eines Fetus mit einem Gewicht von unter 500 g wird als **Abort** (Fehlgeburt) bezeichnet. Die Schwangerschaft ist gekennzeichnet durch immunologische, morphologische, physiologische und hormonelle Veränderungen sowie Verhaltensänderungen auf der Seite der Mutter.

Vom **immunologischen Gesichtspunkt** aus stellt der Fetus einen Semialllograft (Halbfremdpfropf) dar; damit es nicht zu seiner Abstoßung kommt, müssen sich sowohl die Immuntoleranz der Mutter als auch die Antigenexpression des Trophoblasten verändern (s. auch Kap. 3.3.1.1).

Das Wachstum des Fetus (ab der 20. Woche mit einer Zuwachsrate von 10 g/Tag, in den letzten 3 Monaten mit 30–35 g/Tag) verlangt morphologische und physiologische Anpassungen der Mutter:

▶ Der **erhöhte Sauerstoffbedarf** wird durch Hyperventilation (Steigerung der Atemfrequenz und des Atemzugvolumens um 30–40%) gewährleistet. Sie wird durch die Wirkung von Progesteron aus der Plazenta auf die Atemzentren im Gehirn angeregt. Die Hyperventilation führt normalerweise zu einer respiratorischen Alkalose (s. Kap. 3.2.1). Bei der Schwangerschaft wird jedoch durch erhöhte Ausscheidung von Kalziumcarbonat in den Nieren dessen Konzentration im Blutserum herabgesetzt, um die Alkalose zu kompensieren. Der pH-Wert des Blutplasmas bleibt so unverändert.

▶ Die **erhöhte Blutversorgung** betrifft vor allem Niere, Gebärmutter und Haut. Das Herzminutenvolumen steigt bis zur 10. Schwangerschaftswoche um 40% an und bleibt dann konstant. Der Blutdruck steigt. Das Blutplasmavolumen steigt von der 7. bis zur 32. Woche um fast 50% und bleibt dann unverändert hoch erhalten. Die Masse der Erythrozyten steigt um ca. 25%. Obwohl die Thrombozytenzahl sinkt, steigt die Fibrinogenmenge, so dass auch das Risiko von Thromboembolien in der Schwangerschaft um ca. 1,8-mal erhöht ist.

▶ Der erhöhte **Eisen-Bedarf** (wegen der erhöhten Erythrozytenzahl sowie des Bedarfs des Fetus) wird u.a. durch die um bis zu 40% wirksamere Absorption von Eisen im Zwölffingerdarm gewährleistet. Unter Einfluss von Steroidhormonen steigt der Appetit; die **erhöhte Kalorienaufnahme** führt zu einer gesteigerten Fettspeicherung. Die Mutter nimmt an Gewicht zu, insbesondere um die Schwangerschaftsmitte herum: etwa 500 g/Woche – wovon etwa 75–80 g/Woche der »Netto-Zuwachs« des Fetus sind. Periphere Gewebe der Mutter werden mehr und mehr insulinresistent, was zum **Anstieg der Insulinproduktion** durch die Bauchspeicheldrüse führt, was wiederum die erhöhte Glukose-Konzentration im Blut erhält. Die kontinuierlich erhöhte Aufnahme der Glukose durch die Plazenta und den Fetus (um 30–50 %) wird durch die um 30 % gesteigerte Glukogenese (Produktion der Glukose) in der Leber teilweise kompensiert. In der späteren Schwangerschaft kann sich eine erhöhte Glukose-Unverträglichkeit bis hin zur Zuckerkrankheit entwickeln.

Die Mutter muss nicht nur die Energie, sondern auch die Stoffe zum Aufbau des Fetus liefern – insbesondere Stickstoff wird benötigt und daher gesammelt. Im Einklang mit einem erhöhtem Proteinmetabolismus vergrößern sich die Nieren, die Sammelkanälchen erweitern sich und die Filtration durch die Glomeruli wird effizienter. Es wird weniger Harnstoff durch die Niere ausgeschieden, und im Blutplasma befinden sich weniger freie Aminosäuren.

4.9.7 | Geburt

Die Ausstoßung der Frucht aus dem Mutterleib durch Kontraktionen der Uterusmuskulatur (Wehen) am Ende der Schwangerschaft wird als Geburt (Entbindung) bezeichnet. Die Geburt dauert bei der Frau im Durchschnitt 6–12 Stunden und verläuft in mehreren Phasen:

▶ **Eröffnungsphase**: Erweiterung des Muttermundes und Vorwölbung der Fruchtblase endet mit dem Blasensprung (Zerreißen der Eihäute und Abfließen des Fruchtwassers).

▶ **Austreibungsphase**: Eintritt der Frucht in den Beckeneingang, in der Regel mit dem Kopf als führendem Teil; ihr Durchtritt durch das Becken, Austritt aus dem Beckenausgang und Passage von Vagina und Damm. Bei der Austreibung passt sich die Längsachse des Kindskopfes der Form des jeweiligen Abschnitts des Beckenkanals an, wodurch es zur Drehung des Kopfes kommt.

▶ **Nachgeburtsphase**: **Abnabelung** des Kindes und Ausstoßen der Plazenta.

4.9.8 | Laktation

Die Produktion von Milch durch die Milchdrüse wird als Laktation bezeichnet. Bereits in der Pubertät entwickeln sich die Milchdrüsen unter Einfluss von weiblichen Hormonen zum funktionsfähigen Organ.

4.9.8.1 | Milchdrüsen und Milchsekretion

Die Milchdrüsen (Glandulae mammariae) sowie das Säugen sind typische Merkmale der Säugetiere (**Mammalia**), was sich schließlich auch im Namen dieser Wirbeltierklasse widerspiegelt (Abb. 4.28). Das Wort Mammalia leitet sich vom lateinischen Wort **mamma** (weibliche Brust) ab. Die weibliche Brust selbst besteht aus ca. 15 Einzeldrüsen, Bindegewebe und Fettgewebe. Bei Säugetieren entwickeln sich die Milchdrüsen aus den paarig angelegten **Milchleisten,** streifenförmigen Verdickungen der Epidermis. Im Laufe der embryonalen Entwicklung wird der größte Teil der Milchleiste rückgebildet und nur ein kleiner Teil bleibt erhalten und entwickelt sich zur Brustdrüse (z.B. bei Primaten, Fledermäusen, Elefanten). Bei einigen Säugetieren entwickelt sich nur der kaudale Teil in der Leistengegend (z.B. bei den meisten Huftieren), bei anderen wiederum entwickeln sich die Drüsen an mehreren Orten entlang der gesamten Leiste (z.B. bei Schweinen, vielen Raubtieren, Nagetieren). Die Milchdrüsen münden in Milchgänge, die sich an der Brustwarze nach außen öffnen (bei den Nicht-Primaten als Zitze bezeichnet).

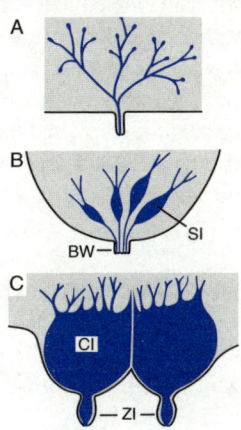

Abb. 4.28

Diverse Anordnungen von **Milchdrüsen** und **Milchgängen. A** Ratte, **B** Frau, **C** Ziege. **BW** Brustwarze, **SI** Sinus, **CI** Zisterne, **ZI** Zitze (nach WAKERLEY et al., 1994).

Die Milchdrüsen werden in der Schwangerschaft durch Hormone der Plazenta (Östrogene, Progesteron, HPL) sowie Prolaktin, Thyroxin und Insulin aktiviert und durch Hyperplasie weiter entwickelt. Die eigentliche Milchsekretion wird jedoch noch durch plazentare Hormone gehemmt und beginnt erst nach der Geburt der Plazenta, wenn der Progesteronspiegel schnell sinkt und der Prolaktinspiegel steigt. Oxytocin wirkt auf die Kontraktion der Myoepithelien der Milchdrüsengänge und damit auf die Entleerung der Drüse. Das Beenden der Stillphase wird als **Entwöhnung**, Abstillen, bezeichnet.

Bei Männchen bleiben die Milchdrüsen rudimentär und nicht funktional. Unter hormonellem Einfluss kann jedoch eine milchige Absonderung aus der Brustdrüse auch bei Männern erfolgen. Laktation wurde auch bei Männchen einer Flughundeart aus Malaysia, *Dayacopterus spadiceus*, beschrieben.

Milch

4.9.8.2

In den ersten Tagen nach der Geburt wird das so genannte **Kolostrum** (Erstmilch, eine proteinreiche Flüssigkeit) produziert. Die **reife Muttermilch** beinhaltet 4,5 % Fette, 7 % Kohlenhydrate, 1,5 % Proteine, weiterhin Mineralien, Enzyme und Vitamine. Wichtig sind auch die Antikörper (Immunglobuline), die gestillte Kinder vor Infektionen schützen. In die Milch können aber auch verschiedene Stoffe aus der Nahrung übergehen (einschließlich Medikamente und Umweltgifte). Die **Milchzusammensetzung** ändert sich häufig im Laufe der Laktation und unterscheidet sich bei unterschiedlichen Tierarten. Kuhmilch enthält weniger Fett (3,7 %), weniger Kohlenhydrate (4,8 %), jedoch mehr Proteine (3,3 %) als die Muttermilch. Die Milch von Säugetieren aus kälteren Gebieten, wo die Jungtiere schnell zunehmen müssen, ist besonders fett- und proteinreich. So beinhaltet etwa die Milch der Klappmütze (eine Seehundart, *Cystophora cristata*) 61 % Fett und 11 % Proteine und das Jungtier kann innerhalb von nur 4 Tagen Säugezeit bis zu 20,5 kg zunehmen.

4.10 | Fortpflanzungsverhalten

Das Verhalten, das Tiere im Zusammenhang mit der Fortpflanzung zeigen, besteht vor allem aus den Elementen Kommunikation, Paarung und Elternfürsorge.

4.10.1 | Kommunikation

Sexuelle Fortpflanzung zwingt auch die als Einzelgänger lebenden Tiere zur Kommunikation und damit zumindest zu einem einfachen Sozialverhalten. Die Partner müssen sich finden, erkennen, mögliche Aggressionen abbauen und den Paarungsakt abstimmen. Manche Tiere umsorgen zudem ihre Nachkommen. Dies bedeutet, dass sie ihre Brut erkennen und sich mit ihr verständigen müssen.

Kommunikation wird als **Austausch von Informationen** (Box 4.19) definiert. Meistens beruht Kommunikation auf einem Interessenkonflikt zwischen den kommunizierenden Individuen und kann daher auch als **Manipulation** (und Versuch der Überzeugung) bzw. Beeinflussung des Empfängers durch den Sender angesehen werden. So locken Vogelmännchen die Weibchen mit ihrem Gesang. Bettelnde Küken versuchen ihre Eltern von ihrem Hunger zu überzeugen und zur Futtergabe zu animieren. Balzende Spinnenmännchen müssen durch diverse optische oder taktile Signale zunächst den Beutefangtrieb ihrer stets hungrigen und angriffsbereiten Partnerinnen »ausschalten«. Die Signale, die von Tieren zur Kommunikation genutzt werden, sind zahlreich und sehr verschieden. Beispiele und weitere Ausführungen findet man in einschlägigen Ethologie-Lehrbüchern (Box 4.20).

4.10.2 | Sexualverhalten

Verhaltensweisen, die eine Paarung (Kopulation) einleiten bzw. darüber hinaus der Paarbildung und Paarbindung dienen, werden als **Paarungsverhalten** bzw. **Balz**, Werbe-, Brunst- oder (bei Wiederkäuern) Brunftver-

Box 4.19

Einführung in die Informationstheorie

Als **Information** wird eine Nachricht oder Mitteilung bezeichnet, welche die Unsicherheit behebt. Die kleinste Einheit der Information ist das **Bit** (engl. binary digit, Dualziffer), es lässt die Entscheidung zwischen **zwei Möglichkeiten** zu, z.B. Artgenosse/Artfremder, Weibchen/Männchen, kopulationsbereit/nicht bereit. Der Träger der Information heißt **Signal**. Ein Signal ist also ein Merkmal mit bestimmter Bedeutung und kann durchaus verschiedene Informationen (in **Frequenz-**, **Intensitäts-** und **Zeitkodes**) kodieren. So kann etwa ein Bart das Geschlecht (männlich) sowie das Alter (erwachsen) anzeigen. Ein Signal sollte möglichst eindeutig, verlässlich und erfassbar sein. Dies ist stark situationsabhängig. Das Signal »lange Haare« zum Beispiel informiert in vielen Kulturen über das Geschlecht eines Menschen nicht verlässlich. Und selbst wenn, ist es im Dunkeln oder auf Distanz nicht oder nur schlecht erfassbar. Verschiedene Signale können gleichzeitig dieselbe Information vermitteln (z.B. Gesang und Prachtkleid eines Singvogels). Der Übertragungsweg eines Signals wird als **Kanal** bezeichnet. Signale, die über den optischen Kanal übertragen werden, werden kurz als optische Signale bezeichnet; entsprechend spricht man von akustischen, mechanischen, elektrischen, thermischen oder chemischen (olfaktorischen) Signalen. Ein vom Sender ausgehendes und vom Empfänger wahrgenommenes Signal stellt für diesen einen **Reiz** (Stimulus) dar. Ein Tier reagiert nur auf bestimmte (biologisch wichtige), so genannte **Schlüsselreize,** die gleichzeitig auch **Auslöser** von bestimmten Handlungen (Verhaltensweisen) sind.

halten bezeichnet. Dem Paarungsverhalten können folgende biologische Aufgaben zukommen:

▶ Zusammenführung der getrennt lebenden Geschlechter,
▶ Überwindung etwa vorhandener Angriffs- und Fluchttendenzen,
▶ Synchronisation der Kopulationsbereitschaft,
▶ Verhindern von Artkreuzungen,
▶ Demonstration und Erkennung der »Qualitäten« des potentiellen Partners.

Das Paarungsverhalten muss (gemeinsam mit den zugehörigen Auslösern) gewährleisten, dass immer nur der richtige, d.h. artgleiche Geschlechtspartner angelockt wird. Je mehr nahe miteinander verwandte Arten in einem Gebiet vorkommen, desto komplizierter und damit spezifischer sind ihre als Paarungsschranken wirkenden Balzhandlungen.

Es gibt promiske Arten (z.B. Libellen, Fruchtfliegen, manche Fische, Frösche, Hühnervögel, Kolibris, einige Antilopen und Fledermäuse), bei denen sich die Männchen an einem Ort versammeln, um dort kleine

Box 4.20

Sexuallockstoffe

Von besonderer Bedeutung für die Sexualkommunikation sind chemische Auslöser, so genannte **Signal-Pheromone**. Zu ihnen zählen Sexuallockstoffe sowie Duftstoffe, die der Erkennung von Familienangehörigen dienen und die Partnerwahl beeinflussen.

Einige marine Wirbellose (z.B. Seesterne, Muscheln, Borstenwürmer) synchronisieren die Abgabe der Gameten beider Geschlechter durch Pheromone und erhöhen dadurch die Wahrscheinlichkeit einer Befruchtung. Bei Nachtfaltern und manchen anderen Insekten sondern die Weibchen artspezifische Pheromone ab, die die Männchen anlocken. Als erster Sexuallockstoff wurde 1959 von ADOLF F. J. BUTENANDT das **Bombykol** aus dem Seidenspinner (*Bombyx mori*) isoliert und chemisch identifiziert. Künstlich hergestellte Sexuallockstoffe kommen in der **Schädlingsbekämpfung** zum Einsatz. Eine Möglichkeit besteht darin, die weiblichen Lockstoffe in so hoher Konzentration auszubringen, dass die Männchen die Weibchen nicht mehr orten können. Oder es werden die männlichen Tiere in Lockfallen mit »Duftködern« weggefangen (z.B. Borkenkäfer).

Viele Säuger, z.B. Huftiere und katzenartige Raubtiere, verbinden die geruchliche Kontrolle des weiblichen Zyklus mit einer einzigartigen Mimik, dem **Flehmen**. Dafür werden Kopf und Hals angehoben, die Nasenlöcher geschlossen und die Oberlippe hochgezogen, so dass die oberen Schneidezähne oder die Gaumenplatte sichtbar werden. Höchstwahrscheinlich dient das Flehmen dazu, Geruchsstoffe in gelöster Form bis zum **Vomeronasalen Organ** zu transportieren, einem Geruchsorgan am Dach der Mundhöhle.

An einigen Säugetieren (darunter der Mensch) wurde gezeigt, dass die **Attraktivität des Körpergeruchs** mit dem MHC-Polymorphismus korreliert. Die Weibchen bevorzugen den Geruch jener möglichen Partner, deren MHC-Komplex (s. Box 3.11) auf eine größere genetische Distanz hinweist. Zumindest Nagetiere können ihre Verwandten auch anhand identischer Allele der MHC-Gene erkennen, deren Anwesenheit sich im Geruch widerspiegelt. Sie nutzen diese Information zur Inzest-Vermeidung.

Urin beinhaltet viele Stoffe (Metaboliten, niedermolekulare Proteine, Hormone, Nahrungsstoffe), die an sich oder durch bakterielle Zersetzung riechen. Der spezifische Geruch gibt nicht nur Hinweise auf die aufgenommene Nahrung oder bestimmte Krankheiten, sondern informiert bei Tieren auch über die Art-, Populations-, Familien- und Geschlechtszugehörigkeit, den Fortpflanzungsstatus und ermöglicht sogar die individuelle Erkennung. Urin wird daher auch zur **Reviermarkierung** benutzt (z.B. bei Hunden und Katzen), oder zur **Kennzeichnung** des eigenen Körpers (wie bei einigen Halbaffen) oder des Sozialpartners (z.B. beim Großen Mara, einem südamerikanischen Nagetier). Das Signalisieren mit Urin wurde sogar bei aquatischen Wirbellosen, wie Krebsen, beschrieben. Urin ist **Trägerstoff** für viele Pheromone, kleine meist hydrophobe flüchtige Moleküle, die über das vomeronasale Organ wahrgenommen und zu hormonellen und verhaltensmäßigen Änderungen beim Empfänger führen (s. Kap. 5.13.1).

symbolische Reviere, so genannte **Balzarenen** (**Leks**, schwedisch lek = Spiel), zu bilden und um diese zu kämpfen. Die Weibchen kommen zu den Leks und paaren sich mit den Siegern dieser »Ritterturniere«. In anderen Fällen hat jedes Männchen seine eigene Balzarena (z.B. der Auerhahn). Bei einigen Tieren wird die Balzarena besonders hergerichtet. Ein Beispiel hierfür liefern die aufwändig »ausgeschmückten« Arenen, die den australischen Laubenvögeln ihren Namen gaben. Bei einigen Tieren gehört die Übergabe eines »**Hochzeitsgeschenks**« zum männlichen Paarungsritual, wie bei der Skorpionsfliege oder der Seeschwalbe.

Ein erfolgreiches männliches Paarungsverhalten wird vom weiblichen Tier mit der **Begattungsaufforderung** belohnt. Hiermit sind Bewegungsweisen und Körperhaltungen gemeint, mit denen das Weibchen seinen Partner zur **Kopulation** auffordert (z.B. bei Säugern die sog. Lordose: der Rücken wird gekrümmt, die Genitalregion gleichzeitig angehoben). Das Darbieten der Genitalregion (Genitalpräsentieren), wie es etwa Affen oder Graumulle zeigen, kann neben seiner sexuellen Bedeutung überdies der sozialen Beschwichtigung dienen.

Komplexes Paarungsverhalten wie Hochzeitstänze oder Paarungsmärsche zeigen jene Arten, bei denen die Übergabe des Spermas indirekt mittels einer **Spermatophore** erfolgt (z.B. Molche, Skorpione). So wird sichergestellt, dass die Spermatophore unmittelbar nach dem Absetzen durch das Männchen vom Weibchen mit seiner Geschlechtsöffnung aufgenommen werden kann (s. Kap. 4.4.1.2).

Elterliche Fürsorge

4.10.3

Als **Brutfürsorge** werden alle Verhaltensweisen der Elterntiere bezeichnet, die für die Jungen im Voraus günstige Entwicklungsbedingungen schaffen: das Anlegen und Erhalten schutzbietender Bauten, Nester und Kokons, das Zusammentragen eines einmaligen Nahrungsvorrates oder die Ablage der Eier in der Nähe einer geeigneten Nahrungsquelle für die Jungtiere. Dauert die Betreuung durch die Elterntiere auch nach der Eiablage oder Geburt noch an und entwickelt sich ein unmittelbarer Kontakt zwischen Eltern und Jungen, so spricht man von **Brutpflege** (dazu gehören neben Schutz und Pflege auch das Füttern und Ausbilden der Nachkommen). Brutpflege tritt in allen Klassen der Wirbeltiere und vereinzelt auch bei Wirbellosen auf, vor allem bei Arthropoden. Zumeist obliegt die Brutpflege dem weiblichen Geschlecht. Aus den Gruppen der Fische, Amphibien und Vögel gibt es allerdings auch Beispiele dafür, dass die Brutpflege überwiegend oder vollständig von den Männchen übernommen werden kann. Die gemeinsame Brutpflege durch beide Eltern schließlich ist typisch für monogame Arten.

4.11 | Fortpflanzungsstrategien

Verschiedene Strategien haben sich im Verlauf der Evolution zur Sicherung des Fortbestandes der Art herausgebildet.

4.11.1 | Geschlechterkonflikt/sexuelle Selektion

Beim Zusammentreffen beider Geschlechter übernehmen die Männchen die gefährlichere Rolle: sie suchen oder locken (z.B. mit Gesang) die Weibchen in auffälliger Weise, wodurch sie ihre Anwesenheit auch Prädatoren verraten können. Gewöhnlich ist es das weibliche Geschlecht, das den Partner wählt. Der Grund dafür liegt in der Tatsache, dass sich die beiden Geschlechter in der maximalen Anzahl ihrer Nachkommen unterscheiden. Üblicherweise verfügen die Männchen über mehr Gameten, wobei sie gleichzeitig weniger in ihre Nachkommen investieren als die Weibchen (Box 4.21). Jedes Männchen könnte theoretisch viel mehr Nachkommen produzieren als jedes einzelne Weibchen, so dass die Männchen ihren Fortpflanzungserfolg am besten durch Paarungen mit möglichst vielen Weibchen erhöhen. Doch jedes Ei kann nur von einem Spermium befruchtet werden und das Geschlechterverhältnis in einer Population ist üblicherweise 1:1 (s. Kap. 4.3.3). Dies führt dazu, dass die Männchen miteinander um die Paarungsgelegenheiten konkurrieren.

Box 4.21

Elterliche Investition, Brutpflegeaufwand

Brutpflegeaufwand ist ein wichtiges verhaltensökologisches Maß und ein Begriff, der bei der Diskussion der Fitness eines Individuums eine besondere Rolle spielt. Er ist bestimmt durch die Gesamtheit derjenigen elterlichen (physiologischen und zeitlichen) Aufwendungen, die die Überlebenschancen der Jungtiere vergrößern, gleichzeitig aber die Fähigkeit der Eltern, in weitere Jungtiere zu investieren, verringern. Der Aufwand ist in der Regel für das weibliche Geschlecht größer als für das männliche, da die Produktion von dotterreichen Eiern eine höhere physiologische Belastung darstellt als die Erzeugung von Spermien. Besonders groß ist der Unterschied bei ovoviparen und viviparen Tierarten. Hier beeinträchtigt neben den physiologischen Belastungen auch die lange Zeitspanne, während der das Weibchen an die Versorgung der Jungen gebunden ist, die weiteren Reproduktionschancen. Das Männchen dagegen kann auch während dieser Zeit weitere Nachkommen zeugen. Ein extremes Ungleichgewicht zwischen den Geschlechtern herrscht bei den Säugetieren, bei denen das Weibchen nicht nur die Jungen austrägt, sondern ihre Ernährung nach der Geburt allein übernimmt.

Als Resultat dieser Konkurrenz gibt es Männchen, die viele Nachkommen haben und andere, die wenige oder gar keine Nachkommen hinterlassen. Die Weibchen können ihre Fitness dadurch erhöhen, dass sie auf die genetische Qualität der Männchen achten, die sie als Väter ihrer Nachkommen aussuchen.

DARWIN hat diese Form der Auslese, bei der die Artgenossen selbst den Fortpflanzungserfolg eines Individuums beeinflussen, als **sexuelle Selektion** bezeichnet. Sexuelle Selektion hat zwei Komponenten: intrasexuelle (meist männliche) Konkurrenz um Weibchen und intersexuelle (meist weibliche) Partnerwahl (»Damenwahl«).

Intrasexuelle Konkurrenz

4.11.1.1

Intrasexuelle Konkurrenz um Fortpflanzung kann vor der Kopulation (**präkopulatorisch**) und/oder nach der Kopulation (**postkopulatorisch**) stattfinden. Präkopulatorische Konkurrenz bedeutet entweder »zur richtigen Zeit am richtigen Ort«, d.h. als erster bei einem paarungsbereiten Weibchen zu sein, oder die Weibchen für sich zu monopolisieren und gegen andere zu verteidigen. Nach der Kopulation kann man die Konkurrenz auf die Spermien im Fortpflanzungstrakt des Weibchens übertragen, das Weibchen bewachen bzw. die fremden Jungtiere töten. Präkopulatorische Konkurrenz fördert die Vergrößerung des Körpers und die Ausbildung von Waffen, postkopulatorische Konkurrenz fördert u.a die Hodenvergrößerung.

Partnerwahl

4.11.1.2

Bei der Partnerwahl ist es wichtig, auf Artzugehörigkeit und Fruchtbarkeit zu achten. Es ist offensichtlich, dass z.B. ein unfruchtbares Maultierbaby für eine Stute, unbefruchtete Gelege für ein Vogelweibchen oder Pseudogravidität für eine Hündin unter dem Aspekt der Fitness Zeit- und Energieverluste darstellen. Des Weiteren können die Weibchen auf die genetische Qualität (kompatible Genotypen, »gute Gene«) achten und sich für materielle Vorteile (Hochzeitsgeschenke, gute Reviere, gute Nistplätze, Elternfürsorge seitens des Männchens) interessieren. Partnerwahl fördert die Ausbildung von bestimmten Merkmalen (Farben, Ornamenten, Anhängseln usw.) und Verhaltensweisen, mit denen die Männchen den Weibchen imponieren und ihre Qualität signalisieren (Abb. 4.29).

Abb. 4.29

Partnersuche. Üblicherweise signalisieren die Männchen ihre Anwesenheit und ihre Qualitäten auf eine auffällige Weise, wodurch sie sich selbst in Gefahr bringen. Weibchen dagegen locken auf eine eher unauffällige Weise bzw. nutzen dazu artspezifische »Privatkanäle«, so dass sie durch die Prädatoren weniger gefährdet sind.

4.11.2 | Paarungssysteme

Durch den in Kap. 4.11.1 beschriebenen Interessenkonflikt beider Geschlechter kommt es zur Ausbildung verschiedener Paarungssysteme.

4.11.2.1 | Polygamie

Das einfachste System ist die Polygamie (**Promiskuität**). Die Männchen versuchen, sich mit möglichst vielen Weibchen zu paaren und auch jedes Weibchen paart sich mit mehreren Männchen. Im Fortpflanzungstrakt der Weibchen findet dann die Konkurrenz der Spermien verschiedener Männchen statt. Die Männchen von promisken Arten haben üblicherweise große Hoden und produzieren viele Spermien (s. Box 4.12). In manchen Fällen kann das Weibchen auch den Erfolg der Spermien einzelner Männchen beeinflussen und so ihre Wahl verwirklichen.

4.11.2.2 | Polygynie

Als Polygynie (Vielweiberei) bezeichnet man ein System, bei dem ein Männchen sich mit mehreren Weibchen paart, ein Weibchen dagegen meist nur mit einem Männchen. Polygynie entsteht, wenn die Männchen den Zugang zu den Weibchen monopolisieren können, wenn also beispielsweise die Weibchen sozial leben (wie Languren) oder sich zur Brunstzeit versammeln (wie Rothirsche) und ein Männchen die ganze Gruppe (**Harem**) oder das Revier monopolisieren kann, in dem sich die Weibchen versammeln (wie bei See-Elefanten). Ein Harem kann auch durch eine Koalition mehrerer Männchen verteidigt werden (**Polygynandrie**). Bei polygynen Arten kann es nach einem Wechsel des Haremsbesitzers zur Tötung der Jungtiere (**Infantizid**) durch den neuen »Herrscher« kommen (z.B. Löwen, Languren). Hiermit erreicht dieser, dass die säugenden Mütter früher östrisch werden. Bei Hausmäusen führt die Anwesenheit des neuen fremden dominanten Männchens bzw. sein Geruch dazu, dass das trächtige Weibchen die Embryonen resorbiert oder abortiert und somit wieder in den Östrus kommt (**Bruce-Effekt**).

4.11.2.3 | Polyandrie

Polyandrie (Vielmännerei) ist die Entsprechung zur Polygynie. Hierbei paart sich ein Weibchen mit mehreren Männchen, ein Männchen jedoch nur mit einem Weibchen. Polyandrie kommt im Tierreich sehr selten vor und ist bekannt von einigen Seepferdchen, Krallenäffchen, Braunellen, Strandläufern und Blatthühnchen. In diesem Fall sind die Weibchen sogar territorial und kämpfen um die Männchen. Bei Menschen ist Polyandrie z.B. beim Tre-ba Volk in Tibet gut dokumentiert.

Monogamie

4.11.2.4

Normalerweise bevorzugt jedes der Geschlechter ein anderes Paarungs-system – Männchen weisen den größten reproduktiven Erfolg bei der Polygynie auf, Weibchen dagegen bei der Polyandrie, da sie und ihre Nachkommen hierbei die größte Unterstützung bekommen. Ein Kompromiss in diesem Interessenkonflikt ist die **Monogamie** (Einehe). Monogamie kommt vor, wenn

▶ das Männchen nur geringe Chancen hat, ein anderes Weibchen zu finden,

▶ die Ressourcen gleichmäßig über eine große Fläche verteilt sind, so dass es für ein Männchen unmöglich ist, die notwendigen Ressourcen für mehrere Weibchen zu monopolisieren,

▶ das Männchen wegen der möglichen Spermien-Konkurrenz das Weibchen nach der Paarung überwachen muss und damit selbst keine weitere Paarungsgelegenheit suchen kann,

▶ das Weibchen allein nicht fähig wäre, die Jungtiere großzuziehen.

Diese Gründe schließen sich nicht gegenseitig aus, sondern können sich vielmehr ergänzen. Auf der proximaten Ebene scheint (zumindest bei Säugetieren) die Anzahl, Dichte und Verteilung von Oxytocin-Rezeptoren im Gehirn die Monogamie zu bestimmen (s. Kap. 4.12.1). Die Monogamie kann dauerhaft sein (Dauerehe: z.B. Graugans, Graumull) oder nur für eine oder einige wenige Brutsaisons bestehen. Bei Vögeln kommt Monogamie sehr häufig vor (ca. 90 % aller Vogelarten), bei Säugetieren dagegen eher selten (ca. 5 % aller Arten; z.B. einige Nagetiere, Hundeartige, Krallenäffchen). Manchmal bestehen in einer Population verschiedene Paarungssysteme nebeneinander. Von vielen Vögeln ist bekannt, dass die Weibchen einen hohen Grad an Untreue aufweisen und mit fremden Männchen kopulieren (**extra-pair-copulations**), obwohl beide Partner als Paar leben und sich auch die Männchen an der Brutpflege beteiligen. In diesem Fall spricht man eher von **Sozialmonogamie**, obwohl es sich vom genetischen Standpunkt aus um Polygamie handelt.

Der erhöhte Bedarf an Elternfürsorge bei monogamen Arten führt auch zur Rekrutierung von eigenen, schon »entwöhnten« Nachkommen als **Helfer**. Die Jungtiere verbleiben für eine oder mehrere Fortpflanzungssaisons im Familienverband und helfen den Eltern bei der Fürsorge der jüngeren Geschwister. Das monogame Paarungssystem garantiert, dass der Verwandtschaftskoeffizient zu den jüngeren Geschwistern 0,5 beträgt, also dem Koeffizienten zu den eigenen Kindern entspricht (s. Box 4.22). Auf diese Weise können die Jungtiere noch unter Obhut der Eltern Erfahrungen sammeln, ohne Einbußen an der Gesamtfitness erleiden zu müssen. Dies ist insbesondere von Bedeutung, wenn die Ressourcen knapp sind und/oder ein Partner schwer zu finden ist.

4.11.2.5 | **Eusozialität**

Eusozialität ist ein Begriff, der ursprünglich zur Beschreibung des Sozial- und Fortpflanzungssystems **Staaten bildender Insekten** – wie Termiten, Ameisen, Bienen und Wespen, einige Blattläuse, Thysanoptera, einige Krebse – eingeführt wurde. Als eusozial werden auch die Familien von afrikanischen, unterirdisch lebenden Nagetieren, den Nackt- und Graumullen, angesehen. Eusozialität ist charakterisiert durch:

▶ ein (oder nur wenige) an der Reproduktion beteiligtes Weibchen (Königin), das sich nur mit einem oder wenigen Männchen paart,

▶ die meisten ihrer Nachkommen verbleiben das ganze Leben in der Kolonie (man spricht von einer Philopatrie), pflanzen sich nicht fort und arbeiten zum Wohle der ganzen Familie (des »Staates«),

---

Box 4.22

Verwandtenselektion

Das Vorkommen von Helfern und das Phänomen der Eusozialität, bei dem sich einige Individuen nie fortpflanzen und sich stattdessen um Andere kümmern (**Altruismus**), widerspricht scheinbar den Gesetzen der natürlichen Selektion, die solche Merkmale begünstigt, die dem Individuum bzw. dem eigenen Erbgut nutzen, und also egoistisch sind. In den sechziger Jahren erkannte WILLIAM D. HAMILTON, dass sich dieser Widerspruch auflösen lässt, wenn man berücksichtigt, dass der Anteil der Gene eines Individuums im Genpool der nächsten Generation auch dadurch zunehmen kann, dass es seinen Verwandten (insbesondere bei der Brutpflege) hilft. Der Anteil jener Gene, die bei zwei Individuen aufgrund gemeinsamer Abstammung identisch sind, wird durch den **Verwandtschaftskoeffizienten** (r) ausgedrückt. Die Nachkommen der ersten Generation verfügen anteilig über die Hälfte (r = 0,5), Enkel über ein Viertel (r = 0,25) und Urenkel über ein Achtel (r = 0,125) ihres Erbgutes. In gleicher Weise ist das Erbgut von Vollgeschwistern im Durchschnitt zur Hälfte (r = 0,5) (bei eineiigen Zwillingen r = 1), von Halbgeschwistern zu einem Viertel (r = 0,25) und von Vettern und Cousinen zu einem Achtel (r = 0,125) miteinander identisch.

Abb. 4.30 |

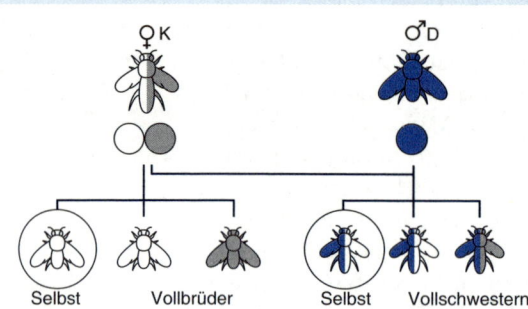

Genetische Asymmetrie bei Hymenopteren. **K** Königin, **D** Drohne. Die Weibchen entstehen aus befruchteten, die Männchen aus unbefruchteten Eiern. Dank dieser Asymmetrie trägt ein Weibchen mit einer Wahrscheinlichkeit von 75 % dieselben Allele (hier vereinfacht mit verschiedenen Farben dargestellt) wie jede ihre Schwestern. Mutter und Tochter sind dagegen nur zu 50 % genetisch identisch. Eine Voraussetzung ist jedoch, dass alle Schwestern nur von einem Vater abstammen.

▶ es kommt zur Überlappung von mehreren Generationen (Würfen, Altersstufen) von Geschwistern,

▶ unter den sich nicht fortpflanzenden Individuen kommt es häufig zur Arbeitsteilung (es gibt Babysitter, Arbeiter, Soldaten).

Eusozialität wird üblicherweise durch die **Verwandtenselektion** erklärt (Box 4.22, Abb. 4.30). Ein hoher Verwandtschaftskoeffizient (mindestens 0,5 bei monogamen Arten, auf Grund der Haplo-Diploidie bis zu 0,75 bei einigen Hymenopteren und bis 1 bei den sich parthenogenetisch fortpflanzenden Blattläusen) ist gewiss eine Voraussetzung für die Entstehung und Erhaltung der Eusozialität. Die spezifischen Gründe können jedoch in jeder Gruppe unterschiedlich gewesen sein.

Brutparasitismus

| 4.11.2.6

Im extremen Fall ist es möglich, sogar Individuen anderer Arten für die Elternfürsorge heranzuziehen – wie es beim **Brutparasitismus** (z.B. Kuckuck, Kuckuckshummel) oder der Sklaverei der Fall ist. Die Sklaverei ist ein weit verbreitetes Phänomen unter Ameisen, bei dem die »Kuckucksameisen« ihren eigenen Ameisenstaat unter Zuhilfenahme eines anderen Ameisenstaates aufbauen.

Hormonelle Steuerung der Fortpflanzung

| 4.12

Häufiger wurde im obigen Text schon die Rolle der Hormone bei der Steuerung der Fortpflanzung erwähnt. Hier wird die Wirkung der Hormone kurz zusammengefasst.

Hypothalamus-Hypophysen-Gonaden-Achse

| 4.12.1

Im **Hypothalamus** (s. Kap. 5.2.2) werden gebildet:

▶ **Neuropeptide (Oxytocin und Vasopressin)**. Sie gelangen direkt zur **Neurohypophyse** (s. Kap. 5.2.2), wo sie gespeichert und von hier ausgeschüttet werden und direkt auf die **Zielorgane** wirken bzw. das **Verhalten** beeinflussen.

▶ **Releasing-Hormone** (**RH**). Sie gelangen über die Pfortadergefäße in die **Adenohypophyse** (s. Kap. 5.2.2), wo sie stimulierend (sog. **Liberine**) oder hemmend (sog. **Statine**) auf die Produktion von verschiedenen Hormonen wirken. Mit Bezug auf die Fortpflanzung werden hier drei Hormone genannt: **Prolaktin** wirkt direkt auf die **Zielorgane** und das **Verhalten**, **Gonadotropine** (LH und FSH) wirken auf die **Gonaden**, wo sie die Sekretion und Freisetzung von **Geschlechtshormonen** (Östrogene, Progesteron und Androgene) steuern. Geschlechtshormone wirken dann direkt auf die **Zielorgane** und beeinflussen das **Verhalten**.

Somit ist der Hypothalamus ein **zentrales Steuer- und Regelsystem der Sexualfunktionen**. Der Hypothalamus selbst reagiert auf die (durch Sensoren vermittelten) Informationen über die relevanten Veränderungen in Außen- und Innenwelt (Tageslänge, Temperatur, Nahrungs- und Wasserangebot, Stress, Anwesenheit von Sexualpartnern, Fettreserven usw.). Darüber hinaus wird die Freisetzung der Releasing-Hormone über ein Rückkopplungssystem geregelt, mit dem der Hypothalamus auch auf den aktuellen Spiegel der jeweiligen Hypophysen- bzw. Gonadenhormone reagiert.

4.12.2 | Hormone der Neurohypophyse

Dieser Teil der Hypophyse setzt die Hormone Oxytocin und Adiuretin frei.

4.12.2.1 | Oxytocin

Oxytocin wird bei der Dehnung des Uterus kurz vor und während der Geburt sowie beim Reizen der Brustwarze (Zitze) beim Stillen ausgeschüttet. Es bewirkt die Kontraktion der glatten Muskulatur des Uterus und der Milchdrüsen und hat daher eine medizinische Anwendung bei der Einleitung der Geburt, bei Wehenschwäche oder bei schwachem Milchfluss. Oxytocin wird jedoch auch durch mechanische Reizung der Genitalorgane sowie visuelle, akustische und olfaktorische sexuelle Reize ausgeschüttet. Bei Männchen kann Oxytocin auch an der Auslösung der Ejakulation beteiligt sein. Vergleiche zwischen monogamen und polygamen Wühlmausarten zeigten, dass zwischen beiden große Unterschiede in der Anzahl der Oxytocin-Rezeptoren bestehen, vor allem im limbischen System (einem Gehirngebiet, das u.a. für Sexual- und Sozialverhalten zuständig ist). Monogame Arten, wie z.B. die Präriewühlmaus, haben eine höhere Anzahl und Dichte von Oxytocin-Rezeptoren. Durch häufigere oder verlängerte Kopulationen kommt es zur erhöhten Ausschüttung von Oxytocin, was wiederum der Festigung der Paarbindung dient. Oxytocin wird daher manchmal auch »**Kuschelhormon**« genannt.

4.12.2.2 | Adiuretin

Adiuretin (ADH, antidiuretisches Hormon, Vasopressin) ist ein Hormon, das den Wasserhaushalt im Körper reguliert (s. Kap. 2.6.2.5). Doch Untersuchungen, wieder an monogamen Wühlmäusen, haben gezeigt, dass Adiuretin auch eine Präferenz für eine bestimmte Partnerin und ihre Überwachung einleitet und damit als »**Eifersuchtshormon**« bezeichnet werden kann. Zudem wird durch Adiuretin (und Prolaktin, s. unten) auch väterliches Verhalten eingeleitet.

Hormone der Adenohypophyse

Die Andenohypophyse ist ein Teil der Hypophyse, die wie eine endokrine Drüse aufgebaut ist und das Hormon Prolaktin sowie die gonadotropen Hormone produziert.

Prolaktin

Die Sekretion von Prolaktin wird durch das Liberin PRH (prolactin releasing hormone) stimuliert bzw. das Statin PIH (prolactin inhibiting hormone) gehemmt. Prolaktin kommt bei allen Wirbeltieren (sogar bei Manteltieren) vor, und es wurden Hunderte seiner Funktionen identifiziert. Bei Säugetierweibchen wird seine Sekretion durch Saugreiz gefördert, und es fördert u.a. Wachstum und Entwicklung der Milchdrüse und die Milchproduktion. Bei der Frau unterdrückt es nach der Geburt das Wiedereinsetzen des Menstruationszyklus. Bei Nagetieren wird Prolaktin bei der Kopulation freigesetzt und fördert die Bildung und Erhaltung des Gelbkörpers (luteotrope Wirkung). Bei Tauben bewirkt es die Bildung von Kropfmilch. Prolaktin induziert das Elternverhalten, u.a. indem es Aggressionen gegenüber den Jungtieren abbaut. Der Prolaktinspiegel erhöht sich nach der Eiablage bei allen brütenden Vogel-Weibchen und sogar bei Brutparasiten wie dem Kuckuck oder Kuhstärlingen, obwohl letztere kein Brutverhalten zeigen. Bei den Arten, wo der Vater die Brutpflege übernimmt, weisen die Männchen entsprechend einen höheren Prolaktinspiegel als die Weibchen auf.

Gonadotrope Hormone

Die Produktion der gonadotropen Hormone LH und FSH wird durch als Liberine wirkende **Gonadotropin-Relasing Hormone** (**GnRH**) gesteuert, und zwar durch LHRH (Luteinisierendes Hormon-Releasing-Hormon) und FSHRH (Follikelstimulierendes Hormon-Releasing-Hormon).

▶ **Luteinisierendes Hormon** (**LH**). Das LH wirkt auf die Interstitialzellen (Follikelzellen, Leydig-Zellen) der Keimdrüsen und löst bei der Frau die Follikelreifung und Ovulation, sowie die Entwicklung und Funktion des Gelbkörpers, und damit die Synthese von Östrogenen und Progesteron aus. Beim Mann regt es das Wachstum der Leydig-Zellen und die Androgensynthese an.

▶ **Follikelstimulierendes Hormon** (**FSH**). Das FSH stimuliert die Entwicklung und Funktion von Gonaden: Bei der Frau fördert es das Wachstum der Granulosazellen im Tertiärfollikel, beim Mann fördert es Wachstum der Samenkanälchen und die Spermatogenese.

4.12.4 | Sexualhormone

Unter dem Einfluss von Gonadotropinen werden (hauptsächlich, jedoch nicht nur) in den Gonaden die Sexualhormone produziert. Dies sind Steroidhormone, die die Fortpflanzung und die Entwicklung der Genitalorgane sowie die Ausbildung sekundärer Geschlechtsmerkmale und das Sexualverhalten regulieren. Wie alle Hormone, binden Sexualhormone an spezifische Rezeptoren in den Zielgeweben. Im Blut frei zirkulierende Sexualhormone werden in der Leber schnell metabolisiert, 50–80 % werden mit dem Urin, 20 % mit den Fäzes ausgeschieden. Dadurch kann der Hormonspiegel auch von Urin und Fäzes bestimmt werden.

4.12.4.1 | Männliche Hormone

Männliche Hormone (**Androgene**) werden in den Leydig-Zellen im Hoden, in geringer Menge auch im weiblichen Ovar und in der Nebennierenrinde gebildet. Die wichtigsten Androgene sind **Testosteron**, 5α-Dihydrotestosteron, Androstendion und Androsteron. Androgene bewirken die Ausbildung der männlichen Genitalien sowie der männlichen sekundären Geschlechtsmerkmale. Sie beeinflussen das Verhalten: Sie steigern Aggressivität, Neugier und Erkundungslust, Erregbarkeit und leiten die männliche Balz sowie auch den Nestbau bei denjenigen Tieren ein, bei denen die Männchen das Nest bauen (z.B. Singvögel, Stichlinge).

4.12.4.2 | Weibliche Hormone

Zu den weiblichen Hormonen zählen Östrogene und Progesteron.

Östrogene (Estrogene) werden in Ovarien (Granulosazellen im Tertiärfollikel und im Gelbkörper) gebildet. Estrogene entstehen auch in Plazenta, Fettgewebe, Haut, Skelettmuskel, Knochen, einigen Hirnarealen (Hypothalamus und Mandelkern) und Hoden durch die Umwandlung (Konversion) von Androgenen. Wichtige natürliche Östrogene sind Estradiol, Estron und Estriol.

Die Weibchen der meisten Wirbeltiere sind nur in einem kurzen Zeitfenster um die Ovulation sexuell aktiv und paarungsbereit. Diese Periode wird als **Östrus** (Estrus, Brunst, Hitze) bezeichnet. Von dieser Bezeichnung ist auch der Name der weiblichen Hormone, Östrogene, also Östrus verursachend, abgeleitet. Nur bei einigen wenigen Säugetieren – darunter Mensch, Bonobo, Stachelschwein, Graumull – ist das Paarungsverhalten der Weibchen nicht auf die Zeit um die Ovulation beschränkt. Auch bei Frauen steigt die **Libido** unter Östrogeneinfluss.

Östrogene beeinflussen die Entwicklung von weiblichen Geschlechtsmerkmalen. Sie werden auch als »action hormones« bzw. »3 A's hormones« (activity, attention, alertness – Aktivität, Aufmerksamkeit, Wachsamkeit) bezeichnet. Sie modulieren das Paarungsverhalten des Weibchens, erhöhen die lokomotorische Aktivität, setzen die Sinneswahrnehmungsschwellen herab und steigern die Schmerzempfindlichkeit. Unter dem Einfluss von Östrogenen ändern sich auch die Essgewohnheiten: Es wird energiereiche (Kohlenhydrate) Nahrung bevorzugt statt proteinreicher (Fleisch). Interessant ist in diesem Zusammenhang, dass man mehr Vegetarier unter den Frauen als unter den Männern findet. Östrogene fördern das Gedächtnis und beeinflussen auch die Emotionalität.

Progesteron wird vor allem im Gelbkörper und in der Plazenta, in geringer Menge in der Nebennierenrinde (auch beim Mann) gebildet. Es wirkt antagonistisch zu Östrogenen, beteiligt sich an der Regulation des Ovarialzyklus, fördert die Einnistung der Blastozyste, erhöht die Körpertemperatur, verhindert die Follikelgenese und stimuliert die Entwicklung der Milchdrüse; beim Mann fördert es die Beweglichkeit und die Akrosom-Reaktion der Spermien. Progesteron steuert das Verhalten, das zur Erhaltung der Schwangerschaft führt (mütterliches Verhalten, Nestbau, Aggressivität gegen Fremde, Pseudogravidität). Bei einigen Tieren hemmt Progesteron zusammen mit Prolaktin die Paarungsbereitschaft. Synthetische Hormone mit ähnlichen Wirkungen wie das Progesteron werden **Gestagene** genannt.

Kontrolle der Fortpflanzung | 4.13

Angesichts der Bedeutung der Fortpflanzung ist es nicht verwunderlich, dass der Mensch seit alters versucht hat, die Fortpflanzung bei den Tieren wie auch bei sich selbst zu kontrollieren – sowohl um sie zu unterbinden als auch zu fördern. Als neue, interdisziplinäre Fachrichtung wurde die **Reproduktionsmedizin** etabliert, die unter der Berücksichtigung gynäkologischer, urologischer, genetischer, biologischer, aber auch juristischer und ethischer Aspekte Fälle von Unfruchtbarkeit beim Menschen behandelt. Eine Kontrolle der Fortpflanzung ist nicht nur humanmedizinisch relevant. Die unten erwähnten Methoden finden in der tiermedizinischen Praxis, in der Haustierzucht, in der Tiergartenpraxis, bei Artenschutzprogrammen sowie bei der Populationskontrolle bestimmter Wildtierarten eine breite Anwendung.

Techniken der Fortpflanzungsunterbindung | 4.13.1

▶ **Empfängnisverhütung** (Antikonzeption, Kontrazeption) kann auf verschiedenen Methoden beruhen: Beschränkung des Geschlechtsverkehrs auf die unfruchtbaren Tage im Menstruationszyklus, Coitus interruptus,

Abb. 4.31

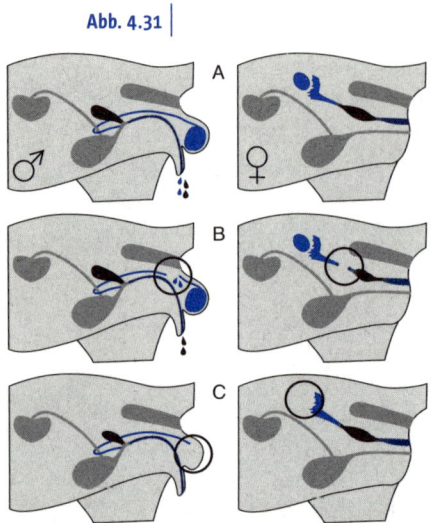

Schema der **Sterilisation** (**B**) und **Kastration** (**C**) bei einem **Kater** (links) und einer **Katze** (rechts). **A** Normale Situation vor dem Eingriff.

Barrieremethoden (Präservativ oder Scheidendiaphragma), Intrauterinpessare (IUP, »Spirale«), die die Einnistung verhindern oder hormonale Kontrazeption. **Hormonale Kontrazeption** der Frau wird seit 1960 praktiziert. Sie beruht auf der regelmäßigen Einnahme von östrogen- und/oder gestagenhaltigen Präparaten nach einem bestimmten Schema. Diese Hormone verhindern entweder die Ovulation dadurch, dass sie die Produktion von Gonadotropinen hemmen (**Mikropille**), oder sie verändern den Schleim des Gebärmutterhalses, wodurch sie die Durchwanderung von Spermien verhindern (**Minipille**). Die so genannte **Pille-danach** (Morning-after-pill) ist ein Gestagen-Präparat, das das Einnisten der Blastozyste in die Gebärmutter und somit den Eintritt einer Schwangerschaft verhindert.

▶ **Sterilisation** beruht auf einem Operationseingriff, bei dem die Eileiter (Tubensterilisation) oder Samenleiter (Vasektomie) unterbrochen werden. Da die Gonaden unversehrt bleiben, bleiben auch die Libido und die Fähigkeit zum Geschlechtsverkehr erhalten (Abb. 4.31).

▶ **Kastration** bedeutet die Entfernung oder Ausschaltung (z.B. durch Röntgenstrahlen) der Gonaden. Da hierdurch nicht nur der Ort der Gametogenese, sondern auch der der Hormonproduktion ausgeschaltet wird, sind die Folgen einer Kastration nicht nur die Aufhebung einer Zeugungs- bzw. Empfängnisfähigkeit, sondern ggf. auch entsprechende somatische und Verhaltensänderungen (Abb. 4.31).

4.13.2 | Fortpflanzungshemmung

Insbesondere bei den in Gruppen lebenden Tieren kommt es häufig zu einer ungleichmäßigen Verteilung der Fortpflanzungsereignisse. In der Regel gibt es Individuen, die viel mehr Nachkommen hinterlassen als andere. Im Extremfall monopolisieren einzelne Individuen alle potenziellen Reproduktionspartner und sind so die Einzigen ihres Geschlechtes, die sich in ihrer Gruppe fortpflanzen (z.B. ein Harembesitzer, eine Königin in eusozialer Familie). Hierbei wird die Fortpflanzung bei den anderen, konkurrierenden Individuen gehemmt durch:

▶ direkte (gewaltsame) **Verhinderung der Paarung** durch dominante Tiere (Rothirsch),

▶ Hemmung der LH-Sekretion und damit Hemmung der Ovulation und der Spermatogenese durch **Verhaltensstress**, hervorgerufen durch ständiges »Harassment« dominanter Tiere (Nacktmull),

▶ **Pheromone** (Ektohormone), d.h. Drüsensekrete, die nach außen abgegeben werden und andere Individuen derselben Art beeinflussen. Beispielsweise hemmt eine spezielle »Königinnensubstanz«, die von den Oberkieferdrüsen der Bienenkönigin abgesondert wird, die Entwicklung weiterer Königinnen im selben Stock,

▶ **Inzesthemmung** in einer Gruppe nahe verwandter Individuen. Hierbei sind individuelles Kennen und/oder Verwandtschaftserkennen eine wichtige Voraussetzung (Graumull).

Assistierte Reproduktion

4.13.3

Relativ häufig ist das Problem der ungewollten Kinderlosigkeit. Die Ursachen der Sterilität (Infertilität, Unfruchtbarkeit, Zeugungsunfähigkeit) können sehr unterschiedlich sein und sowohl auf der Seite der Frau als auch auf der des Mannes (oder auch beider Partner) liegen. Die Methoden der assistierten Reproduktion, die auch in der zootechnischen Praxis angewandt werden, schließen Insemination, In-Vitro-Fertilisation und Klonierung ein.

▶ **Insemination** (künstliche Besamung): Künstliches Einbringen von Sperma in den weiblichen Genitaltrakt wurde bereits 1790 von LAZZARO SPALLANZANI wissenschaftlich dokumentiert. Zur künstlichen Befruchtung können auch tiefgefrorene Spermien verwendet werden.

▶ **In-Vitro-Fertilisation**: Befruchtung des Eis im Reagenzglas. Hierbei kann ein Spermium direkt in das Ei injiziert werden (ICSI, intra-zytoplasmatische Spermieninjektion). Anschließend wird der Embryo – in einem 4- bis 8-Zellenstadium – in den Eileiter oder die Gebärmutter übertragen (Embryonentransfer).

▶ **Klonierung**: Vervielfältigung mit dem Ergebnis identischer Organismen (s. Kap. 4.2.1). Klonierung von Schafen durch Teilung embryona-

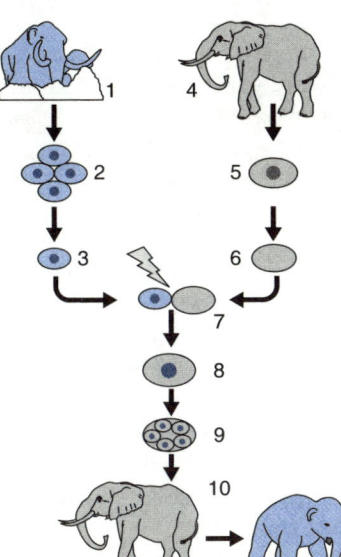

Abb. 4.32

Wie klont man ein Mammut? Aus einem tiefgefrorenen Mammut (**1**) werden unversehrte Zellen gewonnen (**2**), (dies ist zur Zeit jedoch das größte Problem des Projekts). Einer Elefantenkuh (**4**) wird eine Eizelle entnommen (**5**), entkernt (**6**) und mit einer Mammutzelle (**3**) fusioniert (**7**), (Alternativ kann der Kern aus der Mammutzelle in die Elefanteneizelle implantiert werden). Die »Zygote« (**8**) teilt sich und wird in einem Morula- oder Blastozyste-Stadium (**9**) in die Gebärmutter der hormonal auf die Trächtigkeit vorbereiteten Elefantenkuh implantiert. Man hofft nun, dass in ca. 20 Monaten ein Mammutbaby geboren wird (**10**).

ler Zellen gelang 1986 zum ersten Mal. 1997 wurde das erste Säugetier – das Schaf »Dolly« – aus einer differenzierten somatischen (also diploiden) Zelle (Euterzelle) geklont. Bei der Klonierung wird der Kern einer somatischen Zelle in ein vorher entkerntes Ei implantiert, das Ei wird zur Furchung angeregt und anschließend in den zuvor hormonell für die Einnistung vorbereiteten Uterus der »Mutter« übertragen (Abb. 4.32).

Fragen

1 Welche Hindernisse muss ein Spermium im weiblichen Genitaltrakt überwinden, bevor es zur Befruchtung kommt?

2 Welchen Grund könnte es dafür geben, dass einige der bislang geklonten Tiere vorzeitige Alterungserscheinungen zeigen bzw. den Anschein erwecken, schneller zu altern?

3 In der Fachzeitschrift New Scientist (Dezember 1994) publizierte der renommierte Autor M. Ridley einen Artikel mit dem Titel "Warum Präsidenten mehr Söhne haben". Erklären Sie, wie sein Thema mit der Trivers-Willard-Hypothese der mütterlichen Investitionen zusammenhängen könnte?

4 Erklären Sie den Unterschied zwischen Plazentophagie und Plazentotrophie.

5 Warum und wie könnten auch manche Arten von Wärme liebenden Meeresschildkröten durch eine schnelle globale Erwärmung gefährdet werden?

6 Welcher Unterschied besteht zwischen Intersexualität, Hermaphroditismus und Pseudohermaphroditismus? Worin unterscheiden sich Geschlechtsumkehr und Geschlechtsumwandlung?

7 Nennen sie die weiblichen Homologien zu a) Hoden, b) Penis, c) Hodensack, d) Prostata. Warum sind Samenleiter und Eileiter nicht homolog?

8 Weshalb ist der sekundäre Geschlechtsdimorphismus bei polygamen Arten üblicherweise größer als bei monogamen Arten? Nennen Sie auch Beispiele, die diese Regel bestätigen bzw. widerlegen.

9 Welche Aussage ist richtig? a) Die Erektion wird durch das Erschlaffen der glatten Muskulatur im Penis ermöglicht, b) Spermien werden in den Samenbläschen des Mannes 10–14 Tage lang gespeichert. Kommt es nicht zur Ejakulation, werden sie resorbiert, c) Sertolli-Zellen befinden sich außerhalb, Leydigsche Zellen innerhalb der Samenkanälchen, d) Durch den Penis führt der Samenleiter.

10 Welche Aussage ist richtig? a) Während der Spermiogenese entstehen durch einfache mitotische Teilung aus einem Spermatozyt insgesamt 16 Spermien, b) Das Akrosom dient der Verankerung der Spermiengeißel, c) Die Meiose bei der Oogenese beginnt erst mit der Pubertät, d) Die erste Meiose wird erst kurz vor der Ovulation beendet, e) Der Eidotter wird bei Säugertieren nach der Ovulation zum Gelbkörper (Corpus luteum).

11 Die Spermien von Knochenfischen haben kein Akrosom. Wie gelangen sie in die Eizelle?

Reizbarkeit, Steuerung und Bewegung |5

Inhalt

Die bisher besprochenen Themenblöcke stellen die Eigenschaften dar, die alle Lebewesen charakterisieren. Unter allen Organismen weisen die Tiere die höchste Komplexität sowie die größte Vielfalt des Körperaufbaus auf. Kompliziert und vielfältig sind darum auch die Wege, wie solch ein tierischer Körper gebildet, erhalten und repariert wird, wie seine Versorgung mit Energie und Baustoffen funktioniert und die Entsorgung der Abbauprodukte abläuft. Wie jede komplexe Organisation verlangt auch der Tierkörper spezielle »Organe« zur Verwaltung, Koordination und Steuerung der Lebensaktivitäten. Je komplexer ein Organismus ist, desto empfindlicher und verletzlicher ist er auch, und desto schneller muss er auf die Veränderungen in seiner Umgebung und im Körperinneren reagieren können. Dies macht einen »Nachrichtendienst«, der Informationen aus der Umwelt beschafft, sowie eine ständige interne Kontrolle notwendig. Ein Verwaltungs- und Kontrollapparat verbraucht aber sehr viel Energie, was wiederum bedeutet, dass der Tierkörper **effizient Energie gewinnen** muss. Dies wiederum verlangt eine **wirkungsvolle Steuerung** der entsprechenden Aktivitäten. Für ein Raubtier zum Beispiel gilt es, eine Beute mit minimalem Aufwand aufzuspüren und dann durch eine gut koordinierte Aktion zu ergreifen.

Jede komplexe Organisation verlangt spezielle Organe zur Verwaltung, Koordination und Steuerung der Lebensaktivitäten

Tatsächlich ist die **Reizbarkeit**, also die Fähigkeit, verschiedene Reize aufzunehmen (Funktion der Sensoren) und daraus Informationen zu gewinnen (Funktion des Nervensystems) sowie adäquat auf sie zu reagieren (Funktion der Effektoren: Muskeln und Drüsen), ein exklusives Merkmal der Tiere. Hierzu gehören auch die hormonalen Regelkreise und die neuronalen Bahnen zwischen Sensoren und Nervenzentren sowie zwischen Nervenzentren und Effektoren.

Die Evolution der Tiere ist mit der Evolution ihrer Sinnes- und Nervensysteme eng verknüpft. Im Laufe der Phylogenese ist eine enorme Vielfalt solcher Systeme entstanden, die in ihrer Funktion und Leistung dem jeweiligen Bedarf (Lebensraum und Lebensweise) angepasst sind.

5.1 | Wahrnehmung

Definition

Die Fähigkeit, eine Veränderung der physikalischen oder chemischen Bedingungen in der Umgebung oder im Körperinnerem bewusst zu registrieren, wird als Wahrnehmung, **Perzeption**, bezeichnet.

Die Wahrnehmung schließt ein:

▶ **Rezeption**: Empfang des Reizes durch den Sensor,

▶ **Transduktion**: Umsetzung des Eingangssignals, das je nach Art der Sinnesmodalität unterschiedlich sein kann (mechanisch, optisch, chemisch), in eine lokale De- oder Hyperpolarisation der Sensorzellmembran,

▶ **Kodierung**: Hierbei wird die kontinuierlich veränderliche Reizenergie in die digital gestaltete elektrische Energie des Aktionspotentials umgewandelt. Durch die Kodierung wird die Reizumwandlung abgeschlossen: das variable Eingangssignal wird in ein universelles elektrochemisches Ausgangssignal (Ausschüttung des Neurotransmitters an der Synapse) umgewandelt,

▶ **neuronale Weiterleitung** durch die afferenten Nervenbahnen,

▶ **Signaldekodierung und Informationsverarbeitung** im Gehirn.

Jede Zelle ist fähig, durch ihre **Membranrezeptoren** Signale wie beispielsweise bestimmte Hormone aus der Umgebung zu empfangen und auf sie zu reagieren. Jede Zelle kann somit auch als **Rezeptorzelle** bezeichnet werden. Alle postsynaptischen Zellen des Nervensystems sind gleichzeitig Chemorezeptoren. Gerade die jüngere Entwicklung der Zell- und Molekularbiologie hat dazu geführt, dass der Begriff Rezeptor sehr häufig im Zusammenhang mit dieser Art der Signalaufnahme verwendet wird. Es empfiehlt sich daher, die Sinneszellen als **Sensorzellen** bzw. **Sensoren** statt als Rezeptorzellen bzw. Rezeptoren zu bezeichnen. Häufig gruppieren sich die Sensorzellen und bilden zusammen mit Stützzellen **Sinnesepithelien**, die wiederum Bestandteile von komplexen Organen bzw. Organsystemen (Apparaten) sind: eben den **Sinnesorganen**.

Man unterscheidet **zwei Arten der Perzeption**:

▶ **Sensibilität** (**Ästhesie**, vgl. Box 1.8) ist die Wahrnehmung durch die am bzw. im Körper weit verstreuten Sensoren und freien Nervenendigungen (z.B. Temperatur-, Schmerz-, Berührungs-, Vibrationsempfindung),

▶ **Sinneswahrnehmung** (**sensorische Perzeption**) wird durch die Sinnesorgane vermittelt und in spezialisierten Sinneszentren der Hirnrinde verarbeitet (z.B. Geruchs-, Gleichgewichts-, Hör-, Seh-, Tastsinn).

5.1.1 | Funktion der Sinnesorgane

Sinnesorgane (bzw. Sensoren im Allgemeinen) fungieren als:

▶ **Empfänger** (»Antennen«) für Reize,

▶ **Intensitätsmodulatoren**, die das **Signal verstärken** (z.B. die Linse des Auges, das Außen- und Mittelohr) **oder abschwächen** und damit das Sinnesorgan vor einem übermäßigen Reiz **schützen** (z.B. Pupille, Steigbügelmuskel),

▶ **periphere Filter**, die nur biologisch relevante Signale (aufgrund der spezifischen Frequenz oder des Zeitmusters) registrieren. So absorbiert die Augenlinse des Menschen UV-Licht und lässt es nicht als Reiz durch, das Ohr ist nur für einen bestimmten Frequenzbereich empfindlich, phasische Mechanosensoren wirken nur am Beginn einer Reizung und verändern damit deren Zeitmuster. Das **Auflösungsvermögen** oder die Breite des wahrnehmbaren Frequenzspektrums eines Sinnesorgans ist zudem von der Dichte und/oder der Gesamtzahl der Sensoren abhängig.

▶ **Reiz-Erregungstransformatoren**, die die Energie des Reizes in elektrische Energie umwandeln und in einem zweiten Schritt aus der analogen eine digitale Information machen (Aktionspotentiale). Auf dieser Ebene der Signalverarbeitung kann auch Signalverstärkung oder Filterung stattfinden. Nachfolgend einige vereinfachte Beispiele für den Ablauf der Transduktion:

▶ **Chemotransduktion**: Ein Duftmolekül wird vom Membranrezeptorprotein absorbiert → aktiviert Adenylatcyclase → synthetisiert cAMP (Botenstoff) → Ionenkanäle werden geöffnet oder geschlossen.

▶ **Mechanotransduktion**: Stereozilien der Haarzellen werden ausgelenkt → Ionenkanäle werden geöffnet.

▶ **Phototransduktion**: Lichtquanten werden durch Rhodopsin (Sehpigment) absorbiert → Auslösung der Enzymkaskade → Ionenkanäle werden geöffnet.

Sinnesmodalitäten

5.1.2

Signale können die Sensoren über unterschiedliche Kanäle erreichen. Man spricht auch von verschiedenen physikalischen und chemischen **Modalitäten der Signale**.

▶ Chemischer Kanal: Signalmoleküle (Duftstoffe, Pheromone).

▶ Mechanischer Kanal: Druck, Dehnung, Vibrationen, Wasserwellen, Strömung, Schwerkraftbeschleunigung.

▶ Akustischer Kanal: Schall.

▶ Optischer Kanal: Licht.

▶ Elektromagnetischer Kanal: elektrisches Feld, Magnetfeld.

▶ Thermischer Kanal: Temperatur.

Die klassischen »**Fünf Sinne**« (Sehen, Hören, Schmecken, Riechen und Tasten) wurden bereits von Aristoteles definiert. In der Zwischenzeit wurden, je nach Klassifikationskriterien, allein beim Menschen 9–21 Sinne bzw. Wahrnehmungsarten beschrieben – einschließlich z.B. des Hungergefühls (s. Kap. 2.5.5) oder der Erfassung elektrischer Felder und Funkentladungen durch Haarvibrationen. Ein »exotischer« wird dann zum sprichwörtlichen »sechsten« Sinn.

5.1.2.1 ## Chemoperzeption

Die chemische Reizbarkeit ist die ursprünglichste und am weitesten verbreitete Sinnesmodalität. Reizaufnahme (Rezeption) und Transduktion unterscheiden sich im Prinzip nicht von der allgemeinen zellulären Rezeptivität, die durch Membranproteine vermittelt wird. Man kann zwischen zwei Arten des chemischen Sinnes unterscheiden:

▶ **Geruchssinn (Olfaktion):** Der Geruchssinn ist ein Fernsinn, d.h. die Reizquelle befindet sich nicht in der Nähe der Sensoren. Das paarig angelegte Sinnesepithel (**Riechepithel**) befindet sich bei Wirbeltieren in der Nasenschleimhaut (Abb. 5.1). Es gibt Hunderte von Riechrezeptorproteinen, die jeweils bestimmte Moleküle von Duftstoffen spezifisch binden. Man kann einige Tausend Düfte und Gerüche unterscheiden, die sich in 7–10 so genannte Duftklassen einteilen lassen. Die Riechzellen stellen primäre Sinneszellen, sprich modifizierte Neuronzellen, dar. Sie unterscheiden sich jedoch von den meisten Neuronen und Sinneszellen durch ihre Regenerationsfähigkeit. Ihre Axone bündeln sich, bilden den **Riechnerv** (I. Hirnnerv = Nervus olfactorius), der direkt zum **Riechkolben** (Bulbus olfactorius) führt, einem vorgelagerten Teil des Endhirns. Dort enden in den so genannten **Glomeruli** (synaptische Stellen zwischen Axonen der Riechzellen und den nachgeschalteten Neuronen) jeweils etwa 1000 Axone an einem nachfolgenden Neuron. Dadurch wird die Zahl der Duftinformationskanäle reduziert. Bei **Insekten** befinden sich die Riechsinneszellen meist in den Sensillen (Riechhaaren) auf den Antennen. Ähnlich wie bei Wirbeltieren enden die Nervenfasern der Sinneszellen in glomerulären Strukturen des Gehirns. Die entsprechende Hirnregion der Insekten heißt Antennallobus. Bei vielen **Tetrapoden** findet man im Bereich des Munddachs bzw. der Nasenscheidewand das paarige, blindsackartige **vomeronasale Organ** (VNO), das auch **Jacobson-Organ** genannt wird. Hier werden Pheromone rezipiert.

▶ **Geschmackssinn (Gustation):** Der Geschmackssinn ist ein Kontakt-

Abb. 5.1

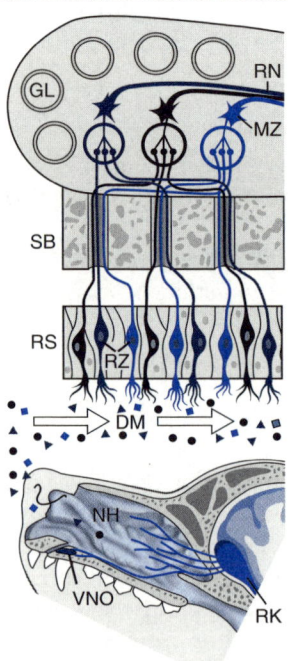

Anordnung des Riechsystems. **DM** Duftmoleküle, **GL** Glomerulus, **MZ** Mitralzellen, **NH** Nasenhöhle, **RK** Riechkolben, **RN** Riechnerv, **RS** Riechschleimhaut, **RZ** Riechzellen, **SB** Siebbein, **VNO** vomeronasales Organ (in Anlehnung an die Graphik der Webseite www.nobelprize.org).

sinn, bei dem sich die Reizquelle in der Nähe des Sinnesorgans befinden oder mit diesem sogar in Kontakt sein muss. Der Geschmackssinn wird häufig durch die gleichzeitige Geruchswahrnehmung beeinflusst. Die Sensoren sind sekundäre Sinneszellen (also keine Neurone), die in den **Geschmacksknospen** (bei Wassertieren auf der gesamten Körperoberfläche, bei Landwirbeltieren auf der Zunge, in der Mundhöhle) organisiert sind. Die klassischen Geschmacksqualitäten sind **süß**, **salzig**, **sauer** und **bitter**. Die fünfte Qualität »umami« (japanisch: delikat, lecker), der **Glutamat-Geschmack**, wurde zwar 1908 bereits vorgeschlagen, jedoch erst im Jahre 2000 durch die Entdeckung des zuständigen Rezeptors bestätigt.

Der vordere Teil der Zunge wird sensorisch vom VIII. Hirnnerv (N. facialis), der hintere Teil vom IX Hirnnerv (N. glossopharyngeus) und der Rachenbereich vom X. Hirnnerv (N. vagus) innerviert.

Bei **Insekten** befinden sich die Geschmackszellen an den Schmeckborsten des Labellums (Unterlippe) bzw. an den Beinen.

Mechanoperzeption/Mechanozeption

5.1.2.2

Die Mechanoperzeption bedeutet die Wahrnehmung der Bewegung des Körpers oder eines Körperteiles gegen das Medium bzw. die Wahrnehmung des sich bewegenden Mediums in Bezug zum Körper(teil). Diese relative Bewegung bewirkt die Auslenkung, Dehnung, oder das Drücken bestimmter Körperteile und wird direkt auf die Mechanosensoren übertragen. Zur Mechanoperzeption zählen die Enterozeption, Propriozeption, Ekterozeption, Strömungsperzeption sowie der Gleichgewichtssinn (Schwere- und Drehsinn). Im weiteren Sinne gehört auch der Hörsinn in diese Kategorie.

▶ **Enterozeption** bezeichnet die Wahrnehmung mechanischer Reize (Dehnung, Druck, Zug) in den inneren Organen (z.B. Magen, Darm, Harnblase).

▶ **Propriozeption** bezeichnet die Wahrnehmung der Muskelspannung und Gelenkstellung durch Propriosensoren in Gelenken, Sehnen, Muskelspindeln und der Unterhaut. Sie steht in enger funktioneller Verbindung mit dem Vestibularapparat, dient der Wahrnehmung von Kraft (z.B. Gewichtsschätzung) und informiert über die Stellung und Bewegung des Körpers oder der Körperteile. Dies ist wichtig für die automatisierte Orientierung im Raum (das sog. Raumgedächtnis), die **Kinaesthesie**. Dank der Propriozeption und

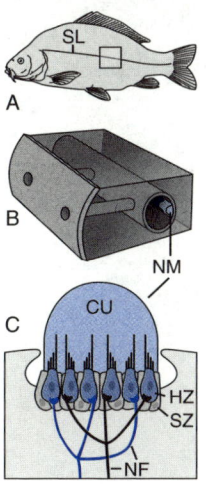

Abb. 5.2

Anordnung des Seitenlinienorgans. A SL Seitenlinie, **B** Abschnitt des epidermalen Kanals mit den Verbindungen zur Körperoberfläche; **NM** Neuromast; **C** Neuromast im Detail: **CU** Cupula, **HZ** Haarzelle, **NF** Nervenfaser, **ST** Stützzelle.

Kinaesthesie können wir uns auch in Dunkelheit oder mit geschlossenen Augen in einem uns bekannten Raum orientieren und beispielsweise den Lichtschalter finden, unsere Nasenspitze berühren usw. Diese Fähigkeiten sind leicht zu demonstrieren, jedoch schwieriger zu erklären.

► **Ekterozeption** (»Hautsinn«) bezeichnet die **Hautsensibilität** (Wahrnehmung von Berührungen: Druck, Dehnung, Vibrationen) **und** den **Tastsinn** (**Stereognosie**, die Fähigkeit, Gegenstände und ihre Textur durch Betasten zu erkennen). Die Ekterozeption wird durch verschiedene **Sensoren in der Haut** vermittelt, wie beispielsweise Merkelzellen, Meissner-, Ruffini- und Vater-Paccini-Körperchen. In bestimmten Hautregionen sind die Mechanosensoren besonders konzentriert, so an den Fingerspitzen bei den Primaten, an der Nasenspitze bei einigen Säugetieren, an der Schnabelspitze bei Vögeln, an den Tastbarten bei einigen Fischen usw. Bei den meisten Säugetieren sind die **Tasthaare** (Sinushaare, Vibrissen) als spezielle Tastorgane ausgebildet (der Mensch ist eine Ausnahme).

Bei den **Arthropoden** dienen der Ekterozeption so genannte **Kutikularborsten** (Fadenhaare), die je aus einer Borste (Seta), dem Tubularkörper und einer Sensorzelle bestehen. Die **Spaltsinnesorgane** entstehen durch Einsenkung von Kutikularborsten. Das **Scolopidium** ist noch weiter in die Tiefe verlagert und steht mit der Kutikula nur noch über Hilfszellen in Verbindung. Scolopidien befinden sich im Bereich der Beingelenke und an Segmentgrenzen.

► Die **Strömungswahrnehmung** informiert über Richtung und Geschwindigkeit von Wasser- und Luftbewegungen. Am besten erforscht ist das **Seitenlinienorgan** der Fische und einiger aquatischer Amphibien. Sensoren sind hierbei die Haarzellen, deren Stereozilien in eine Gallertkappe (Cupula) eingebettet sind. Sie liegen frei in Gruben auf der Körperoberfläche oder befinden sich in einem Epidermiskanal, der durch Öffnungen mit der Außenwelt (Wasser) kommuniziert – die Öffnungen sind als Punktreihe erkennbar (Abb. 5.2).

► **Schwere- und Drehsinn** registrieren die lineare Beschleunigung sowie die Drehbewegungen des Kopfes. Dank der Zusammenarbeit mit den Propriosensoren und auch

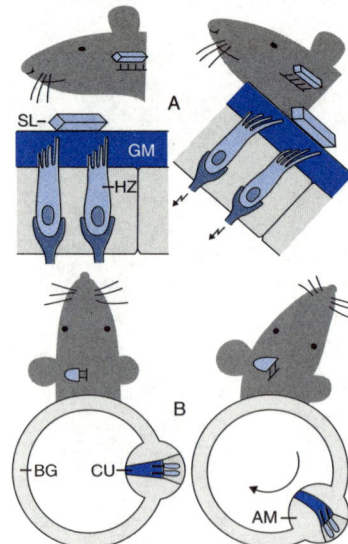

Abb. 5.3

Schema der Organe des Gleichgewichtsinnes. **A** Registrierung der Schwerkraftbeschleunigung durch die Macula, **HZ** Haarzelle, **GM** gelatinöse Masse, **SL** Statolith. **B** Registrierung der Drehbewegungen durch die Crista, **AM** Ampulla, **BG** Bogengang, **CU** Cupula.

den visuellen Reizen informiert dieser Sinn über die Lage und Stellung des Kopfes in Bezug zum Körper, wodurch Lage und Stellung des gesamten Körpers kontrolliert werden können und das **Gleichgewicht gehalten** werden kann. Das zuständige Sinnesorgan befindet sich bei Wirbeltieren im Vestibularapparat des Innenohres (Abb. 5.3).

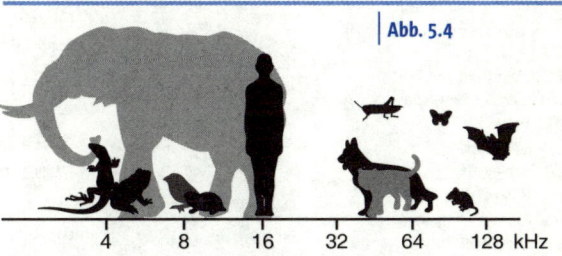

| Abb. 5.4

Obere Frequenzgrenze des Hörbereichs bei diversen Tieren und beim Menschen.

Das **Innenohr** besteht aus dem Knochenlabyrinth mit einem eingeschlossenen häutigen Labyrinth. Zwischen dem Knochen- und dem häutigen Labyrinth befindet sich flüssige Perilymphe, im häutigen Labyrinth Endolymphe. Das Labyrinth kann eingeteilt werden in den **Vestibularapparat** und die Lagena, die bei den Säugetieren gewunden ist und als Schnecke (Cochlea) bezeichnet wird, dies ist das Organ des Hörens.

Der Vestibularapparat besteht aus drei halbkreisförmigen **Bogengängen** (Canales semicirculares) mit je einer Erweiterung (Ampulla) und dem **Vestibulum** mit zwei Aussackungen (Utriculus und Sacculus). Im Vestibularapparat können folgende **haarzellentragende Sinnesepithelien** unterschieden werden:

▶ **Crista mit Cupula**: Die Stereozilien der Haarzellen des Sinnesepithels, die Crista, sind in eine gallertartigen Kuppel, die Cupula, eingebettet. Es gibt je eine Crista in jeder der drei Ampullae. Cristae registrieren **Drehbewegungen**.

▶ **Macula mit Statolithen**: Auf dem Sinnesepithel, der Macula, liegt eine gelatinöse Membran, die Kalkkristalle (Statolithen, Otolithen) einschließt. Es gibt je eine Macula in Utriculus und Sacculus. Maculae registrieren **Schwerkraftbeschleunigungen**.

Hörsinn (Audition)

| 5.1.2.3

Die Wahrnehmung von Schallwellen durch das Ohr wird als Hören bezeichnet.

Der **menschliche Hörbereich** (Frequenz von 20 Hz bis 20 KHz, Wellenlänge 17 m bis 17 mm) bestimmt den Hörschall. **Ultraschall** (>20 kHz, kurze Wellen) kann von einigen Nachtfaltern, Grillen und Heuschrecken, vielen Klein- und manchen mittelgroßen Säugetieren und Delphinen wahrgenommen werden. Größere Säugetiere – insbesondere Elefanten und Bartenwale – sowie Brieftauben können auch Infraschall hören (<20 Hz, lange Wellen; Abb. 5.4).

Das Hörorgan der Tetrapoden, das Ohr (Auris), besteht aus drei anatomisch und funktionell abgegrenzten Teilen. Das **Außenohr**, das bei den

Definition

Schall wird definiert als die in einem elastischen Medium sich wellenförmig ausbreitenden Schwingungen, die vom Gehör wahrgenommen werden können.

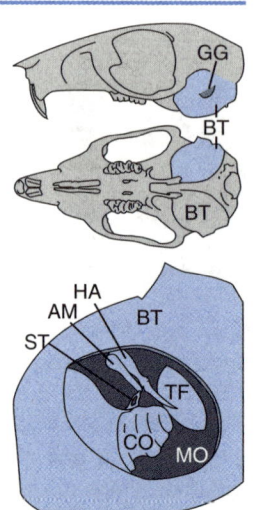

Bulla tympani und Mittelohr bei einer Rennmaus. **AM** Amboss, **BT** Bulla tympani (Ohrkapsel), **CO** Cochlea, **GG** Gehörgang, **HA** Hammer, **MO** Mittelohrhöhle, **ST** Steigbügel, **TF** Trommelfell.

Amphibien fehlt, besteht aus der Ohrmuschel (sie ist bei den meisten Säugetieren vorhanden) und dem äußeren Gehörgang. Es spielt eine wichtige Rolle bei der Schalllokalisation (Ortung der Schallquelle) und der Verstärkung bestimmter Frequenzen. Das **Mittelohr** ist ein mit Luft gefüllter Hohlraum, nach außen durch das Trommelfell, nach innen durch das Vestibularfenster (Ovalfenster) des Innenohres abgegrenzt (Abb. 5.5). Die Schwingungen des Trommelfells werden über die Gehörknöchelchen (Malleus: Hammer, Incus: Amboss, Stapes: Steigbügel bei den Säugetieren bzw. Columella bei sonstigen Tetrapoden) auf das Vestibularfenster übertragen und dabei verstärkt (Abb. 5.6).

Das Sinnesepithel in der **Lagena** bzw. **Cochlea** (Schnecke, bei Säugetieren) wird als **Basilarpapilla** bzw. **Corti-Organ** (bei den Säugetieren) bezeichnet. Das Hörepithel enthält die Haarzellen, deren Stereozilien teilweise in der Tectorial-Membran eingebettet sind. Im Corti-Organ sind die Haarzellen nach einem streng geometrischen Muster angeordnet und in drei Reihen von äußeren und einer Reihe von inneren Haarzellen differenziert. An verschiedenen Orten entlang des Corti-Organs werden nur bestimmte jeweils ortsspezifische Frequenze (Töne) registriert (**Tonotopie-Prinzip**). An der Basis des Corti-Organs in der Nähe des Vestibularfensters, an dem die Steigbügelplatte ansetzt, werden hohe Frequenzen, am Gipfel (Apex) niedrige Frequenzen abgebildet (Abb. 5.7).

Die Sinnesepithelien des Innenohres werden vom VIII. Hirnnerv (**N. vestibulocochlearis**) innerviert.

Bei **Insekten** kann das Scolopidium (s. Kap. 5.1.2.2) zur Schallwahrnehmung eingesetzt werden. Bei Langfühlerschrecken (z.B. Grillen) befinden sich die Hörorgane, die **Tympanalorgane**, an den Tibien der Vorderbeine; bei Kurzfühlerschrecken (z.B. Feldheuschrecken), Zikaden und Schmetterlingen im Thorakal- und Abdominalbereich. Eine verdünnte Kutikularplatte

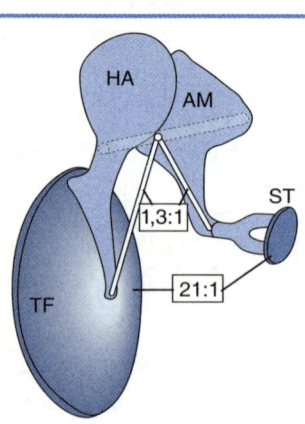

Verstärkung der Schallenergie bei der Übertragung vom Gehörgang zur Cochlea durch das Mittelohr des Menschen. **AM** Amboss, **HA** Hammer, **ST** Steigbügel, **TF** Trommelfell. Die Fläche der Steigbügelfußplatte ist 21 mal kleiner als das Trommelfell. Da Druck = Kraft/Fläche ist, wird dadurch eine Druckerhöhung erreicht. Weiterhin wirken Hammer und Amboss als Hebel (Hebelverhältnis 1,3:1), wodurch der Druck auf den Steigbügel weiter erhöht wird.

(Tympanum, Trommelfell) oberhalb der Scolopidien wirkt als Druckempfänger.

Sehen/Photoperzeption (Vision)

5.1.2.4

Die Wahrnehmung optischer Signale ist im Tierreich relativ weit verbreitet. Licht liefert einerseits Informationen über die Photoperiode (Tag-Nacht-Rhythmus, Jahresperiode) und beeinflusst andererseits die Zeitstrukturierung des Verhaltens. Als **Zeitgeber** synchronisiert es die so genannte innere Uhr und damit innere (endogene) physiologische Rhythmen. Das Licht ermöglicht auch die **Orientierung im Raum**, wobei viele Tiere die Fähigkeit zum **Bildsehen** (**Formen-** und **Bewegungssehen**) besitzen und so die Umwelt optisch abbilden.

Licht ist elektromagnetische Strahlung im Hochfrequenz-Bereich (10^{15} Hz), das sowohl Quanten- als auch Wellencharakter hat. Die Lichtabsorption lässt sich als Quantenprozess beschreiben; die Abbildung eines Objektes durch ein Linsensystem lässt sich durch den Wellencharakter vorstellen. Das für den Menschen **sichtbare** Licht hat etwa die Wellenlängen von 380 nm bis 750 nm. Kurzwelliges (<380 nm) Licht wird als **ultraviolett** bezeichnet (UV-Licht), langwelliges Licht (>670 nm) als **infrarot**. Verschiedene Wellenlängen im sichtbaren Lichtspektrum werden von Menschen als unterschiedliche **Farben** wahrgenommen. Den Oberflächen von Objekten, die die jeweilige Wellenlänge am wenigsten absorbieren und am stärksten reflektieren, wird die jeweilige Farbe des Spektrums zugeschrieben. So reflektiert klares Wasser ins-

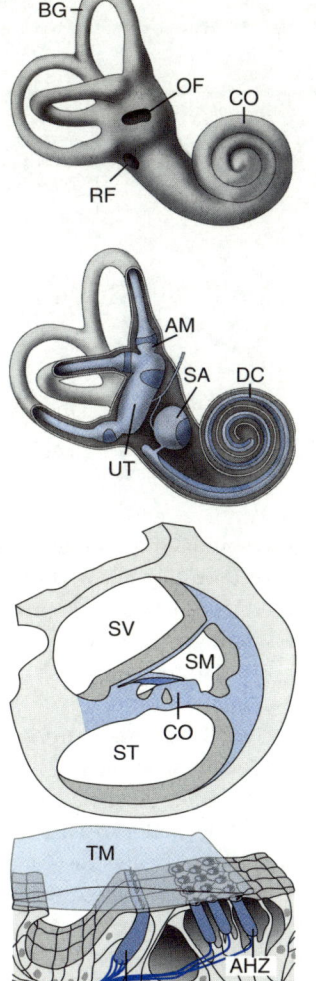

Abb. 5.7

Morphologie des Innenohrs. Von oben nach unten: knöchernes Labyrinth, häutiges Labyrinth, Querschnitt durch den Schneckengang, Corti-Organ. **AHZ** äußere Haarzellen, **AM** Ampulla, **BM** Basilarmembran, **BG** Bogengang, **CO** Cochlea, **DC** Ductus cochlearis, **IHZ** innere Haarzellen, **OF** ovales Fenster, **RF** rundes Fenster, **SA** Sacculus, **SM** Scala media, **ST** Scala tympani, **SV** Scala vestibuli, **TM** Deckmembran (Membrana tectoria), **UT** Utriculus.

Abb. 5.8

Längsschnitt durch das Säugetierauge. **AH** Choroidea (Aderhaut), **BF** blinder Fleck, **FO** Fovea, **GK** Glaskörper, **HH** Cornea (Hornhaut), **IR** Iris (Regenbogenhaut), **LH** Sklera (Lederhaut), **LI** Linse, **NH** Retina (Netzhaut), **PU** Pupille, **SN** Sehnerv, **ZM** Ziliarmuskel.

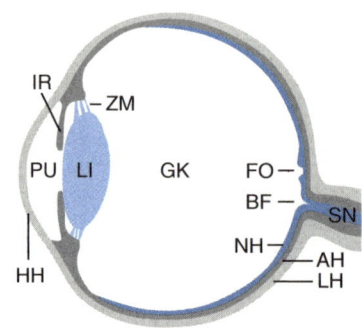

Abb. 5.9

Verschiedene Augentypen. **A** Becherauge, **B** Lochkameraauge, **C** Linsenauge, Strahlengang für die Abbildung eines Pfeils, **D** Ausschnitt eines Komplexauges. Schematisierte Struktur der Ommatidien (Einzelaugen), Strahlengang für die Abbildung eines Pfeils.

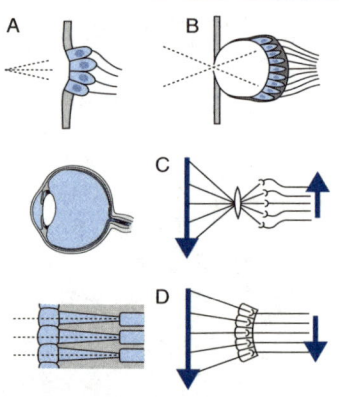

besondere die Wellenlängen um 430 nm, die wir als Blau wahrnehmen; Chlorophyll absorbiert effektiv blaues und rotes Licht, während grünes Licht reflektiert wird. Entsprechend nehmen wir die Pflanzen als grün wahr. Verschiedene Tiere sehen unterschiedliche Bereiche des Spektrums. Manche Insekten, Fische und Vögel können UV-Licht wahrnehmen. Infrarot-Licht kann von einigen Tieren als Wärmestrahlung wahrgenommen werden.

Bei einigen Tieren sind die **Lichtsensoren diffus** über die Körperoberfläche verteilt (z.B. Regenwurm), bei einigen anderen Tieren kommt es zur Anhäufung von Lichtsensoren an bestimmten Stellen – es entstehen **Becheraugen** (z.B. Strudelwurm). Bei *Nautillus*, einem Cephalopoden, kommen **Lochkameraaugen** vor, die bereits Richtungssehen ermöglichen. Es gibt zwei Grundtypen von hochentwickelten Augen: Linsen- und Komplexaugen (Abb. 5.8, Abb. 5.9).

Das **Linsenauge** der Wirbeltiere ist ein kugeliges Bläschen, der Augapfel (Bulbus oculi). Er ist mit einer durchsichtigen viskösen Flüssigkeit, dem **Glaskörper**, gefüllt. Seine Wand besteht aus **drei** Schichten, den **Augenhäuten**, die man topographisch in Abschnitte verschiedener Funktion unterteilen kann.

▶ **Tunica fibrosa**: Sie besteht aus der **Sclera** (Lederhaut), einer faserigen Schicht mit mechanischer Stütz-Funktion und der **Cornea** (Hornhaut). Dieser vordere Abschnitt ist durchsichtig und durch seine Krümmung ein wichtiger dioptrischer Verstärker. Die Cornea ist berührungsempfindlich und schützt das Auge.

▶ **Tunica vasculosa** (**Uvea**): Sie besteht aus der **Choroidea** (Aderhaut), die gut durchblutet ist und der Versorgung des Auges dient, und dem **Corpus ciliare** (Ziliarkörper), der den Ziliarmuskel enthält. Dieser verändert durch Kontraktion oder Dilatation die Krümmung der Linse. Die **Iris** (Regenbogenhaut) ist der vordere Teil der Uvea, der glatte Muskelzellen enthält.

Die **Pupille** (Sehloch) ist ein rundes (bei einigen Tieren spaltförmiges horizontales oder vertikales) von der Iris umschlossenes Loch, das erweitert oder verengt werden kann, wodurch die Reizaufnahme kontrolliert wird.

▶ **Tunica nervosa** (**Retina**, **Netzhaut**): Sie bildet das eigentliche Sinnesepithel und besteht aus 10–14 Zellschichten, wobei die äußerste Schicht die Photosensoren enthält. Man unterscheidet bei Säugetieren traditionell zwei Typen von Photosensoren: **Stäbchen** nehmen am besten den blaugrünen Bereich des Lichtspektrums (um 507 nm) wahr und leisten farbenblindes Dämmerungssehen. **Zapfen** ermöglichen das Farbensehen. Beim Menschen, wie auch bei allen altweltlichen Affen, kommen Zapfen mit dem Photopigment Rhodopsin dreier Typen vor (trichromatisches Sehen). Ihre jeweiligen Absorptionsmaxima liegen im kurzwelligen (Blau: 445 nm), mittelwelligen (Grün: 535 nm) und langwelligen (Gelb bzw. Rot: 570 nm) Bereich. Die größte Sensorendichte und damit beste Auflösung und Empfindlichkeit liegt in der **Fovea**. Im **blinden Fleck** kommen dagegen keine Sensoren vor. Hier tritt der Sehnerv aus (II. Hirnerv, **N. opticus**).

Der durchsichtige elastische Körper zwischen der Cornea und dem Glaskörper (**Linse**, Lens) wird durch den Ziliarkörper befestigt. Durch eine Verformung oder Verschiebung der Linse ist ein Fokussieren (**Akkommodation**) möglich (Abb. 5.10).

Bei Fischen, Amphibien und Schlangen ist die Linse in Ruhe auf Nähe eingestellt; zur Fernsicht wird die **Linse nach hinten** gezogen. Bei den meisten Reptilien, Vögeln und Säugetieren wird die Linse in Ruhe auf die Ferne eingestellt; für die Nahsicht wird sie **abgekugelt**.

Die Komplexaugen (**Facettenaugen**) der Insekten und Krebstiere bestehen aus vielen Einzelaugen, **Ommatidien**, mit jeweils eigenem Linsensystem und einer Retinaeinheit (Retinula). Jedes Ommatidium nimmt einen einzelnen Punkt der Umwelt wahr.

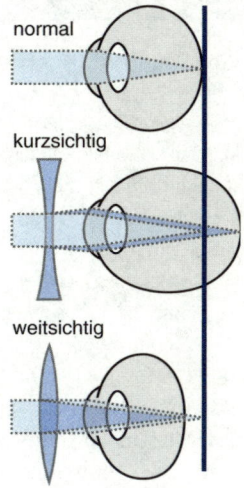

normal

kurzsichtig

weitsichtig

Abb. 5.10

Dioptrik des Auges. Prinzip der Kurz- und Weitsichtigkeit. Beim normalen Auge (**oben**) entsteht das Bild auf der Netzhaut. Bei der Kurzsichtigkeit (**Mitte**) ist der Augapfel zu lang und das Bild (bei Blick in die Ferne) ist unscharf, da es vor der Netzhaut entsteht. Die Kurzsichtigkeit kann mit Zerstreuungslinsen korrigiert werden. Bei Weitsichtigkeit (**unten**) ist der Augapfel relativ kurz und eine scharfe Abbildung könnte erst hinter der Netzhaut entstehen. Der Fehler wird mit Sammellinsen korrigiert.

Thermoperzeption/Thermozeption

5.1.2.5

Die Wahrnehmung der Temperatur ist wichtig für die **Thermoregulation**, um die Umgebungstemperatur und die Temperatur im Körperinneren zu messen, zu vergleichen und auf Abweichungen mit entsprechenden thermoregulatorischen Maßnahmen zu reagieren. Die durch **Konduktion oder Konvektion** übertragene Wärme wird mittels zweier unterschied-

Box 5.1

Cool Menthol und Hot Chili Pepper

Es ist allgemein bekannt, dass Chili im Mund ein Gefühl von Wärme bewirkt, wohingegen Menthol ein Gefühl von Kälte auslöst. Erst vor ein paar Jahren wurde erkannt, dass tatsächlich dieselben Thermorezeptoren in der Mundhöhle, die durch milde Temperaturen über 43 °C aktiviert werden, auch durch das Capsaicin (Wirkstoff in Chili) erregt werden. Später wurden auch andere Rezeptorproteine sequenziert, die auf Temperaturen über 50 °C ansprechen. 2002 wurden auch Rezeptorproteine für Kälte (8–28 °C) identifiziert, die gleichzeitig auch auf Menthol reagieren.

licher Typen von Sensoren in Haut und Schleimhäuten, nämlich **Wärme- und Kältesensoren**, empfunden. Höhere (beim Menschen etwa >42 °C) oder niedrigere Temperaturen (<20 °C) werden über freie Nervenenden als Schmerz wahrgenommen (Box 5.1).

Einige Tiere (blutsaugende Insekten, einige Schlangen, Vampirfledermäuse) nutzen Wärmesignale, um ihre **Beute aufzuspüren** bzw. ein oberflächliches **Blutgefäß zu orten**. Klapperschlangen, Riesenschlangen und vermutlich auch Vampirfledermäuse verfügen über so genannte **Grubenorgane** im Gesichtsbereich. Das Grubenorgan enthält eine feine, reichlich innervierte Membran, die durch **Infrarot-Strahlung** gedehnt wird, wodurch die Nervenenden gereizt werden. Infrarotdetektoren wurden auch bei einigen Prachtkäfern identifiziert, die durch Busch- und Waldbrände auf große Entfernungen angelockt werden und dann ihre Eier in das durch das Feuer beschädigte Baumholz legen.

5.1.2.6 | Elektroperzeption/Elektrozeption

Elektroperzeption bedeutet die Wahrnehmung elektrischer Impulse, die generiert werden durch:

▶ Wasserbewegung oder eigene Bewegung im elektromagnetischen Feld,

▶ elektrochemische, atmosphärische oder geologische Prozesse,

▶ den Skelett- oder Herzmuskel, Kiemen oder elektrische Organe anderer Organismen,

▶ Entladungen eigener elektrischer Organe. Einige Fische besitzen spezialisierte Elektroorgane (sog. Elektrozyten), die aus modifiziertem Muskelgewebe hervorgehen. Sie setzen schwache elektrische Entladungen zur Raumorientierung, Nahrungsortung und Kommunikation ein. Einige Fische (Zitteraal, Zitterrochen, Zitterwels) können starke Entladungen (bis 500 V) bei der Verteidigung und zum Beutefang produzieren.

Elektroperzeption ist ein Sinn der aquatischen Wirbeltiere. Er kommt bei Knorpel- und Knochenfischen sowie bei einigen Schwanzlurchen und beim Schnabeltier vor. Die elektrischen Sinnesorgane der Fische leiten sich vom Seitenliniensystem ab. Auch manche Fische, die selbst keine elektrischen Organe haben, können elektrische Felder wahrnehmen.

Magnetoperzeption/Magnetozeption

5.1.2.7

Die Magnetoperzeption bezeichnet die Fähigkeit, die Inklination, Polarität oder Feldstärke des Erdmagnetfeldes wahrzunehmen. Dieser Sinn wurde zum ersten Mal experimentell beim Rotkehlchen durch den Frankfurter Zoologen WOLFGANG WILTSCHKO im Rahmen seiner von FRIEDRICH W. MERKEL betreuten Doktorarbeit nachgewiesen. Inzwischen wurde dieser zur Magnetkompassorientierung eingesetzte Sinn bei verschiedenen Tierarten experimentell nachgewiesen (z.B. Honigbiene, Lachs, Salamander, Meeresschildkröte, Brieftaube, Zugvögel, Graumull). Der Sitz eines potentiell für diesen Sinn verantwortlichen Organs sowie das Prinzip der Transduktion sind jedoch noch weitgehend unklar (s. auch Box 5.4).

Nozizeption

5.1.2.8

Nozizeption, die Schmerzempfindung, zeigt die Gefahr einer Gewebeschädigung an und löst eine üblicherweise reflektorische Schutzreaktion aus (das sog. Schmerzverhalten). Der Schmerzreflex hat daher einen hohen adaptiven Wert und tritt entsprechend in der Evolution der Tiere sehr früh auf den Plan; sie kann bei vielen wirbellosen Tieren beobachtet werden. Man sollte jedoch den Schmerzreflex von der bewussten Schmerzwahrnehmung unterscheiden. Bei Tieren, die keine neuronalen Strukturen besitzen, wie sie für das Bewusstsein notwendig sind, ist das Schmerzverhalten rein reflektorisch und unbewusst. Schmerz wird durch **Nozizeptoren**, das sind **freie Nervenenden** vermittelt. Diese freien Nervenenden sind an keine Sinneszellen gekoppelte, marklose Enden der afferenten Nerven. Nozizeptoren findet man in unterschiedlicher Dichte in verschiedenen Geweben und Organen. Die Erregung vermitteln **Entzündungsmediatoren** wie Prostaglandine, Bradykinin, Serotonin und Histamin, die bei der Gewebeschädigung freigesetzt werden (s. Box 3.10). Einer der wichtigsten Neurotransmitter bei der Schmerzentstehung und Schmerzleitung ist die so genannte **Substanz P** (P steht für Peptid). Der Nacktmull ist das einzige bisher bekannte Säugetier, dem die Substanz P nachgewiesenermaßen fehlt. Von dieser Entdeckung aus dem Jahr 2003 verspricht man sich, neue Wege zur Behandlung einiger chronischer Schmerzbilder zu finden.

5.2 | Neuronale Steuerung

Das Nervensystem kann funktionell mit einem Computer verglichen werden. Hier wie dort gibt es einen **Daten-Input (Sinnessignale)** und einen **Output an die Effektoren** (Muskeln, endokrine Drüsen). Im Nervensystem finden **Datenverarbeitung**, Mustererkennung sowie **Kurz- und Langzeitdatenspeicherung** statt. Es ist möglich, die gespeicherten Daten abzurufen, nochmals zu bearbeiten oder zu löschen. Das Nervensystem ist in der Lage, verschiedene Effektor-Aktionen zu steuern und zu koordinieren. Man kann es ein- und ausschalten. Wie ein Computer ist auch das Nervensystem zwar im Allgemeinen verlässlich, jedoch für Störungen anfällig. Es kann, insbesondere beim Menschen, mit biologischen wie auch gedanklichen Viren infiziert werden, den so genannten **Memen** (Box 5.2). Das Nervensystem benötigt jedoch relativ mehr **Energie** als der Rechner. Das Nervengewebe ist metabolisch sehr aktiv und hat daher einen hohen Sauerstoff- und Glukoseverbrauch. Unser Gehirn beansprucht ca. 20 % der erworbenen Gesamtenergie, bei Neugeborenen und Säuglingen sind es sogar bis zu 60 %.

Es gibt zwei verschiedene Zelltypen im Nervensystem: **Neuronen** und **Gliazellen**. Das Nervengewebe entsteht aus dem **Ektoderm**. Die **Regeneration** von verlorengegangenen (abgestorbenen, beschädigten) Perikaryen der Neurone ist bei erwachsenen höheren Wirbeltieren meistens nicht möglich. Eine neuronale Regeneration kommt jedoch bei Fischen und Schwanzlurchen vor. Neurogenese (Neubildung des Nervengewebes) wurde im Gehirn der Singvögel und in beschränktem Maße sogar in manchen Hirnarealen einiger Säugetiere – einschließlich des Menschen – beschrieben. Die physiologische Regeneration ist jedoch normal bei

Box 5.2

Mem-Konzept

Der Begriff Mem wurde erstmalig 1976 durch den britischen Zoologen RICHARD DAWKINS in seinem Buch »Das egoistische Gen« (s. Box 4.2) als ein hypothetisches Analogon zum Gen eingeführt.

Mem bezeichnet ein **Gedankenprodukt** (z.B. Ideologien, Hypothesen, Sagen, Legenden und Lieder), das sich durch Kultur und Tradition verbreitet und am Leben hält und mit anderen Memen um Platz in unserem Gedächtnis konkurriert. Ein Mem ist also eine **Gedankeneinheit**, die reproduzierbar ist und der Selektion (sowie auch Mutation und Zufallswirkung) unterliegt. Erfolgreiche Meme vermehren sich schneller und sind langlebiger und damit auch weiter verbreitet als weniger erfolgreiche Meme.

primären Sinneszellen (modifizierten Neuronen) der Riechschleimhaut. Neuronen werden über Synapsen zu neur(on)alen Schaltkreisen organisiert. Im einfachsten Fall besteht der Schaltkreis (**Reflexbogen**) aus drei Zellen (Sensor → motorisches Neuron → Effektor), die zuständig sind für **Reizaufnahme → Erregungsleitung → Reaktion**. Diese Reaktion, der **Reflex**, ist stereotyp, unbewusst und erfolgt schnell, noch bevor der Reiz ausgewertet wird. Lernen und Gedächtnisbildung sind das Ergebnis der Entstehung neuer Verbindungen (Synapsen).

Nervensysteme der Wirbellosen

5.2.1

Die ursprüngliche Funktion des Nervensystems (NS) liegt in der Koordination der Bewegung.

Schwämme sind sesshaft, bewegungslos und zeigen kein Verhalten. Sie haben auch **kein Nervensystem**.

Polypen (Hydra, Koralle) besitzen ein über Synapsen verbundenes **neuronales Netzwerk** mit Regionen einer erhöhten Konzentration von Sinnes- und Nervenzellen.

Freischwimmende **Quallen** (z.B. Hydromedusen) besitzen ein **Ringnervensystem,** das aus zwei ringförmig am Rand des Velums angeordneten neuronalen »Schnellbahnen« besteht. Der außenliegende Ring synchronisiert und koordiniert Schirmkontraktionen, der innenliegende Ring steht in Verbindung mit Sinneszellen. Beide Ringe kommunizieren miteinander.

Bei **bilateralen Tieren** konzentrieren sich die Sinneszellen und Neurone am vorderen Pol des Körpers: Es entsteht ein Kopf mit einem **Zerebralganglion**.

Mollusken bilden ein **Vierstrang-Nervensystem** aus, bei dem aus dem Zerebralganglion dorsal und ventral je zwei Nervenstränge nach kaudal abgehen. Bei **Gastropoden** gibt es mehrere Ganglien, bei Muscheln ist das Nervensystem sekundär vereinfacht (Box 5.3). Bei Cephalopoden ist das Nervensystem hoch entwickelt, und dieser Befund korreliert durchaus mit ihren sehr differenzierten Sinnesleistungen und ihrem komplexen Verhaltensrepertoire (s. dazu Box 1.7 bezüglich der Riesenaxone).

Anneliden besitzen ein **Strickleiter-Nervensystem**, das aus einem Ober-

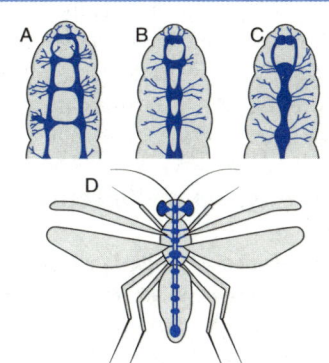

Abb. 5.11

Strickleiter-Nervensystem. Diverse Stadien der Verschmelzung der Bauchstränge.

Box 5.3

Meeresschnecke und Nobelpreis

ERIC KANDEL, ein US-amerikanischer Neurobiologe, wurde 2000 für seine Entdeckung, welche molekularen Mechanismen das **Gedächtnis** modulieren, mit dem Nobelpreis geehrt. Indem er das Nervensystem einer **Meeresschnecke** (*Aplysia*, der Seehase) als Modell nutzte, konnte er zeigen, dass für die Entstehung des Kurzzeitgedächtnisses die Phosphorylierung in den Synapsen eine wichtige Rolle spielt. Damit aber Informationen im Langzeitgedächtnis gespeichert werden können, ist außerdem die Neubildung von Proteinen erforderlich, die u.a. zur Veränderung von Form und Funktion der Synapsen führen. *Aplysia* ist eine große Meeresschnecke (bis 70 cm, 15 kg) mit sehr wenigen (ca. 20 000), dafür aber sehr großen Nervenzellen. Ihre dicken Nervenfasern sind teilweise mit bloßem Auge sichtbar (vgl. Riesenaxone der Cephalopoden, Box 1.7). Die geringe Zahl der Neuronen einerseits (zum Vergleich: ein Mensch hat ca. 100 000 Millionen Nervenzellen) und die Größe des Tieres und seiner Zellen andererseits, macht *Aplysia* zum bevorzugten Modell für Neurobiologen. Schneckenzuchtfarmen beliefern Hunderte von Laboratorien weltweit (Preis um 10–20 US-$ pro Tier). Trotz seiner wenigen Nervenzellen ist der Seehase gelehrig – eine Voraussetzung dafür, Gedächtnisprozesse erforschen zu können.

schlundganglion (Gehirn) besteht. Von diesem gehen seitlich Hauptnerven aus, die den Schlundring bilden. Sie vereinigen sich zum Unterschlundganglion, welches sich mit zwei Strängen bauchseitig (ventral) nach hinten (kaudal) ausbreitet. In jedem Segment bilden sich an den ventralen Strängen Ganglien, die miteinander durch Kommissuren verknüpft sind (so entsteht das Bild einer Strickleiter). Von den Bauchganglien gehen seitlich Nervenfasern ab (Abb. 5.11).

Bei **Arthropoden** verschmelzen die Segmente und damit auch die **Bauchganglien** weitgehend. Das Gehirn (Oberschlundganglion) der Gliederfüßer wird allgemein in lappenartige Hirnabschnitte (**Proto-, Deutero- und Tritozerebrum**) eingeteilt, wobei es jedoch unter den Arthropoden Unterschiede in der Entwicklung einzelner Teile gibt. So fehlt z.B. bei Spinnentieren das Deuterozerebrum. Die Bauchstränge sind zu einem **Bauchmark** verschmolzen.

5.2.2   Nervensystem der Wirbeltiere

Nach **morphologisch-topographischen Kriterien** unterscheidet man:
▶ **Zentralnervensystem (ZNS)**: Gehirn (im Kopfbereich) und Rückenmark,
▶ **peripheres NS (PNS)**: periphere Nerven (Hirnnerven, Spinalnerven) und periphere Ganglien.

Nach **funktionellen Kriterien** unterscheidet man:

▶ **animales Nervensystem**: dient der bewussten Wahrnehmung und Integration von Reizen und kontrolliert die Motorik willkürlich,

▶ **vegetatives (autonomes) Nervensystem** (**ANS**): regelt – unwillkürlich – die Vitalfunktionen des Organismus.

Der Begriff »animales Nervensystem« wird selten verwendet, weshalb das Nervensystem gewöhnlich in ZNS, PNS und ANS eingeteilt wird – die Kriterien werden also vermischt. Dies führt oft zu Missverständnissen.

Zentrales Nervensystem

5.2.2.1

Das ZNS ist durch Knochen (Schädel bzw. Wirbelkanal) und faserige **Hirn- bzw. Rückenmarkhäute** geschützt. Das ZNS entwickelt sich aus dem Neuralrohr, das auch bei Erwachsenen als ein das Gehirn und Rückenmark durchziehender **zentraler Kanal** erhalten bleibt. Die Aussackungen des Kanals im Gehirn bilden die **Hirnkammern** (**Hirnventrikel**). In den Kammern wird **zerebrospinale Flüssigkeit** produziert. Das Kammersystem kommuniziert über Kanäle mit den Spalträumen zwischen der ZNS-Oberfläche und den Hirnhäuten, so dass das ZNS zusätzlich noch durch die umgebende Flüssigkeit geschützt wird. Die zerebrospinale Flüssigkeit wird über die Hirnhäute rückresorbiert. Auf dem Querschnitt durch das Gehirn oder das Rückenmark unterscheidet man die so genannte **graue Substanz** (gebildet durch die Perikaryen der Neurone) und die **weiße Substanz** (die durch Nervenfasern gebildet wird und durch das Myelin weißlich erscheint). Grau erscheint die Substanz nur an konservierten Präparaten von Gehirn bzw. Rückenmark. Die »frische« graue Substanz ist rosa-bräunlich. Die Ansammlungen von Perikaryen im ZNS werden als Kerne (Nuklei), Kernegruppen als Ganglien bezeichnet.

Gehirn (Zerebrum, Enzephalon)

5.2.2.2

Aus dem Gesichtspunkt der **Entwicklung und Evolution** unterscheidet man drei Abschnitte (Vorder-, Mittel- und Rautenhirn), die sich (bis auf das Mittelhirn) im Laufe der Ontogenese und Phylogenese weiter differenzieren (Abb. 5.12).

▶ **Vorderhirn** (Proenzephalon): Endhirn (Telenzephalon), Zwischenhirn (Dienzephalon).

▶ **Mittelhirn** (Mesenzephalon).

▶ **Rautenhirn** (Rhombenzephalon): Hinterhirn (Metenzephalon), Nachhirn (Myelenzephalon).

Endhirn (Telenzephalon): Das Endhirn, insbesondere beim Menschen auch als **Großhirn** bezeichnet, besteht aus zwei miteinander kommunizierenden **Hemisphären**, die in der Tiefe jeweils eine Hirnkammer beherbergen. Die Oberfläche ist glatt bis gefaltet (am deutlichsten beim Men-

Abb. 5.12

Entwicklung des menschlichen Gehirns. Von oben nach unten: Hirnanlage bei einem 6 mm langen Embryo: **AB** Augenbläschen, **NR** Neuralrohr, **MH** Mittelhirn, **RH** Rautenhirn, **VH** Vorderhirn. Bei einem 12 mm langen Embryo: **EH** Endhirn, **HH** Hinterhirn, **NH** Nachhirn, **RM** Rückenmark, **ZH** Zwischenhirn. Bei einem 13 cm langen Fetus: Legende wie oben. Horizontaler Schnitt durch die Hirnbläschen: **AQ** Aquaeductus cerebri, **1–4** Hirnkammern, **RK** Rückenmarkkanal, Legende wie oben (nach ČIHÁK, 1997).

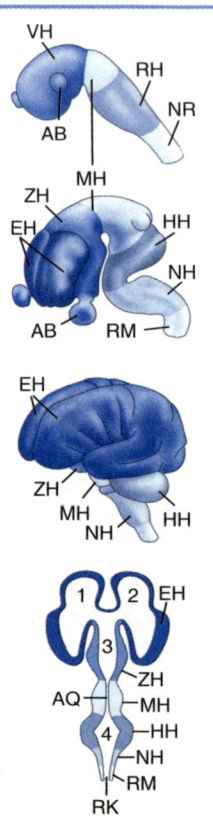

schen: Furchen, Gruben, Falten). Große Furchen gliedern das Endhirn in **Lappen**: Stirnlappen (mit Riechkolben, Bulbus olfactorius), Scheitel-, Schläfen- und Hinterhauptlappen.

Die **graue Substanz** ist in der oberflächlichen Rinde und in den Basalganglien sowie im limbischen System konzentriert.

▶ **Endhirnrinde** (Cortex cerebri). Sie besteht meist aus 6 Zellschichten und ist der Ort der **Endbearbeitung** (Analyse und Synthese) **von Sinnesinformationen**: Riechen (im Stirnlappen), Tastsinn und Sensomotorik (entlang der Furche zwischen dem Stirn- und Scheitellappen), Hörsinn (Schläfenlappen) und Sehsinn (Hinterhauptlappen; Abb. 5.13).

Beim Menschen gibt es eine ausgeprägte strukturelle und funktionelle Differenzierung zwischen beiden Hemisphären, die so genannte **Lateralisation**. So kontrolliert die linke Hemisphäre die rechte Hand und die Sprache, insbesondere die Konsonanten, die rechte Hemisphäre dagegen die linke Hand und Raum-Zeit-Beziehungen, Formerkennung und Melodie sowie auch Mimikwahrnehmung. Die Lateralisation von bestimmten Funktionen wurde auch bei Singvögeln und bei einigen Säugetieren nachgewiesen.

▶ **Basalganglien** (Stammganglien). Die Basalganglien bestehen aus fünf eng vernetzten Kernen, die vor allem Bewegungsfolgen kontrollieren. Eine **normale Motorik** verlangt ein ausgewogenes Verhältnis zwischen den Dopamin-, Acetylcholin- und GABA-Systemen. Wenn die Neurone im Striatum (einem der fünf Kerne) wegen einer Degeneration der Substantia nigra nicht mit Dopamin versorgt werden, entsteht die Parkinson-Krankheit, die durch Motorikstörungen (unwillkürliches Zittern) charakterisiert ist. Der genetisch bedingte Verlust bestimmter cholinerger und GABAerger Neurone im Striatum führt zu Chorea Huntington (sog. Veitstanz), charakterisiert durch kurze, irreguläre Bewegungen.

▶ **Limbisches System**. Das limbische System befindet sich an der Grenzzone zwischen Hirnstamm und Endhirn. Seine wichtigsten Strukturen, der Hippocampus und der Mandelkern (Amygdala), speichern Stereotypreaktionen und sind für das komplexe Instinktverhalten verantwortlich. Sie sind auch der »Sitz der Emotionen« (Angst, Ärger, Wut, Trauer, Freude, Liebe) und der Sexualität und beteiligen sich an der Steuerung aller Verhaltens- und Denkprozesse. Der Hippocampus spielt eine wichtige Rolle beim Gedächtnis und bei Lernprozessen. Er ist besonders gut entwickelt bei Tieren mit einem guten Raumgedächtnis, z.B. weil sie viele zerstreut liegende, versteckte Vorratslager anlegen.

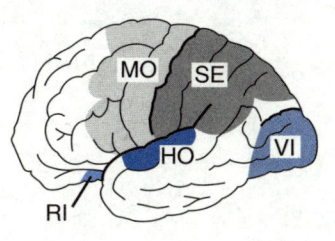

Abb. 5.13

Projektionsareale in der Hirnrinde des menschlichen Endhirns. **HO** Hören, **MO** Motorik, **RI** Riechen, **SE** Sensibilität, **VI** Sehen.

Zwischenhirn (Dienzephalon): Das Zwischenhirn beinhaltet die dritte Hirnkammer. Es besteht u.a. aus Epithalamus, Thalamus und Hypothalamus.

▶ Der **Epithalamus** liegt auf dem Dach der 3. Hirnkammer. Er enthält u.a. die Habenula; dies sind dünne Markbündel, die u.a. somatomotorische und visceromotorische Reaktionen auf limbische Reize und Geruchsreize vermitteln. Die Habenula bildet auch den Stiel der **Zirbeldrüse** (**Pinealdrüse**, Pinealorgan, **Epiphyse**). Dies ist ein kleines, beim Menschen ca. 1 × 0,5 cm großes Gebilde mit endokriner Funktion.

▶ Der **Thalamus** ist die paarig vorkommende Masse grauer Substanz seitlich der 3. Hirnkammer. Er besteht aus mehreren Kernen und stellt die wichtigste »Umschaltstation« für Sinnesbahnen zum Kortex dar. Er bekommt gleichzeitig auch die Kopien von allen efferenten motorischen Befehlen. Alle Reize aus Umwelt und Innenwelt passieren den Thalamus und werden von hier an diverse andere Kerne weiter geleitet. Psychomotorische Reaktionen wie Schmerzäußerungen werden von hier koordiniert.

▶ Der **Hypothalamus** befindet sich ventral vom Thalamus, unter dem Boden der 3. Hirnkammer. Er wird auch als das »Kopfganglion des ANS« bezeichnet und wurde in diesem Lehrbuch an mehreren Stellen wegen sener wichtigen Koordinations- und Regulationsfunktion erwähnt. Der Hypothalamus steht am Anfang der neurohumoralen hypothalamisch-hypophysären-Drüsenachse (vgl. **Releasing-Hormone**) und regelt damit u.a. die Reproduktionszyklen, den Stress oder die Metabolismusrate. Er setzt Hormone frei, die direkt das Verhalten und die Zielorgane beeinflussen (vgl. Neurohypophysen-Hormone) und kontrolliert die hormonelle Steuerung von **homöostatischen Funktionen**: Osmolarität, Wasserhaushalt und Thermoregulation. Der Hypothalamus reguliert die **Nahrungsaufnahme**. Er ist der zentrale Sitz der »inneren Uhr« und kontrolliert die biologischen Rhythmen. Weiterhin reguliert er **emotionale Reaktionen**, beim Menschen z.B. Rotwerden, Verblassen, »Gänsehaut« oder emotionales Schwitzen.

Mittelhirn (Mesenzephalon): Das Mittelhirn ist der (beim Menschen ca. 2 cm) kurze, rostrale Abschnitt des Hirnstamms, welcher den zentralen

---

Box 5.4

Magnetkarte im Gehirn

Unter natürlichen Bedingungen bewohnen die sambischen Graumulle mehrere hundert Meter lange, verzweigte und kompliziert vernetzte unterirdische Labyrinthe, die sie selber graben (Abb. 2.18). Es ist gut denkbar, dass in der Dunkelheit der monotonen Gangsysteme der Magnetkompass die einzige Orientierungshilfe bietet, um etwa den Weg vom »Arbeitsplatz« zurück zum Nest zu finden, die Gänge zu verbinden, und lange, schnurgerade Haupttunnels zu bauen. In einer ihnen unbekannten Laborarena bauen Graumulle umgehend Nester und positionieren diese interessanterweise stets im südöstlichen Quadranten der Arena, wobei sich dieses Richtungsverhalten durch die Manipulation des Magnetfeldes entsprechend und vorhersagbar beeinflussen lässt.

Wie in der Fachzeitschrift SCIENCE 2002 berichtet wurde, konnte mit Hilfe immunhistochemischer Methoden (s. Box 3.9) gezeigt werden, dass bestimmte Neuronen im Colliculus superior des Mittelhirns der Graumulle durch magnetische Reize aktiviert werden. Ermöglicht wurden diese Studien durch die spezifische Visualisierung von Onkoproteinen wie c-Fos, deren Expression durch die Aktivität von Nervenzellen erfolgt. Die Befunde deuten darauf hin, dass die Neuronen in diesem Hirnbereich in kartenähnlichen Nervenzell-Netzen integriert sind. Mit anderen Worten: Vermutlich existieren hier Neuronen, die nur dann aktiviert werden, wenn der Kopf nach Süden gerichtet, und andere, sobald er nach Westen gewandt wird, usw. Solche Raumkarten im Colliculus superior sind auch für andere Sinne weiterer Tierarten bekannt (z.B. jene Neuronen, die nur auf eine bestimmte Stellung der Ohrmuscheln oder eine gewisse Ausrichtung der Augen reagieren).

Kanal, den **Aquaeductus mesencephali**, umschließt. Die wichtigsten Bestandteile des Mesenzephalons sind Tectum und Tegmentum:

▶ Das **Tectum** beinhaltet die so genannten oberen und unteren Hügel (Colliculus superior und C. inferior), in denen eine Verschaltung der Sinnesbahnen (Sehbahn im C. superior und Hörbahn im C. inferior) stattfindet. Hier werden die Bewegungen entsprechend der Sinnesinformationen (z.B. die reflektorische Bewegung zur Schallquelle) koordiniert (Box 5.4).

▶ Das **Tegmentum** enthält mehrere Kerne und Bezirke der grauen Substanz, darunter die **Substantia nigra**. Sie enthält Neurone, die den Neurotransmitter Dopamin synthetisieren. Als Nebenprodukt der Synthese wird in den Neuronen Melanin angesammelt. Die Substantia nigra ist in die Motorikkontrolle eingeschaltet.

Hinterhirn (Metenzephalon): Das Hinterhirn besteht aus Zerebellum und Pons. Es enthält die 4. Hirnkammer.

▶ Das **Zerebellum (Kleinhirn)** befindet sich kaudal vom Hinterhauptlappen des Endhirns. Es besteht aus zwei Hemisphären und dem mittleren Teil, dem so genannten Kleinhirnwurm. Die Oberfläche ist, wie bei der Endhirnrinde, durch Furchen und Windungen gefaltet. Das Kleinhirn ist u.a. besonders für die Kontrolle der Bewegung von Bedeutung. Es ist bei Vögeln (und war dies auch bei Flugsauriern) entsprechend groß und gut entwickelt.

▶ Der **Pons** (die Brücke) bildet einen Wall auf der Basis des Hirnstamms. Er enthält Kerne mehrerer Hirnnerven (V.–VIII.).

Nachhirn (Myelenzephalon): Das Myelenzephalon, auch als **Medulla oblongata,** verlängertes Mark, bezeichnet, ist der kaudale Abschnitt des Gehirns, der fließend in das Rückenmark übergeht. Es enthält die Hirnnervenkerne IX.–XII., aufsteigende (vom Rückenmark zum Kleinhirn und Endhirn) und absteigende Bahnen (in Gegenrichtung) sowie die Zentren der lebenswichtigen Funktionen (mit Sitz insbesondere in der **Formatio reticularis**).

Hirnstamm: Die Hirnstrukturen, die sich an das Mittel- und Rautenhirn anschließen, werden zusammengefasst als Hirnstamm bezeichnet. Von hier aus werden phylogenetisch ältere, lebenswichtige Funktionen und Triebe kontrolliert. Der Hirnstamm beherbergt die Zentren von allen Hirnnerven mit Ausnahme des N. olfactorius und des N. opticus. Mit zunehmender Komplexität und phylogenetischer Neuheit des Verhaltens steigt auch die Zahl der an der Kontrolle des jeweiligen Verhaltens beteiligten Hirnstrukturen; die notwendigen Kontrollzentren werden dabei immer stärker über alle Hirnabschnitte verteilt.

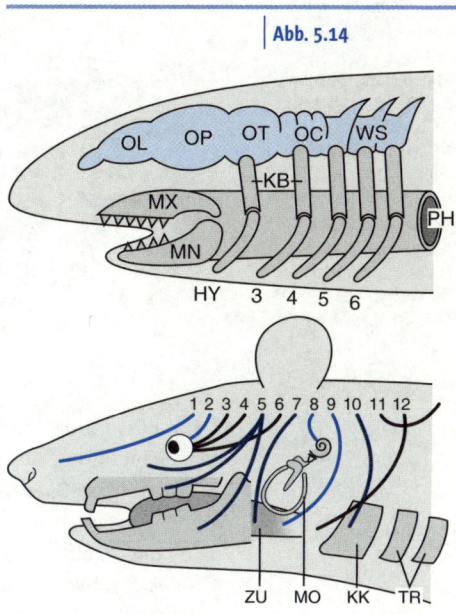

| Abb. 5.14

Anordnung des Schädels und des Kiemenapparates eines **Knorpelfisches (oben): HY** Zungenbeinbogen, **KB** Kiemenbögen, **MN** Unterkiefer, **MX** Oberkiefer, **OC** Occipitalkapsel, **OL** Riechhirnkapsel, **OP** Sehhirnkapsel, **OT** Hörhirnkapsel, **PH** Pharynx, **WS** Wirbelsäule.
Anordnung der Hirnnerven und Kiemenderivate bei einem **Säugetier (unten):** 1–12 Hirnnerven, **KK** Kehlkopf, **MO** Mittelohr, **TR** Trachea, **ZU** Zunge.

Rückenmark (Medulla spinalis) und Spinalnerven

| 5.2.2.3

Das Rückenmark (RM) ist im Wirbelkanal der Wirbelsäule eingeschlossen (Abb. 5.15). Die im Querschnitt schmetterlingsförmige **graue Substanz liegt zentral** um den Zentralkanal; die »Flügelspitzen« bilden die dorsalen und ventralen Hörner. Die **weiße Substanz** umgibt mantelartig die graue Substanz. Die dorsalen Hörner nehmen die **dorsalen Wurzeln** auf, die **afferente (sensorische) Qualität** besitzen. Die ventralen Hörner gehen in die **ventralen Wurzeln** über, die **efferente (motorische) Qualität** haben. Beide Wurzeln fließen zusammen und bilden den **Spinalnerv.** Bei Säugetieren gehen zwi-

Abb. 5.15

Rückenmark. DA dorsaler Ast, **DH** dorsales Horn, **GS** Spinalganglion, **NS** Spinalnerv, **RK** Rückenmarkkanal, **TS** Truncus sympathicus, **VA** ventraler Ast, **VH** ventrales Horn, **WD** dorsale Wurzel, **WV** ventrale Wurzel. Die Pfeile zeigen die Richtung der Signalübertragung an.

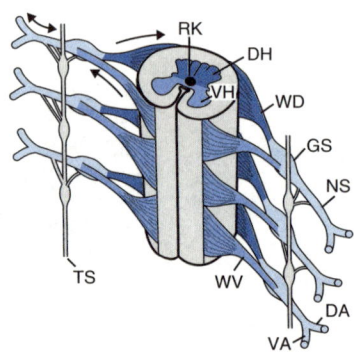

schen den nachfolgenden Wirbelbögen vom Rückenmark aus insgesamt 31 Paare von Spinalnerven ab.

Jeder Spinalnerv teilt sich wieder in **Äste** auf. Die dorsalen Äste versorgen die autochthone Rückenmuskulatur, das sind die kurzen Muskeln der Wirbelsäule. Die ventralen Äste versorgen die Haut und die gesamte Extremitäten- und Körpermuskulatur (bis auf die schon erwähnte Muskulatur der Wirbelsäule).

Im Rückenmark verlaufen **absteigende** und **aufsteigende Bahnen**. Bei einer Schädigung des Rückenmarks und Unterbrechung dieser Bahnen kommt es zur **Querschnittslähmung**, einem Ausfall der Sensibilität und Motorik in den von Spinalnerven kontrollierten Körperregionen. Je kranialer die Schädigung vorliegt, desto mehr Bahnen sind unterbrochen und desto schwerwiegender sind die Folgen. Periphere Nerven können **regenerieren** und nachwachsen, solange die zuständigen Perikaryen erhalten geblieben sind.

Die Innervation der Muskeln ist sehr konservativ, so dass auch bei Umbau, Verschmelzung oder Umlagerung von Muskeln – z.B. infolge der Entstehung von Extremitäten – jeder Muskel »seinen« Nerv mit sich zieht. Auf diese Weise entstehen **Nervengeflechte** (Plexus).

5.2.2.4 Hirnnerven

Hirnnerven, auch Kopf- oder Schädelnerven genannt, und Spinalnerven sind paralog (s. Kap. 1.3.8.3) und in Funktion und Aufbau vergleichbar. Auch die Hirnnerven sind paarig; sie enthalten afferente und efferente Nervenfasern. Der Unterschied ist topographisch: Die Spinalnerven entspringen dem Rückenmark, die Hirnnerven dem Gehirn und auch der Aus- bzw. Eintritt der Hirnnerven befindet sich stets auf der Basisseite des Gehirns. Manche Hirnnerven sind sensorische Nerven und mit einem bestimmten Sinnesorgan assoziiert. Die Hirnnerven werden gemäß der Reihenfolge des Austritts – also von rostral nach kaudal – an der Hirnbasis mit römischen Zahlen bezeichnet. Häufig finden sich Bezüge zur alten Kiemenbogenmuskulatur.

▶ **0. Nervus terminalis**: Die Funktion ist nicht ganz klar; am ehesten handelt es sich um einen sensorischen, mit dem Vomeronasalorgan assoziierten Hirnnerv. Der Nerv ist bei Adulten mancher Säugetierarten rückgebildet.

▶ **I. N. olfactorius (Riechnerv)**: Ein sensorischer Nerv, der vom Riechepithel zum Bulbus olfactorius des Endhirns zieht.

▶ **II. N. opticus (Sehnerv)**: Ein sensorischer Nerv, der von der Retina zum Dienzephalon führt. Auf der Basis des Zwischenhirns kreuzen sich die Nerven der linken und rechten Seite (**Chiasma opticum**).

▶ **III. N. oculomotorius**: Ein motorischer Nerv, er innerviert die Muskeln des Augapfels.

▶ **IV. N. trochlearis**: Wie Nn. III und VI.

▶ **V. N. trigeminus**: Ursprünglich der erste Kiemennerv, er besitzt motorische (Kaumuskulatur) und sensible Fasern (Empfindlichkeit der Gesichtshaut). Er teilt sich in drei Äste: Der **N. opthhalmicus** ist für die sensible und sekretorische Innervation im Bereich des Augen- und Nasenbeines zuständig. Der **N. maxillaris** ist für die Innervation der Oberkiefer-Muskulatur und der im Oberkiefer liegenden Zähne zuständig. Der **N. mandibularis** innerviert die Unterkiefermuskulatur und die Zähne des Unterkiefers; bei Säugetieren versorgt er auch den Muskel des Hammers (Hammerspanner) im Mittelohr.

▶ **VI. N. abducens**: Wie Nn. III. u. IV.

▶ **VII. N. facialis**: Ursprünglich der zweite Kiemennerv; er innerviert die mimische Muskulatur, die Muskulatur des Zungenbeins und des Steigbügels. Er ist der Nerv des Geschmackssinnes.

▶ **VIII. N. vestibulocochlearis**: Er innerviert sensorisch das Innenohr.

▶ **IX. N. glossopharyngeus**: Dies ist der 3. Kiemennerv, der Hauptgeschmacksnerv, er innerviert auch die Muskeln des Schildknorpels sowie des unteren Teils des Zungenbeins.

▶ **X. N. vagus**: Dies ist der 4. Kiemennerv, er innerviert vegetativ die Kehl- und Brustorgane.

▶ **XI. N. accessorius**: Er innerviert die großen Hals- und Nackenmuskeln.

▶ **XII. N. hypoglossus**: Er innerviert die Zungenmuskulatur.

Autonomes (vegetatives) Nervensystem

5.2.2.5

Die Nerven und Ganglien des autonomen Nervensystems verlaufen sowohl innerhalb als auch außerhalb des ZNS u. PNS. Sie unterscheiden sich vom ZNS und PNS durch ihre Funktion und innervieren Drüsen, Herz- und glatte Muskulatur. Die Innervation erfolgt automatisch, unwillkürlich. Man unterscheidet zwei antagonistisch wirkende Systeme:

▶ **Sympathisches System**: Es ist aktiv während Belastungsphasen, steigert den Kreislauf und die Atmung und hemmt in dieser Zeit die Verdauung und die Funktion der Gonaden. Sein Neurotransmitter ist das Adrenalin.

▶ **Parasympathisches System**: Es ist in Ruhephasen aktiv. Sein Neurotransmitter ist Acetylcholin.

5.3 | Hormonelle Steuerung

5.3.1 | Hormone: allgemeine Charakteristika

Definition

Hormone sind **interzelluläre Signalstoffe** (Botenstoffe), die in endokrinen Drüsen gebildet und **humoral**, also über Blut oder Hämolymphe, verteilt werden. Sie binden sich an die Hormonrezeptoren **anderer Zellen** und beeinflussen deren Stoffwechsel **und** Funktion.

Die Definition der Hormone muss insofern erweitert werden, als es auch Hormone bzw. Stoffe mit hormonaler Wirkung gibt, die nicht in **endokrinen Drüsen**, sondern auch in spezialisierten Zellen verschiedener Gewebe (**Gewebshormone**) produziert werden. Auch verteilen sich nicht alle Hormone über das Blut. So können z.B. bei manchen Gewebshormonen Bildungs- und Wirkungsort sehr nahe beieinander liegen (man spricht von **parakrinen** Drüsenzellen), die Hormone werden dann intra- (z.B. über Axone) und interzellulär mittels Diffusion transportiert. Andererseits werden humoral auch solche Stoffe verteilt, die zwar eine hormon-ähnliche, steuernde Wirkung besitzen, jedoch nicht in spezialisierten Zellen gebildet werden (z.B. **Metaboliten** wie CO_2, O_2, Ca^{2+}). Das bio-medizinische Fach, das sich mit Hormonen bzw. Hormonerkrankungen beschäftigt, ist die **Endokrinologie**.

Die Wirkung von Hormonen setzt langsamer ein, hält jedoch länger an als die neuronale Kontrolle. Es gibt verschiedene **Wirkungstypen**:

▶ **sekretorische** Wirkung (Anregung oder Hemmung der Drüsensekretion),

▶ **kinetische** Wirkung (Pigmentwanderung, Muskelkontraktion),

▶ **metabolische** Wirkung (Anregung oder Hemmung des Stoffwechsels bzw. Wachstums),

▶ **morphogenetische** Wirkung (Steuerung der Morphogenese, Differenzierung, Metamorphose, Geschlechtsumwandlung),

▶ **Verhaltenssteuerung** (Einleitung von Balz, Nestbau, Brutpflege, Aggressivität).

Nach der **chemischen Struktur** unterscheidet man:

▶ **Steroidhormone**. Steroide sind organische Verbindungen aus 18–30 C-Atomen mit dem Grundgerüst des Gonans (Sterans). Ihre Bildung (bei Wirbeltieren in den Gonaden oder Nebennieren, bei Insekten in den Prothoraxdrüsen) untersteht der Kontrolle des Nervensystems und wird durch Rückkopplung reguliert. Frei zirkulierende Hormone werden in der Leber inaktiviert und über Nieren und Darm ausgeschieden. Zu den Steroidhormonen zählen Sexualhormone (Östrogene, Progesteron, Androgene), Stresshormone (Glukokortikoide), osmo- und ionenregulatorische Hormone (Mineralokortikoide) oder die Häutungshormone der Arthropoden (Ekdysteroide).

▶ **Peptid- und Proteohormone**. Diese Hormone bestehen aus einer Kette von Aminosäuren. Hierzu gehören Hormone aus Hypothalamus (Releasing Hormone, Oxytocin, Adiuretin), Hypophyse (Prolaktin, Glandotropine), Bauchspeicheldrüse (Insulin, Glukagon), Schilddrüse (Calcitonin) und Nebenschilddrüsen (Parathormon) sowie gastrointestinale Hormone.

▶ **Von Aminosäuren abgeleitete** Hormone. Beispiele sind die Schilddrüsenhormone T3 und T4 sowie Katecholamine.

▶ **Von Fettsäuren abgeleitete** Hormone. Stellvertretend seien hier die Prostaglandine genannt.

▶ **Gase**. Ein Beispiel ist Stickstoffmonoxid.

Nach den **chemischen Eigenschaften** unterscheidet man:

▶ **Hydrophile** Hormone (Peptid- und Proteohormone, Aminosäurederivate). Sie binden an Zellmembranrezeptoren und wirken danach in der Zelle über Second messenger (s. Box 1.2).

▶ **Lipophile** Hormone (Steroidhormone, T3, T4). Sie passieren die Zellmembran und binden an Kernrezeptoren.

Nach **Entstehungsort und Verteilungsmodus** lassen sich differenzieren:

▶ **Glanduläre Hormone**. Sie werden in **endokrinen Drüsen** bzw. Drüsenzellen gebildet und mit dem Blut bzw. der Hämolymphe typischerweise über größere Entfernungen verteilt.

▶ **Gewebshormone** entstehen in spezialisierten Einzelzellen, die über ein Gewebe verteilt sind. **Parakrine** Gewebshormone gelangen zu ihren Zielgeweben durch Diffusion, während **endokrine** Gewebshormone ihre Erfolgsorgane über die Blutbahn erreichen.

▶ **Pheromone** (**Ektohormone**). Dies sind volatile (flüchtige) Substanzen, die von einem Individuum (dem Sender) gebildet, in die Umwelt freigesetzt werden und auf ein **anderes Individuum** (Empfänger) eine physiologische bzw. das Verhalten ändernde Wirkung ausüben.

Endokrine Drüsen und Hormone in der Übersicht | 5.3.2

Im Gegensatz zu anderen Drüsen besitzen endokrine Drüsen keine Ausführungsgänge, sondern vielmehr leiten sie die Hormone direkt in das Blut. Parakrine Zellverbände wirken direkt auf Nachbarzellen. »Klassische« endokrine Drüsen produzieren ausschließlich Hormone (z.B. Schilddrüse, Hypophyse, Nebenniere) und können auch als **endokrine Organe** bezeichnet werden. Daneben gibt es endokrine Drüsen, die zwar durch deutlich abgrenzbare Hormon produzierende Zellen oder Zellverbände repräsentiert werden, aber in Organen mit vorwiegend nicht-endokriner Funktion lokalisiert sind (z.B. Leydig-Zellen in den Hoden, Langerhans-Inseln im Pankreas). Weiterhin gibt es viele Organe, die neben anderen Funktionen auch Hormone produzieren und üblicherweise nicht als Drüsen betrachtet werden (z.B. Hypothalamus, Niere, Magen, Dünndarm, Plazenta).

5.3.2.1 | Hypothalamus und Hypophyse

Der **Hypothalamus** produziert Neurohypophysenhormone und Releasing- (sog. Liberine) bzw. Inhibiting-Hormone (sog. Statine) und beeinflusst darüber hinaus andere, untergeordnete Drüsen, in erster Linie die Adenohypophyse (Abb. 5.16).

Hormone, die im Hypothalamus gebildet werden:

▶ **Neurohypophysenhormone** (Oxytocin und Adiuretin), die in der Neurohypophyse gespeichert werden.

▶ **Releasing Hormone** (RH) wie LHRH, FSHRH, die die Gonadotropine kontrollieren.

▶ **Inhibiting-Hormone** (IH) wie das **Somatostatin**, auch als SIH (somatotropin release inhibiting hormone) bezeichnet. Das SIH wird zusätzlich in den Langerhans-Inseln der Bauchspeicheldrüse produziert. Es hemmt die Ausschüttung vieler Hormone: STH, TSH, ACTH, Insulin, Glukagon, Gastrin, Cholecystokinin.

Die **Hypophyse** (Glandula pituitaria, Hirnanhangsdrüse) liegt in Höhe der Nasenwurzel mitten im Kopf und sitzt auf der Schädelbasis. Man unterscheidet den Hypophysenvorderlappen (**Adenohypophyse**) entodermaler Herkunft und den Hinterlappen (**Neurohypophyse**) neuroektodermaler Herkunft, der durch den Hypophysenstiel mit dem Hypothalamus

Abb. 5.16 |

Hypothalamus-Hypophyse-Drüsen-Achse und beteiligte Hormone.

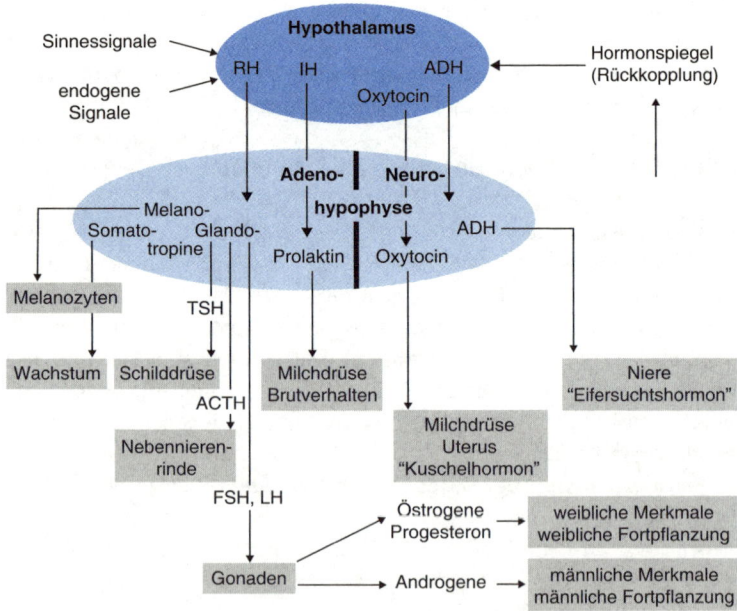

verbunden ist. Die Sekretion der Vorderlappenhormone wird durch RH bzw. IH des Hypothalamus gesteuert. Die Hormone der Neurohypophyse werden im Hypothalamus gebildet und erst in der Hypophyse in den Blutkreislauf freigesetzt.

Hormone, die in der **Adenohypophyse** gebildet werden:

▶ **Effektorhormone**, die direkt auf Zielorgane wirken. Dazu gehören **Prolaktin**, das das Milchdrüsenwachstum bewirkt, als Ovulationshemmer bei vielen Säugetieren wirkt, elterliches Verhalten und Brutpflege aus löst, die Metamorphose bei Amphibien hemmt und die Osmoregulation bei Fischen beeinflusst, **Melanotropin** (MSH), das Melanozyten stimulierende Hormon, **Somatotropin** (STH), das Wachstumshormon sowie **Endorphine**.

▶ **Glandotrope Hormone** sind Steuerhormone, die die Hormonproduktion anderer endokriner Drüsen anregen: Gonadotropine, Kortikotropine und Thyrotropine. **Gonadotropine** stimulieren die Gonaden. Hierzu gehören **FSH** (Follikel stimulierendes Hormon), das auf die Follikelgenese oder Spermatogenese wirkt, und **LH** (Luteinisierendes Hormon), das die Ovulation oder die Testosteronproduktion durch Leydig-Zellen bewirkt. **Kortikotropine** wie das adrenokortikotrope Hormon (ACTH) wirken auf die Nebennierenrinde (Kortex) und **Thyrotropine** wie TSH wirken auf die Schilddrüse.

Hormone, die in der **Neurohypophyse** gebildet werden:

▶ **Oxytocin**. Es bewirkt die Kontraktion der Uterusmuskulatur, Milchejektion (Milcheinschuss und -ausstoß, Ejakulation, Festigung der Paarbindung.

▶ **Adiuretin** (**Vasopressin, ADH**). Es wirkt auf die Nierenkanälchen und erhöht den Blutdruck durch Wasserretention und Vasokonstriktion, es beeinflusst auch das Fortpflanzungsverhalten.

Gonaden

| 5.3.2.2

Unter dem Einfluss von Gonadotropinen bilden die Follikelzellen und der Gelbkörper im Ovarium sowie die Leydig-Zellen in den Hoden **Sexualhormone**:

▶ **Östrogene** (Estriol, Estradiol u.a.) werden in den Follikelzellen, während der Schwangerschaft auch in der Plazenta, in kleineren Mengen auch in den Hoden und Nebennieren gebildet. Sie wirken auf verschiedene Gewebe, beeinflussen u.a. die Entwicklung der weiblichen Geschlechtsmerkmale, das weibliche Verhalten und den weiblichen Fortpflanzungszyklus (Östrus).

▶ **Progesteron** wird im Gelbkörper gebildet und auch als Schwangerschaftserhaltungshormon bezeichnet. Es wirkt einerseits auf den Uterus und die Milchdrüse und beeinflusst andererseits das Fortpflanzungsverhalten. Synthetische Hormone mit ähnlicher Wirkung werden als **Gestagene** bezeichnet.

▶ **Androgene** (z.B. Testosteron) werden in den Leydig-Zellen der Hoden, in kleinen Mengen auch im Ovarium und der Nebennierenrinde gebildet. Sie bewirken u.a. die männliche Geschlechtsdifferenzierung, die Ausbildung der männlichen sekundären Geschlechtsmerkmale, Aggressivität und Muskelwachstum.

5.3.2.3 Schilddrüse und Nebenschilddrüsen

Die Schilddrüse (**Glandula thyroidea**) entsteht als Ausstülpung der ventralen Wand des Vorderdarms (s. Abb. 1.41). In die Schilddrüsenanlage wandern bei den Säugetieren noch Zellen aus der 4. Schlundtasche (seitliche Ausstülpung des primitiven Rachens zwischen dem 4. und 6. Kiemenbogen), aus denen sich die so genannten **C-Zellen** entwickeln. Diese bilden bei den übrigen Wirbeltierklassen ein eigenes Organ, den **Ultimobranchialkörper**. Beim Menschen hat die Schilddrüse eine schmetterlingsartige Form und liegt ventral und kaudal vom Kehlkopf. Bei verschiedenen Wirbeltieren hat sie eine unterschiedliche Form, aber eine ähnliche histologische Struktur und Funktion. Sie produziert

▶ **Thyronine** (u.a. T4 – Tetrajodthyronin = Thyroxin – und T3 – Trijodthyronin). Diese Schilddrüsenhormone (s. Kap. 2.1.5.2) werden unter dem Einfluss des TSH der Hypophyse verstärkt gebildet und regulieren die Stoffwechselrate. Sie wirken auf die meisten Organe (insbesondere Muskeln, Herz, Leber), steigern die Metabolismusrate und das Wachstum und leiten die Metamorphose bei Amphibien ein.

▶ **Calcitonin** (s. Box 1.4) senkt den Kalzium- und Phosphat-Spiegel im Blut und regt die Anlagerung der Ionen in den Knochen und ihre Ausscheidung über die Nieren an. Bei Säugetieren wird es in den C-Zellen der Schilddrüse, bei sonstigen Wirbeltieren in den Ultimobrachialkörpern gebildet.

Die **Nebenschilddrüsen** (Glandulae parathyroideae), auch als **Epithelkörperchen** bezeichnet, sind zwei – beim Menschen linsengroße – paarige Drüsen auf der dorsalen Fläche der Schilddrüse.

▶ **Parathormon** (s. Box 1.4) ist ein dem Calcitonin antagonistisch wirkendes Hormon, welches den Kalziumspiegel im Blut erhöht.

5.3.2.4 Nebenniere

Die **Nebennniere** (Glandula suprarenalis) ist ein paariges Organ, beim Menschen ca. 3 × 1,5 cm groß, das als Kappe am kranialen Nierenpol sitzt. Die Nebenniere besteht aus Mark und Rinde. Beide Anteile sind ontogenetisch unterschiedlicher Herkunft und bilden bei niederen Wirbeltieren noch zwei separate Organe.

Die **Nebennierenrinde** (**Kortex**) ist mesodermaler Herkunft. Je nach Anordnung und Größe der Zellen lassen sich drei Zonen (Schichten) unterscheiden.

▶ **Mineralokortikoide** (z.B. **Aldosteron**) werden in der äußeren Zone gebildet. Sie beeinflussen die Natrium- (und damit Wasser-) Rückresorption aus distalen Nierenkanälchen (s. Kap. 2.3.3.3, s. Kap. 2.6.2.5).

▶ **Glukokortikoide** (z.B. **Kortison**, **Kortisol**) werden in der mittleren Zone gebildet. Glukokorticoide sind Stresshormone (Box 5.5) und wirken auch als Entzündungshemmer.

Box 5.5

Stress

Stress bezeichnet eine psychische oder physische Belastungen des Organismus. Der Begriff wurde 1936 von HANS SELYE in die Biologie und Medizin eingeführt, um eine »unspezifische Reaktion des Körpers auf jegliche Anforderung« zu benennen.

Unter Stress versteht man die Auswirkungen (Symptome), die durch gewisse Auslöser, so genannte Stressoren, entstehen. Als Stressoren kommen unterschiedliche Noxen (Box 3.8) in Frage, aber auch psychischer Druck (Angst, soziale Isolation, Zeitmangel, Verantwortung). Man unterscheidet den positiven **Eustress**, der durch kurzzeitige physiologische Anpassungen an alltägliche Anforderungen entsteht, vom **Distress**, einem schädlichen, krankmachenden Stress, der aufkommt, wenn die physiologische Anpassung nicht möglich ist. Die Belastung führt zur Ausschüttung von Stresshormonen, wobei es zwei Reaktionsnormen gibt, die nach ihren Erstbeschreibern benannt wurden.

▶ **Cannon-Stress-Syndrom** (auch als »Alarm-Reaktion« oder **»Fight-or-flight-reaction«** bezeichnet). Bei der Alarm-Reaktion werden vermehrt **Katecholamine** (Adrenalin und Noradrenalin) aus **Nebennierenmark und Sympathikus** ausgeschüttet. Unter ihrem Einfluss wird Energie sekundenschnell mobilisiert, Herzschlag, Blutzucker, Muskeldurchblutung und Leukozytenzahl steigen: Das Individuum ist zum Kampf oder zur Flucht gerüstet, Verdauungs- und Fortpflanzungssystem werden dagegen gehemmt. Das CANNON-Stresssyndrom wird z.B. bei Rangordnungskämpfen ausgelöst. Langfristige bzw. wiederholte Belastungen dieser Art führen zu kardiovaskulären Schäden (Herzinfarkt).

▶ **Selye-Stress-Syndrom** (auch als Allgemeines Anpassungssyndrom oder chronischer Stress bezeichnet) entsteht bei den Individuen, die sich passiv ergeben und dem Stressor nicht entkommen können. Dies führt zur Ausschüttung von Kortikosteroiden aus der Nebennierenrinde (welche sich bei andauerndem Stress dann auch vergrößert). Unter der Einwirkung der Kortikosteroide wird der Organismus auf einen »Energie-Sparkurs« eingestellt: die Ausschüttung von Schilddrüsenhormonen wird gedrosselt, das Wachstum gehemmt, Fett- und Muskelgewebe nehmen ab, die Lymphozytenzahl sinkt. Die Anfälligkeit für Krankheiten steigt, Zeugungsfähigkeit und Brutpflege werden eingeschränkt.

▶ **Sexualhormone** werden vorwiegend in der inneren Zone gebildet.

Das **Nebennierenmark** (**Medulla**) entwickelt sich ontogenetisch aus den Neuralleisten und produziert aus L-Tyrosin die Wirkstoffe des sympathischen Nervensystems. Das Nebennierenmark wird daher auch als **sympathisches Paraganglion** bezeichnet.

▶ **Adrenalin** und **Noradrenalin** sind Katecholamine, die sowohl als Hormone als auch als Neurotransmitter an den so genannten adrenergen Synapsen wirken. Es sind wichtige Alarm-Stresshormone (Box 5.5), die die Erhöhung des Energieumsatzes und Aktivierung des Organismus bewirken (s. Kap. 2.1.5.3).

5.3.2.5 Langerhans-Inseln

Die Bauchspeicheldrüse, **Pankreas** (s. Kap. 2.5.3.2), hat neben der exokrinen auch eine wichtige endokrine Funktion. Ungefähr 5 % der Zellen sind inselförmig zusammengefasst und hauptsächlich auf den Körper und den Schwanz des Pankreas verteilt. Man bezeichnet diese Zellverbände nach ihrem Entdecker als Langerhans-Inseln. Beim erwachsenen Menschen gibt es ca. eine Million solcher Inseln mit je ca. 5 000 Drüsenzellen, die man in vier Typen (A-, B-, D- und F-Zellen) einteilt.

▶ **Glukagon** wird in den A-Zellen (Alpha-Zellen) gebildet. Es beeinflusst den Energieverbrauch, indem es den Abbau von gespeichertem Glykogen zu Glukose bewirkt und den Blutzuckerspiegel erhöht (s. Kap. 2.1.5.3).

▶ **Insulin** ist der Antagonist zu Glukagon und wird in den **B-Zellen** (Beta-Zellen) gebildet. Es beeinflusst den Energieumsatz, indem es die Speicherung von Glukose in Form von Glykogen fördert und den Zuckerspiegel senkt (s. Kap. 2.1.5.1).

▶ **Somatostatin** wird in den **D-Zellen** (Delta-Zellen) produziert. Es hemmt die Verdauungsfunktion und die Produktion mancher Hormone (s. Kap. 5.3.2.1).

▶ **Pankreatisches Polypeptid** wird in den **F-Zellen** (**PP-Zellen**) gebildet. Es hemmt die exokrine Pankreassekretion und den Gallenfluss.

5.3.2.6 Pinealdrüse

Die Glandula pinealis wird auch als **Zirbeldrüse** oder **Epiphyse** bezeichnet. Sie ist ein Bestandteil des Epithalamus. Beim Menschen wiegt sie um 0,1 g; bei Vögeln ist sie relativ größer und macht bis zu 10 % der Gehirngröße aus. Die Zirbeldrüse besteht zum größten Teil aus sekretorischen Nervenzellen, den Pinealozyten und den Gliazellen. Bei vielen Fischen, Reptilien und Vögeln ist die Pinealdrüse **lichtempfindlich**. (Merke, dass das Zwischenhirn Kerne des Sehnervs enthält und mit dem Sehsinn eng verbunden ist.) Bei Säugetieren gelangen Lichtreize meist indirekt über die neuronale Route Retina → Sehnerv → Hypothalamus (Nucleus supra-chiasmaticus) zur Pinealdrüse. Doch auch bei manchen Säugetieren (darunter bei Graumullen) enthält die Pinealdrüse Photorezeptorproteine.

▶ **Melatonin** wird vorwiegend nachts produziert. Es steuert den Schlaf-Wach-Rhythmus und andere zeitabhängige Rhythmen des Körpers. Es beeinflusst auch die Produktion von Gonadotropin-RH. Bei niederen Wirbeltieren bewirkt es die Konzentration der Melaningranula in der Zelle und damit die Aufhellung der Haut (s. Abb. 3.6, Box 3.2).

Sonstige Hormon produzierende Organe

| 5.3.2.7

Weitere Hormon produzierende Organe sind Niere, Magen, Dünndarm, Plazenta, Herz und Fettgewebe.

Niere: Erythropoetin regt die Bildung von Erythrozyten im Knochenmark an (s. Kap. 1.2.6.3, Box 2.14). Erythropoetin ist als leistungssteigernde, aber nicht nachweisbare Sportdroge bekannt. **Renin** ist Bestandteil des Renin-Angiotensin-Aldosteron-Systems, das den Blutdruck reguliert (s. Kap. 2.3.3.3).

Magen: Gastrin regt die Produktion von Pepsin und HCI im Magen an (s. Kap. 2.5.5.2). **Ghrelin** ist ein »Appetithormon« (s. Kap. 2.5.5.1, Box 2.13).

Dünndarm: Sekretin und **GIP** (gastric inhibitory peptide) sind Antagonisten von Gastrin. Sekretin stimuliert das Pankreas (s. Kap. 2.5.5.2). **Cholecystokinin** bewirkt die Kontraktion der Gallenblase (s. Kap. 2.5.5.2). **PYY-3-36** ist ein »Sättigungshormon« (s. Kap. 2.5.5.1).

Plazenta: Choriongonadotropin hat eine ähnliche Wirkung wie LH und Progesteron.

Herz: Das atriale natriuretische Peptid (**ANP**) hat natriuretische, vasodilatatorische und Aldosteron-inhibierende Eigenschaften (s. Kap. 2.6.2.5).

Fettgewebe: Leptin ist wie PYY-3-36 ein »Sättigungshormon« (s. Kap. 2.5.5.1).

Gewebshormone

| 5.3.2.8

Die Gewebshormone entstehen in spezialisierten Einzelzellen, die über ein Gewebe verteilt sind. **Parakrine** Gewebshormone gelangen zu ihren Zielgeweben durch Diffusion, während endokrine Gewebshormone ihre Erfolgsorgane über die Blutbahn erreichen.

▶ **Prostaglandine** und **Leukotriene** sind C-20-Fettsäurederivate, die u.a. auf die glatte Muskulatur, den Fettsäurenstoffwechsel sowie bei Entzündungen wirken. Sie sind als Second messenger (s. Box 2.2) an fast allen Signalwegen beteiligt.

▶ **Kinine** sind Plasmaproteine, die durch verschiedene Proteasen zu Peptiden mit hormoneller Wirkung aktiviert werden. Zum Beispiel bewirkt das **Bradykinin** Vasodilatation, Blutdrucksenkung sowie eine Kontraktion der glatten Muskulatur von Bronchien, Darm und Uterus.

▶ **Katecholamine** sind biogene Amine, die gleichzeitig als Hormone und als Neurotransmitter wirken. Die Katecholamine **Adrenalin** und **Noradrenalin** wurden bereits weiter oben genannt. **Dopamin** ist ein Zwischenprodukt der Synthese von Adrenalin aus der Aminosäure Tyrosin. Es steuert die Motorik (s. Kap. 5.3.2.2) und spielt auch bei der Entstehung von Suchterkrankungen und Psychosen eine wichtige Rolle. Als Hormon regelt es die Durchblutung der Bauchorgane. **Serotonin** wird im ZNS sowie in Dünndarmschleimhaut, Thrombozyten und Granulozyten gebildet. Es hat mannigfaltige Funktionen: u.a. Vasokonstriktion in der Lunge und Niere, Vasodilatation in der Skelettmuskulatur, Erschlaffung der glatten Muskulatur. Im ZNS hat es Wirkung auf Nahrungsaufnahme, Schlafwachrhythmus, Thermoregulation, Schmerzwahrnehmung und Stimmung. **Histamin** wird in Mastzellen, Thrombozyten und Leukozyten sowie im ZNS im Hypothalamus gebildet, es kommt aber auch in Brennnessel- und Bienengift vor. Seine Rolle bei der Entstehung von Entzündungen wurde in Box 3.10 beschrieben.

▶ **Endorphine** (»**endo**gene Mor**phine**«) wirken analgetisch, d.h. schmerzlindernd und schmerzunterdrückend. Sie beeinflussen die Produktion von Sexualhormonen. Sie steuern verschiedene Aspekte des Verhaltens und beteiligen sich an der Steuerung bestimmter vegetativer Funktionen (z.B. Hemmung der Darmperistaltik). Sie sind auch als endogene Opiate und »Glückshormone« bekannt.

▶ **Hibernation Induction Trigger** (HIT) induziert den Winterschlaf.

▶ **Stickstoffmonoxid** (NO) ist ein Gas mit Signalfunktion. Es wird durch Nitroxid-Synthase aus der Aminosäure Arginin hergestellt. Das Gas reguliert den Gefäßtonus und fördert die Herzkontraktion. Es spielt eine wichtige Rolle bei der Erektion (s. Abb. 4.9).

5.4 | Bewegung

Die Fähigkeit zur Bewegung ist ein charakteristisches Merkmal der Tiere, jedoch ist sie weder exklusiv noch universal auf Tiere beschränkt und reicht nicht zur Diagnose »das Tier« aus. Auch andere Organismen können Bewegungsmuster zeigen, nur sind diese meist einfacher. Andererseits gibt es Tiere, die sich als Individuen nicht oder kaum bewegen (z.B. Schwämme) und schließlich können auch tote Organismen aufgrund anderer Merkmale entweder den Tieren oder den Pflanzen zugeordnet werden.

Bewegungsarten | 5.4.1

Im Zusammenhang mit der Bewegung werden verschiedene Fachbegriffe benutzt:

▶ **Lokomotion** bedeutet die durch eigene Kraft angetriebene Fortbewegung oder Ortsveränderung. Sie kann in verschiedenen Formen vorkommen: z.B. Laufen, Schwimmen, Fliegen, Kriechen, Graben, Springen.

▶ **Mobilität** bezeichnet die Fähigkeit zur Lokomotion, also die Möglichkeit, räumliche Entfernungen zu überwinden.

▶ **Motilität** bezeichnet die Beweglichkeit von Körperteilen und Organen. Der Begriff wird häufig mit Mobilität synonymisiert.

▶ Motorik bezeichnet die Fähigkeit des Körpers, sich kontrolliert zu bewegen. Man unterscheidet **Grob- und Feinmotorik**.

▶ **Vagilität** bezeichnet die Fähigkeit eines Tieres, größere Entfernungen zu überwinden oder eine Lebensweise mit hoher Mobilität über größere Räume. Vagilität kann sich auch spezifisch auf Abwanderungsbewegungen beziehen.

Das Gegenteil zur Beweglichkeit ist die **Sesshaftigkeit**, die ebenfalls abgestuft ist:

▶ **Sessile** Tiere haften fest am Substrat (z.B. Schwämme, Korallen).

▶ **Sedentäre** Tiere zeigen eine geringe Beweglichkeit (z.B. Muscheln).

▶ **Philopatrie** bezeichnet die Ortstreue und ist demnach ein Gegenteil zur Vagilität.

Bewegung erfolgt auf verschiedenen **Organisationsebenen**:

▶ **Zellebene**: **Intrazelluläre Motilität** der Zellorganellen erfolgt dank des Zytoskeletts und der Motorproteine (s. Kap. 1.1.3.4). **Lokomotion** der gesamten Zelle erfolgt z.B. bei Spermien mit Hilfe der Geißel, bei Granulozyten durch amöboide Bewegung.

▶ **Organebene**: **Motilität der Organe** schließt z.B. die feine Motorik der Finger, die Kontraktion des Herzens oder die **Peristaltik** des Darms ein. Bei der Peristaltik handelt es sich um wellenförmig fortschreitende Kontraktionen der glatten Muskulatur der Darmwand.

▶ **Organismische Ebene**: Lokomotion.

Bewegungsapparat | 5.4.2

Bewegung wird durch den Bewegungsapparat ermöglicht: das Muskel-Skelett-System, das durch das Nervensystem und teilweise auch durch das Hormonsystem gesteuert wird (Abb. 5.17). Man kann zwei Skelettsysteme unterscheiden:

▶ **Hydroskelett**: Dies ist die phylogenetisch älteste Form des Bewegungsapparates. Ein Hautmuskelschlauch enthält eine nicht komprimierbare

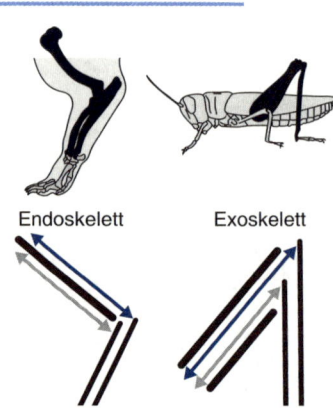

Abb. 5.17

Zusammenarbeit von Muskeln und Skelett bei der Bewegung. Blaue Pfeile stellen Strecker, graue Beuger dar (in Anlehnung an CAMPBELL, 1997).

Endoskelett   Exoskelett

Flüssigkeitssäule. Die Bewegung erfolgt durch Hydraulik, d.h. die Fortbewegungskraft wird mit Hilfe des Flüssigkeitsdrucks übertragen. Die Kraft, mit der die Körperteile komprimiert werden und die Flüssigkeitssäule bewegt wird, wird durch Muskeln ausgeübt. Das typische Lokomotionsmuster ist das Schlängeln. In der Körperwand kommen bei Nematoden Längsmuskeln, bei Anneliden Längs- und Ringmuskeln vor. Das Schlängeln der Anneliden erfolgt durch abwechselnde wellenförmig fortschreitende Kontraktionen (Peristaltik), wobei die Tiere sich am Boden mit Borsten verankern.

▶ **Hartsubstanzskelett**: Man unterscheidet das **Exoskelett** (Außenskelett bei Arthropoden) und das **Endoskelett** (Innenskelett bei Wirbeltieren). Das Skelett ist segmentiert, die Einzelsegmente sind gelenkig miteinander verbunden. Zwischen benachbarten Segmenten werden Muskeln angespannt, die nach dem Hebelprinzip die Segmente bewegen. Das Exoskelett der Arthropoden wird durch den Chitinpanzer, das Endoskelett der Wirbeltiere durch Knochen- und/oder Knorpelgewebe gebildet.

5.4.2.1 | Skelett der Wirbeltiere

Topographisch kann man das Skelett in folgende Abschnitte einteilen:

▶ **Schädel** (Cranium).

▶ **Achsenskelett** (Chorda dorsalis): Die **Wirbelsäule** (Spina vertebralis) besteht aus segmental angeordneten Wirbeln (**Vertebrae**), die das namensgebende charakteristische Merkmal der Wirbeltierklasse (Vetebrata) darstellen und mit den Zwischenwirbelscheiben (Bandscheiben) alternieren. Der **Brustkorb** besteht aus Rippen und Brustbein.

▶ **Extremitäten**: Fische haben paarige Brust- und Bauchflossen sowie unpaare Anal-, Schwanz- und Rückenflossen. Tetrapoden besitzen vordere Beine, die z.T. in Flügel oder Flossen umgewandelt sind, und hintere Beine bzw. Flossen. Das Skelett der Extremitäten besteht aus dem Schulter- bzw. Beckengürtel und den freien Extremitäten.

Das Skelett besteht aus (beim Menschen circa 210) Einzelknochen (Os, Plur. Ossa), die aus **Knochengewebe** aufgebaut sind. Die einzelnen **Knochen** sehen je nach Lage, Funktion und Tierart unterschiedlich aus. Man unterscheidet u.a. Röhrenknochen, platte Knochen und Kurzknochen.

Knochenverbindungen: Benachbarte Einzelknochen sind miteinander mehr oder weniger fest oder beweglich verbunden.

▶ Die **Synostose** (Verknöcherung) ist eine knöcherne Verbindung (z.B. Kreuzwirbel).

▶ Die **Sutura** (Naht) ist eine Verbindung, die durch Verknöcherung einer bindegewebigen Platte entsteht (z.B. Schädelknochen).

▶ Die **Synchondrose** (Verknorpelung) ist eine Verbindung über hyalinen Knorpel (z.B. Brustbein).

▶ Die **Symphyse** (Verwachsung) ist eine Verbindung über Faserknorpel (z.B. Schambeine).

▶ Das **Gelenk** (Articulatio) ist eine bewegliche Verbindung zwischen zwei oder mehreren Knochen. Die Gelenkflächen der Knochen sind von (meistens hyalinen) Gelenkknorpeln überzogen. Zwischen den Gelenkknorpeln gibt es einen Gelenkspalt. Das gesamte Gelenk befindet sich in einer Gelenkhöhle, die von einer Gelenkkapsel umgeben ist. Die Gelenkhöhle ist mit der Synovialflüssigkeit, der Gelenkschmiere, ausgefüllt. Verstärkt wird das Gelenk durch Bänder.

Der Form nach lassen sich die Gelenke einteilen in: **Kugelgelenke**, diese lassen sich in alle Richtungen bewegen (z.B. Schultergelenk, Hüftgelenk). **Walzengelenke** (Scharniergelenk) besitzen nur eine Bewegungsachse, lassen sich also nur beugen und strecken (z.B. Ellbogengelenk, Kniegelenk). **Sattelgelenke** lassen sich in zwei Richtungen bewegen (z.B. Daumen-Grundgelenk). **Gleitgelenke** sind ebene Gelenke (Zwischenwirbelgelenke).

Skelettmuskulatur

| 5.4.2.2

Die Skelettmuskeln bestehen aus Muskelfasern, die außen von Faszien umhüllt sind. Die neuromuskuläre Synapse, die so genannte **motorische Endplatte**, besteht aus der präsynaptischen Membran (durch Telodendrien eines motorischen Axons gebildet) und der postsynaptischen Membran (Membran der Muskelfaser). Als Signalvermittler an der motorischen Endplatte dient der Neurotransmitter **Acetylcholin**, der bei der Erregung freigesetzt wird und zur Depolarisation der Muskelfasermembran führt. Anschließend wird Acetylcholin durch die Acetylcholinesterase zügig abgebaut (s. auch Box 1.8). Die Anspannung bzw. das Zusammenziehen eines Muskels wird als **Kontraktion** bezeichnet. Hingegen wird das Entspannen bzw. Erschlaffen als **Relaxation** bezeichnet. Der Spannungszustand eines Muskels wird **Muskeltonus** genannt.

Der Mensch besitzt über 600 willkürliche Muskeln unterschiedlicher Form und Größe. Man kann verschiedene **Muskelformen** unterscheiden, darunter Ringmuskeln (z.B. Schließmuskel um den After), spindel-, federförmige oder flache Muskeln. Am Muskel unterscheidet man den **Ursprung** (Origo) – meistens die weniger bewegliche Stelle – und den

Ansatz (Insertio), der bewegt wird. Der Muskel geht am Ursprungs- und Ansatzende in eine Sehne über, mit der er am Knochen bzw. an anderen Strukturen wie Knorpel, anderen Sehnen oder Hautstrukturen befestigt ist. Die fleischige Fortsetzung des Anfangsteils wird als **Muskelkopf** bezeichnet. Der dickste, mittlere Abschnitt des Muskels ist der **Muskelbauch**. Man kann zudem mehrköpfige (z.B. Musculus biceps) von mehrbäuchigen Muskeln (z.B. M. digastricus) unterscheiden.

Im Bezug auf die Zusammenarbeit werden die Muskeln als **Agonisten** (Spieler) und **Antagonisten** (Gegenspieler) bezeichnet. Nach der biomechanischen Funktion (der Bewegungsrichtung) können die Muskeln in größere Gruppen eingeteilt werden: **Adduktoren** sind Muskeln, die Extremitäten an den Körper heranziehen, und deren Antagonisten, die **Abduktoren**. Weiterhin gibt es **Flexoren** (Beuger) und ihre Antagonisten, die **Extensoren** (Strecker). Weitere Agonisten-Antagonisten-Gruppen sind z.B. Außen- und Innenrotatoren, Heber (Levatoren) und Senker (Depressoren), Schließer (Sphinkter) und Erweiterer (Dilatatoren). Die Muskeln, die zu den jeweiligen Gruppen gehören und bei der Bewegung eines Körperteiles in einer bestimmten Richtung zusammenarbeiten, werden als **Synergisten** (Mitarbeiter) bezeichnet.

5.4.2.3 | ### Faseriges Bindegewebe

In Zusammenhang mit dem Bewegungsapparat (Abb. 5.18) kann man folgende Formen des faserigen Bindegewebes unterscheiden.

▶ **Bänder** (**Ligamentum**, Plur. Ligamenta) sind faserige (meist kollagene) Bindegewebsstränge, die **bewegliche Teile des Skeletts** (bei Wirbeltieren

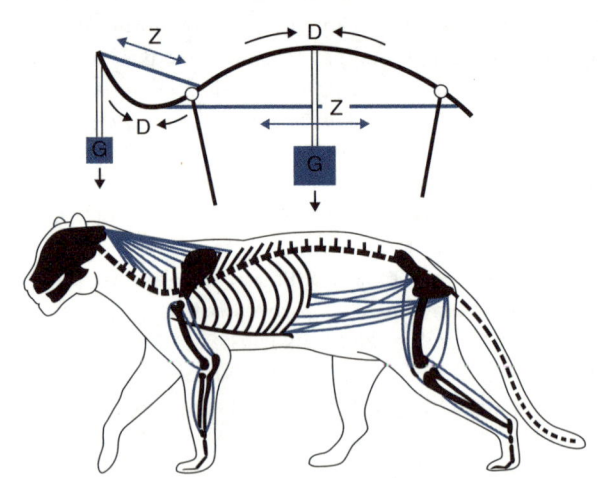

Abb. 5.18

Mechanik des Skeletts und der Muskeln und Bänder. Darstellung der Bogen-Sehnen-Konstruktion der Wirbelsäule. Die wichtigsten Zuggürtungen liegen am Hals dorsal und am Rumpf ventral. Die eingezeichneten Gewichte verdeutlichen das Gewicht von Kopf und Baucheingeweiden. **D** Druck, **G** Gewicht, **Z** Zug (in Anlehnung an KLIMA, 1988).

Knochen mit Knochen) miteinander verbinden und Gelenke verstärken, wobei sie die Beweglichkeit funktionell sinnvoll einschränken.

▶ Die **Sehne** (Tendo) ist die Verbindung **zwischen einem Muskel und dem Skelett** (Knochen) bzw. zwischen zwei Muskeln. Sie überträgt die Zugwirkung. Als **Zwischensehnen** werden Sehnen bezeichnet, die zwei Muskelbäuche eines Muskels miteinander verbinden (z.B. M. rectus abdominis). Eine flächenhafte Sehne (eines flachen Muskels) wird **Aponeurose** genannt. Manche Sehnen verlaufen in faserigen Sehnenscheiden.

▶ Die **Faszie** ist eine wenig dehnbare elastisch-kollagene Hülle von Muskeln und Muskelgruppen. Körperfaszien umhüllen die Gesamtmuskulatur und bilden damit die Grenze zwischen dem Integument und den Muskeln.

Fragen

1 Geben Sie Beispiele für Hormone an, die neben ihrer Wirkung auf bestimmte Zielorgane auch das Verhalten direkt beeinflussen.

2 Wie ist bei der Autopsie eines Säugetieres erkennbar, ob es vor dem Tod unter chronischem Stress gelitten hat?

3 Warum gibt es Echolokation nur bei kleinen, nicht aber bei großen terrestrischen Säugetieren?

4 Nennen Sie Beispiele für die Notwendigkeit und die dabei wirksamen Mechanismen, die Empfindlichkeit der Sinnesorgane unter bestimmten Umständen herabzusetzen.

5 Mit welchem der folgenden Mittel kann die Reaktion nach einem Bienenstich behandelt werden: a) Antidiuretikum, b) Antihistaminikum, c) Hypotonikum, d) Cortison, e) Vasopressin, f) Oxytocin?

6 Wo gibt es Schnittpunkte zwischen der Melaninsynthese und der Parkinson-Krankheit?

7 Nennen Sie die sensorischen und die motorischen Hirnnerven.

8 Was ist der Unterschied zwischen einer Sehne, einer Aponeurose, einer Faszie und einem Ligamentum?

9 Führen Sie Beispiele für Agonisten, Antagonisten und Synergisten in der Muskulatur an.

10 Worin liegen die Gemeinsamkeiten der Bewegung eines Regenwurms und des Wirbeltierdarmes?

11 Welche Beispiele für Mobilität, Motilität und Motorik kennen Sie?

12 Welche beispielhaften Hormone wirken auch als Neurotransmitter?

13 Geben Sie Beispiele von Agonisten und Antagonisten unter den Hormonen.

14 Welche Hirnnerven versorgen das Auge?

15 Welche Ihnen bekannten Strukturen im Gehirn beteiligen sich an der Kontrolle der Bewegung?

Literaturverzeichnis

Die Liste der Literatur stellt nur eine Auswahl von einigen modernen, insbesondere deutschsprachigen Kompendien dar, die den hier behandelten Stoff vertiefen und erweitern. Nur ausnahmsweise (meistens in Boxen) werden einige Autoren auch namentlich zitiert. Interessierte Leserinnen und Leser können zu diesen Wissenschaftlern (z. B. Dawkins, Hamilton, Wilson) und ihren Konzepten (Das egoistische Gen, Verwandtenselektion, Soziobiologie) im Internet weitere Informationen finden. Auch die Quellen der Abbildungen sind eher ausnahmsweise namentlich zitiert. In Lehrbüchern kursieren viele Abbildungen, die mehr oder weniger graphisch modifiziert sind, jedoch auf eine gemeinsame Herkunft zurückzuführen sind. Manchmal ist diese alt (z.B. Abbildungen 1.56, 1.59, 2.11, 4.18); häufig nicht mehr nachvollziehbar. Die meisten Abbildungen im vorliegenden Lehrbuch entstanden aufgrund der umfangreichen Recherche und Kompilation zahlreicher Daten, Abbildungen und Fotografien in Lehr- und Fachbüchern und wissenschaftlichen Facharbeiten sowie aufgrund eigener mikro- und makroskopischer Präparate.

In Abbildungslegenden und Boxen zitierte Quellen

BURDA, H. (1989): Relationships among rodent taxa, as indicated by reproductive biology. Z. zool. Syst. Evolut.-forsch. 27: 49-57.

CAMPBELL, N. (1997): Biologie, Spektrum, Heidelberg-Berlin.

ČIHÁK, R. (1987, 1988, 1997): Anatomie I, II, III (tschechisch). Avicenum, Prag.

DAWKINS, R. (1976): The selfish gene (Das egoistische Gen). Oxford Univ. Press, Oxford.

FRANK, L.G. (1997): Evolution of genital masculinization: why do female hyenas have such a large 'penis'? Trends Ecol. Evol. 12, 58-62.

Gray's Anatomy (Hrsg. P.L. WILLIAMS und R. WARWICK) (1980): Churchill Livingstone, Longman Grp., Edinburgh.

GULLIVER, G. (1875): On the size and shape of red corpuscles of the blood of vertebrates, with drawings of them to a uniform scale, and extended and revised tables of measurement. Proc. Zool. Soc. Lond. 1875: 474-495.

HARVEY, W. (1628): Exercitatio Anatomica de Motu Cordis et Sanguinis in Animalibus. London.

HUEBNER, E. (1998): Female reproductive system, Insects. In: Encyclopedia of reproduction (E. KNOBILL und J.D. NEILL, Hrsg.). Academic Press, San Diego.

KAMAKAKA, R.T. und THOMAS, J.O. (1990): Chromatin structure of transcriptionally competent and repressed genes. EMBO J. 1990 9: 3997-4006.

KIRKWOOD, T.B.L. (1999): Time of our lives. Weidenfeld and Nicolson, London.

KLEIBER, M. (1967): Der Energiehaushalt von Mensch und Haustier. Paul Parey, Hamburg.

KLIMA, M. (1988): Einleitung. In Grzimeks Enzyklopädie der Säugetiere. Kindler, München.

KOMAREK, V. et al. (1979): Anatomia avium domesticarum et embryologia galli. Priroda, Bratislava.

KRESAN, J. et al. (1979) Morphologie der Haustiere (slowakisch). Priroda, Bratislava.

MEDAWAR, P. B. (1952): An unresolved problem in biology. H. K. Lewis, London

NAEF, A. (1926): Über die Urform der Anthropomorphen und die Stammesgeschichte des Menschengeschlechts. *Die Naturwissenschaften*, 19: 445-452.

ROKYTA, R. und ŠTASTNÝ, F. (2000): Die Struktur und Funktion des menschlichen Körpers (tschechisch). Tigis, Prag.

SNODGRASS, R.E. (1935): Principles of insect morphology. McGraw-Hill, New York, London.

SPEMANN, H. und MANGOLD, H. (1924): Über Induktion von Embryonanlagen durch Implantation artfremder Organisatoren. Roux' Arch. f. Entw. mech. 100: 599-638.

TIME Magazine (1998, 4. Mai): Viagra –The Potency Pill.

TRIVERS, R.L. und WILLARD, D.E. (1973): Natural selection of parental ability to vary the sex ratio of offspring. Science 179: 90-92.

VESELOVSKÝ, Z. (2001): Allgemeine Ornithologie (tschechisch). Academia, Prag.

WAKERLEY, J.B. et al. (1994) Milk erjection and its control. In: The Physiology of Reproduction (E. KNOBIL und J.B. NEIL, Hrsg.). Raven Press, New York.

WILLIAMS, G.C. (1957): Pleiotropy, natural selection and the evolution of senescence. Evolution 11: 398-411.

Weiterführende Literatur

AHNE, W., LIEBICH, H.G., STOHRER, M., WOLF, E. (2000): Zoologie. Lehrbuch für Studierende der Veterinärmedizin und Agrarwissenschaften. Schattauer. München.

BAYRHUBER, H., KUHL, U. (Hrsg.) (2005): Linder Biologie. Schroedel, Braunschweig.

CAMPBELL, N. (2003): Biologie, Spektrum, Heidelberg-Berlin.

DREWS, U. (1993): Taschenatlas der Embryologie. Thieme, Stuttgart.

DUDEL, J., MENZEL, R., SCHMIDT, R.F. (Hrsg.) (2001): Neurowissenschaft. Springer, Berlin-Heidelberg.

ECKERT, R., RANDALL, D., AUGUSTINE, D. (1993): Tierphysiologie. Thieme, Stuttgart.

HELDMAIER, G., NEUWEILER, G. (2003–2004): Vergleichende Tierphysiologie. Bd. 1.-2, Springer, Berlin-Heidelberg.

HENTSCHEL, E. J., WAGNER, G. H. (2004): Wörterbuch der Zoologie. Elsevier, Spektrum Akademischer Verlag, München.

HILDEBRANDT, M., GOSLOW, G.E. (2004): Vergleichende und funktionelle Anatomie der Wirbeltiere. Springer, Berlin-Heidelberg.

KAY, I. (1998): Introduction to animal physiology. Bios Scientific Publishers, Oxford, UK.

KNOBIL, E., NEILL, J. D.(Hrsg.) (1998): Encyclopedia of reproduction. Academic Press, London-San Diego.

JANNIG, W., KNUST, E. (2004): Genetik. Thieme, Stuttgart.

JUNQUEIRA, L.C., CARNEIRO, J., KELLEY, R.O., GRATZL, M. (2002): Histologie. Springer, Berlin-Heidelberg.

MUNK, K. (Hrsg.) (2002): Grundstudium Biologie. Zoologie. Spektrum Akademischer, Heidelberg-Berlin.

MÜLLER, W., FRINGS, S. (2004): Tier- und Humanphysiologie. Springer, Berlin-Heidelberg.

POUGH, E.H, JANIS, C.M., HEISER, J.B. (1999): Vertebrate Life, Prentice Hall, New Jersey.

Pschyrembel Klinisches Wörterbuch, 259. Auflage (2002): Walter de Gruyter, Berlin.

SCHMID, R.F., SCHAIBLE, H.-G. (2001): Neuro- und Sinnesphysiologie. Springer, Berlin-Heidelberg.

STORCH, V., WELSCH, U., REMANE, A. (2004): Kurzes Lehrbuch der Zoologie. Spektrum Akademischer, Heidelberg-Berlin.

WEHNER, R., GEHRING, W. (1995): Zoologie. Thieme. Stuttgart.

WESTHEIDE, W., RIEGER, R. (Hrsg.) (1996): Spezielle Zoologie. Teil 1. Einzeller und Wirbellose Tiere. Gustav Fischer, Stuttgart-Jena.

WESTHEIDE, W., RIEGER, R. (Hrsg.) (2004): Spezielle Zoologie. Teil 2. Wirbel- oder Schädeltiere. Gustav Fischer, Stuttgart-Jena.

Von zahlreichen **Internetadressen** sind z.B. zu empfehlen

http://www.biologie-lexikon.de/
http://de.wikipedia.org/wiki/Hauptseite
http://nobelprize.org

Sachregister

Fett gedruckte Seitenzahlen verweisen auf Schwerpunkte.

Aasfresser 130
Abduktor 306
Abomassus 136
Abort 251, 260
Absorbierer 130
Acetylcholin 46, 47, 126, 288, 293, 305
Acetylcholinesterase 47, 305
Acetyl-Coenzym A 88–91
Achsenfaden 19, 227
Achsenskelett 56, 304
ACTH 296, 297
Adaptation 80, 176, 199
Adduktoren **306**
Adenohypophyse 56, 70, 247, **265**, **296–297**
Adenosindiphosphat (s. auch ADP) 85
Adenosintriphosphat (s. auch ATP) 85
Aderhaut 280
ADH 150, 264, 297
Adhäsion 15, 25, 67
Adhäsionsprotein 25, 28
Adipozyt 32, 34
Adipositas 147
Adiuretin 150, **264**, 294, 296, **297**
Adoption 196
ADP 85, 87, 89
Adrenalin 92, **93**, 111, 125, 126, 293, 299, **300**, 302
adult 59, 62, 64, 202
Adventitia 104, 107
Aestivation 179
afferent **43**, 44, 146–148, 150, 272, 283, 291, 292
After 55, 131–132, **135**, 218, 305
Agenesie 68
Agonisten 306
AIDS 78, 200
AIS 219–220
Akklimatisierung 176
Akkommodation 281
Akromegalie 70
Akrosom 207, 227–228
Akrosom-Reaktion 207, 267
akrozentrisch 22
Aktin 19, 48, 129
Aktionspotential 45, 273
Aktomyosin 48
Albinismus 158
Albumin 38
Aldosteron 108, 150, 299, 301
alecithal 51
Alkalose 169, 251

Allantoin 145
Allantois 58–59, 246
Allen-Regel 69
Allergie 190
allocation principle 94
Allometrie 68, 70, 97, 98
Alpha-Zellen 93, 300
Altern 50, 62, 64–66, 77, 194
Altersdimorphismus 63
Altersstufe 62
Altruismus 262
Alveolarkanälchen 122
Alveolus 30, 122
Amboss 278
Ametabolie 60
AMH 216, 221,
Aminosäuren 29, 38, **90**, 128, **129**, 134, **139**, 145, 149, 229, 252
Ammoniak 85, 87, 134, **144**, 166
ammoniotel 144
Amnion 28, 59, 220
Amniota 59
Amphimixis 199
Ampulla 240, 277, 279
Amygdala 288
Amylase 133, 134, 138
Anabolismus 84
Anämie 40
Anästhesie 46
Analogie 80
Anamnia 59
Anaphase 20, 24
Anatomie 8, 12
Androgene 216, 218–220, 228, 236, 245, 263, 265, **266**, 294, **298**
androgen-insensitivity-syndrome 219–220
Angiotensin 108, 150, 301,
Angiotensinogen 108, 150,
Anhangsgebilde, embryonale 58, 62
animal-vegetative Polarität 51
animales Nervensystem 287
Anisogametie 198
anisotrop 49
ANP 150, 301,
Anpassung 93, 100, 130, 154, 169, 176, 198, 199, 239, 251
ANS 287, 289
Ansatz (Muskelansatz) 306
Antagonist 92, 93, 128, 267, 293, 298, 300, 301, 306
Antennapedia-Komplex 73
Antennendrüsen 152
anterior 54
Anthropomorphismus 212
Anthropozentrismus 8
Antigen 32, 157, **180–192**, 251

Antikonzeption 267
Antikörper 15–16, 33, 129, 133, 180–182, 184, **186–187**, 189–191, 253
Anti-Müller-Hormon 216, 223
Anus 27, 135
Aorta 103–104, 106–107, 109, 113, 126, 148
Aphagie 140
apikale Modifikation 27–28
Aplasie 68
Apoenzym 89
apokrin 30, 162
Aponeurose 307
Apoptose 77, 78
aposematisch 165
Appendix vermicularis 135
Appetithormon 141, 301
Aquaeductus mesencephali 290
Arbeiterin 201
Archenteron 52
Arginin 302
Arterie 34, **104–106**, 110, 113, 117, 119, 128, 148, 232–233
Arteriole **104–105**, 107, 146, 148–150, 247
Aschoff-Tawara-Knoten 110
Assimilation 84, 95
Astrozyt 47
Atavismus 78–79
Atemfrequenz 67, **125**–126, 251
Atemregulation 126
Atemwege 99, 120–122, 125
Atemzeitvolumen 125
Atemzentrum 126, 251
Atemzug 125
Atemzugvolumen 125, 251
Atmung **114–126**, 162, 175, 293
Atmungskette 17, **89–90**
Atmungsorgan 114, 116–126
ATP 24, 48, **85**, 87–91, 128, 177
ATPase 18, **85**, 89, 93, 128
Atresie 68
Atrioventricular-Bündel 111
Atrioventricularknoten 110
Atrium 109–110, 113
Atrophie 68
Attacin 191
Auflösungsvermögen 273, 281
Augapfel 280
Auge 280–281
Außenohr 277–278
Autoimmunkrankheiten 190
Autorhythmie 110–111
Autosom 22–23, 210–212
Autotomie 76, 155
autotroph 85
Axon **43**–44, 47, 274, 294, 305

Axonema 19, 227
A-Zellen 93, 300
Azidose 168–169
A-Zone 49

Baculum 232
Balz 254, 266, 294
Balzarena 257
Band 306
Bandscheibe 33, 35, 56, **304**
Barr-Körper 23
Bartholin-Drüsen 245
Basalganglien 288
Basalkörperchen 20
Basalmembran **26–28**, 31, 104, 146, 149, 157, 223
Basalstoffwechsel 95
Basilarmembran 279
Basilarpapilla 278
basophil 32–33, 40–42
Bates-Mimikry 166
Bauchfell 145, 147, 223, 234, 240, 243
Bauchmark 286
Bauchspeicheldrüse 56, 92, 132, **134**, 139, 143, 251, 295–296, **300**
Becherauge 280
Becherzelle 29
Beckengürtel 304
Befruchtung 50, 198, 202, **205**–208, 214, 227, 236, 238–240, 248–249, 269
Begattung **205–206**, 239, 244
Begattungsaufforderung 257
Belegzellen 134, 143
Bergmann-Regel 69
Beta-Zellen 92, 300
Bettelrufe 63, 254
Beutel 167, 231, 245–246
Bewegung 18–20, 29, 50, 62, 75, 85, 116, 120, 123, 164, 227, 257, 275–277, 279, 282, 285, 288–291, **302–307**
Bewegungsapparat 48, 303–307
Bicarbonat 168–169
Bicoid 72
Bilater(al)ia 54
Bildsehen 279
Bilirubin 39
Biliverdin 39
Bindegewebe 26, **31–34**, 35–42, 306
Bindegewebe, elastisches (s. auch elastische Fasern) 34
Bindegewebe, embryonales 32
Bindegewebe, gallertiges 33
Bindegewebe, kollagenes (s. auch Kollagenfasern) 34

Bindegewebe, retikuläres **33**, 37, 187–188, 190
bipolares Neuron 44
Bisexualität 198, 201–202, 205, **222**
Bithorax 73, 77
Bläschendrüse 217, 228–229
Bläschentransport 15–16
Blasensprung 252
Blastocoel 51
Blastogenese 50–52
Blastomer **50, 52**, 71–72
Blastoporus 52
Blastozyste **51**–52, 59, 205, 243, 248–249, 267
Blastula 51–52
Blättermagen 136
Blinddarm 132–133, 135–137
blinder Fleck 280–281
Blut **38**, 100, 139, 148, 150, 168–170, 188, 233, 246, 247, 294
Blutbildung 42, 188
Blutdruck 93, 102–103, **107–109**, 113, 146, 150, 251, 297, 301–302
Bluterguss 39
Blutgerinnung **41–42**, 128, 191
Blutplasma **38**–39, 102–103, 148–150, 181, 186–187, 251–252
Blutserum 39
Blutzellen **39–41**, 75
B-Lymphozyt 186, 188, 190
BMR 95–97
Bogengang 276–277
Bolus 135
Bombykol 256
Bowman-Kapsel 146–147, 151
Bradykinin 283, 302
Bronchialasthma 126
Bronchiolus 122
Bronchus 35, 93, **122**, 125–126, 302
Bruce-Effekt 260
Brücke (Pons) 291
Brustbein 188, 304–305
Brustdrüse 188
Brustfell 123
Brustkorb 109, 123–124, 304
Brüten 179, **208**, 265
Brutfürsorge 257
Brutparasitismus 263, 265
Brutpflege 63, **257**–258, 261, 265, 294, 297,
Buchlungen 121
Bulbi vestibuli 245
bulbourethrale Drüsen 229
Bulbus arteriosus 109, 113
Bulbus oculi 280
Bulbus olfactorius 274, 288, 293
Bulbus penis 231
Bulla tympani 278
Bursa Fabricii 186, 190

Bürstensaum 28, 135, 138
Bürzeldrüse 162
B-Zelle 92, 186–187, 300

Caecum 135
Calcitonin 36, 295, 298
Calcitriol 36
Carboanhydrase 102, 128
Carbohydrase 134
Caudal 72
Cecropine 191
centrolecithal 51
Cervix uteri 241, 244
chemiosmotisches Modell 89
Chemoperzeption 274–275
Chemorezeptor 126, 272
Chemotaxis 205
Chemotransduktion 273
chemotroph 85
Chiasma opticum 293
Chimäre 75
Chinon 163
Chitin 28, 128, **162**, 304
Chlor 128
Chlorocruorin 102, 128
Choane 120
Cholecalciferol 167
Cholecystokinin 143, 296, **301**
Cholesterin 139
Cholesterol 15, 129, 134, 139, 167
Chondroblast 34
Chondroitinsulfat 34, 128
Chondroklast 37
Chondron 34–35
Chondrozyt 34
Chorda dorsalis 56–57, 304
Chordin 71
Chorda-Mesoderm-Komplex 56, 75–76
Chorea Huntington 288
Choriogonadotropin 236, 246, 301
Chorion 59, 246
Chorionzotten 246
Choroidea 280
Chrom 128
Chromatin 20, 21–24, 33
Chromatophor 32
Chromosom 20, **21–23**, 24, 64, 73–74, 201, 210–212, 222, 226, 235, 237
Chylomikronen 139
Chylus 139
Chymotrypsin(ogen) 134, 139
Chymus 135
cis-Seite 18
Citrat-Zyklus 17, 88, 89–91
Cobalt 128
Cochlea 277–279
Coelom 57
Coenzym 89
Conchiolin 163–164
Connexine 29

Conus arteriosus 109
Corium 157
Cornea 280–281
Corpus allatum 61
Corpus cavernosum 231, 233, 245
Corpus ciliare 280
Corpus luteum 236
Corpus spongiosum 231, 233, 245
Corti-Organ 278–279
Cowper-Drüse 229
Cranium 304
Crista 17, 276–277
Cupula 275–277
Cycline 23
Cyrtocyt 151
Cystein 128, 129
Cystovarium 234
C-Zellen 298

Darmperistaltik 94, 136, 302–304
Decidua 243
Defäkation 135, 144
Degeneration **66**, 237, 248, 288
Delta-Zellen 300
Dendriten 42–44
Depolarisation **45**–47, 207, 305
Dermatom 57
Dermis 156–157
desmal 37, 160–161
Desmin 19
Desmosom 25, 28–29, 50
Detritophag 130
Deuterocerebrum 286
Deuterostomia 53, 55, 71
Diabetes 92, 190
Diagnose 302
Diaphragma 123, 268
Diastole 107, 109, 111
Dickdarm 132–133, **135**, 138–139
Diencephalon 287, 289, 293
Differentialblutbild 40
Diffusion **15**, 16, 35, 100, **114**, 116, 117, 120, 131, 139, **149**, 169, 294–295, 301
Diktyosom 18
Dioptrik 281
Diploblastica 53
diploid **22**, 25, 50, 198, 200–201, 207, 210, 263, 269
Diplosom 20
Dissimilation 84
distal 72
Diurese 144, 150
Divergenz, adaptive 80
Dopamin 47, 288, 290, 302
dorsal 54
Dorsal 72
Dotter 51, 58, 59, 71, 79, 208–209, **237**–238
Dottersack 42, **58**–59, 216
Drehsinn 275–276
Drohnen 201

Druck, atmosphärisch 114, 124
Druck, hydrostatisch **103**–104, **107**, 148, 150, 240
Druck, kolloidosmotisch 103
Druck, mechanisch 13, 35, 275–276, 279
Druck, onkotisch **103**, 148
Druck, osmotisch **88**, **103**, 128
Druckatmung **123**
Drüse 27, **29**–30, 68, **131–134**, **162**, **229**, 240, 243, **245**, 253, 269, 271, 284, 293, **294–300**
Ductulus efferens 223, 227
Ductus deferens 217, 227,
Ductus ejaculatorius 228
Ductus excretorius 228–229
Ductus thoracicus 139
Duftdrüse 30, 162,
Dünndarm 28, **132**–133, 135, 138–139, 141, 143, 301–302
Duodenum 134, 143
Dynein 18–19
D-Zellen 300

efferent 43, 146, 148, 150, 289, 291–292
EGF 70
egoistisches Gen 196
Ei 28, 50–51, 58–59, 145, 201, 205, 207–210, 213, 234, 237–**238**–241, 257–258, 269, 282
Eiablage **208**, 213, **239**–241, 257, 265
Eierstock (s. auch Ovarium) 198, 206, 216, 221, **233**, 236, 240
Eileiter 28, 209, 217, 219, 221, 234, 238, **240**–241, 243, 249, 268–269
Einnistung 52, 205, 267–269
Eisen 39, 128, 251
Eizelle 13, 22, 28, 51, 71–72, 200, 206–207, 227, **235**–239
Ejakulation 230
Ekdysis 61, 163
Ekdyson 61, 62
Ekdysteroide 294
Ekdysteron 61
EKG 110, 111
ekkrin 30
Ekterozeption 275–276
Ektoderm 26, 42, 47, **53**, **55–58**, 75, 132–133, 151, 156–157, 284, 296
ektotherm 13, 95, 176, 179, 226
Elastin 31
elastische Fasern **31**, 33–35, 106–107, 122, 158, 164, 232, 241, 244–245
Elektrokardiographie 111
Elektronencarrier 87
Elektroperzeption 282–283
Embryoblast 51–52

Embryogenese 50, **52–56**, 58, 67, 75, 79
Embryonalniere 146
Embryonentransfer 269
Embryotrophie 243
Empfängnis 249, 268
Empfängnisverhütung 267
Enddarm 132–**133**, 152, 188,
Endharn 149
Endhirn 274, **287**–289, 291, 293
Endokard 109, 111
endokrin **29**–30, 134, 244, 246, 284, 289, 294, **295**, 297, 300, 301
Endokrinologie 212
Endometrium 243, 247–248
Endomitose 25
Endoplasmatisches Retikulum (ER) **17**–18, 21, 28, 34
Endorphine 302
Endoskelett 304
Endost 37–38
Endosymbionten-Theorie 17
Endothel **26**–27, 41, 106–107, 109, 149
endotherm 38, 95, **177**–179
Endozytose **15**, 32, 131
Energie 12, 17, 34–35, 39, 48, **84–91, 94–99**, 114, 119, 127–129, 135, 141, 149, 172–174, 177, 179, 194, 200, 227, 229, 252, 259, 267, 271–273, 284, 300
Enterozeption 275
Entoderm 26, 53, **56**, 58, 132, 296
Entwicklung, Gehirn 288
Entwicklung, Geschlechtsorgane 214–217
Entwicklung, Gonaden 216, 235
Entwicklung, Herz 109
Entwicklung, individuelle (s. auch Ontogenese) 50–82
Entwicklung, Niere 145–146
Entwicklungsdauer 250
Entwicklungsgenetik 70–74
Entwöhnung 63, 253
Entzündung 183
Enzym **12**,17–18, 23, 30, 38, 41–42, 47, 84, **87–89**, 92, 94–95, 102, 108, 127–129, 133–136, 138, 141, 143, 174, 181, 183–184, 191–192, 205–207, 227, 240, 247, 253, 273
eosinophil 33, 41, 184
Ependymzelle 47
Epiblast 52
Epidermis 26–27, 55–56, 75, 156–**157**, 159–165, 184, 206, 253, 276
Epiglotis 35, 120
Epiphyse 289, 300
Epithalamus 289, 300

Epithel 18, **26–30**, 47, 52, 55–57, 106, 114–116, 120, 122–123, 131–133, 138–139, 151, 156–157, 216, 223, 228, 235–236, 240, 243–245, 248, 253, 272, 274, 277–278, 281, 293
Epithelkörperchen 298
Epitop 180
Erektion **232–233**, 302
Ernährung 58, 119, **127–142**, 241, 243, 246, **251**
Erregungsleitung 29, 45–**46**, 93, 127, 285
Erythropoese 42
Erythropoetin 42, 301
Erythrozyt 13, **39–40**, 42, 91, 102, 188, 251, 301
ESS 203
essentielle Nährstoffe 127–129
Estradiol 237, 266
Estriol 266
Estron 266
Euchromatin 22
euryhalin 168, 170
euryök 168
eurytherm 168, 174
Eusozialität 262–263, 268
Evaporation 173–174
even-skipped 72
Exkretion 58, 84, 119, **144–152**, 166, 214
exokrin **30**, 134, 300
Exoskelett 163, **304**
Exozytose **15**, 30, 47, 139
Exspiration 114, **123**, 144, 166
Extensor 306
Externa 104, 106
extraintestinal 138
Extra-pair-copulation 261
Extremitäten 57, 80, 107, 118, 206, 232, 292, **304**, 306

Facettenauge 281
FAD, FADH 87–89
Farbensehen 279, 281
Farbwechsel 1159, 165–166
Faserknochen 36
Faserknorpel 35, 305
Faszie 34, 156, 158, 230, 305, **307**
Fäzes **135**, 152, 266
Feder 158, **160**, 161, 162, 166, 173, 176, 178
Fekundität 194, **195**, 240
Fertilisation 205, 269
Fertilität 194–195
Fetogenese 58
Fett 122, 134, 139, 143, 170, 238, 251, 253, 264, 267
Fettgewebe 32–**34**, 37, 68, 90, 108, 128, 147, 158, 164, 166, 176–177, 187–189, 245, 266, 301

Fettsäuren 15, 17–18, **90**, 92–93, 129, 134, 136, 138–139, 162, 165, 253, 295, 301
Fettzelle **32**, 34, 92, 141
Fetus **58**, 184, 246, 251–252
Fibrin(ogen) 38–39, **41**–42, 191, 251
Fibroblast, Fibrozyt 24, **32**, 37, 158, 236
Fieber 178
Filtrierer 130, 133
Fimbrien 238, 240
Fischschuppe 37, 145, 160–**161**, 166
Fitness 65, 194–**195**, 203, 259, 261
Flagellum 19
Flavinadenindinukleotid 87
Flehmen 256
Flexor 306
Flimmerepithel 19, **28**, 29, 122, 228, 240
Flosse 80, 304
Flügel 63, 73, 80, 176, 304
fluid mosaic model 15
Fluor **128**, 133
Flüssigkeit, cerebrospinale 287
Flüssigkeit, interstitielle 103, 149–150
Flüssigkeitsmosaikmodell 15
folivor 129
Follikel 78, 235, **237–240**, 247–248, 265, 297
Follikelgenese **235–237**, 247–248, 265
Formatio reticularis 291
Fortpflanzung 194–270
Fortpflanzung asexuelle 75, **197–198**, 200–201
Fortpflanzung bisexuelle **198**, 201–202, 205
Fortpflanzung sexuelle 198–200
Fortpflanzung unisexuelle 200–201
Fortpflanzung vegetative 75, **197–198**, 200–201
Fortpflanzungshemmung 268–269
Fovea 281
Fragmentierung 197
Fraktal 99
Frequenz 255, 273, 277–279
frontal 54
frugivor 129
FSH(RH) 236–237, 247, 263, **265**, **296–297**
Furchung 25, **50–52**, 71–72, 79, 201, 269
fushi-tarazu 72
F-Zellen 300

GABA 288
Galle **134**, 139, 143, 300
Gallenblase **134**, 143, 301

Gallengang 134
Gallensäuren 135, 139
Gamete 22, 56, **198**, 202, 205–207, 210, 225, 233, 258
Gametogamie 205, 207
Gametogenese 198, 268
Ganglion **43**, 285–286, 289, 300
gap junction 29, 50
Gap-Gene 73, 77
Gärung 85, 91
Gastrin 134, 143, 296, **301**
Gastrovaskularsystem 100, **131–132**
Gastrula **52**, 55–56, 75
Gastrulation **52**, 79
Gebärmutter 51–52, 78, 205, 217, 219, 221, 240, **241–244**, 249, 251, 269
Gebiss 131
Geburt 47, 50, 58, 62, 186, 202, 209, 214, 235, 237, 239, 241–244, 246, **251–253**, 257, 264–265
Gedächtnis 267, 275, 285, 286, 289
Gedächtnis, immunologisches 185, 187–188, 191
Gedächtniszellen 186–188
Gefäß 26, 34–38, 41–42, 47, 94, 99, **103–106**, 189–190, 223, 228, 234, 237, 243–244, 263, 282
Gefäßtonus 302
Geflechtknochen 36
Gefrierschutz 174
Gegenstromprinzip 119–**120**, 179
Gehäuse 163–164
Gehör 277
Gehörgang 278
Gehörknöchelchen 278
Geißel 19, **28**, 227, 303
Geißelzelle 151
Gelbkörper 235–**236**–238, 244, 247–248, 265–267, 297
Gelbsucht 39
Gelege **237**, **239**, 259
Gelenk 275–276, **305–306**
Gemmula 197
Generalist 129
Generationszeit 23
Genexpression 67
Genitale 214–217
Geruchssinn 284, 289
Geschlechterverhältnis **202–205**, 210–211, 258
Geschlechtsbestimmung 209–214
Geschlechtsdifferenzierung 214–222
Geschlechtsdimorphismus **63**, 214–215
Geschlechtsmerkmal 63, 65, 214–215, 219, 222, 266, 297–298

Geschlechtsorientierung 222
Geschlechtsreife 63
Geschlechtsumkehr 218–222
Geschlechtsumwandlung **202**, 213, 294
Geschlechtsunterschiede 215
Geschmacksknospen 166
Geschmackssinn 274–275, 293
Gestagene 267, 298
Gestation 251
Gewebe 25–50
Gewebshormon **294–295**, **301**
Geweih 160–161
Ghrelin 141, 301
Giant 72
Gift 30, 84, 144, 165, **180**, 253, 302
Giftdrüse 162
Gigantismus 70
GIP (gastric inhibitory peptide) 143, 301
Glandotrope Hormone, Glandotropine 294, 297
Glandula 29 (s. -Drüse)
Glanzstreifen 50
Glaskörper 280–281
Gleichgewichtssinn 276–277
Gleichstromprinzip 120
Gliazelle 42, **47**, 284, 300
Globulin 38
Gloger-Regel 159
Glomeruli (Geruchssinn) 274
Glomerulus (Nephron) **146**, 148, 150, 252
Glomus aorticum 126
Glomus caroticum 126
Glukagon 92, **93**, 295–296, **300**
Glukokortikoide 294, 299
Gluko(neo)genese **91**, 93, 128, **134**, 252
Glukose 38, **88–94**, **128**, 134, 138–140, 145, 149, 170, 174, 252, 284, 300
Glycerol 90, 174
Glycin 31, 47, 169–170
Glykation 64
Glykogen 17, 34, **88**, **90–93**, 128, 134, 300
Glykogenese 92, 134
Glykokalyx **15–16**, 18, 248
Glykolyse 35, **88**, **91**
Glykoprotein 15, 26, 30–31, 128, 163, 174, 186, 191, 236, 248
GnRH 249, 265
Golgi-Apparat 17–**18**, 185, 227
Gonade 56–57, 59, 63, 82, 145, 198, 209, **213–219**, 221, 235, 249, 263–266, 268, 293–295, **297**
Gonadenanlage **216**, **235**
Gonadotropine 63, 239, 247, **263**, 266, 296–**297**

Gonochorie 202
Gonopodium 232
G-Phase **23–24**, 50
G-Proteine 16
Graaf-Follikel 236, 238
graminivor 129
granivore 129
Granulozyt 32, 33, **40–42**, 181, 183–**184**, 188, 192, 302–303
Gravidität 238, 244, 249–250
Grubenorgan 282
Grundsubstanz 17, **31**, 34–**35**
Grundumsatz 95–97, 100
Guanin 145, 166
Gymnovarium 234
Gynogenese 200–201

Haar 65–66, 78, 158, **160–162**, 166, 173, 176, 178, 245, 273, 276
Haarzelle 28, 273, 276–279
Häm(at)opoese **42**, 188
Hämatokrit 38
Hämatom 39
Hämerythrin 102, 128
Hammer 278, 293
Hämocoel 100, 104
Hämocyanin 102, 128
Hämoglobin **39**, 80–81, **101**, 102, 128, 134, 158
Hämolymphe **100–101**, 103–104, 152, 191–192, 294–295
Hämozyt 192
Halteren 77
Haplo-Diploidie 210, 263
haploid **23**, 198, 200–201, 207, 210, 227
Harem 260, 268
Harn 144–**145**, 147–151, 170
Harnbildung 148–150
Harnblase 27, **151**, 228–229, 241, 275
Harnleiter 27, 146–147, **151**, 216, 228
Harnröhre **151**, 218, 228–229, 231–232, 245
Harnsack 58
Harnsäure 144–145, 149
Harnstoff 85, 134, 144–**145**, 170, 252
Harnwege 27, 99, 147, **151**, 190
Hartsubstanzskelett 304
Hauptzelle **32–33**, **133**, 157–158
Haut 62, 97, 116, **117**, 124, 128, 144, 155, **156–167**
Hautanhangsgebilde 55–56, 155, **159–161**
Hautatmung 117, 166
Hautdrüse 55, **161–162**, 165–167
Hautfarbe 157, **158–159**, 166
Hautknochen 37–38
Hautmuskel 48, 303

Hautsensibilität 166, 276
Havers-Gefäß 36–37
Havers-System 36
Häutung **60–61**, 163, 294
Häutungshormone 61, 294
Hayflick Effekt 64
Hb s. Hämoglobin
Hecheln 126, 169, 178
Helfer 261
Helferzelle 186
Hemimetabolie 60
hemizygot 210
Hemolin 192
Henle-Schleife 147–149, 151
Heparin 32, 38
herbivor **129**, 132–133, 135, 171, 246
Hermaphrodit 202, 212
Herz 38, 55, 57, 91, 103–104, 106–107, **109–113**, 150, 293, 298, 301
Herzfrequenz 67, 93, 108, **111**
Herzgeräusche 111
Herzklappe 110–111
Herzkontraktion 93, 107, 110, 111, 302–303
Herzkreislauf 112–113
Herzminutenvolumen **107, 111**, 150, 251
Herzmuskulatur 48, **50**, 107, 282
Herzschlag 111, 150
Herzschlauch 109
Herzschleife 109
Herztöne 111
Herzzyklus 111
Heterochromatin 21–23
Heterochromosom **22–23**, 210
Heterochronie 79, 81–82
Heterogonie 201
heterolecithal 51
Heterosexualität 222
heterotroph 85
heterozygot 210
Hibernation 34, 179
Hibernation Induction Trigger 302
Hibernom 34
Hilum 122, 124, 147–148, 234
Hinterhirn 287, 290
Hippocampus 288–289
Hirnhaut 47, 55, **287**
Hirnkammer 287, 289–290
Hirnnerv 274–275, 278, 286, **291–293**
Hirnrinde 272, 289, 291
Hirnstamm 288–289, 291
Hirnventrikel 287
His-Bündel 111
Histamin 32, 183, 283, **302**
Histogenese 55–57, 67
Histologie 26
Histophagie 209
HIT 302

HIV 184
Hochzeitsgeschenk 257, 259
Hochzeitstanz 257
Hoden 146, 198, 216, 218–219, 221, **222–226**, 234, 266, 295, 297–298
Hodengröße 224, 259–260
Hodenkanälchen 223–225
Hodensack 218, 223, 225, **229–231**, 245–246
holoblastisch 51
Holoenzym 89
holokrin 30, 162
Holometabolie 60
Holonephros 146
HOM-C-Cluster 73
Homeobox 73–74
Homeosis 77
homeotische Gene 73, 81
homoiosmotisch 168
homoiotherm 168, **177–179**, 213
homolecithal 51
homolog 22, **80**, 119, 160, 211, 218, 245–246
Homöostase 16, 38, 154, **167–179**
Homosexualität 222
homozygot 200, 210
Hörsinn 277–279
Hörbereich 277
Hormon 29, 61, 213, 216, 218, 220–221, 223, 225, 233, 236–240, 247–248, 251–253, **263–268**, **294–302**
Hormon, adrenocorticotropes 297
Hormon, antidiuretisches 150, 264
Hormon, follikelstimulierendes 237, 265, 297
Hormon, luteinisierendes 236, 265, 297
Hormone, gastrointestinale 295
Horn 27, 157, 160
Hornhaut 280
Hornschicht 157, 164–165
Hornschuppe 160
Hox-Gene 74, 79
Huf 160
Hunchback 72
Hunger 90, **140–142**, 254, 273
Hyaluronsäure 31
Hybridogenese 199, 201
Hydroxylapatit 35
Hydroskelett 303
Hydroxylysin 31
Hydroxyprolin 31
Hymen 245
Hyperglykämie 92
Hyperkapnie 115, 168
hyperosmotisch 169–170
Hyperphagie 140
Hyperplasie **68**, 243, 253
Hypertonie 108

Hyperventilation **126, 169, 178, 251**
Hypervitaminose 129
Hypetrophie 68, 243
Hypoblast 53
Hypodermis 20, 158, 162
Hypoglykämie 92–93
hypoosmotisch 169–170
Hypophyse 56, 62, 70, 93, **263–265, 294–298,** 300
Hypothalamus 62–63, 70, 93, 140–141, 150, 176–177, 249, **263–264,** 266, **289, 294–297,** 301–302
Hypotonie 108
Hypoventilalation 169
Hypovitaminose 129
Hypoxie 115
H-Zone 49

Ikterus 39
Ileum 134
Imaginalscheibe 60, 80
Imago 59–60
Immunantwort 180, 183–187
Immunglobulin 133, **187,** 191–192, 253
Immunität 38, 179–192
Immunsystem 32, 78, 155, 158, 179, **179–192**
Immuntoleranz 189, 251
Implantation 52
Imprägnation 207
Incus 278
Induktion, embryonale 67, 74–75
Infantizid 260
Infarkt 110
Infektion 42, **180–181,** 184–185, 187, 191, 198, 253
inferior 54
Information 9, 70, 72, 199, 211, 254–**255,** 264, 271–274, 279, 288, 290
Infrarotstrahlung 173, 279–280, 282
Infraschall 277
Infundibulum 240–241
Ingluvies 133
Inhibiting-Hormone 265, 296
Innenohr 28–29, 36, 44, **277–278,** 293
inneres Milieu 154
insektivor 130
Insemination 206, 269
Inspiration 114, 123
Insulin 92–93, 128, 251, 253, 295–296, **300**
Integrine 25, 28
Integument 154–167, 170, 307
Intensität 173, 255, 272
Interferon 181, 184
Interkalarscheiben 50, 110

Intermediärfilamente 18–19, 157
Intermenstrum 247
Interphase 23, 50
Intersexualität 202, **221–222**
Intima 104, 106, 126
intraintestinal 138
intrauterine Position (IUP) 220–221
Intrinsic-Factor 134
Intromission 206, 232
Investition, elterliche, mütterliche 204, 258
In-Vitro-Fertilisation 269
Involution 68, 78
Inzesthemmung 269
Ionenregulation 144, 168, **171,** 294
Iris 280–281
isolecithal 51
Isoleucin 129
isometrisch 68
isoosmotisch 169
isotrop 49
Isthmus 240–241
iteropar 194
I-Zone 49

Jacobson-Organ 274
Jejunum 134
Jod 93, 128
Juckreiz 183
juvenil 62, 63, 93
Juvenilhormon 61, 62
Juvenilmerkmal 63, 82
Juvenoide 61
juxtaglomerulärer Apparat 150

Kalium 44–45, 92, **128,** 150
Kalorie 86
Kalzium 18, 35, **36, 128,** 163, 207, 251, 294, 298
Kälte 46, 94, **172–174,** 176
Kältesensor 166, **282**
Kapazitation 207
Kapillare 31, 98, **102–105,** 107, 113, 122, 124, 146, 148–149, 157, 166, 223
karnivor **129–**130, 132, 171
Karotidenkörperchen 126
Karyogamie 205, 207
Karyokinese 25
Karyoplasma 20
Karyotyp 23, 210
Kastration 267–268
Katabolismus 84
Katecholamine 93, 295, 300, **302**
kaudal 54
Kauer 130
Keimblatt 52–53, 55–56
Keimzelle 198, 200, 205, 214, 216, 223, 235, 237
Keith-Flack-Knoten 110

Keratin 19, **27,** 129–130, 156–157, 159–160
Keratinozyt 157, 164
Kernhülle 21
Kern-Plasma-Relation 50
Kernpore 21
Kernspindel 20
Kiemen 104, 113, 116, **118–120,** 170–171, 208–209, 282
Kiemenbogen 118, **119–120,** 292, 298
Kiemendarm 118
Kiemendeckel 118
Kiemenherz 111, 113
Kiemennerv 119, 293
Killerzelle 181, 184, 186, 212
Kinesin 18
Kinetosom 20
Kinine 301
Kinozilium 19, 28
Klaue 160
Kleiber-Gesetz 96
Kleinhirn 290–291
Klimakterium 248
Klinefelter-Syndrom 212
Klitoris 221, 245,
Kloake 133, 188, 206, 217, 228, 232, 234, 241, 244
Klonierung 70, 198, **269**
Knirps 72
Knochen 37–38, 124, 188, 266, 298, **304–306**
Knochenbildung 37
Knochengewebe 34, **35–38,** 128, 161, 304
Knochenhaut 37–38, 160
Knochenmark 32, 34, 37, 39–40, 42, 128, 183, **186–188,** 301
Knorpel **33–37,** 121–122, 128, 283, **304–306**
Knorpelhaut 34, 37
Knorpelzelle 34–35
Knospung 197
Kochsalz 162, 166, 171
Kodierung 272
Koenzym 89, 129
Kohlendioxid (CO_2) 85, 87, 89–90, 95, 102, 114–115, 117, 126, 138, 144, 168–169, 172, 294
Kohlenhydrate 15, 17, 85, **88,** 90, 92, 127–128, 138, 143, 253, 267
Kohlenmonoxid 101
Kohlenstoff 85, 89, 91
Kokain 46
Kokon 60, 257
Kolinearitätsprinzip 74
Kolon 132, 135
Kollagen(fasern) 17, 25–26, **31,** 33–35, 38, 41–42, 129, 158, 164, 187, 223, 241, 306–307
Kollagenase 183

Kolostrum 253
Kommunikation 29, 166, 186, **254,** 282
Kompaktknochen 37
Komplement 181, 191
Komplexauge 280–281
Konduktion 173, 281
Konformer 168–169, 176
Königin 262, 268, 269
Königinnensubstanz 269
Konjugation 207
Konkurrenz 259–261, 263
Kontraktion 18–19, **29, 47–50,** 91, 93, 104, 109–110, 113, 126–128, 136, 140, 176, 230, 233, 240, 243, 252–253, 264, 280, 285, 294, 297, 301–305
Kontrazeption 267–268
Konvektion **114,** 116, **173,** 281
Konvergenz 80
Konzeption 249
koprophag 130
Kopulation **206,** 214, 232, 238, 244, 254–255, 257, 259, 264–265
Körnerdrüse 162
Körpergröße 60, 65, **69–70, 97–99,** 109, 111, 125, 156
Körperintegrität 154–193, 271
Körperkreislauf 112–113, 117
Körpermasse 68, **96–98,** 100, 111, 127
Körperoberfläche 28–29, 69, **97,** 111, 115–116, 120, 126, 130, 144, 151, 162, 177, 245, 275–276, 280
Körpertemperatur 94–95, 111, 125, 166, 172, **174–179,** 226, 267
Körpervolumen 69, **97,** 117, 177
Kortikotropine, Kortisol, Kortison 299
Kot 95–96, 130, **135,** 152, 266
Koxaldrüsen 152
Kralle 160
kranial 54
Kranzgefäße 110
Kreatin(in) 145
Kreatinphosphat 87
Krebs-Zyklus **89**
Kreislauf(system) 52, 67, **100–113,** 116–117, 126, 188, 293, 297
Kropf 133
Kropfmilch 133, 265
Krüppel 72, 212
Krummdarm 134, 190
Kruste 27
Krypte 133–135, 243, 248
Kupfer 102, 128
Kurare 46
Kutikula **27–28,**132, 156, 162–165, 191, 276, 278

Kutikularborsten 276
Kutis 156

Labia 133, 218, 245
Labialdrüsen 152
Labmagen 136
Lagena 277–278
Laktase 138, 140
Laktat 91, 138
Laktation 250–253
Lakunae 35
Lamellenknochen 36
Lamina basalis 243
Lamina functionalis 243, 247
Lamina muscularis 131–132
Lamina propria 131–132
Langerhans-Inseln 92–93, 295–296, **300**
Langerhans-Zelle **157**, 165, **184**
Längsmuskulatur 132
Larve **59–60**, 82, 130, 144, 213, 226, 241
Larynx 120
lateral 54
Lateralherz 113
Lateralisation 288
Lebensdauer 39–41, 65–**67**, 184
Lebenserwartung 67
Lebensphasen 62, 66
Leber 17–18, 39, 42, 56, 62, 75, 91–93, 98, 108, 128, 132–**134**, 139, 143, 147, 177, 186, 188, 237, 252, 266, 294, 298
Lecithin 15
Lecitotrophie 209
Lederhaut 38, **157**, 164–165, 230, **280**
Leerdarm 132, 134
Leistenkanal 219, 225, 228
Lek 257
Lektine 191
Leptin 141, 301
Leucin 129
Leukämie 40
Leukopenie 40
Leukotriene 301
Leukozyt 33, 40
Leydig-Zelle **216**, 221, 223, 234, 265–266, 295, 297–298
LH(RH) 236–237, 247, 263, **265**, 269, **296**–297, 301
Liberine 263, 265, 296
Libido 266, 268
Ligamentum 34, 306
Ligand 16
limbisches System 233, 264, **288–289**
Linol 129
Linse 272–273, 279–281
Lipase 90, 134, 139
Lipide 15, 17–18, 38, 43, **90**, 92, **128**

Lipofuszin 18, 64
Liposom 18
Lochkameraauge 280
Lokomotion 267, 303–304
Lordose 257
Luftsack 124–125
Luftkapillare 124
Lunge 56, 62, 104, 113–114, 116, **120–125**, 302
Lungenkreislauf 112–113
Lutein 236
Luteolyse 301
Lymphe **103**, 130, 139, 187, 190
Lymphgefäß 103, **187**, 190
Lymphknötchen 190
Lymphknoten 34, 40, 187, **189**–190, 244
Lymphoblast 42
lymphoretikuläres Organ 187
Lymphozyt 32–33, **40–42**, 78, 157, 180, **184–191**
Lysin 129
Lysosom 17–**18**, 138, 183
Lysozym **181**, 191

Macula 277
Macula adhaerens 28
Macula densa 150
Magen 27, 30, 57, 62, 94, 128, 131, **133**–134, 138–141, 143, 184, 188, 208, 275, 295, **301**
Magensäure 138
Magnesium 128
Magnetoperzeption 283, 290
Magnum 241
Makroglia 47
Makrophag 13, **32**, 41–42, **130**, **183**, 185, 243
Malleus 278
Malpighi-Gefäß 151–152
Malpighi-Körperchen 147
mamma 252
Mandelkern 266, 288
Mandeln 188
Mangan 128
Mantelhöhle 118, 121
Marsupium 231, 245
Maskulinisierung 221–222
Mastdarm 133, 135
Mastzelle 32, 122, 183, 302
maternale Gene 72
Matrotrophie 209
Maxillardrüsen 152
Mechanosensor 107, 273, 275–276
Mechanotransduktion 273
Mechanoperzeption 275–277
Media 104, **106**
medial 54
median 54
Medulla oblongata 291
Megakaryozyt 41–42

Meiose 200, 207, 211, 225–**226**, 235–237
Meissner-Körperchen 276
Melanin 18, 32, 128, **157**–158, 164, 290
Melanophor 32
Melanosom 18, 157
Melanotropin 159, 297
Melanozyt 13, **32**, 56, 157, 297
Melatonin 159, 301
Mem 284
Menarche 63, 248
Mengeelement 127
Menopause 66, 194, 233, **248**
Menstruation(szyklus) 63, **247**–248, 251, 265, 267
Merkel-Zelle 157, 276
meroblastisch 51
merokrin **30**, 161–162
Mesencephalon 287, 289–290
Mesenchym **33**, 37, 56–57
Mesenterium 57
Mesoderm 26, 30, 53, **56**
mesolecithal 51
Mesonephros **146**, 216
Mesosalpinx 240
Mesovarium 234
Metabolismus(rate) 13, 18, **84**, 92, 144, 155, 176–177, 179, 184, 252, 271, 289, 298
Metabolit 87, 89–90, 95, 103, **144–145**, 152, 166, 184, 294
Metagenese 201
Metamerie 57
Metamorphose 59–**60–62**, 93, 294, 298
Metanephridium 145, **152**
Metanephros 146
Metaphase **24**, 226, 236
metazentrisch 22
Metencephalon 287, 290
Methionin 128–129
MHC 185–186, 256
Mikrofilamente 19
Mikroglia 47
Mikrophag 130
Mikropyle 207, 238
Mikrotubuus **18–20**, 227
Mikrovilli **28**–29, 134–135
Milch 129–130, 140, 167, 252–**253**, 265
Milchdrüse 30, 78, 167, **252–253**, 264, 265, 267, 297
Milchejektion 253, 264, **297**
Milchsäure 91
Milchsekretion 167, 246, **252–253**, 265, 297
Milchverdauung 140
Milchzucker 128, 140
Milz 34, 39, 40, 42, 128, 187–**188**
Mimese 165
Mimikry 166–167

Mineralisierung 35, 162, 163
Mineralokortikoide 150, 294, 299
Mineralstoff 127, 135
Mitochondrium **17**, 34, 85, 88–90, 207, 227
Mitose 18, 20, 22–**25**, 50, 225
Mitteldarm **132**, 138, 152
Mittelhirn 287, 289
Mittelohr 272, **278**, 293
Mixipterygium 232
Mixocoel 100
Mizellen 139
Mobilität 303
Molybdän 128
monoestrisch 249
Monogamie 257, **261**, 263–264
monotok 237
Monozyt 32–33, 40, **41**, 157, **183**
Morphogene 72
Morphogenese **67**, 294
Morphologie 12
Morula **50**–51, 243
motorische Endplatte 46, 305
Motorprotein **18**–19, 303
M-Phase 23
MR (metabolic rate) 94
mRNA 71–72, 184
MSH (Melanotropin) 297
M-Streifen 49
mukös 30
Müller-Gang **216**–217, 219, 221, 244
multipolar 44
Mund 27, 55, 78, **120**, 123, 131, **132–133**, 143, 208–209, 274–275
Mundspeichel(drüse) 132–133, **138**, 143
Mundwerkzeuge 131, 206
Muskel 48, 107, 123, 127, 135, 160, 163–164, 176–177, 231, 243, 271–272, 275, 284, 292–294, 298, 303–**305–306**
Muskelfaser 18, 20, 26, 47–**48–49**, 111, 305
Muskelgewebe 33, **47–50**, 68, 87, 91, 94, 128, 131–132, 282
Muskelspindel 275
Muskeltonus 305
Muskelzelle 31, **48**, **50**, 75, 150, 171, 243, 280
Muskelzittern 176–177, 179
Muskulatur, glatte **48**, 240, 243, 245, 305–306
Muskulatur, quergestreifte **48–49**, 230, 246, 305–306
Muskulatur, schräggestreifte 50
Musterbildung 67
Muttermilch 253
Muttermund 243, 252
Myelencephalon 287, 291
Myelin(scheide) **43–44**, 46–47, 287

Myeloblast 42
Myoepithel 29, 253
Myofibrille 48
Myofilamente 48, 50
Myoglobin 80–81, **101**, 128
Myokard 109
Myometrium 243
Myosin 18–19, **48**, 129
Myotom 57
myrmecophag 130

Nabelschnur 33, 216, 246
Nachhirn 287, 291
NaCl 30, 128, 150, 171
NAD(H) 87–89
Nagel 160
Nährstoff 12, 17, 28, 38, 59, 85, 95, 98, 100, 103, **127**, 140, 148, 160, 162, 166, 194, 246
Nahrung 28, 59, 62, 84, 88, 93–96, 120, **127**–128, **129–131**, 133–135, **138–141**, 143, 145, 167, 170–171, 189, 208–209, 213, 239, 249, 253, 257, 264, 267, 282, 289, 302
Nanismus 70
Nanos 72
Narkose 46
Nase(nhöhle) 35, **120**, 188, **274**, **276**
Natrium 128
Nebenhoden 28, 217, 221, **227**–228
Nebenniere 17, 55–56, 93, 108, 111, 125, 150, 266–267, 294–295, **297–300**
Nebenschilddrüsen 295, 298
Nebenzelle **32, 134**, 157–158
Nekrose 77–**78**, 134, 183
Neoplasie 68
Neotenie 82
Nephridien 151
Nephron **145–146**, 149, 151
Nephrostom 152
Nerv 44, 292–293
Nervenendigungen, freie 157, 183, 282–283
Nervenfaser **44**, 46, 274, 286–287, 292
Nervengewebe 26, **42–44**, 91, 284
Nervengeflechte 292
Nervenstrang 285
Nervensystem 285–293
Nervus abducens 293
Nervus accessorius 293
Nervus facialis 275, 293
Nervus glossopharyngeus 275, 293
Nervus hypoglossus 293
Nervus mandibularis 293
Nervus maxillaris 293
Nervus oculomotorius 293
Nervus olfactorius 274, 291, 293

Nervus opticus 281, 291, 293
Nervus pudendus 232, 245
Nervus terminalis 292
Nervus trigeminus 293
Nervus trochlearis 293
Nervus vagus 275, 293
Nervus vestibulocochlearis 278, 293
Nestflüchter 63, 250
Nesthocker 62–63, 250
Netzhaut 44, 281
Netzmagen 136
Neugeborenes 35, **62–63**, 67, 235, 284
Neuralleiste **55**, 157, 300
Neuralrohr **55**–56, 75, 287
Neurit **43**, 157
Neuroektoderm **55**, 296
Neuroglia 47
Neurohypophyse 150, 263–264, 289, **296–297**
Neuron(al) 13, 18, **42–47**, 75, 107, 126, 128, 141, 177, 271, 272, 274–275, 283, **284–293**, 294, 300
Neurotransmitter 16, 45–**47**, 93, 111, 125, 272, 283, 290, 293, 300, 302, 305
Neurulation **55**, 79
Nexus 29
Nicotinamid-Adenin-Dinukleotid (s. NAD) 87–88
Nidation 52
Niere 18, 42, 57, 62, 91, 98, 108, 145–146, **147–148**, 216, 252, 302
Nierenkanälchen 18, 27, **147–151**, 297, 299
Nierenkörperchen 147–148
Nierenorgane 151–152
Nischenzelle 122
Nissl-Schollen 42
Nitroxid-Synthase 302
Noradrenalin 47, **300**, 302
Notochord 56
Noxe 179
Nozizeption 283
Nucleus pulposus 56
Nucleus suprachiasmaticus 301
Nuklease 134
Nukleolus 20, 23
Nukleosom 21
Nukleus 20
Nymphe 60

Oberflächen/Volumen-Verhältnis 96–98
Obesität 142
Oberhaut 13, 27, 157
Ösophagus 133
Ohr 273, 277–278
Ohrmuschel 35, 278

Ohrspeicheldrüse 30, 133, 143
Oligodendrozyt 47
oligolecithal 51
Omassus 136
Ommatidien 281
omnivor 129
Ontogenese (s. auch Entwicklung) 42, **50**, 62, 78–79, 81, 100, 109, 145, 195, 287, 298, 300
Oogenese 198, 200, 233, **235, 237**
Oophagie 209
Operculum 118
Opisthonephros 146
Opsonisierung 181, 187, 191
Optimierung 100
Organogenese 55, 67
Orgasmus 230
Orthologie 80
Osmokonformer 169
Osmolarität 150, 169–170, 289
Osmoregulation 154, **166**, 168–**169**, 297
Osmoregulierer 170
Ossifikation **37**, 160, 161
Osteoblast 32, **35**, 37–38
Osteoderm 37, **161**
Osteoid 35
Osteoklast 37–38
Osteomalazie 36
Osteon 36
Osteoporose 36
Osteozyt 35
Östrogene 219, 233, 236–237, 246–249, 253, 263, 265–**266**, 294, **297**
Östrus **249**, 260, **266**, 297
Otolith 277
Ovarialzyklus 236, 240, 244, **247**, **249**, 267
Ovariole 235, 238
Ovarium (s. auch Eierstock) 77, 216, **233–238**, 240, 244, 247, 249, 297–298
Oviductus (s. auch Eileiter) 240
Oviparie 145, 207–**208**, 239, 243
Oviposition 208, 239
ovivor 130
Ovotestis 221
Ovoviviparie 207, **209**, 234, 239, 241, 243
Ovulation 201, 205, 233, **235–240**, 247–249, 265–266, 269, 297
Oxytocin 237, 253, 261, 263–**264**, 294, 296–**297**

Paarregel-Gene 72–**73**, 77
Paarungsverhalten 206, 254–255, 257, 266–267
Pädogenese 82
Pankreas 92, **134**, 139, 143, 295, **300–301**
Pankreassaft 134

Pankreatisches Polypeptid 300
Pansen 136
Panzer 37–38, 161, **163–165**, 304
Parabronchien 124
Paraganglien 126, 300
parakrin 294–295, 301
Paralogie 80
Parasit 59, 66, 94, 130, 154–155, 179–**180**, 184, 187–188, 191, 199, 219, 246, 263
Parasympathikus 108, 126, 141, 143, 232, **293**
Parathormon 36, 295, 298
Paratop 180
parietales Blatt **57–58**, 124
Parkinson-Krankheit 288
Parthenogenese **200**–201, 210, 263
Partialdruck 114, 116
Partnersuche 198, 200, 202, 254, 259, 261
Partnerwahl 254, 255, 258–**259**, 264
Pathogen 179, 185
Patrotrophie 208
Peckham-Mimikry 167
Penis 38, 151, 159, 218, 229, **231**–232, 245
Penisknochen 38, 232
Pepsin(ogen) **133–134**, 138, 301,
Peptid, atriales natriuretisches **150, 301**
Peptidhormone 70, 92–93, 108, 141, 143, 150, **294–295**
Perfusion 114, 171
Perichondrium 34
Perikard 109
Perikaryon 42
Perimetrium 243
Perineurium 44
Periost 37
Peristaltik 50, 94, 136, 302–304
Perlmutt 164
Peroxisom 17–18, 90
Perzeption 272–283
Peyer-Plaque 190
Phagozyt(ose) 32, 37, 47, 60, 78, 157, 181, **183–184**, 186–188, 190, 192, 243
Phallus 231
Pharynx 120, 133
Phenylalanin 129
Pheromon 167, 206, 213, 256, **269**, 273–274, **295**
Philopatrie 262, 303
Phosphat 15, 35–**36**, 85, 87, 89, 298
Phosphatase 128, 134, 229
Phospholipide 15, 128
Phosphor 128
Phosphorylierung, oxidative 85, **89**

Photoperiode 176, 239, 249, 279
Photoperzeption 279–281
Photosensor 281
Phototransduktion 273
phototroph 85
phylotypisches Stadium 79
Physiologie 84
Pigment 18, 32, 102, 159, 230, 241, 273, 281, 294
Pigmentepithel 29
Pigmentzelle 32, 157
Pinealdrüse 289, 300–301
piscivor 130
Placentotrophie 209
Plasmalemma 14
Plasmazelle, Plasmozyt **32, 186,** 188, 190
Plattenepithel **27–29,** 106, 123, 132, 157, 235, 244
Plazenta 20, 52, **59,** 62, 209, 236, 243, **246,** 251–253, 266–267, 295, 297, **301**
Plazentalbarriere 246
Pleura 57, 123–124
Plexus 232, 292
Pneumostom 121
Pneumothorax 124
Pneumozyt 122
PNS 286–287, 293
Podozyt **146–**147, 149, 152
poikilosmotisch 168–169
poikilotherm 168, **176–**179
pollinivor 129
Polyandrie 260–261
polyestrisch 249
Polygamie 260–261, 264
Polygynandrie 260
Polygynie 260–261
polylecithal 51
Polyploidie 25, 207
Polyspermie 207
polytok 237, 239
Pons 290–291
posterior 54
Postmenopause 66
Postmenstruum 247
postnatale Entwicklung 50, **62–67**
PP-Zellen 300
Prädator 66, 76, 94, **130,** 165, 205, 246, 258
Prämenstruum 248
pränatale Entwicklung 50–61
Pressosensor 107
Priapium 232
Primärfollikel 235–236
Primärharn 148–149
Primitivstreifen 53
Primordialfollikel 234–235, 237
profundus 54
Progesteron 236–237, 239, 246–248, 251, 253, 263, **265–267,** 294, **297,** 301

Prolaktin 61, 239, 253, 263, **265,** 267, 294, **297**
Proliferation 67, 70, 160, 190, 225, 247
Prolin 31, 191
Promiskuität 255, 260
Pronephros 146
Prophase 24, 226, 235
Propriozeption 275
Prostaglandine 183, 229, 237, 239, 283, 295, **301**
Prostata 218, 228–**229,** 245
Prot(er)andrie 202
Protease 134, 181, 183, 239, 301
Proteine 15, 17, 23, 29–30, 41, 43–44, 70–72, 85, 87, 89–90, 92, 101–102, 122, **127–129,** 134, **138,** 145, 149, 156, 174, 183–185, 191, 207, 241, 253
Proteinfaser 31
Proteohormone 294–295
Prothoraxdrüse 61, 294
Prothrombin 38, 41
Protocerebrum 286
Protogynie 202
Protonephridien 151–152
Protostomia 53, 55, 71
proximal 54
proximat(iv) 67, **195–**196, 261
Pseudohermaphroditismus 202, **219–220**
pseudounipolar 44
psychrophil 174
Pubertät 62, **63–**65, 70, 77, 188, 225, 236, 245, 248, 252–253
Puffer(system) 124, 168
Pulpa rote, weiße 188
Puls 107, 111
Pupille 272, 281
Puppe 60
Purkinje-Fasern 111
Pyrogene 178
Pyruvat 88, 91
PYY-3-36 141, 301

Querschnittslähmung 292

Rachen 120, 132–**133,** 188, 275, 298
Radiata 54
Radiation 173
Ranvier-Schnürringe 44
Rautenhirn 287, 291
Reflex 143, 283, **285,** 290
Refraktärphase 45–46
Regelkreis 93, 107, **177,** 271
Regenbogenhaut 280
Regeneration 18, 68, **75–**76, 87, **155, 197,** 247, 274, 284
Regulierer 168

Reiz(barkeit) 14, 29, 45–46, 62, 110, 128, 140–141, 143, 157, 164, 166, 183, 233, 249, **255,** 264–265, **271–300**
Rekapitulationstheorie 79
Rektum **135,** 229, 241
Relaxation 230, 305
releasing hormone (RH) 248, **263–**265, 289, 294, **296**
Renin **108,** 150, **301**
Reparation 12, 75, 155
Replikation 92, 194
Repolarisation 46
Reproduktion **194–270,** 289
Residualkörperchen 18
Residualvolumen 126
Resistenz 31, 92, **181,** 191, 251
Resorption 27–29, 35, 84, 92–95, 108, 134–**135, 138–139,** 149–**150,** 152, 170, 299
Resorptionsepithel 132
Respiration 114–116
Respirationsepithel 26, 114, 116, 119, 120
Respirationsorgan 116–126
respiratorisches Protein 101–102, 129
Retikulin(fasern) 31–33
Retikulumzelle 32–33
Retina **281,** 293, 301
Reusengeißelzelle 151
Rezeption 272, 274
Rezeptor(protein) 15–**16,** 28, 44–45, 47, 62, 70, 126, 140, 166, 180, 185–186, 207, 219, 220, 227, 236–237, 261, 264, 266, 272–275, 294–295, 301
RH (eleasing hormone) 248, **263–**265, 289, 294, **296**
Rhodopsin 273, 281
Rhombencephalon 287
Ribosom 17–**18,** 42
Riechepithel, -kolben, -nerv 274, 288, 293
Riesenaxon 43
Ringerlösung 171
Ringnervensystem 285
Ringmuskulatur 132, 304–305
Rippe 35, 57, 123–124, 188, 304
Royalisin 191
Rückbildung **66–68,** 221, 241, 248
Rückenmark 55, 286–287, **291–292**
Rückenmuskulatur 292
Rückkopplung 93, 108, 143, **167,** 264, 294
Rudiment **78,** 253
Ruffini-Körperchen 276
Rugae 244
Ruhepotential 44
Rumen 136

sagittal 54
Salzdrüse 166, 170
Salzsäure 128, 134, 138, 143
Samenbläschen 226, 229
Samenkanälchen 223, 265
Samenstrang 228
Sammelkanal, -röhre 147, **150–151,** 252
Sammler 130
sanguivor 130
saprophag 129
Sarkolemma 48
Sarkomer 49
sarkoplasmatisches Retikulum 18, 48
Sattheit 140
Sättigungshormon 141, 301
Sauerstoff **101,** 114, **115**
Sauerstoffschuld 91
Saugatmung 123
Sauger 130
Säugling 62–63, 284
Säure-Basen-Gleichgewicht 168
Schädel 188, 287, **304–305**
Schale 145, 163–165, 238, 243
Schalendrüse 238
Schall 277
Schilddrüse 56, 62, 92, 295, 297–**298**
Schlafwachrhythmus 301–302
Schlagvolumen 111, 150
Schleimdrüse **30,** 161
Schleimhaut 26–28, 52, 55, 78, 97, 109, 126, 131–133, 139, 143, 184, 188, 190, 209, 241, 243, 245–246, 274, 282, 284, 302
Schließmuskel 305
Schlinger 130
Schlund 120, 133
Schlundring 286
Schlundtasche 298
Schlüpfling 62
Schlüsselreiz 255
Schmerz(wahrnehmung) 140, 166, 183, 267, 272, 282–**283,** 289, 302
Schnabel 131, 162, 276
Schultergürtel 304
Schuppen 27, 37, 145, **156–161, 165–166**
Schwangerschaft 216, 236, 243, **249–253,** 267, 297
Schwann-Zelle **43–44,** 47, 55
Schwefel 34, **128**
Schweiß(drüse) 30, 158, **162, 164,** 166, 170
Schwellkörper 231–233, 245
Schweresinn 275–276
Schwerkraft 108, 273, 277
Schwingkölbchen **77**
Sclera 38, **280**
Scolopidium 276, 278

Skrotum(s. Hodensack) 229, 231
Second messenger **16**, 295, 301
Segelklappen 110
Segment(ierung) **57, 71–73**, 113, 145–146, 152, 163, 240–241, 276, 286, 304
Segmentpolaritätsgene 73, 77
Sehne 34, 38, 128, 275, **306–307**
Sehnerv 281, 293, 300–301
Seitenlinienorgan **275–276**, 283
Seitenplatten 57
Sekretin 143, 301
Sekret(ion) 18, **27–30**, 92–93, 132, 139, 141, 143–144, 149, 152, 162, 165, 181, 183, 209, 227–229, 233, 236, 239, 241, 248, 252–253, 263, 265, 269, 293–294, 297, 300
Sekundärfollikel 235–236
Selektion 186, **195**, 199, 243, **258–259, 262–263**
Selen 128
semelpar 194
Seneszenz 66
Senium 62, 66
Sensibilität **272**, 276, 292
Sensor 107, 166, 177, 264, 271, **272**–276, 280–282, 285, 291
sero-mukös 30
serös 30
Serosa 59
Serotonin 42, 47, **282, 302**
Sertoli-Zelle **216**, 221, 223, 225
Sesambein 38
Sex- s. Geschlechts-
sex ratio **202–205**, 210–211, 258
Signal 16, 44, 47, 63, 67, 70, 75, 108, 126, 140–141, 164, 166–167, 177, 184, 186, 215, **254–255**, 272–273, 279, 282, 284
Signalmolekül 16, **25**, 75, 294
SIH 296
Sinnesepithel **29**, 55, **272**, 274, 277–278, 281
Sinnesorgan 62, **272–273**, 275–277, 282–283, 292
Sinneswahrnehmung 155, 267, **272**
Sinus venosus 109
Sinushaar 48, 160, 276
Sinusknoten 110
Skelett 35, 38, 56, 98, 163–164, 266, **303–306**
Skelettmuskulatur **48**, 282, 302, **305**
Skene-Drüsen 245
Sklerotisierung 163
Sklerotom 57
SMR 95
Sog 71
Solenoid 21

Solenozyt 151
Somatostatin 70, 93, 143, **296, 300**
Somatotropin **70, 93**, 296–**297**
Somit 56–**57**, 79
Soziobiologie 8, **196**, 212
Spaltsinnesorgane 276
Speichel 133, 138, 143
Speiseröhre 27, 30, 109, **133**
Spemann-Organisator 75, 76
Sperma 230
Spermatiden 225
Spermatogenese 63, 128, 198, 200, 222, **225–226, 235**, 265, 269, 297
Spermatogonien 216, **225**
Spermatophore **206**, 257
Spermatozeugmata 206
Spermatozyten 225
Spermiogenese 225
Spermium 28, 198, 201, 206–207, **225–229**, 238–241, 243, 258–261, 267, 269, 303
Spezialist 129
S-Phase 24
Spindelapparat 20
Spongiosa 37
Spurenelement 127
SRY, Sry **211–212**, 216, 222
Stäbchen 281
Stammzelle 13, 42, 52, 79, 187, 225
Standardstoffwechsel 95
Stapes (s. Steigbügel) 278
Statine 263, 265, 296
Statoblast 197
Statolith 277
Steigbügel 272, **278**, 293
stenohalin 168, 170
stenök 168
stenotherm 168, 174
Stereognosie 276
Stereozilien **28**, 276–278
Sterilisation 267–268
Steroidhormone 17, 129, 135, 233, 251, 266, **294–295**
STH 70, 93, 296–297
Stickstoff 91, **144**–145, 172, 252
Stickstoffmonoxid 295, 302
Stigmen 121, **126**, 239
Stofftransport 47, 102–103
Stoffwechselrate 13, 67, **93–98**, 100, 102, 111, 125, 127, 207, 289, 298
Stoffwechselregulation 91–94
Strategie, evolutionär stabile 203
Stress(hormon) 70, 93, 111, 125, 264, 269, 289, 294, **299**–300
Striatum 288
Strickleiternervensystem 285–286
Strobilation 197, 201
Strudler 130

Stützgewebe 33–35, 47
subadult 62–63
Subkutis 156, 158
Substantia nigra 288, 290
Substanz, graue **287–288**–291
Substanz P 283
Substanz, weiße **287**, 291
Substratfresser 130
supercooling 174
Superfecundatio 239
Superfetatio 239
superior 54
Supressorzelle 186
Surfactant 122
Sutura 305
Sympathikus 93, 108, 111, 125, 141, 143, 232, **293**, 300
Symphyse 35, 245, **305**
Synapse 18, **46–47**, 272, 274, 285, 300, 305
Synchondrose 35
Synergisten 306
Synostose 305
Synovialflüssigkeit 305
Synzytium **20**, 48, 52
Systole 107, 109, 111

T3, T4 92, 295, 298
Taenidien 126
Tagestorpor 179
Tailless 72
Talgdrüse 30, 160, 162, 165
Tarntracht 165
Taschenklappe 110
Tasthaar 160, 276
Tastsinn 272, 276, 288
TDF 211
Tectum 290
Tegmentum 290
Teilungsphase 23
Tela submucosa 131–132
Telencephalon 287
Telodendron 43
Telomere 64
Telophase 24, 226
telolecithal 51
telozentrisch 22
Temperatur 94, 166, 168, **172**–177, 179, 213–214, 226, 249, 264, 272–273, 281–282
Temperaturwahrnehmung 177, 272–273, **281–282**
Tertiärfollikel 235–**236**, 265–266
Testis (s. auch Hoden) 216, 223
Testosteron 216–218, 221, 266, 297, **298**
Tetrajodthyronin 298
Tetrapoda 79, 110, 125, 132, 228, 274, 277–278, **304**
Thalamus 289
Thermokonformer 176
Thermoneutralzone 94, **174**, 177

Thermoperzeption 281–282
thermophil 175
Thermoregulation 38, 62, 154, 162, **166**, 168, 172–178, 281, 282, 302
Thermoregulierer 177
Threonin 129
Thromboplastin 41
Thrombozyt 40, **41**, 42, 251, 302
Thrombus 41
Thymus 40, 42, 186–**188**
Thyronine 92–93, 298
Thyrotropine 297
Thyroxin 61–62, 92, 128, 253, **298**
tight junction 28
T-Lymphozyt 78, 180, 185–**186**, 188
Tod 50, 66, 77–78
Toleranz, immunologische 189, 251
Toleranz, thermische 174–176
Toll 72
Tonotopie-Prinzip 278
Tonsille 187–188
Toxin 180
Trachea 121–122, 125
Tracheen 55, 104, 116, **126**
Tracheolen 126
Tragzeit 250–251
Transduktion **272–274**, 283
Transpiration 144, 174
Transport, aktiver 15
Transportwege 98, 100
trans-Seite 18
transversal 54
Triglyceride 34, **90, 128**, 139, 162
Trijodthyronin 92, 298
Triploblastica 55
Tritocerebrum 286
Trommelfell 278–279
Trophoblast 20, **51–52**, 59, 251
Trophophagie 209
Truncus arteriosus 109
Trypsin(ogen) 134, 139
Tryptophan 129
TSH 296–298
Tuba uterina (s. Eileiter) 217, **240**
Tubulus, distaler, proximaler 147, **149–151**
Tunica albuginea 223, 234, 238
Tunica dartos 230
Tunica fibrosa 280
Tunica mucosa 131–132
Tunica muscularis 132
Tunica nervosa 281
Tunica vaginalis 223, 227
Tunica vasculosa 280
Tunicin 28, 128
Turner-Syndrom **212**, 237
Tympanalorgan 278
Tyrosin 92, 157, 300, 302
T-Zelle 185–186

Übergangsepithel 27, 151
Übergewicht 141–142
ultimat(iv) 194–196
Ultimobrachialkörpern 298
Ultraschall 277
unipolar 44
Unterhaut 155–156, **158–159**, 164, 166, 176, 230, 232, 275
Urdarm 52, 56, 58
Urea 144
ureotel 144
Ureter 151
Urethra **151**, 218, 228–229, 245
uricotel 145
Urin 95–96, **144–145**, 168, 170, 266
Urkeimzelle 216, 235
Urmund **52–53**, 55–56, 75
Urobilin 39, 145
Urocaninsäure 164
urogenitaler Sinus 216, 218, 245
urogenitales System 57, 145, 214
Uterus 52, 59, 217, 234, **241–244**, 246–248, 252, 264, 269, 297, 302
Uvea 280
UV-Licht, Strahlung 157, **164**, 167, 273, **279**–280

Vagina 27, 217, 220–221, 229, **241**, 243, **244**–245, 248, 252
Valin 31, 129
Vasodilatation 92, **107**, 150, 178, 183, 301–302
Vasokonstriktion **107**–108, 150, 178, 297, 302
Vasopressin 150, 263–**264**, **297**
Vater-Pacini-Körperchen 276
Vegan 129
Vegetarier 129
vegetativer Pol 51
Veitstanz 288
Vene 104–107, 113, 117, 119, 148, 232–233
Venenklappe 104, 107
Venensinus 109–110
Venole 105, 148
Ventilation 114, 119, 123, 124
ventral 54
Ventrikel 109
Verdauung(strakt) 18, 55–56, 84, 96, 100, 127, **131–143**, 152, 162, 217–218, 293, 300
Verhornung 29, 159–160
Verknöcherung 305
Verknorpelung 305
Vertebra 304
Verwandtenselektion 262
Vestibularapparat 275, 277
Vestibularfenster 278
Vibrisse 160, 276
Vimentin 19

viszerales Blatt 57
Vitalkapazität 126
Vitamin 38, 88–89, 128–**129**, 134–135, 139, 145, 167, 253
Vitellogenese 237
Viviparie 207, **209**, 241, 243
VNO 274
Vogellunge 121, 124–125
Volkmann-Gefäß 37
vomeronasales Organ 256, **274**, 292
Vorderdarm 118, 120, **132**, 298
Vorderhirn 287
Vorhaut 232
Vormagen 133, 136
Vorsteherdrüse 218, 229
Vulva 218, 244

Wachstum 62, 63, 67, 68
Wachstumsfaktoren 70
Wachstumshormon 70, 92–93
Wachstumskurve 69
Wärme 62, 85, 95, 96–97, 101, 128, 166, **172–174**, 176–179, 208–209, 280–282
Wärmesensor 166, **282**
Warntracht 165
Wasser **16**, 28, 31, **38**, 43, 85, 87, 89–90, 95, 101, 108, 114, 116–120, **127**–130, 133, 135, 139, 143–145, 149–150, 152, 156, 162–164, 166, 169–170–174, 176, 179, 184, 190, 197, 200–201, 205–207, 212, 218, 241, 249, 252, 264, 273, 275–276, 279, 282, 289–290, 297, 299
Wasserstoff 87, 89, 127
Wasserstoffperoxid 18, 184
Wehen 243, **252**, 264
Weidegänger 130
Wettrüsten 199
Wharton-Sulze 33
Wimpernflamme 151
Windkesselfunktion 107
Winterschlaf 34, 90, 179, 302
Wirbel 304
Wirbelsäule 56–57, 145, 147, 291–292, **304**
Wolff-Gang 146, 216–217
Wurmfortsatz 135
Wüstentiere 90, 149, 175, 249

X-Chromosom 22, 23, 205, 210, 212, 222, 237
Xenoöstrogene 219

Y-Chromosom 22, 205, **211–212**, **216**

Zahn 28, 33, 55, 128, 132–133, 293

Zapfen 44, 281
Zeitgeber 206, 279
Zellatmung 85, 87, 89, 114
Zelldifferenzierung 70, 74
Zelle 12–26
Zelle enterochromaffine 134
Zelle, dendritische 183–184, 251
Zellform 13
Zellgröße 13
Zellkern 13, **20**, 23, 27, 34, 48, 50, 62, 70, 72, 164, 205, 227, 237
Zellkernrezeptor 16
Zellknorpel 35
Zellleib 42
Zellmembran 12, **14**, 28, 41, 44–45, 47, 62, 128, 169, 174, 207, 272, 294–295
Zellorganelle **17–18**, 20, 25, 303
Zellteilung (s. auch Meiose, Mitose) 12–13, 20–21, **25**, 50, 67, 194
Zelltod 77–78
Zellzyklus 23
Zentralgefäß 36
Zentriol 19
Zentromer 22
Zentrosom 19
Zerebellum 290
Zerebralganglion 285
Ziliarkörper 280–281
Zilien 19, 28
Zink 128
Zirbeldrüse 289, 300
ZNS 62, 177, 286–**287**, 293, 302
Zonula adhaerens 29, 50
Zonula occludens 28
Zona pellucida 28, 52
Zoophag 129
Zotte 59, 134–135, 246
Z-Scheibe, -Streifen 49, 50
Zuckerkrankheit 92
Zuckerspiegel 92–94, 300
Zugvögel 90, 154, 283
Zunge 132–133, 275, 293
Zuteilungsprinzip 94
Zwerchfell 123
Zwergmännchen 203
Zwischenhirn 287, 289, 293, 300
Zwischenrippenmuskel 123
Zwischenwirbelscheiben 304
Zwölffingerdarm 132–134, 139, 251
Zygote 22, **50**, 58, 70–72, 198, 205, 207, 210, 225
Zytokeratin 19
Zytokinese 25
Zytoplasma 13, **17–18**, 20, 25, 27, 29–30, 50, 70–72
Zytoskelett **17–19**, 25, 303
Zytosol **17**, 88–89

Prof. Dr. Hynek Burda ist Universitätsprofessor und Lehrstuhlinhaber für Allgemeine Zoologie an der Universität Duisburg-Essen: Vorlesung Einführung in die Zoologie und vielseitige Veranstaltungen in der Systematik (Vorlesungen, Seminare, Praktika, Exkursionen), Tiermorphologie, Humanbiologie, Verhaltensbiologie, Evolutionsbiologie, Ökologie.
Tätigkeits- und Forschungsschwerpunkte: Sinnesbiologie und Sinnesökologie, Verhaltensökologie, Biologie und Evolution subterraner Säugetiere.

Titelbild: blickwinkel / Schmidbauer

Bibliografische Information der Deutschen Bibliothek
Die Deutsche Bibliothek verzeichnet diese Publikationen in der Deutschen Nationalbibliografie; detaillierte bibliografische Daten sind im Internet über http://dnb.ddb.de abrufbar.

ISBN 3-8001-2838-1 (Ulmer)
ISBN 3-8252-2690-5 (UTB)

© 2005 Eugen Ulmer KG
Wollgrasweg 41, 70599 Stuttgart (Hohenheim)
E-Mail: info@ulmer.de
Internet: www.ulmer.de
Lektorat: Dr. Nadja Kneissler, Dr. Gisela Wachinger, Antje Springorum
Herstellung: Otmar Schwerdt
Graphische Bearbeitung: Jan Burda, Stuttgart
Umschlagentwurf: Atelier Reichert, Stuttgart
Satz: Atelier Reichert, Stuttgart
Druck und Bindung: CPI Books, Ulm
Printed in Germany

ISBN 3-8252-2690-5 (UTB-Bestellnummer)